SPSS 및 AMOS를 활용한

구조방정식 모형분석 - 실천편 -

STRUCTURAL EQUATION MODELING
using SPSS & AMOS : PRACTICE PART

노형진 지음

MEDIA JIPHIL
(주)지필미디어

제 11 장 MIMIC 모델과 다중지표 모델에 의한 구조방정식모형분석 273

제 12 장 복잡한 모형의 분석 289

제 13 장 분석사례(1) 인터넷 쇼핑몰의 품질전략에 관한 실증적 연구 321

머/리/말

이 책은 구조방정식모형분석(SEM, structural equation modeling) 혹은 공분산구조분석(CSA, covariance structure analysis)이라고 하는 수리통계적 기법을 소프트웨어 Amos를 이용해서 철저히 학습하기 위한 해설서이다. 구조방정식모형분석은 경로도형에 의한 비주얼한 모형 표현이 특장적인 다변량분석 수법이다. 가설을 반영하기 쉬운 유연한 모형 접근이 가능하며, 회귀분석이나 요인분석, 경로분석도 다룰 수 있기 때문에 상위의 다변량분석으로서 자리매김되고 있다.

구조방정식모형분석을 비롯한 통계수법에 관해서는 '수법의 연구', '수법의 활용', '결과의 활용' 등 세 가지 입장으로 나누어진다. 수법을 연구하는 사람은 주로 그 분야의 전문가가 많다. 그리고 수법을 활용하는 사람은 실제로 데이터를 사용해서 분석을 실시하는 소프트웨어 유저이다. 구조방정식모형분석의 이론이나 결과의 해석방법, Amos 등 소프트웨어의 기능이나 조작에 대한 관심이 많다. 마지막으로 결과를 활용하는 사람은 기업이나 단체에 소속되는 사람이 많다. 직접 데이터를 다루는 기회는 적지만, 수법의 개념이나 분석으로 할 수 있는 사항, 결과의 해석방법, 해석의 범위, 얻어지는 식견으로부터 구체적으로 어떠한 시사점이나 전략이 얻어지는가라고 하는 내용이 최대의 관심사일 것이다. 물론 현실적으로는 각각이 독립적인 것이 아니라 세 가지 입장이 혼재해 있다고 볼 수 있다.

이 책은 주로 '수법의 활용', '결과의 활용'이라고 하는 입장에서 다양한 분야의 효율적인 활용을 목표로 하여 구성되었다.

1990년대 후반부터 우리나라의 조사·실험연구의 분석방법에 구조방정식모형분석이 빈번하게 사용되고 있다. PC를 사용하면 실용적인 규모의 구조방정식모형분석을 위한 계산은 수초에서 수십 초로 끝나 버린다고 하는 하드웨어 면의 진보와 사용하기 편리해진 소프트웨어의 간편함이 그 원인이다. 소프트웨어는 이미 사용자에게 선형대수의 지식을 거의 요구하지 않는 것이 주류이다. 구조방정식모형분석의 유연한 모형 구상력을 반영하여 응용범위도 심리학·교육학·사회학·경제학·경영학·공학·의학·보건학·행동과학·역학(疫學)·제품개발 등 다방면에 걸쳐 있다.

그러나 문제가 없는 것은 아니다. 우수한 적용사례를 만들어내는 노하우는 특정의 연구자 집단 중에서 도제식으로 확대되는 경향이 있다. 우리나라 고유의 적용사례가 많이 발표되고 있는 경향에도 불구하고, 실질적·과학적으로 유효한 모형을 어떻게 구성할 것인가라고 하는 관점에서는, 개개의 모형 구성에 즈음하여 고생했던 점이나 유의사항 또는 다른 분야에서 개발된 유효한 모형 구성의 테크닉 등이 전파되지 못하고 있는 점은 유감스러운 일이다.

이 책은 이와 같은 현상을 감안하여 모형 구성 예를 실질적·과학적인 해석의 관점에서 초심자도 쉽게 접근할 수 있도록 알기 쉽게 엮었다. 이 책은 『SPSS 및 Amos를 활용한 구조방정식모형분석-원리편-』의 후속인『실천편』에 해당된다.

구조방정식모형분석을 위한 소프트웨어로는 현재 LISREL을 비롯하여 Amos, EQS 등이 시판되고 있는데, 이 책에서는 Amos를 이용하여 구조방정식모형을 분석하고 있다. Amos는 그 자체로서 하나의 독립적인 소프트웨어이지만 SPSS나 Excel의 워크시트에 데이터를 입력해서 처리할 수 있는 편의성을 가지고 있다.

이 책에서는 SPSS와 Amos의 조작 방법에 대해서 필요최소한의 것밖에 설명하고 있지 않다. SPSS 및 Amos의 보다 자세한 조작 방법은 매뉴얼이나 시판되고 있는 입문서를 참고하기 바란다. 이 책에서 사용한 소프트웨어는 SPSS 23 및 Amos 23 등 최신 버전이다.

끝으로 이 책의 출간을 기꺼이 허락해 주신 지필미디어 사장님과 관계자 여러분의 노고에 감사의 말씀을 드린다.

2015년 11월

저자 씀

목/차

제 14 장 분석사례(2) 컴퓨터 교육에 있어서 초심자를 위한 효과적인 학습과정에 관한 연구 343

제 15 장 분석사례(3) 구조방정식모형분석에 의한 소집단활동 활성화 방안에 관한 연구 361

제 16 장 여러 가지 유형의 경로도형 373

CHAPTER

1

구조방정식모형분석의 개론

CHAPTER 1

구조방정식모형분석의 개론

1.1 | 경로분석의 기초지식

■ 경로분석이란

경로분석(path analysis)이란 몇 개의 변수 간에 어떠한 방향성을 가진 인과모형을 설정하고 각 변수를 연결하는 경로(path)의 영향도를 정량적으로 추정하는 것으로, 인과관계가 있다고 생각되어지는 변수 간에 선형회귀식을 상정한다. 즉, 인과관계의 수와 같은 만큼의 설명방정식이 만들어진다. 데이터에 의해서 회귀계수(경로계수라고도 한다)를 추정하고 그 값에 의해서 인과관계의 강도를 추정한다.

다시 말하면, 동일한 개체로부터 얻어진 몇 개의 변수 간에 어떠한 방향성을 가진 인과모델이 가정되는 경우에 각 변수를 연결하는 경로의 영향에 대한 강도를 양적으로 표시하는 모델(또는 모형)을 경로분석이라고 말한다.

회귀분석은 경로분석이나 다음 장 이후에서 다루게 될 구조방정식모형분석에 있어서의 중요한 수단인 동시에 이들 분석방법의 기본적인 사고방식을 제공한다.

다음의 <표 1－1>에 보인 데이터는 수도권의 물건을 중심으로 한 어떤 중고차 정보지로부터 인용한 것으로 '프라이드'의 중고차 가격과 그 관련요인을 조사한 것이다.

PRICE는 가격(만 원), KM은 주행거리(10,000KM), YEAR는 승차년수, CHAGUM은 차량 검사의 잔여기간을 월수로 나타낸 것이다. 물론 여기에서의 관심은 중고차 가격의 결정요인을 찾는 것이다.

표 1-1 중고차 가격의 데이터

PRICE	KM	YEAR	CHAGUM
89	4.3	5	24
99	1.9	4	18
128	5.2	2	13
98	5.1	3	4
52	4.0	6	15
47	4.8	8	24
40	8.7	7	3
39	8.2	7	6
38	3.3	10	14
48	3.9	6	0
27	8.2	8	24
23	7.2	8	24

회귀분석에서는 독립변수(원인계 변수)와 종속변수(결과계 변수)의 구별이 명확하다. 그러나 <그림 1-1>과 같은 인과관계를 생각하면 그 구별은 괴이해진다. 변수 YEAR와 CHAGUM이 독립변수이며 PRICE가 종속변수라고 하는 것은 분명하다. 그러나 KM은 PRICE에 대해서는 원인계이지만, YEAR와의 관계에서는 결과계가 된다. 구조방정식모형분석에서는 이와 같은 변수를 종속변수로 분류한다. 일반적으로 말하면 한쪽의 화살표(공분산이나 상관을 나타내는 쌍방향의 화살표가 아니다)를 하나도 받고 있지 않은 변수가 독립변수이며, 하나라도 받고 있으면 종속변수가 된다.

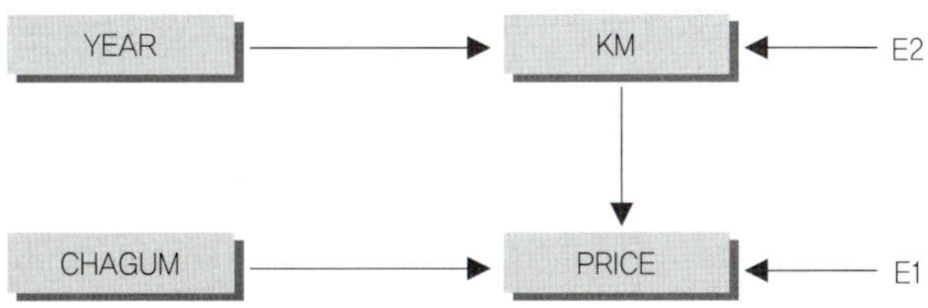

그림 1-1 경로분석 모델 1

다변량분석에서는 '지능', '보람', '유능' 등의 직접 관찰할 수 없는 변수를 도입하는 것이 분석자의 이해를 돕는 경우가 있다. 이와 같은 변수를 **잠재변수**라 하고, 이에 비해서 직접 관찰할 수 있는 변수를 **관측변수**라고 해서 구별한다. 경로도형(經路圖形)에서는 관측변수를 직사각형으로 나타내고, 잠재변수를 원 또는 타원으로 둘러싸서 표시한다. **오차변수**는 잠재변수에 포함되는데, 원이나 타원으로 둘러싸는 방법과 둘러싸지 않는 방법이 있다. 두 변수 간의 관계에서는 인과는 한쪽 화살표로, 상관은 쌍방향의 화살표로 나타낸다.

중고차 가격 데이터의 분석결과를 간단히 요약하면 다음과 같다. 소프트웨어의 실제 조작 방법은 후술하기로 한다.

표 1-2 상관행렬 : 중고차 가격의 데이터

	PRICE	KM	YEAR	CHAGUM
PRICE	1.000			
KM	−0.485	1.000		
YEAR	−0.911	0.277	1.000	
CHAGUM	−0.085	−0.096	0.245	1.000

다차원 데이터 분석의 출발은 데이터의 음미, 상관행렬의 검토이다. 중고차 가격의 데이터 <표 1-1>의 상관행렬은 <표 1-2>와 같이 된다. 이 상관행렬에서 절대치가 가장 큰 값은 −0.911이다. 이 값은 세로축이 PRICE이고, 가로축이 YEAR인 교점에 있으므로 두 변수 PRICE와 YEAR의 상관계수를 나타내고 있다.

승차년수(YEAR)가 길면 중고차 가격은 떨어지므로 마이너스의 상관이 된다. 약간 의문인 것은 CHAGUM과 PRICE의 상관이 −0.085로서 마이너스의 상관이 되어 있다는 것이다. 차량 검사의 잔여기간이 많으면 가격은 올라갈 것이다. 그러나 YEAR 및 KM과의 관계에서 0에 가까우면서도 마이너스의 값이 되어 있다.

<그림 1-1>의 경로분석 모델 1에 있어서의 추정치는 <그림 1-2>와 같이 된다. <그림 1-2>는 Amos(Analysis of Moment Structure)에 의해서 구해진 것이다.

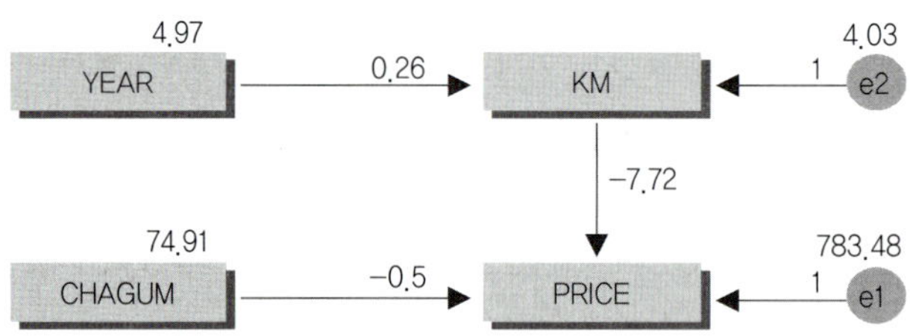

그림 1-2 경로분석 모델 1과 추정치

경로분석 모델 1은 다음의 두 가지 이유로 부적절하다는 결론이 된다.

① 회귀분석의 입장에서 결정계수를 음미하면, KM과 CHAGUM으로부터 PRICE를 예측하는 중회귀식의 결정계수는 R^2=0.26이 되어 YEAR로부터 PRICE를 예측하는 단회귀분석(R^2 = 0.83)이나 KM과 YEAR 및 CHAGUM으로부터 PRICE를 예측하는 중회귀분석(R^2 = 0.90)과 비교하면 아주 낮다는 것을 알 수 있다. 따라서 이 모델은 중고차 가격을 충분히 설명하고 있다고 할 수 없어 적절하다고는 말할 수 없다.

② 구조방정식모형분석에는 적합도지표라고 하는 모델의 적합도를 나타내는 지표가 있다. 대표적인 적합도지표인 카이제곱값은 다음과 같이 된다.

카이제곱값 = 23.03
자유도 = 3
p값 = 0.0000

카이제곱값은 데이터와 모델의 거리를 χ^2분포와 비교할 수 있도록 변환한 통계량이며(따라서 작은 쪽이 좋은 적합도를 나타낸다), p값이 0.05보다 작을 때 현재의 모델은 유의수준 5%에서 기각된다. 따라서 적합도의 관점에서 경로분석 모델 1은 채택할 수 없게 된다.

그래서 주행거리 KM이 일정하더라도 낡아지면 가격이 내려간다는 회귀분석의 결과를 고려하여, YEAR에서 PRICE로 직접 화살표를 넣은 모델(경로분석 모델 2)을 고려해 보기로 한다.

이 모델에서의 추정치는 <그림 1-3>에 주어져 있다. 결정계수는 R^2=0.90이 되어 중회귀분석과 비교하여 약간 좋아진다(반올림에 의해 일치). 또 적합도지표는

카이제곱값 = 1.03
자유도 = 2
p값 = 0.5972

가 되어 적합도가 충분하다는 것을 알 수 있다.

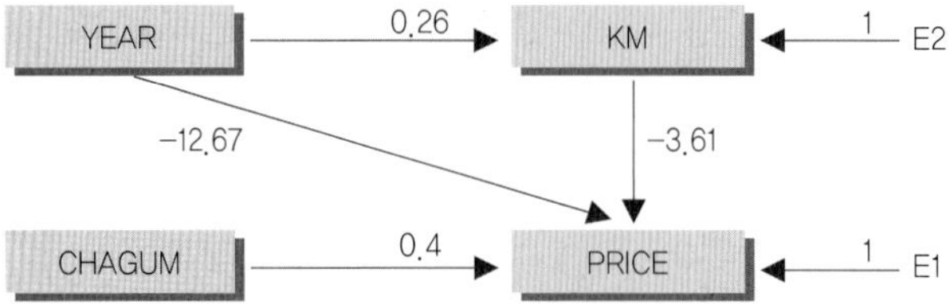

그림 1-3 경로분석 모델 2와 추정치

경로분석 모델 2에 의한 분석결과와 YEAR로부터 PRICE를 예측하는 단회귀분석 결과를 비교해 보면 몇 가지의 흥미 있는 사실을 얻을 수 있다. 단회귀분석에서의 회귀계수 추정치 ($\hat{\beta} = -13.23$)와 여기에서 얻어진 경로계수의 추정치 사이에

$$-13.23 \approx -12.67 + 0.26 \times (-3.61)$$

의 관계가 있다는 것을 알 수 있다. <그림 1-3>에서는 YEAR의 값이 1 증가하면 PRICE로의 직접적인 경로에서 −12.67이 나온다. 즉 12.67만 원의 가격이 내려간다. 그것 외에 1년 낡아지면 주행거리가 0.26(만 KM) 늘어나고 이 증가분이 0.26×(−3.61)만큼 더욱 가격을 끌어내린다. 따라서 양변 모두 1년 낡아지면 값이 떨어지는 액수를 나타내고 있으므로 당연히 가까운 값이 된다.

요컨대 경로분석 모델 2는 YEAR로부터 PRICE에 대한 효과를 KM을 경유하는 **간접효과**와 KM 등을 경유하지 않는 **직접효과**로 분해하고 있다고 할 수 있다. 직접효과와 간접효과의 합을 **종합효과**라 하며, 단회귀분석은 도중은 어떻든 간에 독립변수가 종속변수에 미치는 효과의 크기를 모두 합친 종합효과를 구하고 있다.

직접효과가 크다는 것은 재미있는 사실이다. 통상 물건(중고차)의 가격은 얼마만큼 사용했느냐(주행거리)로 정해질 것이다. 이러한 의미에서 차의 가격이 주행거리보다도 승차년수에 크게 의존하는 것은 의외이다. 그 이유를 몇 가지 생각할 수 있다. 그 하나는 차를 사고자 하는 사람이 그 이용가치에 비중을 두고 있지 않은 것은 아닌가 하는 것이다. 또 하나는 차량검사제도의 망령이다. 주행거리에 관계없이 2년마다(처음 출고시는 4년) 차량검사를 받지 않으면 안 된다. 그리고 예전에는 아직 탈 수 있는데도 불구하고 정해진 기간이 되면 폐차하지 않으면 안 되었다. 즉 앞으로 몇 킬로미터 운전할 수 있는가 하는 것보다도 앞으로 몇 년 소유하는가 하는 것이 더 중요하게 여겨졌었다. 그 망령이 지금도 살아 있는 것일까.

다음에 CHAGUM의 경로계수가 0.4로 추정되고 있다는 데 주목할 필요가 있다. 만일 2년간(= 24개월) 차량검사가 유효하다고 하면,

$$0.4 \times 24 \ = \ 9.6(\text{만원})$$

만큼 중고차의 가격이 올라가게 된다. 이 가격은 거의 차량검사에 요하는 비용이라고 생각되며, 그 가치는 차량검사의 잔여기간에 따라서 직선적으로 감소한다. 다만 이 추정치에 의거한 Wald 검정은 유의하지 않고, 이 데이터로부터는 CHAGUM으로부터 PRICE에의 효과가 있다고 적극적으로는 말할 수 없다. 이 효과를 통계적으로 확인하려면 좀더 데이터가 필요하다.

Amos

Amos(Analysis of Moment Structure)는 회귀분석이나 요인분석만으로는 해결하기 어려운 복잡한 문제를 구조방정식모형(Structural Equation Model)으로 해결해 주는 도구이다. Amos로써 구조방정식모형을 그림으로 그려 가면서 그 모델이 적합한가를 평가하며, 모델을 재수정하면서 바람직한 결과를 얻을 수 있다. 이때 행렬을 사용할 필요가 없고 다이어그램을 출력하기 위해 명령어를 익히지 않아도 된다.

Amos는 상호관련 변수들을 모델에 반영시킨 구조방정식을 처리할 수 있기 때문에 보다 현실적인 환경 하에서 분석하여 보다 바람직한 결과를 얻을 수 있다. 또는 회귀분석과 요인분석을 하나로 결합하여 분석할 수 있기 때문에 요인분석으로 요인점수를 얻어 회귀분석하는 번거로움을 덜 수 있다. 더욱이 측정오차가 모델 내에서 고려되기 때문에 정확한 추정치를 얻을 수 있는 장점이 있다.

Amos의 모델에서는 수집한 데이터에 내재되어 있는 정보를 얻을 수도 있다. 예를 들면 제품의 구입량, 횟수, 빈도에 대한 데이터들로서 그 제품의 충성도(brand royalty)에 관한 정보가 모델에 의해 얻어진다. 그리고 Amos는 결측값이 포함된 데이터라도 누락시키지 않고 모델 안에서 사용하므로 완전정보 최우법(Full Information Maximum Likelihood)으로써 바람직한 추정치를 계산할 수 있다.

도구상자를 이용하여 초기 모델을 쉽게 작성할 수 있으며, 원하는 대로 모델을 조정해 갈 수 있다. 경로도형(經路圖形)은 변수들을 직사각형과 원(혹은 타원)으로 표시하고 변수들의 관계를 화살표로 나타내 주는 그림인데, 대화상자에 파라미터들의 제약조건을 추가할 수 있다. 그리고 클릭하면 분석이 수행되며 파라미터들의 추정치들이 화면에 나타난다. 더욱이 변

수들의 관계를 재설정하거나 비유의적인 변수들을 제거하여 모형을 조정해 가면서 우리가 원하는 파라미터 값들을 얻을 수 있다.

1.2 | 경로분석의 실제

[예제 1-1]

<표 1-3>을 사용해서 Amos에 의한 경로분석을 해보자.

다음의 데이터는 1955년에서 1980년까지의 life(=평균수명), medical(=의료비의 비율), protein(=단백질 섭취량)에 대해서 조사한 것이다.

표 1-3 장수의 비결

No.	year	life	medical	protein
1	1955	65.7	3.27	69.7
2	1960	67.8	3.06	69.7
3	1965	70.3	4.22	71.3
4	1970	72.0	4.10	77.6
5	1975	74.3	5.26	81.0
6	1980	76.2	6.18	78.7

여기에서 알고 싶은 것은 위의 세 개 변량 간에 어떠한 관계가 잠재해 있는가 하는 것이다. 먼저 다음과 같은 경로도형을 생각해 보자.

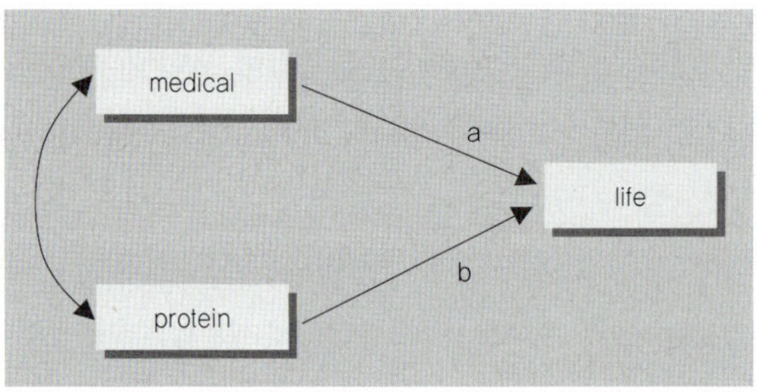

■ Amos에 의한 해법

〈순서 1〉 데이터의 입력

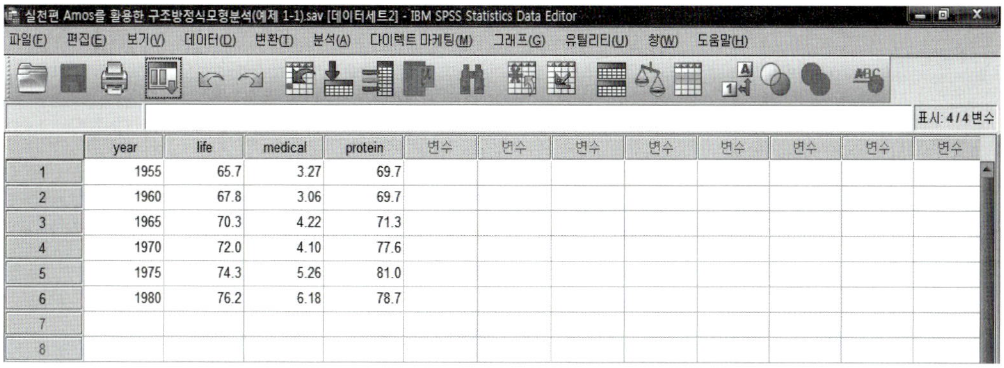

	year	life	medical	protein
1	1955	65.7	3.27	69.7
2	1960	67.8	3.06	69.7
3	1965	70.3	4.22	71.3
4	1970	72.0	4.10	77.6
5	1975	74.3	5.26	81.0
6	1980	76.2	6.18	78.7

〈순서 2〉 Amos Graphics의 선택

메뉴에서 [프로그램]－[IBM SPSS Statistics]－[IBM SPSS Amos 23]-[Amos Graphics]를 선택한다.

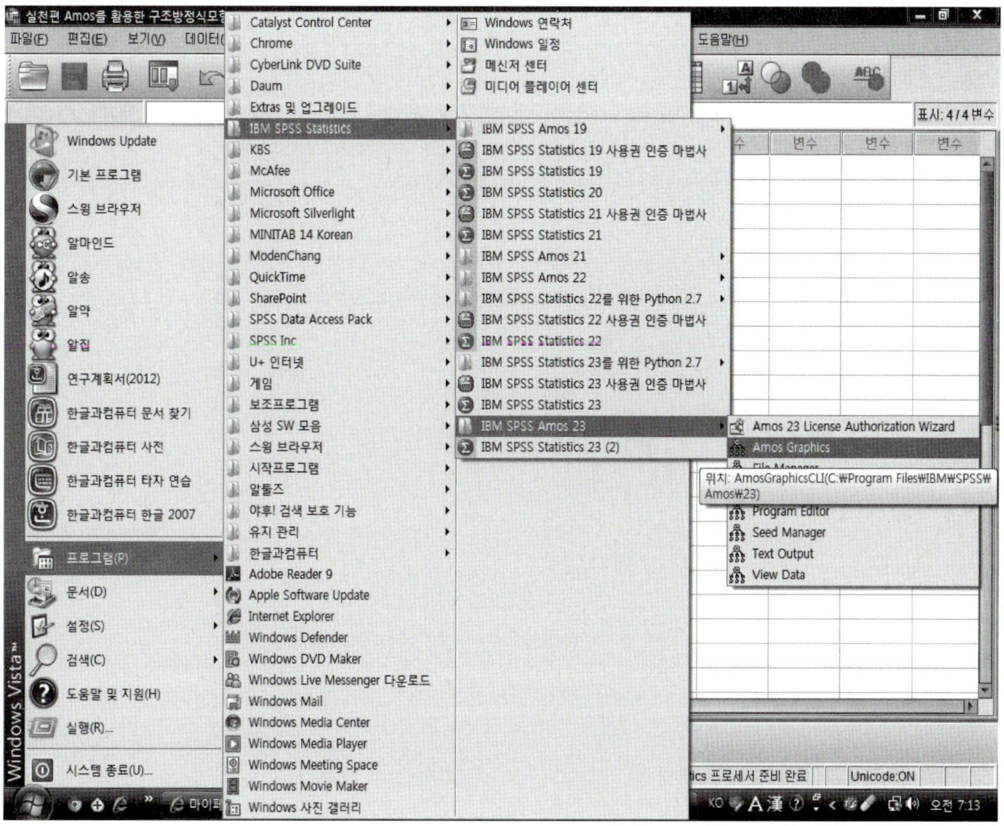

〈순서 3〉 다음의 화면이 나타난다.

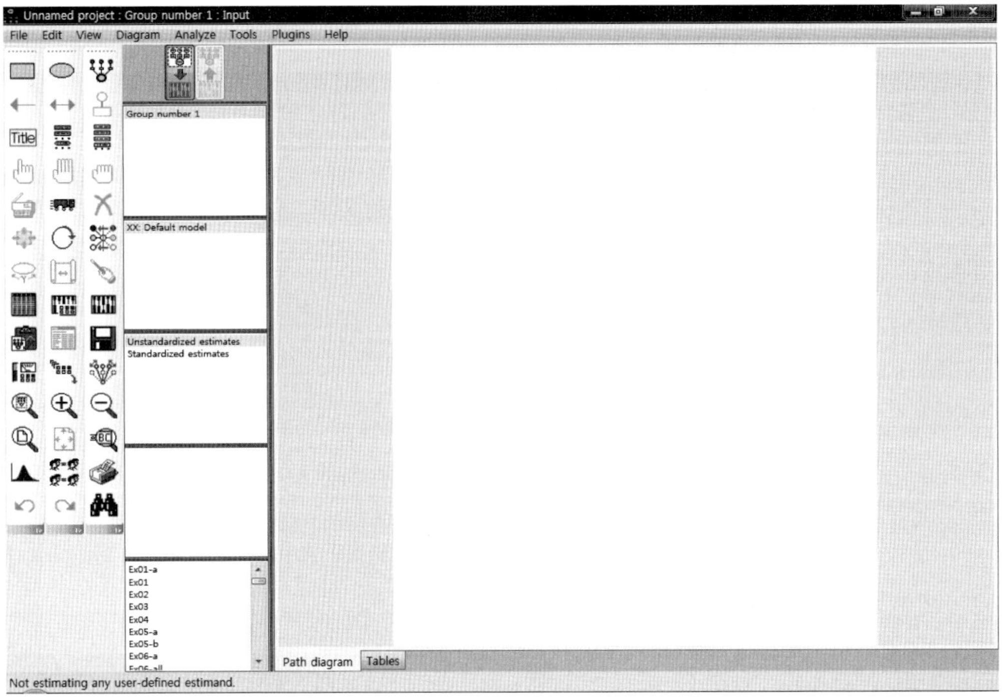

오른쪽의 큰 테두리 안에 변수(=변량) 간에 성립하는 관계도형(=경로도형)을 그리면 된다.

<표 1-3>과 같이

life, medical, protein 간의 인과관계

라고 하는 경우, 예를 들면

"protein이 life에 미치는 영향"

을 조사해 보자.

곧 떠오르는 모델은 중회귀 모델이므로

$$\text{life} = b_1 \times \text{medical} + b_2 \times \text{protein} + b_0$$

가 될 것이다.

이때 경로분석에서는 이 모델을 다음과 같이 그림으로 표현한다.

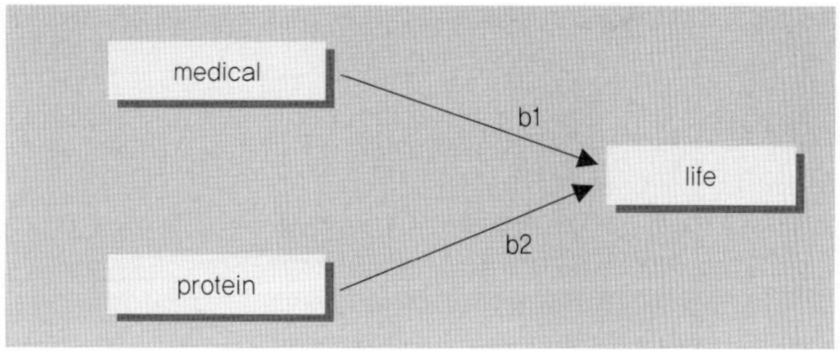

즉, 이 경로도형을 Amos의 큰 테두리 안에 그리면 된다.

그런데 움직일 수 있는 것은 마우스뿐이므로 Amos의 화면 왼쪽에 있는 도구상자(tool box)를 이용하지 않으면 안 된다.

〈순서 4〉 경로도형의 작성

(1) 먼저 도구상자에서 [Draw observed variables] 버튼 ▭을 선택하여 왼쪽에 적당한 크기의 직사각형을 그린다.

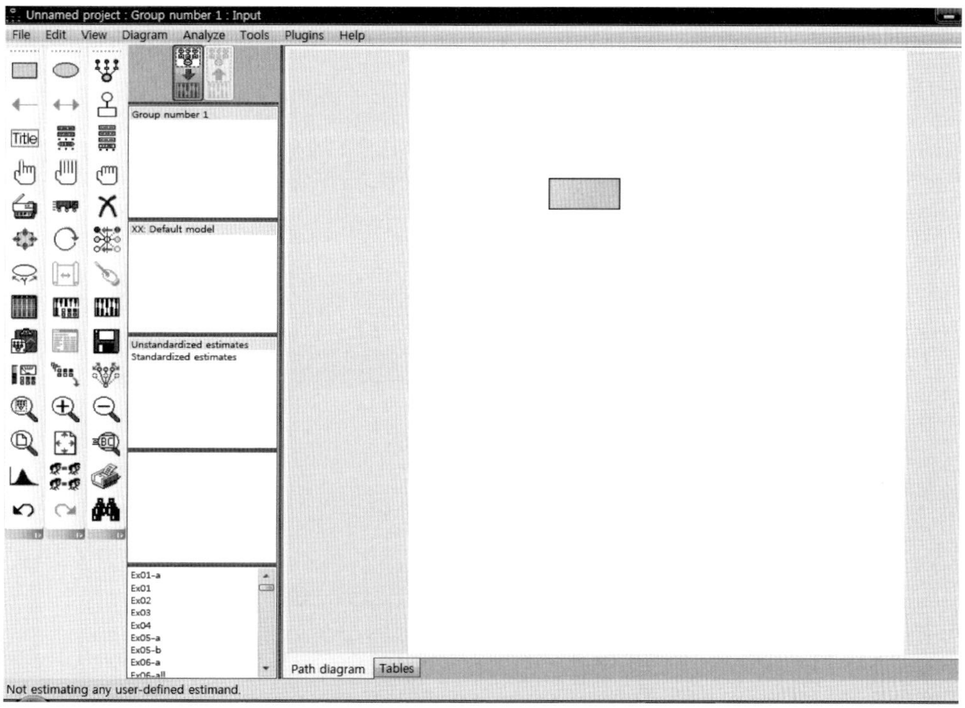

(2) 같은 방법으로 직사각형을 3개 만들고 화살표를 긋는다.

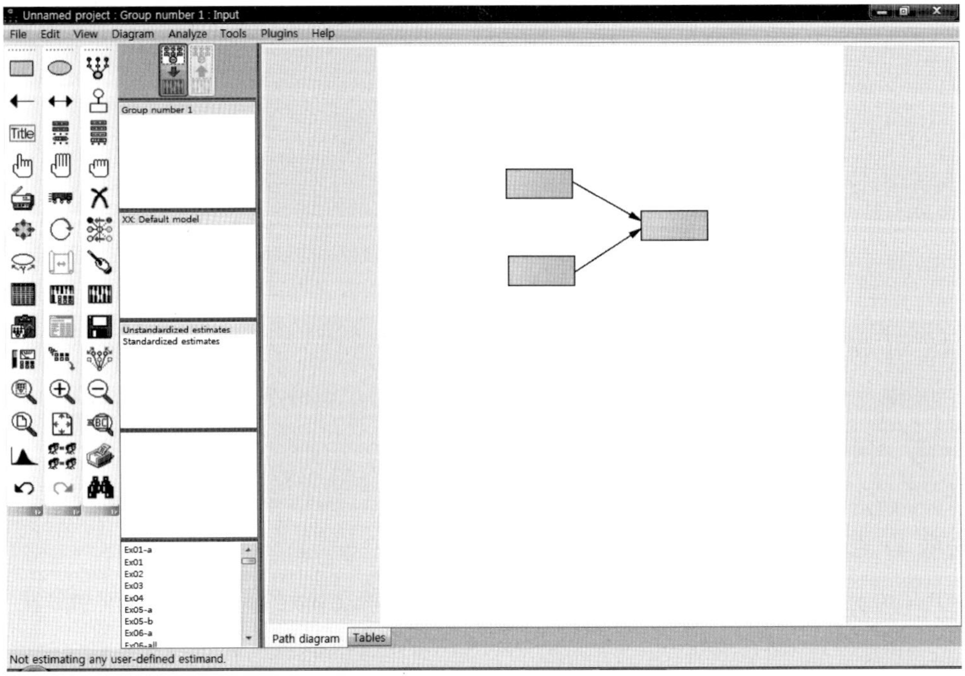

(주) 위에서 그린 직사각형을 지우고 싶을 때에는 직사각형 위를 오른쪽 클릭한 다음, 지우기 (Erase)를 선택한다.

(3) 메뉴에서 [File]－[Data Files]－[File Name]을 선택한다. [열기] 대화상자가 나타나면 파일이 저장되어 있는 위치를 찾아 [파일 이름(N)] 난에 입력하고 [열기(O)] 버튼을 클릭한다.

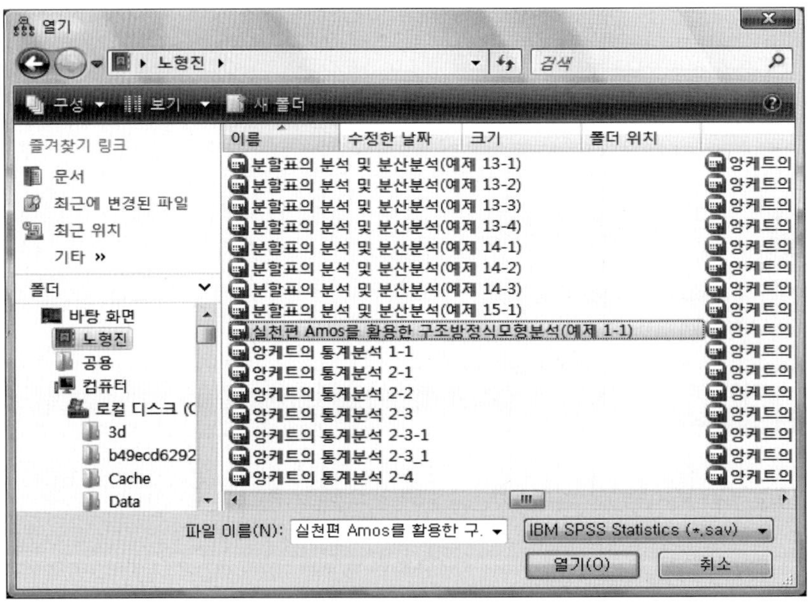

(4) [Data Files] 대화상자가 다음과 같이 된 것을 확인하고 [OK] 버튼을 클릭한다. 이제 데이터 파일과 Amos Graphics가 연결되어 분석이 가능하게 된다.

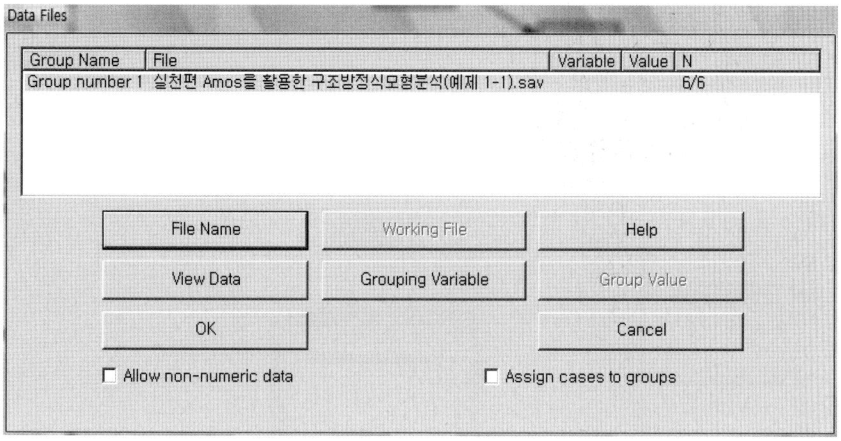

(5) 다음에 3개의 직사각형 안에 변수명을 입력한다. 도구상자의 버튼을 선택하여 클릭하면 다음과 같이 데이터 세트에 포함되는 변수명이 나타난다. 먼저 'medical'을 클릭한 채로 제일 위에 있는 직사각형까지 마우스 포인터를 드래그한다.

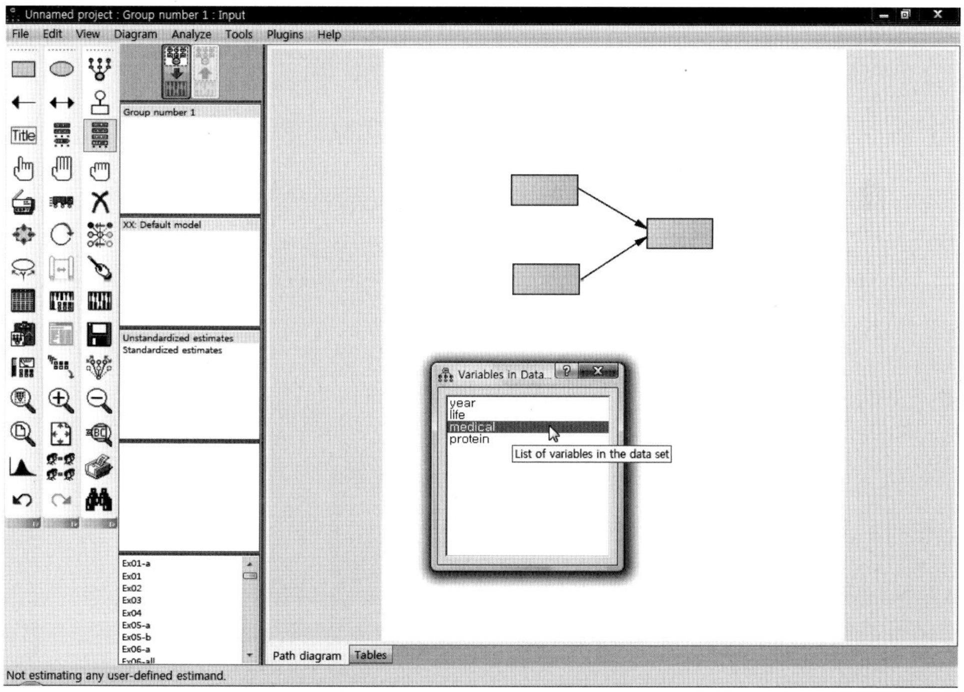

(6) 그러면 다음 화면과 같이 직사각형 안에 변수명이 이동한다. 나머지 두 개의 변수 'protein'과 'life'도 같은 방법으로 해서 직사각형 안으로 이동한다.

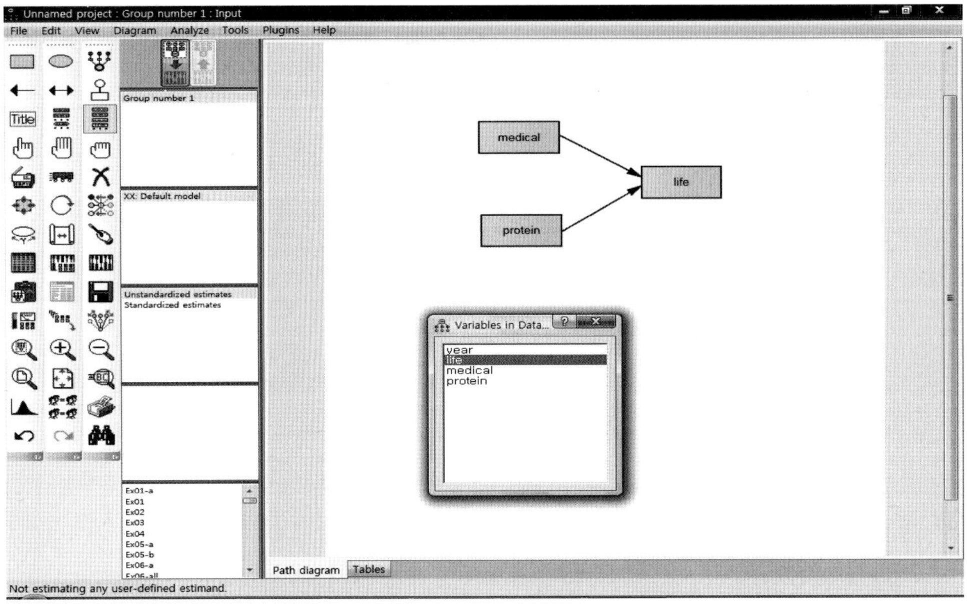

(7) 화면이 위와 같이 되면 도구상자의 (Calculate estimates) 버튼을 클릭해서 계산을 시도해 본다. 두 개의 파라미터 b_1, b_2는 잘 구해질까?

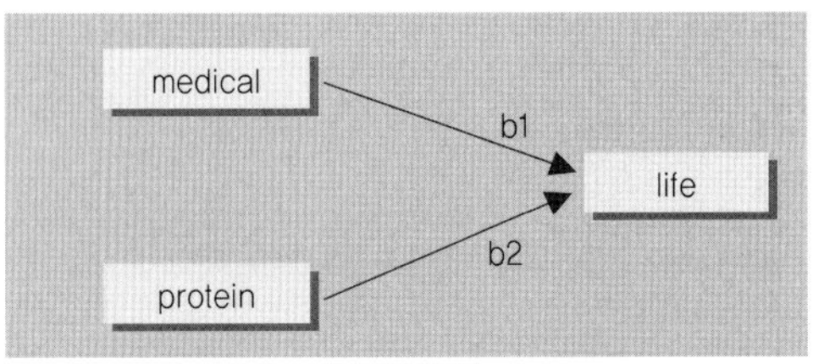

(8) 그러나 다음과 같은 경고가 나온다.

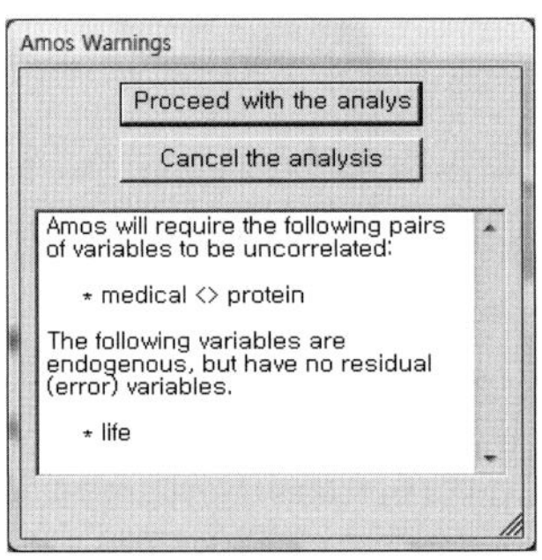

Warning

다음 변수의 쌍에 ↔를 붙이시오. 그렇지 않으면 무상관이 되어 버립니다!!

rotein < > medical

Warning

다음 변수는 내생변수입니다!!

오차변수를 첨가하시오.

life

(9) 그래서 먼저 도구상자의 [↔] 버튼을 선택하여 마우스 포인터를 'protein'의 위에 가지고 가서 클릭한 채로 'medical'까지 연결한다. 쌍방향의 화살표가 만들어질 것이다.

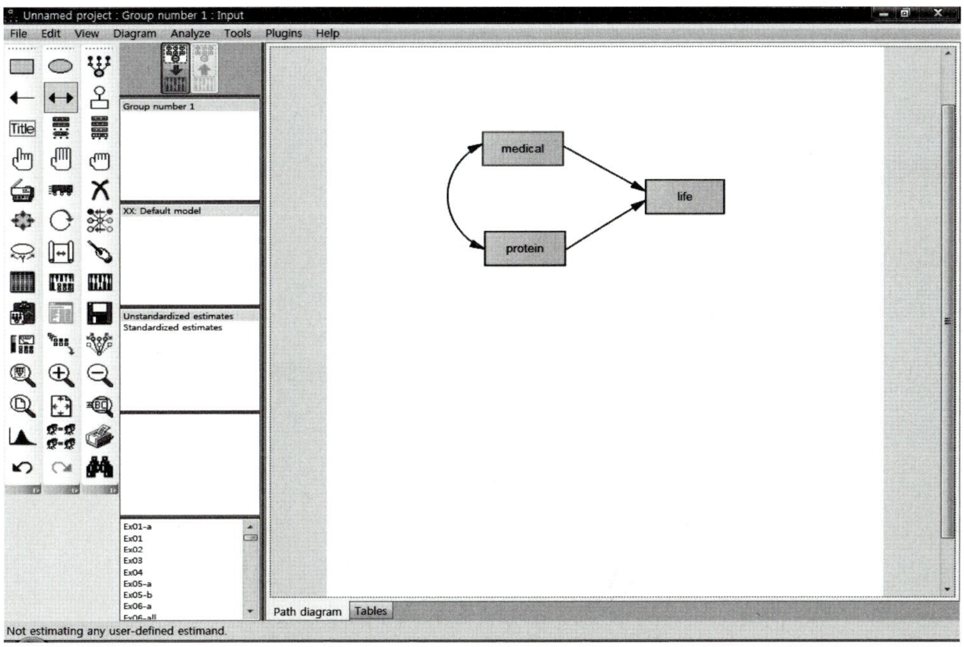

(10) 다음에 도구상자의 [ ] 버튼을 클릭하여 마우스 포인터를 'life'의 위에 가지고 가서 클릭한다. 그러면 다음 화면과 같이 되므로, 도구상자의 [ ] 버튼을 클릭해서 다시 한번 계산을 시도해 본다.

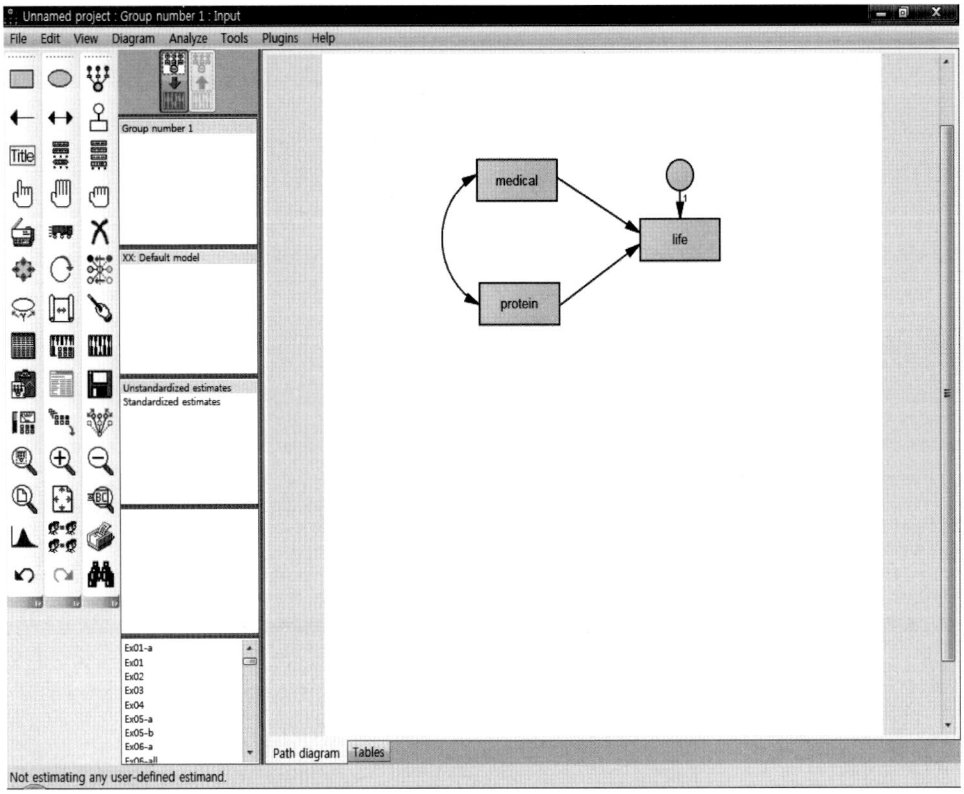

(11) 그러나 또 실패!!

즉, 이름이 붙어 있지 않은 변수가 있는 것이다.

그래서 오차변수의 ○ 안에 이름을 넣도록 한다.

먼저 위 그림의 [확인] 버튼을 클릭해서 이 대화상자를 닫는다. 다음에 ○ 위에 마우스 포인트를 놓고 오른쪽 버튼을 클릭한다. [Object Properties]를 선택한다.

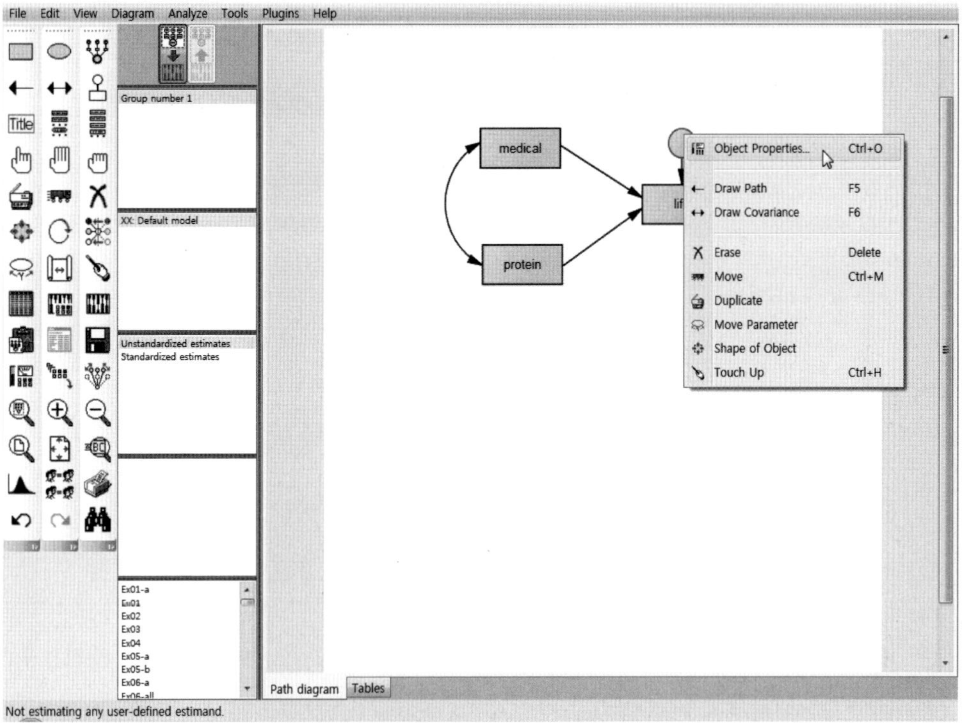

(12) 다음과 같은 [Object Properties] 대화상자가 나타난다. [Text] 탭의 [Variable name] 난에 'e'을 입력하고 화면을 닫는다.

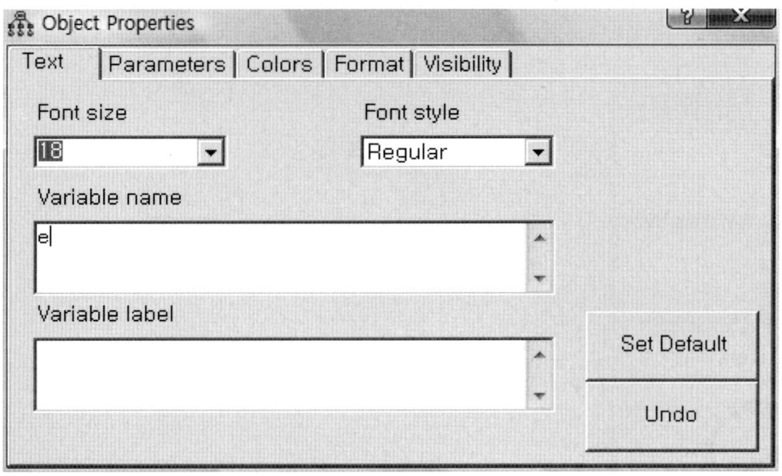

〈순서 5〉 계산의 개시

앞의 화면으로 되돌아오면 다시 도구상자의 버튼을 클릭하여 계산을 개시한다.

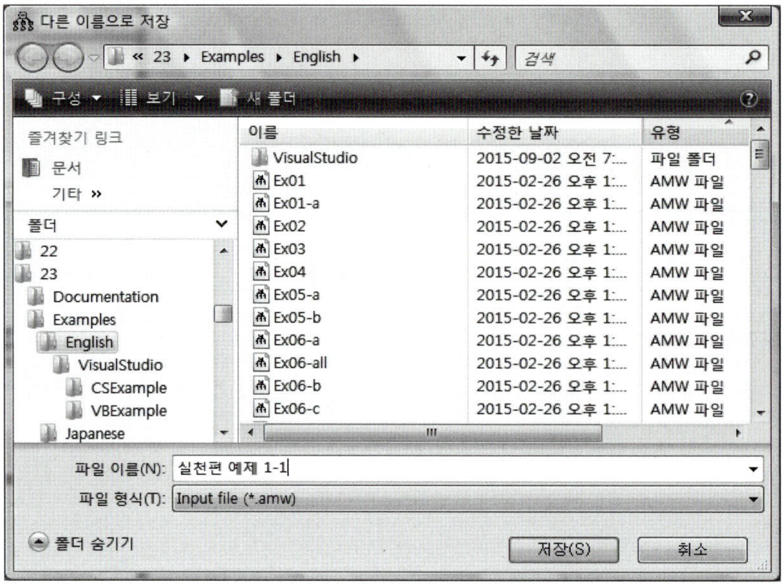

[다른 이름으로 저장] 대화상자가 나타나면 [파일 이름]에 예를 들면, '실천편 예제 1-1'이라고 입력하고 [저장]을 클릭한다.

분석결과 및 결과의 해석방법

다음과 같이 분석결과가 출력된다.

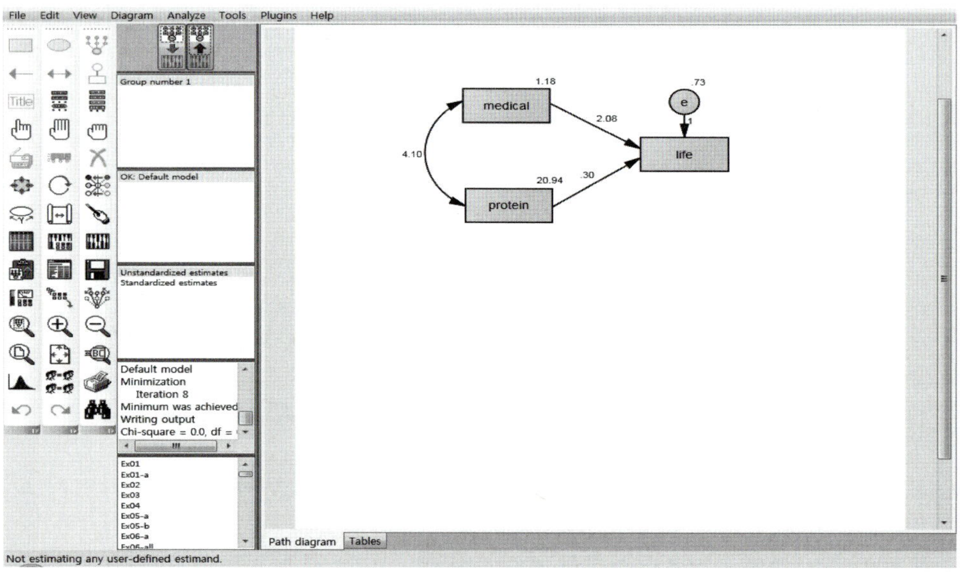

화면의 왼쪽 도구상자에서 (View Text) 버튼을 클릭한다. 화면 왼쪽의 [Estimates]를 클릭한다.

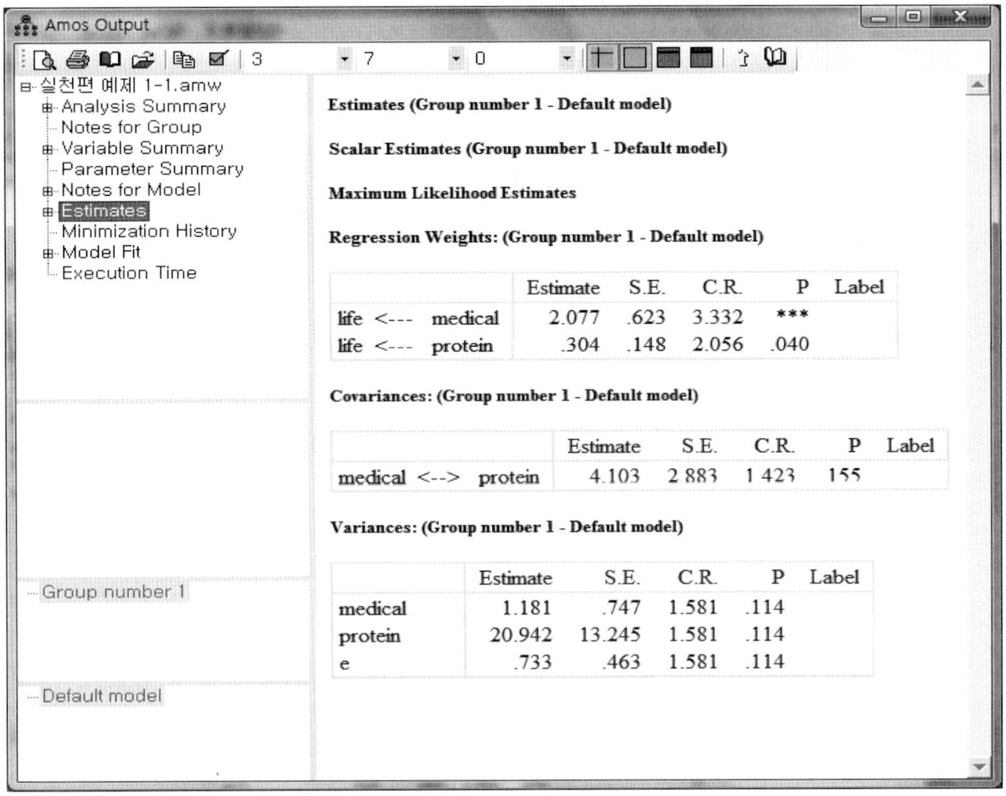

Estimates (Group number 1 - Default model)

Scalar Estimates (Group number 1 - Default model)

Maximum Likelihood Estimates

Regression Weights: (Group number 1 - Default model)

			Estimate	S.E.	C.R.	P	Label
life	<---	medical	2.077	.623	3.332	***	
life	<---	protein	.304	.148	2.056	.040	

Covariances: (Group number 1 - Default model)

			Estimate	S.E.	C.R.	P	Label
medical	<-->	protein	4.103	2.883	1.423	.155	

Variances: (Group number 1 - Default model)

	Estimate	S.E.	C.R.	P	Label
medical	1.181	.747	1.581	.114	
protein	20.942	13.245	1.581	.114	
e	.733	.463	1.581	.114	

① Maximum Likelihood Estimaties : 이 계산은 최우법을 사용하고 있다는 것을 알 수 있다. 중회귀분석에서는 최소자승법을 사용하므로 평균은 일치하지만, 분산이나 표준편차의 값은 다소 달라진다.

② Regression Weights : [Estimate(추정치)]에 알고 싶은 모수의 값이 출력된다. 즉,

$$b_1 = 2.077, \quad b_2 = 0.304 \qquad \leftarrow \text{인과계수} \fallingdotseq \text{편회귀계수}$$

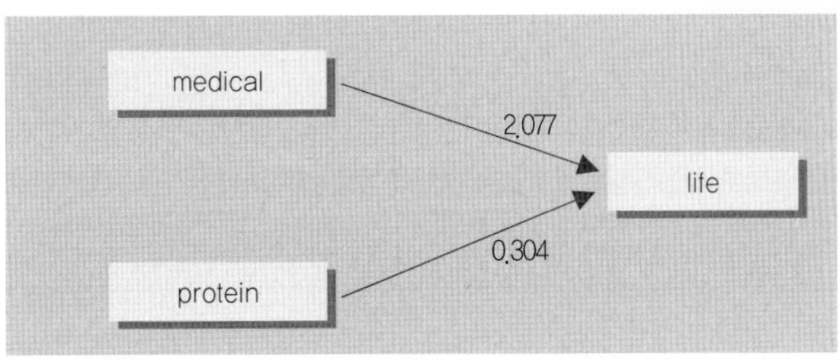

그런데 이 값은 중회귀분석의 결과 편회귀계수와 일치하고 있다.

[C.R.(검정통계량)]의 결과는 “귀무가설 H_0 : 파라미터의 값은 0”의 검정을 하고 있다. 이 값이 1.96 이상이면 귀무가설 H_0가 기각되어 파라미터의 값은 0이 아니게 된다. 즉, 인과계수가 0이 아니므로, 거기에는 의미 있는 관계가 존재하게 된다. 예를 들면 파라미터 b_1은

$$\frac{2.077}{0.623} = 3.332 \geqq 1.96 \qquad\qquad \leftarrow z(0.025) = 1.96$$

이므로 귀무가설이 기각되어, life와 medical 사이에는 의미 있는 관계가 존재하고 있다는 것을 알 수 있다.

■ 표준화한 파라미터의 출력방법

표준화한 파라미터의 값을 구하고 싶을 때는 어떻게 하면 좋을까?

먼저 도구상자(toolbox)의 [Analysis Properties] 버튼을 클릭하면, 다음과 같은 화면이 나타난다. [Output] 탭을 열고 [Standardized estimates]를 선택하고 화면을 닫는다.

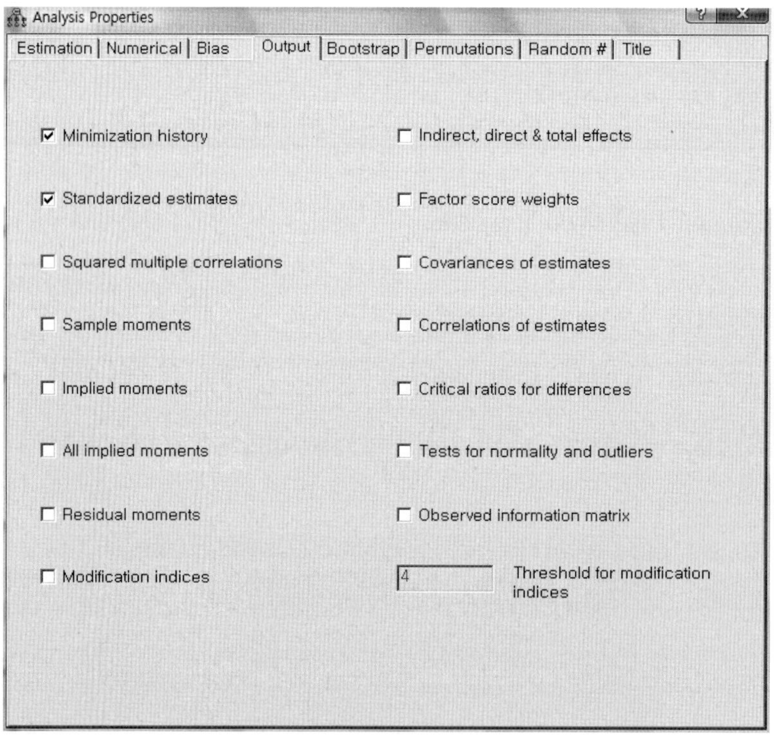

 버튼으로 계산을 개시한다. (View Text)을 클릭하면 다음과 같이 표준화한 파라미터의 값이 출력된다.

Standardized Regression Weights: (Group number 1 - Default model)

	Estimate
life <--- medical	.627
life <--- protein	.387

■ **GFI(Goodness of Fit Index), AIC(Akaike's Information Criterion)의 출력방법**

도구상자의 [Figure captions]  버튼을 클릭하면 마우스 포인터가 다음의 화면과 같이 된다. 이것을 화면 내의 비어 있는 곳에 가지고 가서 다시 클릭한다.

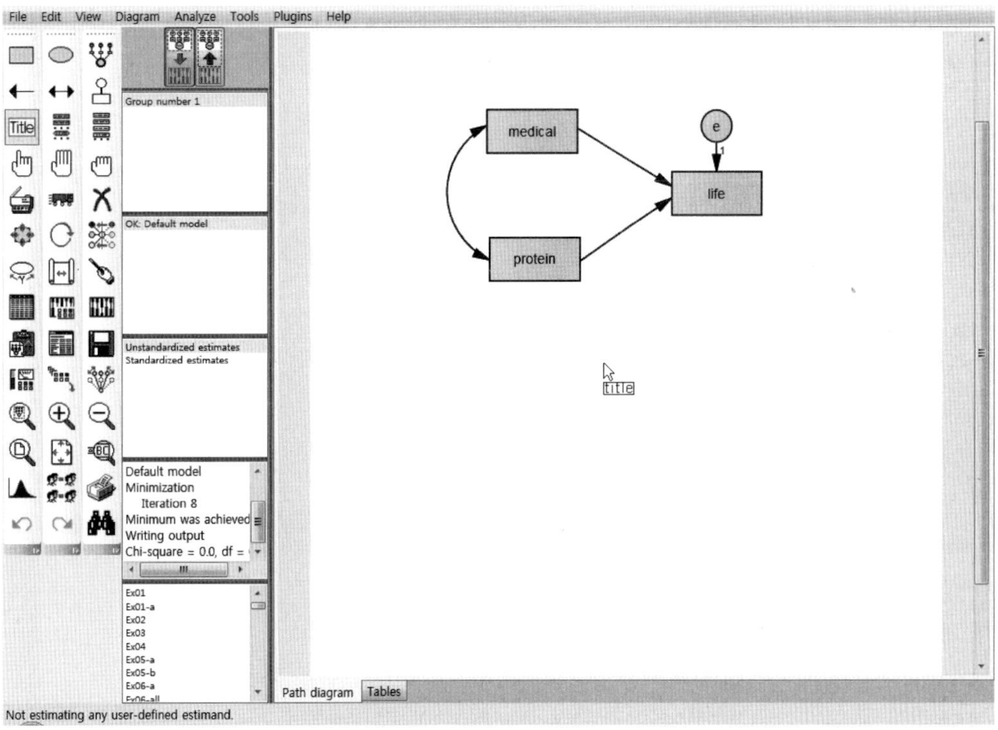

그러면 다음의 [Figure Caption] 대화상자가 나타나므로 테두리 안에 다음과 같이 입력한다.

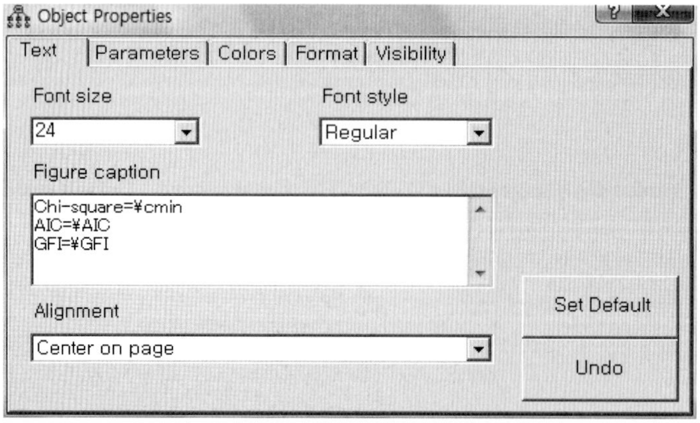

여기에서 [OK] 버튼을 클릭하면 다음과 같은 화면이 나타난다.

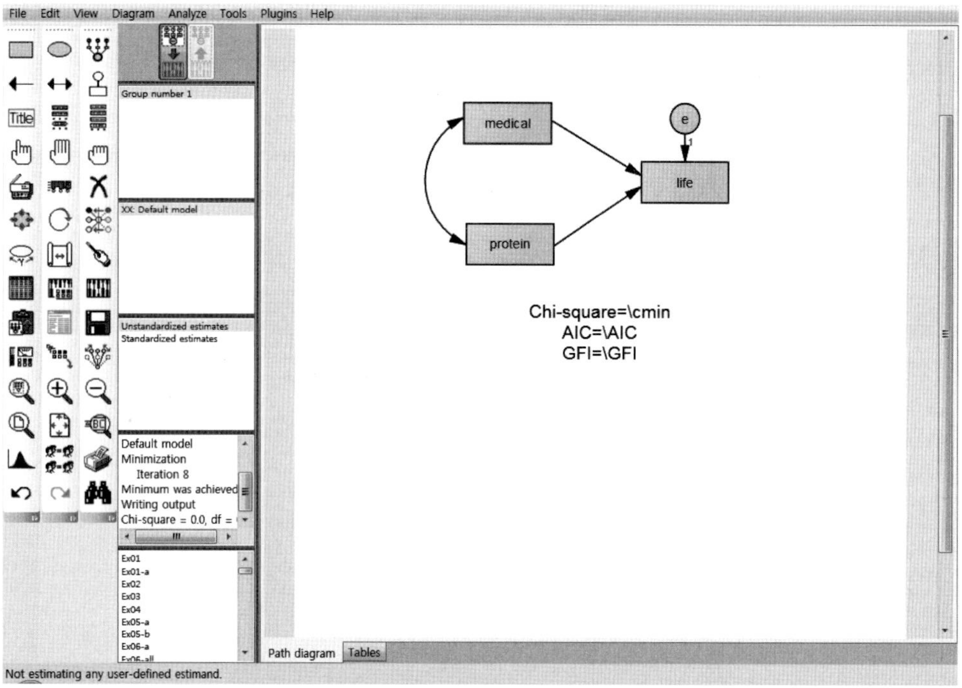

■ **경로도형상에 파라미터값을 써넣는 방법**

먼저 일단 도구상자의  버튼을 클릭해서 계산해 놓는다. 화면의 왼쪽 중앙 부분에

OK : Default model

로 되어 있는 것을 확인하고 나서, 화면의 왼쪽 위에 있는  버튼의 오른쪽을 클릭한다. 그러면 분석결과를 얻게 된다.

■ 표준화하지 않은 파라미터의 경우

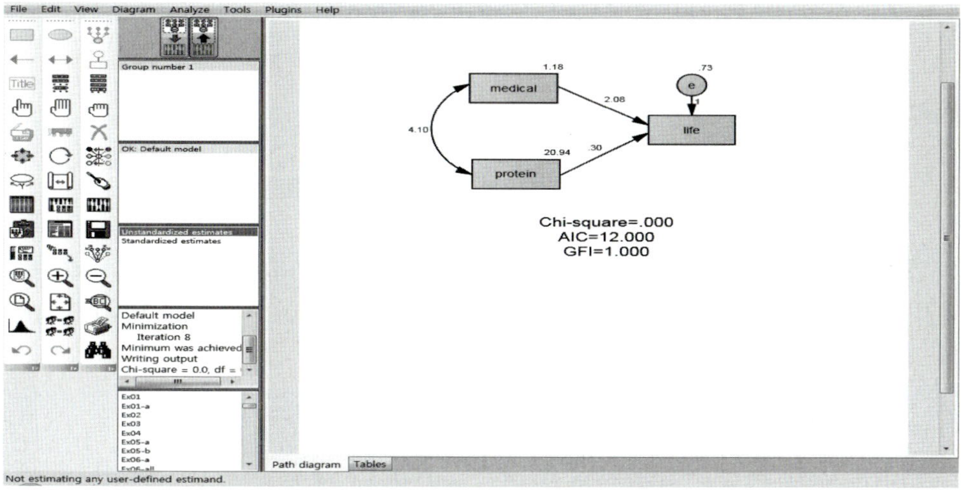

■ 표준화한 파라미터의 경우

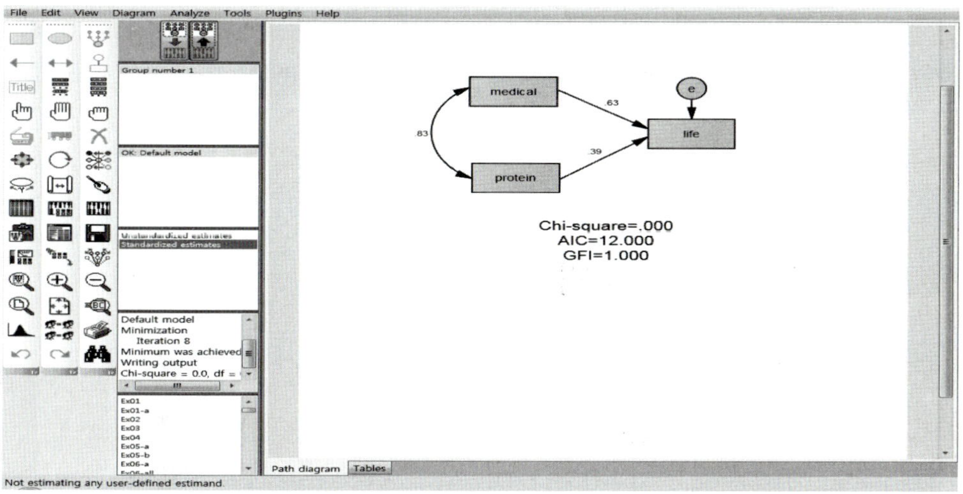

(주1) 표준화한 파라미터를 출력하고 싶은 경우에는, 계산이 끝나면 화면의 왼쪽 중앙에 있는 [Standardized estimates]를 클릭하여 선택한다.

(주2) 이 모델은 포화 모델이므로 GFI는 언제나 1이 된다. 따라서 이 데이터의 경우에는 AGFI(adjusted goodness of fit index, 조정된 적합도지수)를 출력시키는 편이 낫다. 포화 모델이란 perfect model인데 이것은 '좋은 모델'의 의미가 아니라 추정 파라미터의 개수를 가장 많이 했을 때의 모델을 말한다.

길라잡이

중회귀 모델의 적합성을 평가하는 데에 AIC가 있다. AIC(Akaike Information Criterion)란 아카이케(赤池)의 정보량기준을 말한다.

중회귀 모델에서는

$$AIC = N(\log(2\pi \frac{S_E}{N}) + 1) + 2(p+2)$$

라고 정의한다. 단,

$$S_E = \sum_{i=1}^{N}(y_i - Y_i)^2,\ p = \text{설명변수의 개수},\ N = \text{표본의 크기}$$

그런데 AIC는 값이 작을수록 중회귀 모델의 적합성이 좋다고 하게 되는데, 정보량이 아니라 정보량기준이라는 점에 주의할 필요가 있다. 즉, AIC의 값 그 자체가 목적이 아니라 몇 개의 AIC 값을 비교하는 데에 의미가 있다. 따라서

몇 개의 중회귀 모델을 생각한다.

↓

각각의 모델에 대해서 AIC를 구한다.

↓

최소의 AIC 값을 갖는 모델이 최적 모델

과 같이 이용한다. 어떤 설명변수를 받아들이고, 어떤 설명변수를 버리면 좋을지 결정하기 어려운 경우에 안성맞춤인 기법이므로 설명변수 선택의 경우에는 자주 등장한다.

1.3 | 구조방정식모형분석의 기초지식

■ 구조방정식모형분석이란

1.1절의 <표 1-1> 중고차 가격의 데이터에 대해서 다음의 가설을 생각해 보자.

장기간 타면 주행거리가 길어지고 그 결과로서 중고차 가격이 하락한다.

CHAGUM은 KM, YEAR와는 무상관이며 이것들과는 독립적으로 PRICE에 영향을 미친다.

이 가설에 의거한 모델은 1.1절에서 살펴본 바와 같이 다음의 <그림 1−4>과 같이 그릴 수 있다.

이 모델은 이미 보통의 회귀분석 범주에서는 분석이 불가능하다. 즉, 중회귀 모델은 통상 ① 화살표가 향해 있는 변수(종속변수)가 하나이고, ② 독립변수 간에는 자동적으로 상관이 설정된다고 하는 상황을 다루기 때문이다. 그래서 구조방정식모형분석이 필요한 것이다.

아래의 <그림 1−4>의 모델은 중회귀 모델 또는 경로분석 모델이라고 불리고 있다.

<그림 1−4>의 모델에서 YEAR는 KM을 통해서만 PRICE에 영향을 미치며, KM을 경유하지 않고 직접 PRICE에 효과를 미치지 않는다는 것을 가정하고 있다. 즉, KM이 일정하다면

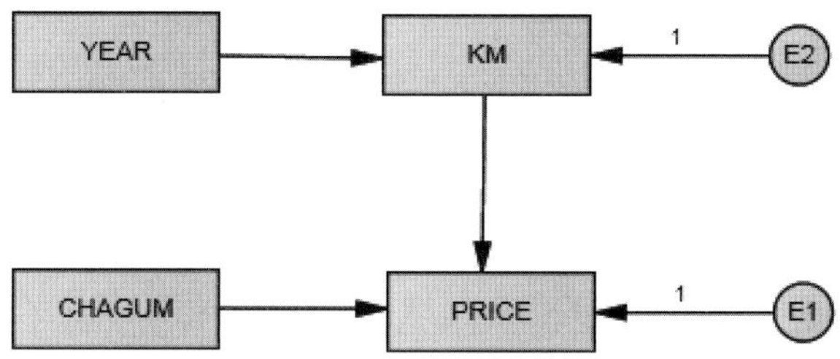

그림 1-4 경로분석 모델 1

YEAR는 PRICE에 영향을 미치지 않기 때문에, 중회귀분석의 결과와 모순된다. 따라서 필시 이 모델은 부적절하여 기각될 것이다.

이와 같은 여러 변수 간의 인과관계를 다루는 경우에는 구성개념의 사고방식을 도입하는 것이 유효하다. 서로 내용이 비슷한 두 개 이상의 변수 간에 높은 상관관계가 관찰될 때에는, 그들 관측변수에 영향을 주는 공통의 원인으로써 구성개념을 상정하는 것이 가능한 경우가 있다. 통계학에서 이와 같은 구성개념을 다루는 경우에는 '잠재변수'라고 불리는 변수를 이용한다.

잠재변수란 측정되는 많은 현상(변수)의 배후에 숨어 그들 현상에 영향을 미치고 있는 요인으로 눈에 보이지 않는 가설적인 변수를 말한다. 이에 비해서 가령 '직장암에 의한 사망률'이나 '대장암에 의한 사망률'과 같이 실제로 값이 측정되는 변수를 '관측변수'라고 부른다.

잠재변수와 관측변수의 관계에 대해서는, 개개의 관측대상이 그 잠재변수에 대하여 가지고 있는 값의 대소에 의해서 관측변수 값의 대소의 일부가 결정된다고 생각하면 된다. 이와 같은 사고방식은 대장암과 직장암처럼 서로 높은 관련을 보이지만 어느 한

쪽이 다른 쪽의 원인이 된다고는 생각하기 어려운 변수를 다룰 때에 유효하다.

잠재변수를 도입하면 내용이 서로 비슷한 관측변수를 한데 모아 하나의 변수로서 취급할 수 있다. 그리고 관측변수를 통합하여 잠재변수 간의 인과관계를 생각한다고 하는 형태로 데이터를 다루면, 여러 변수 간의 인과관계도 검토하기 쉬워지는 경우가 많다.

지금까지의 설명은 다음과 같이 두 가지로 요약할 수 있다.

① 잠재변수를 도입함으로써 유사한 경향을 보이는 관측변수를 통합할 수 있다.

② 잠재변수의 사이에서 인과관계를 검토하면, 많은 변수 간의 관계를 직접 다루는 것보다 효율이 좋다.

> 구조방정식모형분석은 여러 가지 통계분석 수법 중에서 가장 일반적인 수법이다.
> 구조방정식모형분석은 개념과 개념 사이의 인과관계를 찾아내는 수법이라고 일컬어지고 있다.
> 따라서 요인분석, 주성분분석, 판별분석, 정준상관분석, 중회귀분석, 분산분석, 수량화이론 Ⅰ류·Ⅱ류·Ⅲ류 등 많은 수법이 구조방정식모형분석에 포함된다.

이제부터 소개할 '구조방정식모형'은 위와 같은 생각을 기초로 해서 잠재변수 간의 인과관계를 검토하기 위한 통계적 기법이다. 단회귀 모델이나 중회귀 모델도 이런 의미에서는 구조방정식모형의 일종으로 간주할 수 있다.

상관행렬이나 공분산행렬을 이용해서 많은 변수 간의 관계를 종합적으로 분석하는 통계적 기법을 '다변량분석'이라고 총칭한다. 그리고 구조방정식모형은 다변량분석의 여러 가지 기법을 통합한 모형이라고 생각할 수 있다. 구조방정식모형을 이용함으로써 다변량 데이터에 관한 여러 가지의 분석을 실시할 수 있게 된다. 구조방정식모형에서는 측정방정식과 구조방정식이라고 하는 두 종류의 방정식을 사용해서 인과 모델을 표현한다. 두 종류의 방정식 중 측정방정식만을 이용한 모델을 생각할 수도 있고, 구조방정식만을 이용한 모델을 생각할 수도 있다.

다음의 <표 1－4>는 구조방정식모형의 하위 모델로서 기술할 수 있는 통계기법을 정리한 것이다. 이 표를 보면 구조방정식모형분석의 광범위함을 알 수 있을 것이다.

표 1-4 구조방정식모형

측정방정식만을 이용한 모델	측정방정식과 구조방정식을 이용한 모델	구조방정식만을 이용한 모델
(검증적) 요인분석	다중지표 다중원인 모델	경로분석
분산성분의 추정 모델	다중지표 모델	단회귀분석
주성분분석	PLS(Partial Least Squares) 모델	중회귀분석
다방법다특성 행렬의 분석	고차 요인분석	동시방정식 모델
고전적 테스트 모델	심플렉스 구조 모델	다변량회귀분석
일반화 가능성 계수의 추정 모델	중판별분석	분산분석
와이너 심플렉스 모델	정준상관분석	공분산분석
	수량화이론 III류	다변량분산분석
	패널 데이터의 분석	다변량공분산분석
		판별분석
		수량화이론 I류
		수량화이론 II류

잠재변수의 명명(命名)

구조방정식모형은 주로 잠재변수 간의 인과 모델을 분석할 때에 위력을 발휘한다. 그래서 모델을 구성할 때에 '가설적인 요인'의 내용에 의거한 구체적인 이름을 잠재변수에 부여해 놓으면 편리하다. 즉, 관심의 대상으로 되어 있는 '구성개념'을 잠재변수의 이름으로서 정의한다고 하는 것이다.

다음의 <표 1-5>는 세계 47개국 남성에 대한 암의 부위별 정정사망률(訂正死亡率)(1974년, 인구 10만 對)과 음식물 공급량(Cal/day)(1961~65년의 평균치 ; F. A. O.(1976))의 데이터이다. 여기에서 정정사망률이란 연령구성이 다른 지역 간의 사망률을 비교하기 위한 지표를 말한다.

표 1-5 남성 암의 국가별 정정사망률과 음식물 공급량

국가번호	총열량 x_1	육류 x_2	유제품 x_3	주류 x_4	대장암 x_5	직장암 x_6
1	2336	40	89	38	2.98	2.53
2	3190	575	388	109	14.60	5.91
3	2578	168	127	128	3.92	1.90
4	2200	120	142	23	3.99	0.71
5	2431	205	117	42	6.75	2.84
6	1940	79	101	37	1.28	0.59

국가번호	총열량 x_1	육류 x_2	유제품 x_3	주류 x_4	대장암 x_5	직장암 x_6
7	1895	98	111	41	3.51	0.88
8	1819	55	94	26	0.89	0.57
9	2352	178	100	192	13.76	2.66
10	2570	144	93	68	1.94	0.66
11	2342	140	92	44	4.12	1.61
12	2436	151	133	12	8.53	5.72
13	3349	672	413	121	14.95	4.38
14	2938	720	364	91	12.13	6.07
15	2225	175	167	61	3.27	1.39
16	2468	291	47	25	8.58	4.02
17	2869	187	218	56	9.69	3.89
18	2551	55	47	75	5.01	6.00
19	1915	99	20	19	2.74	1.11
20	2416	146	112	19	9.05	6.18
21	2135	88	17	11	1.84	0.13
22	3366	487	337	218	13.51	9.99
23	3364	486	272	194	13.53	7.88
24	3242	229	136	100	4.07	5.15
25	3398	443	254	192	11.02	11.92
26	3409	474	402	131	11.59	10.99
27	3192	291	590	70	5.48	5.32
28	3351	450	254	317	13.32	7.45
29	3264	485	293	211	13.35	9.74
30	2862	166	181	77	5.69	0.66
31	3246	311	190	142	11.35	9.12
32	3093	459	730	60	9.96	2.73
33	3457	490	438	95	14.67	7.42
34	3079	208	186	262	10.58	6.38
35	3364	486	272	194	13.12	8.72
36	3239	406	386	72	11.79	6.90
37	3107	285	483	49	7.93	6.34
38	3260	327	385	131	5.46	5.49
39	2861	179	91	228	7.86	6.46
40	2903	189	199	74	3.33	3.45
41	2848	192	159	202	6.86	4.27
42	3177	416	444	118	12.17	6.87
43	3521	447	436	227	12.81	7.03
44	3396	529	371	144	13.04	8.56
45	3201	161	182	104	4.11	4.91
46	3256	683	345	146	15.32	6.34
47	3517	753	422	128	16.08	9.59

그러면 음식물 섭취와 암의 데이터에 대해서 잠재변수를 명명하기로 하자. 이 데이터에는 두 개의 잠재변수를 도입한다. 한쪽이 음식물 섭취의 경향에 관한 잠재변수, 다른 한쪽이 암의 발생경향에 관한 잠재변수이다.

음식물 섭취에 대해서는 네 개의 관측변수가 있다(총열량, 육류, 유제품, 주류). 이들 네 개의 관측변수에 관계하는 잠재변수를 '양식 경향(洋食傾向)'이라고 이름 붙이기로 하자. 한편 암에 관한 관측변수는 대장암과 직장암의 정정사망률이다. 그래서 이것들에 관계하는 잠재변수를 '하부 소화기관의 암 경향'이라고 부르기로 한다.

▩ 경로도형을 사용한 지식의 정리

앞장에서도 설명한 바와 같이 잠재변수와 관측변수의 관계를 기술한다거나 잠재변수 간의 인과관계를 나타낸다거나 하려면 경로도형(path diagram)을 사용하는 것이 알기 쉽다. 경로도형은 고찰하고 싶은 인과 모델의 내용을 제3자에게 전하는 데 편리한 표현방법이다. '경로'란 인과 모델에서는 인과의 '코스'라고 하는 의미를 갖는다. 이 코스를 변수 간에 한쪽 방향의 화살표를 붙여서 표현하기 때문에 경로도형이라는 이름이 붙여졌다.

경로도형을 구성하는 요소는 세 종류의 변수와 변수를 둘러싸는 테두리 그리고 변수 간에 그어지는 한쪽 방향 및 쌍방향의 화살표이다. 세 종류의 변수란 관측변수, 잠재변수, 오차변수를 일컫는다. 분석결과를 나타내 보이기 위해서 경로도형의 안에 수치를 써넣는 경우도 많다.

경로도형 전체는 이것들의 부품을 여러 가지 형태로 편성해서 만들어지게 된다. 다음에 음식물 섭취와 암의 데이터를 이용해서 경로도형의 해석방법을 구체적으로 설명하기로 한다.

(1) 다양한 모델을 표현한다

다음 <그림 1−5>의 (a), (b), (c)는 대장암, 직장암과 음식물 섭취 패턴에 관한 세 종류의 인과 모델을 경로도형으로 표현한 것이다. 이들 세 종류의 인과 모델은 모두 구조방정식모형의 하위 모델이라고 생각할 수 있다.

그림 (a)는 다중지표 모델, (b)는 다중지표 다중원인 모델, (c)는 PLS라고 불리는 모델이다.

먼저 그림 (a)의 좌측에서는 잠재변수인 '양식 경향'으로부터 네 개의 관측변수가 영향을 받고 있다. 경로도형에서는 한쪽 방향 화살표의 시작점이 되는 변수가 원인이 되는 변수이다. 그리고 화살표의 끝점이 되는 변수가 결과가 되는 변수이다.

그림 (a)의 좌측에서는 '양식 경향'이 관측변수의 원인이 되어 있다. 이 때문에 '양식 경향'이라고 하는 음식물 섭취의 경향에 관한 잠재변수(원인)가 앞에 있어, 양식 경향이 강한 나라의 사람들은 총열량이나 육류·유제품·주류의 섭취량이 많아지고 있다고 하는 가설을 표명한 모델이라고 해석하면 된다.

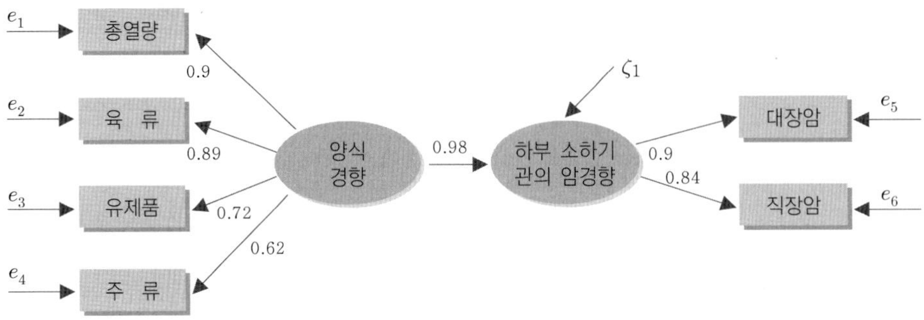

(a) 다중지표 모델

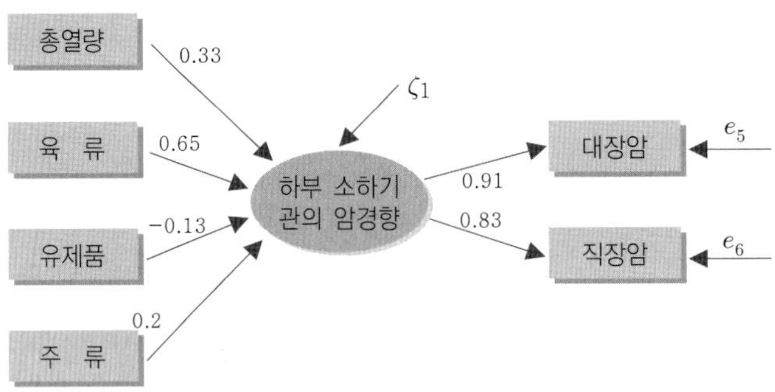

(b) 다중지표 다중원인 모델

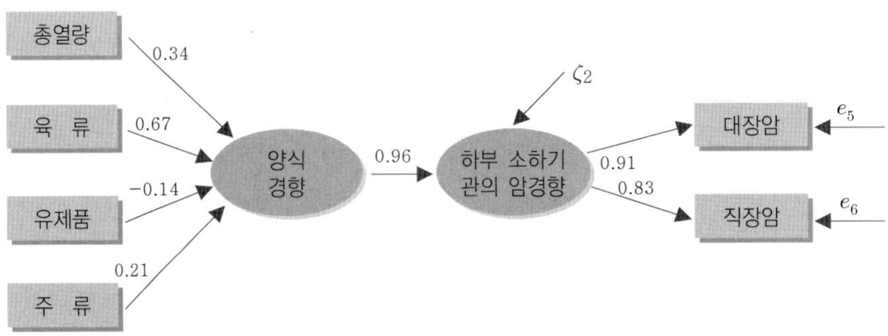

(c) PLS 모델

그림 1-5 여러 가지의 경로도형

이 네 개의 관측변수는 공통의 원인으로서 상정한 '양식 경향'만으로는 설명할 수 없는 독자적인 변동을 각각에 포함하고 있다. 이와 같은 독자적인 변동은 오차변수 e_1~e_4가 원인이 되어 생기고 있다고 상정한다. 이 때문에 e_1~ e_4로부터 각각 x_1~ x_4에 한쪽 방향의 화살표가 그어져 있는 것이다.

한편 그림 (a)의 우측에서는 '하부 소화기관의 암 경향'으로부터 두 개의 관측변수가 인과적인 영향을 받고 있다. 또 각각에 독자적인 변동을 주는 오차변수 e_5, e_6로부터도 한쪽 방향의 화살표를 받고 있다. 그리고 잠재변수 간의 관계에 대해서는 '양식 경향'이 '하부 소화기관의 암 경향'에 인과적인 영향을 주고 있다고 하는 것을 표현한 모델로 되어 있다.

'하부 소화기관의 암 경향'에 대해서도 '양식 경향'이라고 하는 원인만으로는 설명할 수 없는 독자적인 변동을 포함한다고 생각되므로, ζ_1이라고 하는 오차변수로부터 한쪽 방향의 화살표를 받고 있다. ζ(제타)라고 하는 그리스 문자를 이용하는 것은 '잠재변수→잠재변수'라고 하는 인과관계를 생각할 때의 오차를 표현하기 위함이다. 이렇게 하면 '잠재변수→관측변수'라고 하는 인과관계를 생각할 때의 오차변수 e_1 ~ e_6와 구별할 수 있다.

그림 (a)는 분석의 목적으로 되어 있는 잠재변수로부터 영향을 받는 관측변수가 하나의 잠재변수에 대해서 복수 개 존재하는 사실로부터 '다중지표 모델'이라고 불린다.

그림 (b)의 경우 잠재변수는 한 개밖에 도입되고 있지 않다. 이 모델은 그림 좌측의 네 개 관측변수가 직접적으로 잠재변수 '하부 소화기관의 암 경향'의 원인으로 되어 있다고 하는 인과관계를 보이고 있다. '하부 소화기관의 암 경향'으로부터 두 개의 관측변수(대장암과 직장암)가 영향을 받고 있는 것은 그림 (a)와 같다.

이와 같이 2군의 관측변수가 하나의 잠재변수를 통해서, 인과관계를 보이는 화살표로 이어진다는 사실로부터 이 모델을 다중지표 다중원인(MIMIC ; Multiple Indicator Multiple Cause) 모델이라고 부른다.

그림 (c)에 보인 것은 'PLS(Partial Least Squares)'라고 불리는 모델이다. 여기에서는 두 개의 잠재변수가 도입되어 있어, 그러한 점에서는 그림 (a)의 다중지표 모델과 비슷하다. 다중지표 모델과의 차이는 제1의 잠재변수 '양식 경향'이 음식물 섭취에 관한 네 개의 관측변수로부터 화살표를 받는 측으로 되어 있다는 것이다. 이것은 PLS 모델에서는 음식물 섭취에 관한 네 개의 관측변수가 원인이 되어 양식 경향이라고 하는 잠재변수를 규정하고 있다고 하는 사고방식을 취한다는 것을 의미한다. 즉, 다중지표 모델과는 역의 인과방향을 표현하고 있는 것이다.

그리고 PLS 모델의 또 하나의 특징은 양식 경향이 화살표를 받는 측의 변수인데도, 다른 모델과 달리 오차변수로부터는 화살표를 받고 있지 않다는 사실이다. 이것은 '양식 경향'이 네 개 관측변수의 가중합(加重合)으로 표현된 일종의 '합성된 변수'라고 하는 것을 의미한다.

이와 같이 잠재변수의 역할은 반드시 관측변수의 '공통의 원인'이라고 하는 데 한정할 필요는 없다. PLS 모델의 경우 관측변수의 가중합은 직접 관측되는 것이 아니므로 역시 잠재변수라고 생각할 수 있는 것이다.

한편 제2의 잠재변수 '하부 소화기관의 암 경향'은 제1의 잠재변수 '양식 경향'이 그 원인의 일부로 되어 있다. 물론 '양식 경향'에 의해서 설명되지 않는 '하부 소화기관의 암 경향'의 변동부분이 남기 때문에, 이것은 오차변수 ζ_2가 생기고 있는 것으로 생각한다. '하부 소화기관의 암 경향'이 두 부위의 암에 관한 관측변수에 영향을 미치고 있는 점은 다중지표 모델이나 MIMIC 모델과 같다.

여기에서는 동일한 데이터를 분석하기 위한 세 개의 인과 모델을 보였다. 분석자가 인과관계를 어떻게 생각하는가를 보이기 위하여, 경로도형이 대단히 중요한 역할을 하고 있다는 것을 알 수 있을 것이다.

(2) 경로도형을 그리는 방법

여기에서 경로도형을 그리는 경우의 규칙을 정리해 놓기로 한다. 경로도형을 그리는 규칙은 다음의 다섯 개다.

① 관측변수는 사각형으로 둘러싼다.
② 잠재변수는 원 또는 타원으로 둘러싼다.
③ 오차변수는 둘러싸지 않거나 혹은 원으로 둘러싼다.
④ 인과적인 영향을 주는 변수로부터 받는 변수에 한쪽 방향의 화살표를 긋고, 화살표에 인과의 영향력을 나타내는 수치를 부여한다.
⑤ 공변동(共變動)을 보이는 두 개의 변수에 인과관계를 가정하지 않을 때에는 쌍방향의 화살표를 긋고, 화살표에 공분산(또는 상관)을 나타내는 수치를 부여한다.

이들 다섯 개의 규칙에 따라서 필요하다면 세부사항을 생략한다거나 해서 보기 쉬운 경로도형을 작성하면 된다. 경로도형을 사용해서 가설을 시각적으로 표현하는 것은 모델을 구성할 때에, 잠재변수와 관측변수의 관계나 잠재변수 간의 인과관계에 관한 여러 가지의 가설을 검토하고 정리하는 데에 대단히 유효한 방법이다. 또 ④, ⑤의 규칙을 사용하면 분석의 결과를 동시에 보일 수 있으므로 대단히 편리하다.

<그림 1-5>에 보인 (a), (b), (c)의 세 경로도형은 분석자가 상정한 인과관계를 표현하고 있을 뿐만 아니라 분석결과도 나타내고 있는 것이다.

방정식에 의한 구조방정식모형의 표현

(1) 구조방정식모형에 등장하는 변수의 분류

지금까지의 설명을 정리하기 위해서 구조방정식모형에 등장하는 변수를 세 개의 관점에서 분류해 보자.

제1의 관점은 '관측변수인가 잠재변수인가'이다. 관측변수는 직접 관측이 가능한 변수로 자기 주변에 다변량 데이터로서 실제의 측정치가 얻어져 있는 변수를 가리키고 있다. 한편 잠재변수는 모델 안에 도입한 직접 관측할 수 없는 모든 변수를 말한다. '오차변수'는 직접 관측할 수 있는 것은 아니므로 잠재변수라고 생각할 수 있다.

제2의 관점은 '구조변수인가 오차변수인가'이다. 구조변수란 고찰의 대상으로 되어 있는 인과관계에 관여하는 변동을 어떠한 형태로 포함하고 있는 변수를 말한다. 구성개념을 나타내는 잠재변수 그 자체와 관측변수는 구조변수이다. 역으로 고찰의 대상으로 되어 있는 인과관계에서는 설명할 수 없는 결과측 변수의 변동을 만들어 내는 요인으로서 모델에 도입되는 변수가 오차변수이다.

제3의 관점은 '외생변수인가 내생변수인가'이다. 외생변수란 모델 안에서 한 번도 다른 변수의 결과가 되지 않는 변수를 말한다. 바꿔 말하면 그 원인을 불문하고 모델의 외부로부터 모델에 도입되는 변수를 일컫는다. 오차변수는 반드시 외생변수이다. 한편 내생변수란 적어도 한 번은 다른 변수의 결과가 되는 변수를 말하며, 모델의 내부에서 그 변동이 설명되는 변수를 가리킨다.

외생변수인가 내생변수인가의 구별은 언뜻 보기에 어려울 것 같지만 경로도형을 보면 곧 구별할 수 있다. 즉, 외생변수는 '한 번도 한쪽 방향의 화살표를 받지 않는' 변수이며, 내생변수는 '한 번은 한쪽 방향의 화살표를 받는' 변수이다, 라고 생각하면 알기 쉽다.

구조방정식모형에 등장하는 변수를 정리하면 아래의 <표 1-6>과 같이 된다. <표 1-6>에서는 해당하는 변수를 표기하는 문자를 나타내고 있다. 구체적인 변수명으로서는, 표의 문자에 변수의 번호를 나타내는 숫자를 첨자로서 붙이는 것이 보통이다.

표 1-6　구조방정식모형에 대한 변수의 분류

◦	구조변수		오차변수	
	내생변수	외생변수	내생변수	외생변수
관측변수	x	(x)*	–	–
잠재변수	에타 η	크사이 ξ	–	제타 e, ζ

* 관측변수가 외생변수로 되는 경우도 있다.

이상의 세 개 관점을 편성하면, <그림 1－5> (a)의 다중지표 모델의 '양식 경향'은 '외생적이고 또한 구조적인 잠재변수'가 되어 그리스 문자를 이용한 표기로는 ξ_1이 된다. 또 '하부소화기관의 암 경향'은 '내생적이고 또한 구조적인 잠재변수'이며, η_1으로 표기된다. 한편 MIMIC 모델(그림 (b))이나 PLS 모델(그림 (c))에서는 음식물 섭취에 관한 네 개의 변수가 '외생적이고 또한 구조적인 관측변수'로서 취급된다.

다만 세 개의 관점을 모두 편성한 표현은 번거로우므로 약간 간략화한 호칭을 정해 놓기로 하자.

여기에서 잠재변수라고 하는 말은 구조적인 잠재변수를 가리킬 때에 이용한다. 이렇게 정해 놓으면 '외생적인 잠재변수'는 ξ를, '내생적인 잠재변수'는 η를 나타내기로 한다. 오차변수도 잠재변수이지만 관측변수인 오차변수는 존재하지 않는다. 따라서 e나 ζ에 대해서는 단지 오차변수라고 부르면 충분하다.

(2) 측정방정식과 구조방정식

전술한 바와 같이 구조방정식모형에서는 측정방정식과 구조방정식이라고 하는 두 종류의 방정식에 의해서 인과 모델을 표현한다. 경로도형은 실은 이들 두 종류의 방정식 내용을 그림으로 나타낸 것이다. 여기에서 측정방정식과 구조방정식에 대해서 설명하고자 한다.

이들 방정식은 구조방정식모형에서 다루어지는 변수 간의 인과관계에 관한 두 종류의 가설을 수식으로 표현하기 위한 것이다. 측정방정식이나 구조방정식 모두 결과가 되는 변수(즉 내생변수)를 좌변에, 그 내생변수의 원인이 되는 변수(단지 원인변수라고 부른다)를 우변에 배치한다. 원인변수는 내생변수도 있고 외생변수도 있다. 즉 구조방정식이나 측정방정식 모두 다음과 같은 형태를 취하는 점에서는 공통적이라고 할 수 있다.

내생변수 = 인과계수 × 원인변수 1[+ 인과계수 × 원인변수 2 ⋯] + 오차변수

[ ] 안의 부분은 방정식에 따라서 있기도 하고 없기도 한다고 하는 의미이다. 이미 다른 변수의 결과로서 설명되는 내생변수가 별도의 다른 변수의 원인이 되는 모델도 생각할 수 있으므로, 내생변수도 원인변수로서 우변에 배치하는 경우가 있다.

방정식을 설명하기 위해서는 경로도형을 부분마다 분해해서 보면 알기 쉽다. 측정방정식, 구조방정식의 순서로 설명하기로 한다.

① 측정방정식

측정방정식이란 공통의 원인으로서의 잠재변수가 여러 개의 관측변수에 영향을 미치고 있는 모양을 기술하기 위한 방정식이다. 역으로 '구성개념'에 상당하는 잠재변수가 관측변수에 의해서 어떻게 측정되고 있는가를 기술하는 방정식이라고 생각해도 좋다.

<그림 1-6>의 (d)는 <그림 1-5> (a)의 다중지표 모델 중 왼쪽 반을, (e)는 오른쪽 반을 다시 나타낸 것이다. (d)는 외생적인 잠재변수(ξ_1)인 '양식 경향'과 4개의 관측변수 사이의 대응관계를 나타낸다. 그리고 (e)는 내생적인 잠재변수(η_1)인 '하부 소화기관의 암 경향'과 두 관측변수의 대응관계를 나타내고 있다. 측정방정식은 관측변수의 수만큼 준비되며, 일반적으로는

관측변수 = 인과계수 × 잠재변수 1[+ 인과계수 × 잠재변수 2 ⋯] + 오차변수

라고 하는 형태를 취한다.

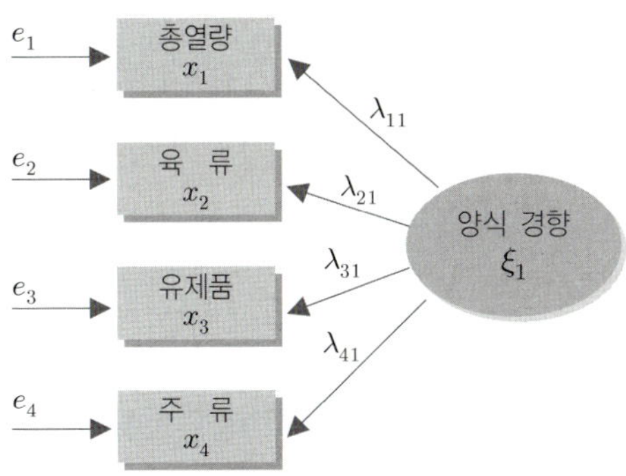

(d)

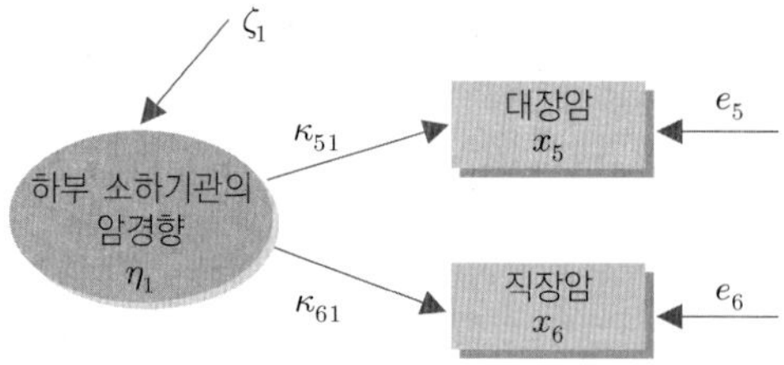

(e)

그림 1-6 다중지표 모델의 양쪽 부분

(d)에 관한 측정방정식은 다음과 같이 네 개로 된다. 이 경우에는 잠재변수가 ξ_1뿐이므로 대괄호의 속에 해당하는 항은 없다.

$$x_1 = \lambda_{11} \times \xi_1 + e_1$$

$$x_2 = \lambda_{21} \times \xi_1 + e_2$$

$$x_3 = \lambda_{31} \times \xi_1 + e_3$$

$$x_4 = \lambda_{41} \times \xi_1 + e_4$$

여기에서 λ_{i1}는 외생적인 잠재변수 ξ_1으로부터 i번째의 관측변수 x_i에 대한 인과계수이다. 또 (e)에 관한 측정방정식은 2개로 다음과 같다.

$$x_5 = \kappa_{51} \times \eta_1 + e_5$$

$$x_6 = \kappa_{61} \times \eta_1 + e_6$$

'소화기관의 암 경향'은 '양식 경향'으로부터 인과적인 영향을 받으므로, 내생변수 η가 이용되고 있다. κ_{i1}은 내생적인 잠재변수 η_1으로부터 i번째의 관측변수 x_i에 대한 인과계수이다.

이 여섯 개의 방정식은 실은 각각 1개의 잠재변수로부터 1개의 관측변수를 예측하기 위한 단회귀 모델을 표현한 것으로 되어 있다. λ(람다)와 κ(캅파)는 잠재변수에서 관측변수로의 인과적인 규정력(規定力)을 나타내는 계수로서, 이 인과계수를 특히 잠재변수에서 관측변수로의 '영향지표'라고 부른다. 영향력의 지표인 인과계수를 추정하는 것이 구조방정식모형분석의 목적 중 하나이다.

구조방정식모형에서는 외생적인 잠재변수로부터의 영향지표와 내생적인 잠재변수로부터의 영향지표를 구별해서 나타내므로, 여기에서는 각각 λ와 κ라고 하는 문자를 이용했다. λ나

κ에 붙어 있는 두 개의 첨자는 일반적으로 첫 번째의 숫자가 화살표를 받는 측 관측변수의 번호를 나타내고, 두 번째의 숫자가 화살표가 나가는 측 잠재변수의 번호를 나타낸다. 다중 지표 모델에서는 외생적인 잠재변수와 내생적인 잠재변수는 모두 한 개씩이었으므로, 두 번째의 첨자는 반드시 1이다.

그러나 위와 같은 규칙을 이용하면 잠재변수의 수가 늘어나도 곤란한 일은 없다. 예를 들면 κ_{62}라고 하면 두 번째의 내생적인 잠재변수로부터 여섯 번째의 관측변수에 대한 영향지표라고 하는 것을 의미하게 된다. <그림 1-5> (c)의 PLS 모델에서는 '양식 경향'은 이미 화살표를 받고 있는 내생적인 잠재변수로서 이것이 η_1이 되기 때문에 '하부 소화기관의 암 경향'은 η_2이다.

따라서 PLS 모델의 x_5, x_6인 대장암과 직장암의 측정방정식은

$$x_5 = \kappa_{52} \times \eta_2 + e_5$$

$$x_6 = \kappa_{62} \times \eta_2 + e_6$$

으로 표현된다.

그런데 측정방정식에는 '$+e_i$'라고 하는 항이 포함되어 있다. 이 e_i는 i번째의 관측변수 x_i에 대한 측정방정식에 있어서의 오차변수 항이다.

각 관측변수의 값의 대소는 공통 요인으로서의 잠재변수 영향만으로 결정되는 것이 아니라, 그 관측변수 독자의 요인에 의해서 결정되는 부분도 있다. 그와 같은 독자적인 변동을 낳는 요인을 모두 모델 안에 거두어들이는 것은 불가능하므로, 당면한 관심의 대상인 구조적인 잠재변수로 설명되지 않는 변동은 모두 e_i라고 하는 '오차변수'가 만들어 내고 있다고 생각하는 것이다.

또 관측변수가 두 개 또는 그 이상의 잠재변수로부터 영향을 받는다고 하는 모델을 표현할 수도 있다. 예를 들면 x_7이 ξ_2와 η_1의 양쪽으로부터 영향을 받는 경우에는

$$x_7 = \lambda_{72} \times \xi_2 + \kappa_{71} \times \eta_1 + e_7$$

이라고 하는 측정방정식에 의해서 그 관계를 표현한다.

② 구조방정식

구조방정식은 변수 간의 인과관계를 표현하기 위한 방정식이다. 구체적으로는 "잠재변수가 다른 잠재변수의 원인이 된다", "관측변수가 다른 관측변수의 원인이 된다" 혹은 "관측변수

가 잠재변수의 원인이 된다"고 하는 인과관계는 구조방정식에 의해서 표현된다.

<그림 1－7>은 다중지표 모델의 두 잠재변수 간의 인과관계 부분만을 끄집어내어 나타낸 것이다. <그림 1－7>에 관한 구조방정식은 한 개로 다음과 같다.

$$\eta_1 = \gamma_{11} \times \xi_1 + \zeta_1$$

γ_{11}는 ξ_1에서 η_1으로의 인과적인 규정력을 표현하는 계수이며, 이 방정식은 ξ_1으로 η_1을 예측하는 단회귀 모델이라고 생각할 수 있다.

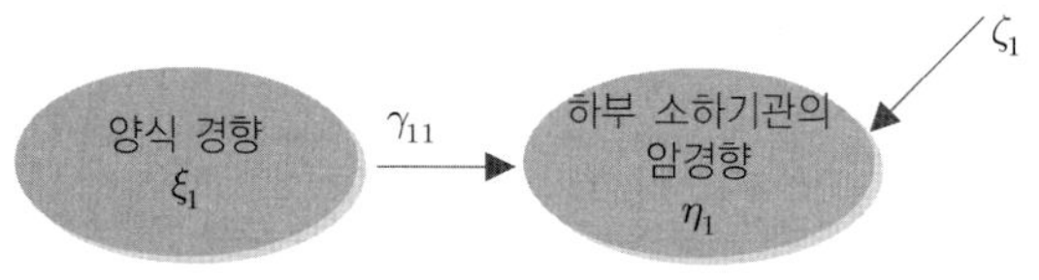

(f)

그림 1-7 다중지표 모델의 부분

γ(감마)는 구조방정식 안에서 외생변수로부터 내생변수에 대한 인과계수를 나타내는 모수(母數)로서 이용되며, 첨자의 의미는 λ나 κ의 경우와 같다.

PLS 모델도 두 개의 잠재변수 사이의 인과관계만을 문제 삼으면 <그림 1－7>과 같은 것이 된다. 그런데 PLS 모델의 경우는 '양식 경향'이 이미 내생적인 잠재변수였기 때문에, 구조방정식은 η_1의 η_2에 대한 인과적인 규정력을 나타내는 β_{21}을 이용해서

$$\eta_2 = \beta_{21} \times \eta_1 + \zeta_2$$

가 된다. 구조방정식의 경우에는 내생변수에서 내생변수로의 인과계수로서 β(베타)라고 하는 문자를 이용한다.

구조방정식은 측정방정식에서 이미 표현이 끝난 것을 제외한 내생적인 변수의 수만큼 지정된다. 또 외생적인 잠재변수 ξ_i는 방정식의 좌변에 놓이는 일은 없다.

상기의 두 구조방정식에 있어서도 '$+\zeta_1$' '$+\zeta_2$'라고 하는 항이 포함되어 있다는 것을 알 수 있을 것이다. 이것은 구조방정식의 오차항이다. 내생적인 구조변수가 원인으로서 우변에 놓여 있는 변수에 의해서 완전히 규정되는 것이 아니므로, 모델에 도입되지 않은 변동의 요인을 ζ_1, ζ_2라고 하는 오차변수로 통합해서 표현하는 것이다.

<그림 1－8>은 MIMIC 모델의 왼쪽 반만을 끄집어낸 그림이다. 이것은 네 개의 외생적

인 관측변수가 모두 한 개의 내생적인 잠재변수 '하부 소화기관의 암 경향'의 원인으로 되어 있는 모델이며, 구조방정식은 다음의 식과 같다.

$$\eta_1 = \gamma_{11} \times x_1 + \gamma_{12} \times x_2 + \gamma_{13} \times x_3 + \gamma_{14} \times x_4 + \zeta_1$$

PLS 모델의 η_1에 관한 구조방정식은 위 식의 ζ_1의 항을 0으로 놓은 것이다. 이와 같이 구조방정식의 우변에는 좌변 변수의 원인이 되는 모든 변수가 인과계수를 동반하여 등장한다.

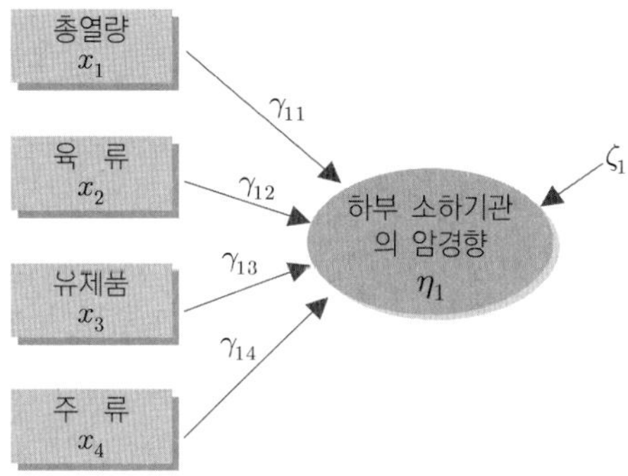

그림 1-8 MIMIC 모델의 부분

예를 들면 ξ_1과 η_1이 η_2의 원인으로 되어 있는 모델이 있다면, 그 구조방정식은

$$\eta_2 = \gamma_{21} \times \xi_1 + \beta_{21} \times \eta_1 + \zeta_2$$

가 된다.

이상의 설명에는 많은 기호와 용어가 등장했으므로, 혼란에 빠질 사람도 있을지 모른다. 그러나 구조방정식모형분석에서 다루는 복잡한 모델을 분석하기 위해서는, 측정방정식과 구조방정식 각부의 명칭이 아무래도 필요하기 때문에 반드시 기억하는 것이 좋다.

구조방정식모형의 방정식에 의한 표현은 인과계수에 관한 두 개의 요령만 파악하고 있으면 결코 어려운 것은 아니다. 두 개의 요령을 <표 1-7>에 정리해 놓았으므로, 전술한 방정식의 의미를 알 수 없으면 <표 1-6>의 변수에 대한 분류표와 <표 1-7>를 참조함으로써 이해를 도울 수 있을 것이다.

표 1-7 두 종류의 방정식에서 인과계수로서 쓰이는 그리스 문자

	측정방정식	구조방정식
외생적인 변수로부터의 인과계수	λ(람다)	γ(감마)
내생적인 변수로부터의 인과계수	κ(캅파)	β(베타)
인과계수의 다른 호칭	영향지표	

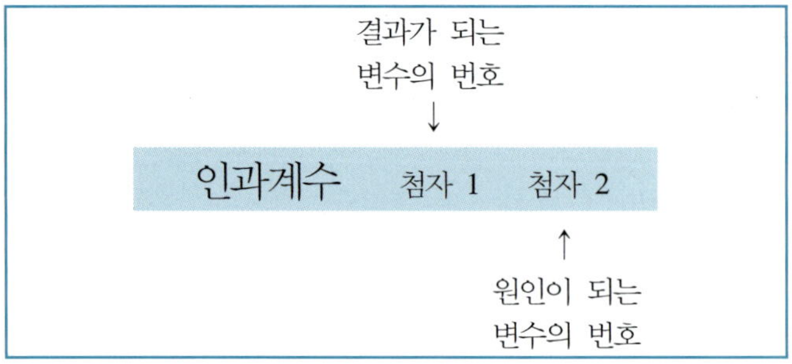

1.4 구조방정식모형분석의 실제

1.2절에서 사용했던 Amos는 구조방정식모형분석의 복잡한 문제를 해결할 수 있는 소프트웨어로서 누구라도 간단히 구조방정식모형분석을 실시할 수 있다.

[예제 1-2]

다음의 <표 1-8>은 의료에 관한 데이터로서 K아파트 단지 주민 30명에 대한 의식조사의 결과이다. stress, action, custom, ⋯, medical 등의 많은 요인 간에 잠재하는 인과관계를 찾아보자.

표 1-8 생활의 질을 향상시키기 위한 요인

No.	stress	action	custom	support	health	environm	medical
1	3	0	5	4	3	2	3
2	3	0	1	2	3	2	2
3	3	1	5	8	3	3	3
4	3	2	7	7	3	2	3
5	2	1	5	8	2	2	4
6	7	1	2	2	4	5	2
7	4	1	3	3	3	3	3
8	1	3	6	8	2	3	2
9	5	4	5	6	3	3	3
10	3	1	5	3	3	3	3
11	5	1	4	7	5	3	3

No.	stress	action	custom	support	health	environm	medical
12	6	1	2	7	3	4	3
13	4	0	0	2	3	3	3
14	5	0	0	0	3	3	2
15	7	2	3	4	4	4	3
16	3	0	1	8	3	3	3
17	0	1	3	8	3	3	3
18	4	0	5	6	3	3	2
19	5	1	7	6	4	4	3
20	3	1	5	0	3	3	3
21	3	1	6	8	3	2	3
22	1	1	3	3	1	3	3
23	5	0	0	8	5	4	5
24	5	1	3	2	4	3	3
25	4	2	2	6	3	3	2
26	4	0	3	6	3	3	3
27	3	2	4	8	2	3	2
28	5	1	5	7	3	3	3
29	7	2	0	2	4	3	4
30	3	3	8	7	3	3	3

- stress = 스트레스
- environm = 생활환경
- support = 사회지원
- health = 건강도
- custom = 건강습관
- action = 건강행동
- medical = 의료기관

구조방정식모형분석은 경로분석과 마찬가지로 스스로 모델을 만드는 것부터 시작된다. 예를 들면 다음과 같다.

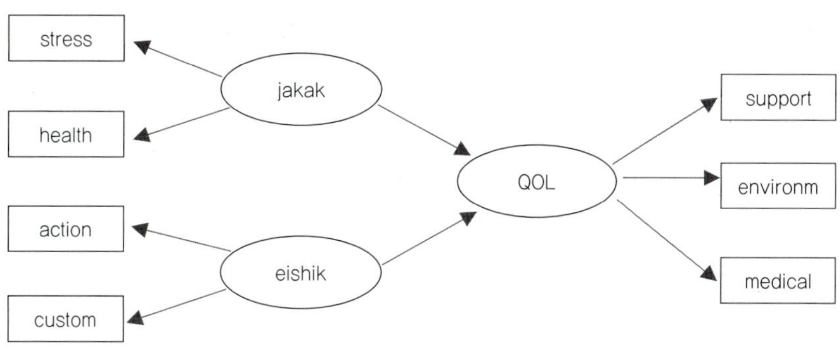

이 경로도형이 작성되면 곧 Amos를 적용해 본다.

그런데 여기에서의 잠재변수는 다음과 같이 요인분석을 이용해서 찾아내는 경우가 많다.

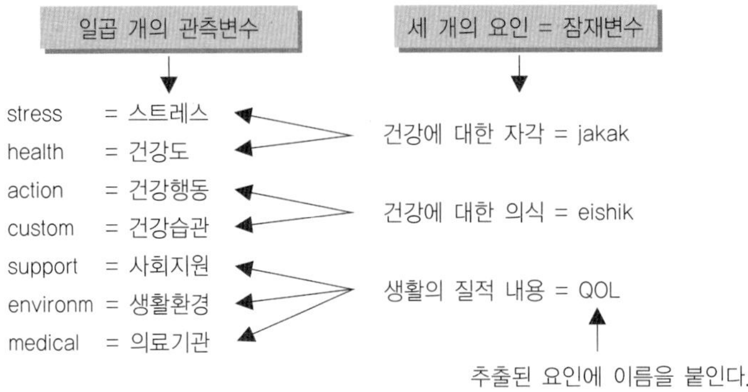

■ Amos에 의한 해법

〈순서 1〉 데이터의 입력

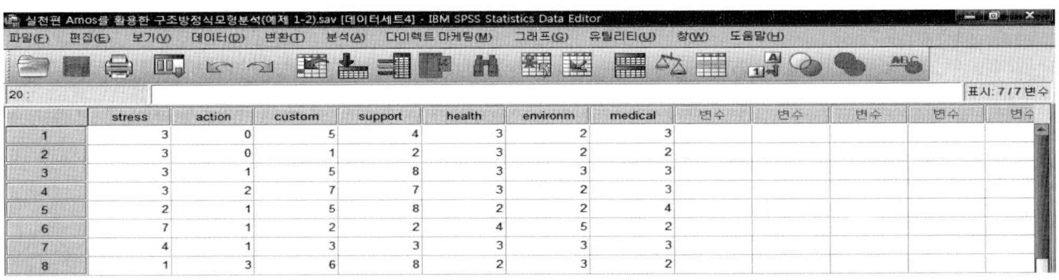

〈순서 2〉 Amos Graphics의 선택

메뉴에서 [분석]－[IBM SPSS Amos]를 선택한다.

〈순서 3〉 화면 크기 조정

(1) 메뉴에서 [View]－[Interface Properties]를 선택한다.

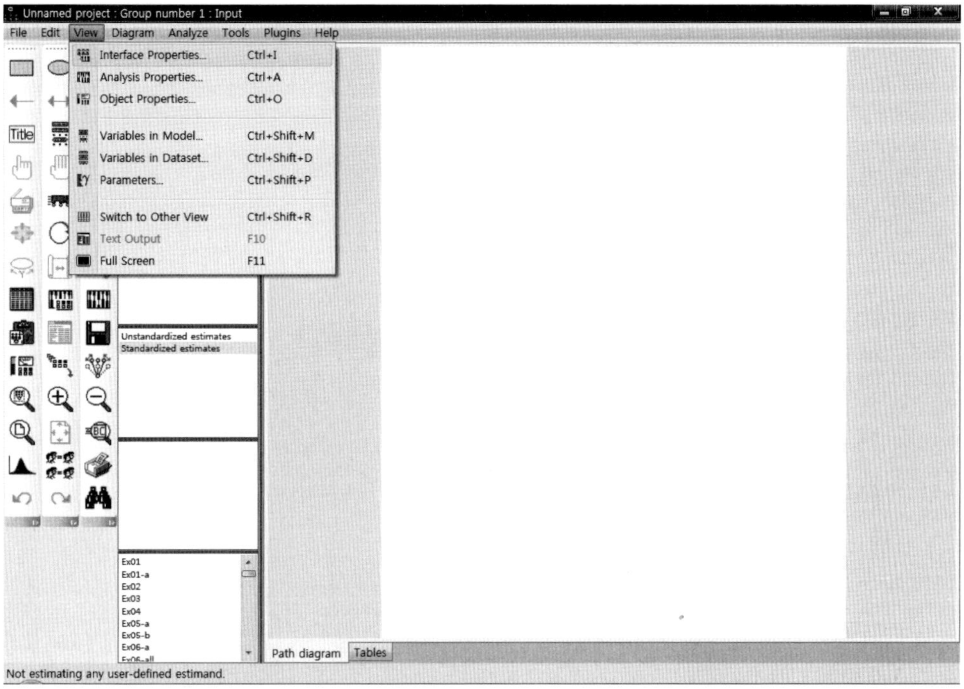

(2) [Interface Properties] 대화상자에서 [Orientation]의 'Landscape'를 선택하고 [Apply] 버튼을 클릭한다.

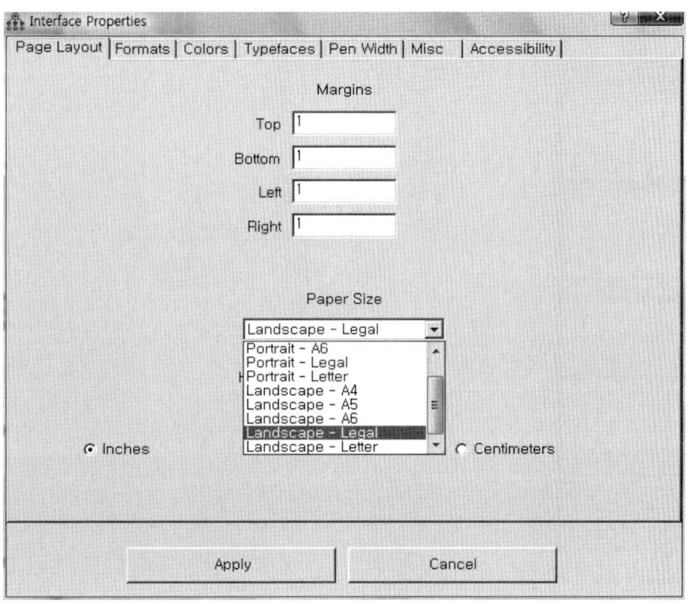

〈순서 4〉 경로도형의 작성

(1) 먼저 버튼을 이용해서 잠재변수를 위한 한 개의 타원형을 배치한 다음 복사 버튼 을 이용하면 나머지의 두 개를 간단히 배치할 수 있다.

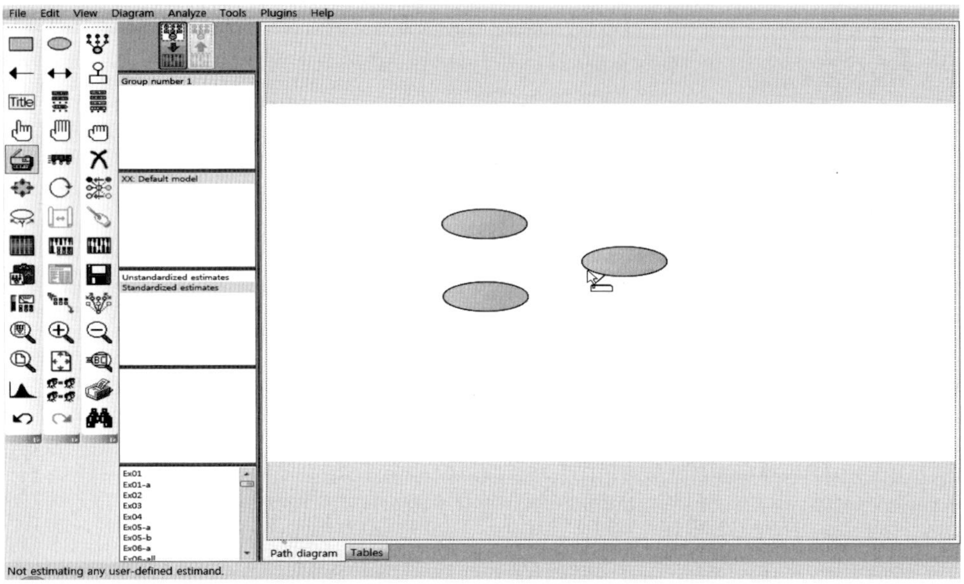

(2) 다음에 버튼을 이용해서 잠재변수를 위한 타원을 세 개 배치하고 화살표를 그려 넣는다.

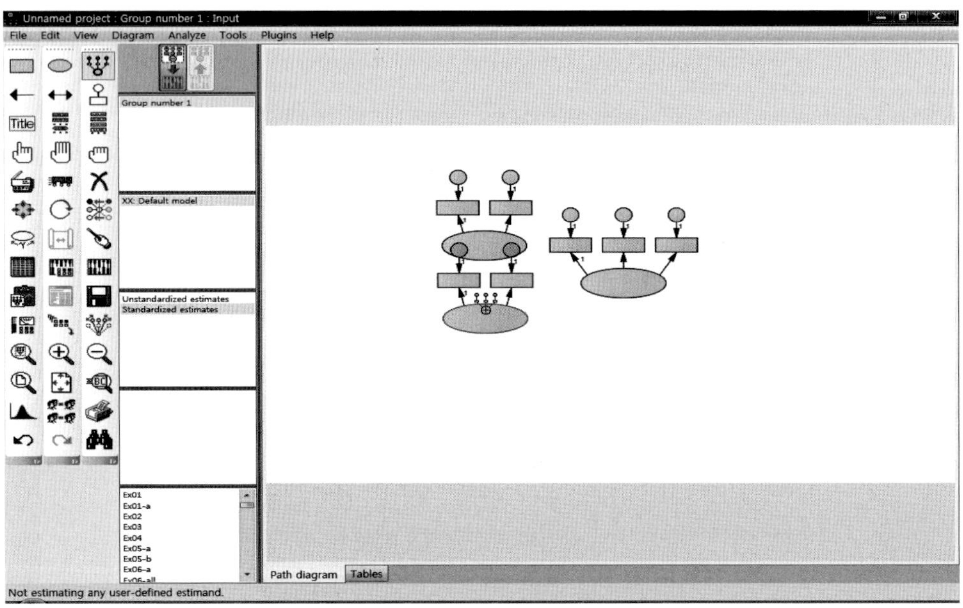

(3) 다음에  버튼을 이용해서 타원 위의 을 회전시켜서 다음과 같이 한다.

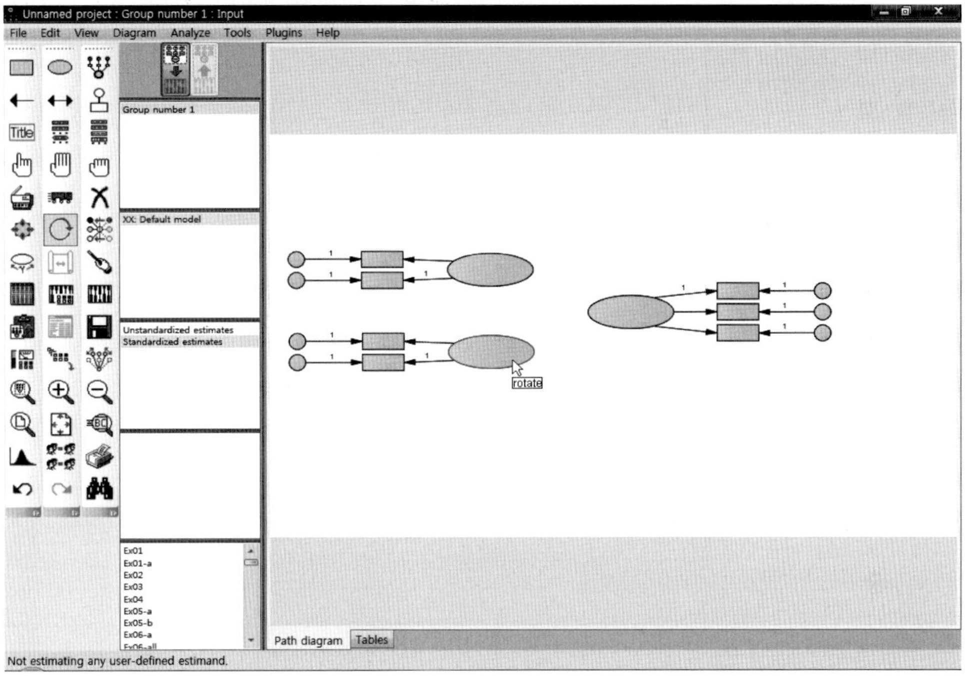

(4) 단방향, 쌍방향 화살표도 긋고, 오차변수도 추가로 필요하므로 다음과 같이 준비한다.

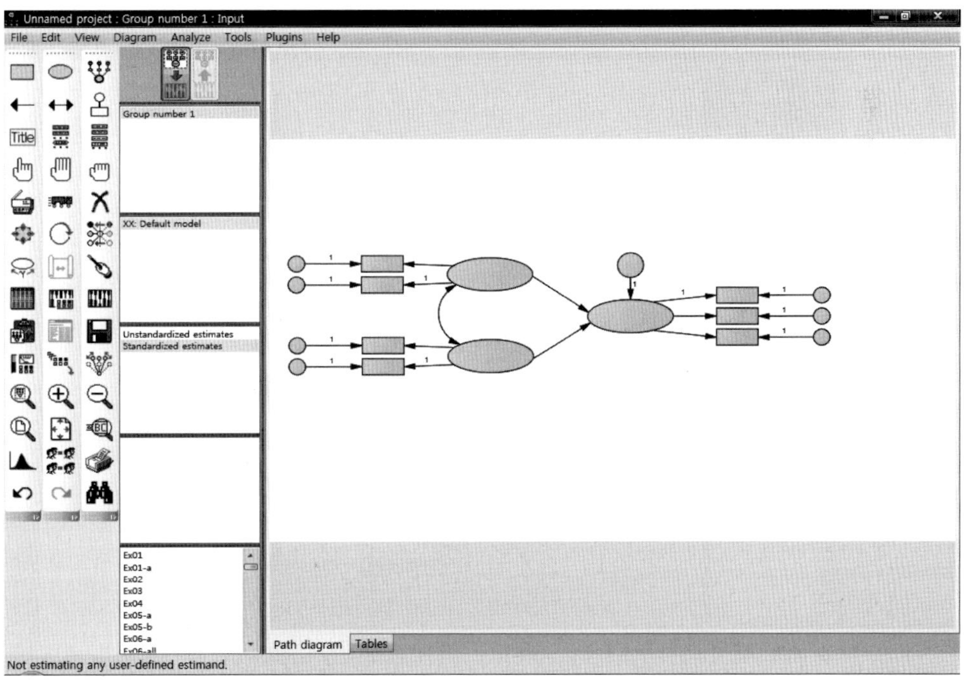

(5) 다음에 [버튼 아이콘] 버튼을 이용해서 그림의 화살표를 가지런히 정돈한다.

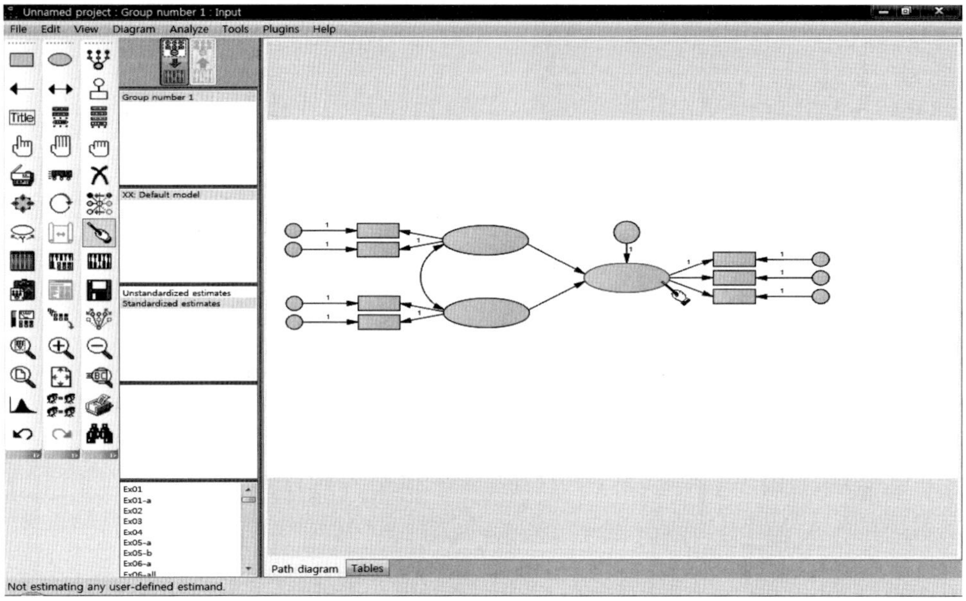

(6) 먼저 데이터 파일을 연결하고 관측변수의 직사각형 안에 변수명을 입력한다. [버튼 아이콘] 버튼을 클릭하면 변수명이 나타나므로 각각의 변수명을 클릭한 채로 사각형 안까지 드래그 한다.

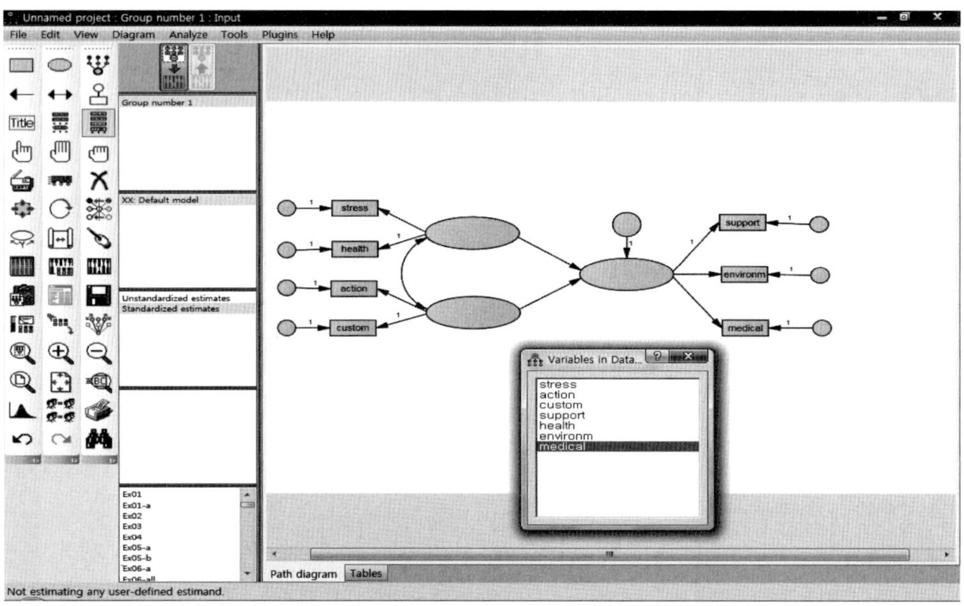

(7) 잠재변수의 타원 안에 변수명을 입력한다. 마우스 포인트를 타원에 놓고 마우스 오른쪽 버튼을 클릭해서 [Object Properties]를 선택하여 대화상자가 나타나면 변수명을 입력한다.

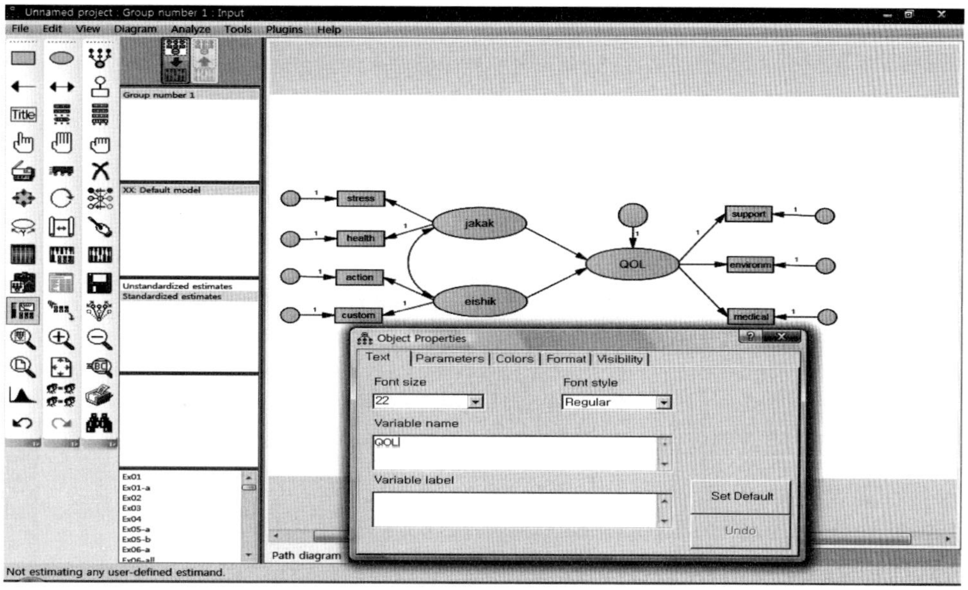

(8) 오차변수의 원 안에 변수를 입력한다. 같은 방법으로 [Object Properties]를 선택해서 대화상자가 나타나면 변수명을 입력한다. 오차(= error)이므로 다음과 같이 e_1, e_2, ⋯, e_8로 한다.

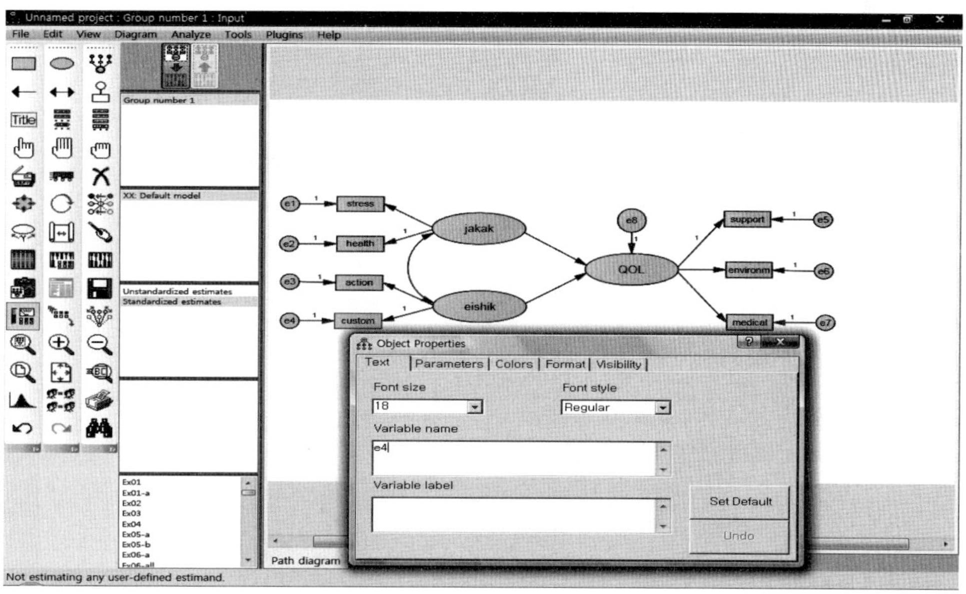

(9) jakak → QOL의 화살표 위에 초기값=1을 입력하면 완성된다. 화살표 위에서 마우스의 오른쪽 버튼을 클릭하여 [Object Properties] 대화상자를 불러, 파라미터의 [Regression weight] 난에 1을 입력한다.

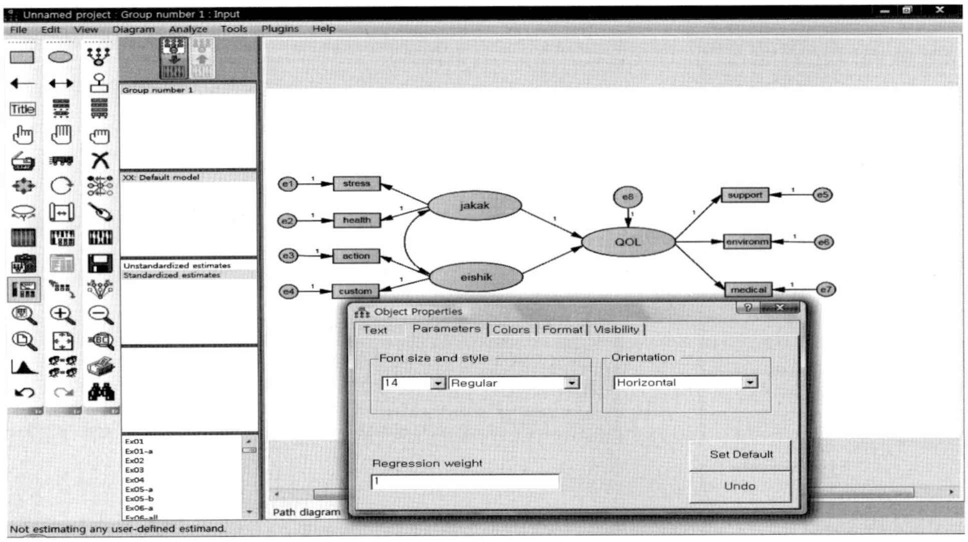

다음은  버튼을 클릭하면 계산이 시작된다.

〈순서 5〉 파일명의 입력

파일명을 물어오므로 가령 '실천편 예제 1-2'(임의)라고 입력한다. 그리고 [저장(S)] 버튼을 클릭한다.

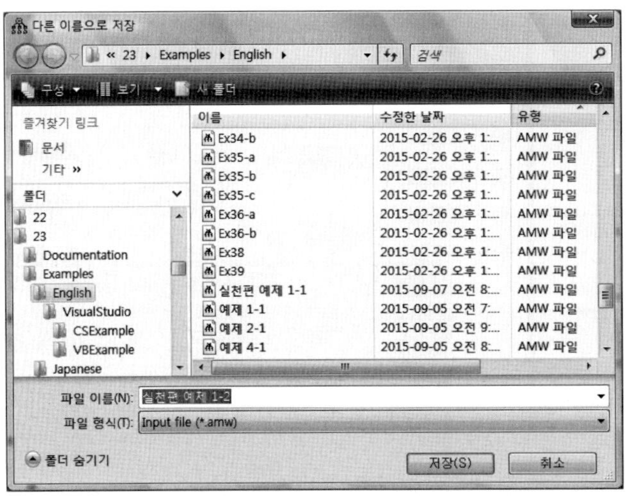

1.2절에서와 같이 표준화한 파라미터를 산출하면 다음과 같은 분석결과를 얻을 수 있다.

■ 분석결과 및 결과의 해석방법

(1) 구조방정식모형분석-1

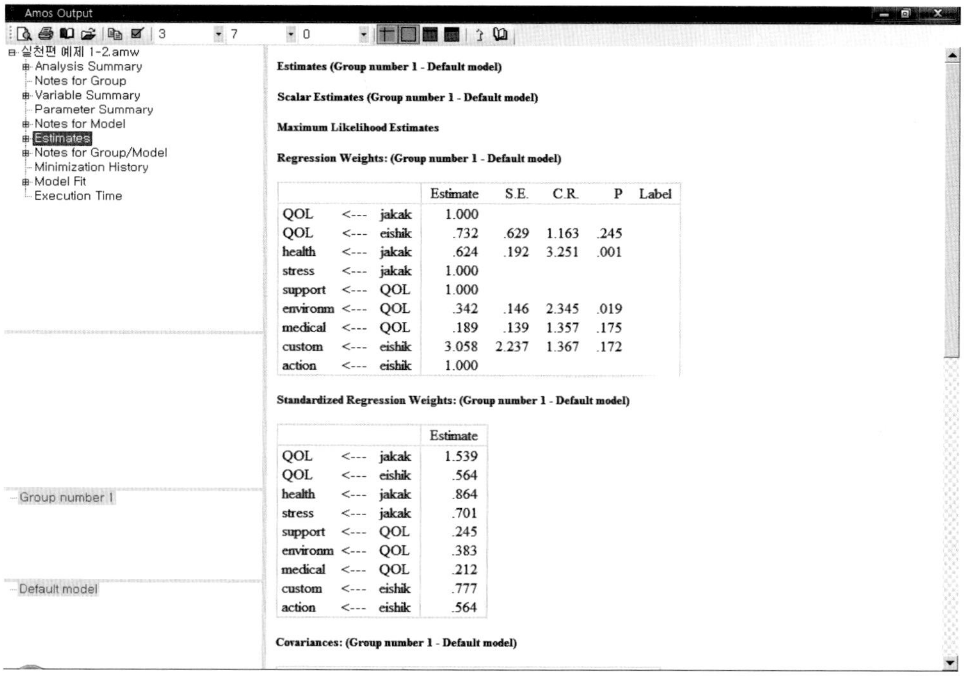

Estimates (Group number 1 - Default model)

Scalar Estimates (Group number 1 - Default model)

Maximum Likelihood Estimates

Regression Weights: (Group number 1 - Default model)

			Estimate	S.E.	C.R.	P	Label
QOL	<---	jakak	1.000				
QOL	<---	eishik	.732	.629	1.163	.245	
health	<---	jakak	.624	.192	3.251	.001	
stress	<---	jakak	1.000				
support	<---	QOL	1.000				
environm	<---	QOL	.342	.146	2.345	.019	
medical	<---	QOL	.189	.139	1.357	.175	
custom	<---	eishik	3.058	2.237	1.367	.172	
action	<---	eishik	1.000				

Standardized Regression Weights: (Group number 1 - Default model)

			Estimate
QOL	<---	jakak	1.539
QOL	<---	eishik	.564
health	<---	jakak	.864
stress	<---	jakak	.701
support	<---	QOL	.245
environm	<---	QOL	.383
medical	<---	QOL	.212
custom	<---	eishik	.777
action	<---	eishik	.564

Covariances: (Group number 1 - Default model)

① Maximum Likelihood Estimates : 최우법으로 파라미터를 구하고 있다.

② Regression Weights : 각 파라미터의 표준화되어 있지 않은 인과계수, 표준오차, C.R.을 구하고 있다.

C.R. = Critical Ratio = 기각비는 인과계수를 표준오차로 나눈 것

$$1.163 = \frac{0.732}{0.629}, \quad 3.251 = \frac{0.624}{0.192}$$

이 값이 1.96보다 클 때는 그 인과계수는 의미가 있다. 즉

$$3.251 = \frac{0.624}{0.192} \geqq 1.96 = z(0.025)$$

일 때는 다음의 가설

"귀무가설 H_0 : 그 인과계수는 0이다"

를 기각한다. 따라서 이 인과계수는 0이 아니라는 것을 알 수 있다.

③ Standardized Regression Weights : 표준화된 인과계수

이 값에 대한 절대치의 대소나 부호를 보면서 인과관계를 간파한다. 여기에 구조방정식모형분석의 참다운 묘미가 있다고 할 수 있다.

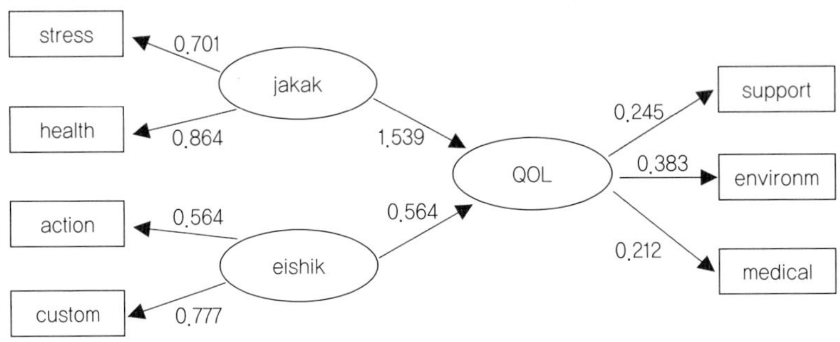

(2) 구조방정식모형분석-2

① Saturated model : perfect fitting 모델을 가리키는데, 이것은 '좋은 모델'의 의미가 아니라 추정 파라미터의 개수를 가장 많이 했을 때의 모델을 말하는 것으로 의미가 없는 모델이다.

CMIN

Model	NPAR	CMIN	DF	P	CMIN/DF
Default model	16	27.322	12	.007	2.277
Saturated model	28	.000	0		
Independence model	7	58.729	21	.000	2.797

RMR, GFI

Model	RMR	GFI	AGFI	PGFI
Default model	.789	.803	.540	.344
Saturated model	.000	1.000		
Independence model	.657	.641	.522	.481

② Independence model : terrible fitting 모델을 가리키는데, 추정 파라미터의 개수를 가장 적게 했을 때의 모델을 말한다.

즉, Saturated model이나 Independence model은 그 중간에 들어가는 Default

model과 비교하기 위해서 준비된 극단적인 모델이다.

③ CMIN : 불일치의 값을 말한다. Saturated model은 완전히 일치하고 있으므로 0.000으로 되어 있다.

④ RMR(root mean square residual) : 값이 0에 가까울수록 그 모델의 적합성은 좋다.

⑤ GFI(goodness-of-fit index) : 적합도지수로 값이 1에 가까울수록 그 모델의 적합성은 좋다.

⑥ AGFI(adjusted goodness-of-fit index) : 조정적합도지수이다.

$$0.540 = 1-(1-0.803) \times 28 / 12$$

28 = Saturated model의 파라미터 수

12 = Default model의 자유도

⑦ PGFI(parsimony goodness-of-fit index)

$$0.344 = 0.803 \times 12 / 28$$

(3) 구조방정식모형분석-3

① NFI(normed fit index)

Saturated 모델의 적합성 정도를 100%, Independence 모델의 적합성 정도를 0%로 했을 때, Default 모델의 적합성 정도는 53.5%라고 한다.

$$0.535 = (58.729 - 27.322) / 58.729$$

Baseline Comparisons

Model	NFI Delta1	RFI rho1	IFI Delta2	TLI rho2	CFI
Default model	.535	.186	.672	.289	.594
Saturated model	1.000		1.000		1.000
Independence model	.000	.000	.000	.000	.000

Parsimony-Adjusted Measures

Model	PRATIO	PNFI	PCFI
Default model	.571	.306	.339
Saturated model	.000	.000	.000
Independence model	1.000	.000	.000

② RFI(relative fit index) : 1에 가까울수록 좋은 모델임을 의미한다.

③ IFI(incremental fit index) : 1에 가까울수록 좋은 모델임을 의미한다.

④ TLI(Tucker－Lewis index) : NNFI(non - normed fit index)와 그 의미가 같다.
TLI가 1에 가까울수록 좋은 모델임을 의미한다. 모델의 신뢰성계수를 나타낸다.

⑤ CFI(comparative fit index) : 1에 가까울수록 좋은 모델임을 의미한다.

세 개의 신뢰성계수

$$NFI = 1 - \frac{27.322}{58.729} = 0.535 \quad \Rightarrow \quad TLI = \frac{\frac{58.729}{21} - \frac{27.322}{12}}{\frac{58.729}{21} - 1}$$

$$= 0.289 \quad = NNFI$$

$$\Rightarrow \quad CFI = 1 - \frac{\max\{27.322 - 12,\ 0\}}{\max\{58.729 - 21,\ 0\}}$$

$$= 0.594$$

$$= 1 - \frac{15.322}{37.729} \cdots\cdots 1 - \frac{NCP}{NCP_b}$$

⑥ PRATIO(parsimony ratio)

PRATIO는 PNFI나 PCFI를 계산할 때 쓰인다.

0.571 = 12 / 21
12 = Default model의 자유도
21 = Independence model의 자유도

⑦ PNFI(parsimony NFI)

PNFI = NFI × PRATIO
0.306 = 0.535 × 0.571

⑧ PCFI(parsimony CFI)

PCFI = CFI × PRATIO
0.339 = 0.594 × 0.571

(4) 구조방정식모형분석－4

NCP

Model	NCP	LO 90	HI 90
Default model	15.322	3.828	34.515
Saturated model	.000	.000	.000
Independence model	37.729	18.601	64.503

FMIN

Model	FMIN	F0	LO 90	HI 90
Default model	.942	.528	.132	1.190
Saturated model	.000	.000	.000	.000
Independence model	2.025	1.301	.641	2.224

RMSEA

Model	RMSEA	LO 90	HI 90	PCLOSE
Default model	.210	.105	.315	.013
Independence model	.249	.175	.325	.000

① NCP(noncentrality parameter) : 비심도(非心度) 파라미터

② LO 90 : lower limit of a 90% 구간추정

③ HI 90 : upper limit of a 90% 구간추정

④ FMIN(minimum of the discrepancy F.) ← discrepancy = 불일치

F0 = NCP / n ← N = 표본수

0.528 = 15.322 / (30 − 1) $n = N - r$

⑤ RMSEA(root mean square error of approximation)

RMSEA가 0.05보다 작을 때, 그 모델은 적합도가 좋다.

RMSEA가 0.1보다 클 때는, 그 모델을 채택하지 않는 쪽이 좋다고 생각된다.

RMSEA = 0.210이므로 Default model은 채택하지 않는 쪽이 좋다.

PCLOSE는 다음의 검정

"귀무가설 H_o : RMSEA ≦ 0.05"

의 유의확률(= p값).

Default model의 PCLOSE는

유의확률 0.013 < 유의수준 α = 0.05

이므로 귀무가설은 기각된다.

이 검정결과는 RMSEA=0.210과 일치하고 있다는 것을 알 수 있다.

(5) 구조방정식모형분석-5

AIC

Model	AIC	BCC	BIC	CAIC
Default model	59.322	71.512	81.741	97.741
Saturated model	56.000	77.333	95.234	123.234
Independence model	72.729	78.062	82.537	89.537

ECVI

Model	ECVI	LO 90	HI 90	MECVI
Default model	2.046	1.649	2.707	2.466
Saturated model	1.931	1.931	1.931	2.667
Independence model	2.508	1.848	3.431	2.692

HOELTER

Model	HOELTER .05	HOELTER .01
Default model	23	28
Independence model	17	20

① AIC(Akaike's information criterion) : 아카이케(赤池) 정보량기준

AIC가 작은 모델이 좋은 모델이다.

AIC = −(모델의 최대 對數尤度)+2(모델의 자유 파라미터 수)

AIC = $N(\log(2\pi S_E/N)+1)+2(p+2)$

중회귀분석이나 판별분석에 있어서 설명변수를 선택할 때, 이 AIC가 위력을 발휘한다.

② BCC(Browne-Cudeck-criterion) : BCC는 AIC보다 약간 큰 값을 취한다.

③ BIC(Bayes information criterion)

④ CAIC(consistent AIC)

$$\text{ECVI} = \text{AIC} / n$$

$$2.046 = 59.322 / (30-1)$$

MECVI = BCC / n

2.466 = 71.512 / (30 − 1)

HOELTER(Hoelter's critical N) : 모델이 옳다고 하는 가설을 채택하는 최대 표본수 N

0.05 = 유의수준 5%일 때는, Default model에서는 N = 23

0.01 = 유의수준 1%일 때는, Default model에서는 N = 28

(6) 구조방정식모형분석-6

구조방정식모형분석의 인과계수를 경로도형 위에 표현해 보면 다음 그림과 같다.

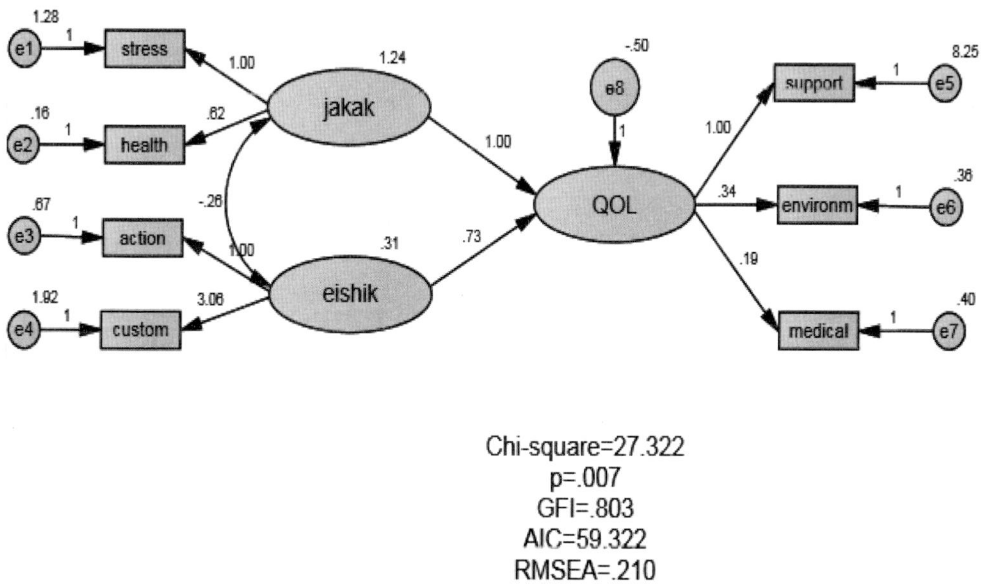

표준화하지 않은 파라미터의 경우

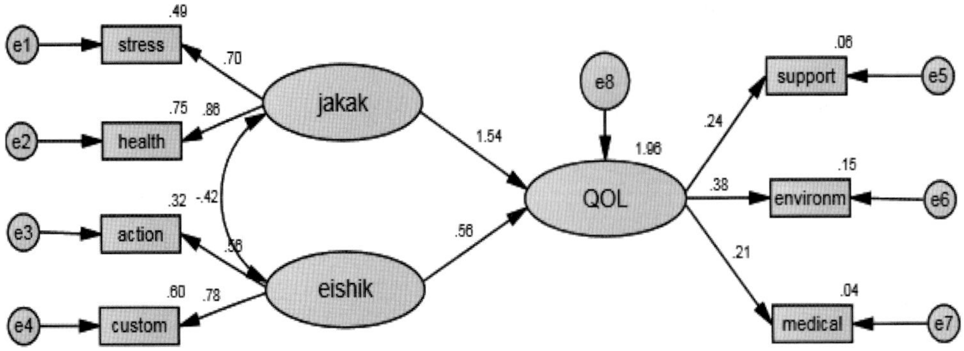

Chi-square=27.322
p=.007
GFI=.803
AIC=59.322
RMSEA=.210

표준화한 파라미터의 경우

CHAPTER

2

구조방정식모형분석의 응용

CHAPTER 2

구조방정식모형분석의 응용

2.1 | 적용분야와 적용과제

구조방정식모형분석은 LISREL의 개발자인 Jöreskog이 당초에 교육 및 이학 분야에서 응용 예를 보임으로써 그 후도 이 분야에서의 응용이 많다. 그러나 그 응용성이 인식되어 현재는 널리 인문·사회과학의 분야에서 응용되고 있다. 예를 들면, 사회학 분야에서의 연구는 상당히 있으며 경영학, 경제학의 분야에서도 응용되고 있다.

그 중에서 몇 가지의 응용예를 소개하기로 한다.

(1) 취직활동을 통한 자기성장[1]

진로선택에 대한 자기효력(自己效力)으로부터 취직활동, 자기성장력에 이르는 인과 모델에 의해, 취직활동에 의해서 자기성장력이 영향을 받는다고 하는 가설을 검토하고 있다.

(2) 지능검사의 요인구조 변화[2]

연령에 따라서 지능의 요인구조가 변하는지 어떤지를 검토하고 있다. 세 종류의 요인 모델을 비교하고 모든 그룹에 있어서 요인 패턴이 공통적이라고 했던 모델이 적절할 것이라고 하고 있다.

1 浦上昌則(1996), "就職活動を通しての自己成長," 教育心理學硏究, 44(4), pp. 400~409.

2 柳井晴夫 外(1990), 「因子分析－その理論と方法－」, 朝倉書店.

(3) 예측적인 감정적 반응이 행동에 미치는 영향에 대해서[3]

예측적인 감정적 반응(목적의 행동을 실시한 후, 그 행동에 대해서 어떠한 감정을 갖는가를 예측적으로 답한 것)은, 결과의 평가가 부정적인 행동에 대해서는 행동에 대한 태도보다도 부정적이며, 결과의 평가가 긍정적인 행동에 대해서는 더 긍정적이라는 것을 조사하고 있다.

(4) 성적 학대의 측정[4]

직장에 있어서의 성적 학대(性的虐待)의 발생과 그 유행에 대한 평가법에 대해서 고찰하고 있다.

(5) 공적인 정책에 대한 판단기준이 개개의 행동에 미치는 영향[5]

어떤 사람의 공적인 정책(방침)에 대한 견해(생각)는 개개의 행동에 대한 판단에 영향을 미치고, 고정관념이나 편견이 공적인 정책에 대한 판단에 강하게 영향을 미친다는 것을 고찰하고 있다.

(6) 타인의 불행에 대한 동정과 그것을 기뻐하는 심리에 대해서[6]

타인의 불행에 대한 동정이나 그것을 기뻐하는 기분에 대해서, 그 사람이 남에게 질투를 받기 쉬운지 어떤지와 그 불행이 당연한 응보인지 어떤지를 문제 삼아 이들이 어떻게 영향을 미치는지를 고찰하고 있다.

(7) 소비자의 쓰레기 처리행동에 관한 결정요인에 대해서[7]

쓰레기 처리에 있어서의 소비자의 행동에 대해서, 몇 가지의 모델을 비교함으로써 그 결정요소를 고찰하고 있다.

---

3 Richard, R. et al.(1996), "Anticipated Affect and Behavioral Choice," Basic and Applied Social Psychology, 18(2), pp. 111~130.

4 Fizgerald, L. F., Gelfand, M. J., & Drasgow, F.(1995), "Measuring Sexual Harassment : Theoretical and Psychometric Advances," *Basic and Applied Social Psychology*, 17(4), pp. 425~445.

5 Maurer, K. L., Park, B., & Judd, C. M.(1996), "Stereotypes, Prejudice, and Judgements of Group Members : The Mediating Role of Public Policy Decisions," *Journal of Experimental Social Psychology*, 32, pp. 411~436.

6 Brigham, N. L., Kelso, K. A., Jackson, M. A., & Smith, R. H. (1997), "The Role of Invidious Comparisons and Deservingness in Sympathy and Schadenfreude," *Basic and Applied Psychology*, 19(3), pp. 363~380.

7 Taylor, S., & Todd, P. (1977), "Understanding the Determinants of Consumer Composing Behavior," *Journal of Applied Social Psychology*, 27(7), pp. 602~628.

(8) 건강유지를 위한 운동에의 참가에 대한 인과 모델[8]

어떠한 과정으로 건강유지를 위한 운동에 참가하는 동기부여와 참가가 행해지는지를 두 개의 인과 모델을 비교함으로써 검토하고 있다.

(9) 대학생 가정교사 사이에 보이는 자세의 변화에 대해서[9]

대학생 가정교사에 대해서, 가정교사를 함으로써 사회적 책임 등에 대한 생각에 변화가 생기는지를 고찰하고 있다.

(10) 고등학교의 진로지도에 대해서[10]

고등학교에 있어서의 진로지도의 실태조사로부터 그 요인을 탐구하여, 수험산업(受驗産業) 의존형의 진로지도에 대한 개선법을 검토하고 있다.

(11) 건강에 관한 신념에 대한 인과관계의 분석[11]

미국의 부인에게서 볼 수 있는 건강에 대한 신념이, 예방목적으로 치과의를 방문하려고 하는 행동에 어떻게 영향을 미치고 있는지를 고찰하고 있다.

(12) 약물사용과 성격 사이의 인과관계[12]

사춘기로부터 청년기에 걸친 젊은이를 대상으로 약물사용과 성격 사이의 관계에 대해서 고찰하고 있다.

(13) 여성의 직업적 자립과 소외현상에의 조우(遭遇) 관계에 대해서[13]

여성이 직업적으로 자립하고자 할 때에 만나게 되는 소외현상에 대해서, 그 규정요인으로서

---

8 Fuchs, R. (1996), "Causal Models of Physical Participation : Testing the Predictive Power of the Construct 'Pressure to Change'," *Journal of Applied Social Psychology*, 26(21), pp. 1931~1960.

9 Fresco, B. (1997), "Attitudinal Change Among University Students Tutors," *Journal of Applied Social Psychology*, 27(14), pp. 1277~1301.

10 豊田秀樹 外(1991), "高等學校の進路指導の改善に關する因果モデル構成の試み,"教育心理學硏究, 39(3), pp. 74~81.

11 Chen, M., & Land, K. (1986), "Testing the Health Belief Model : LISREL Analysis of Alternative Models of Causal Relationships between Health Beliefs and Preventive Dental Behavior," *Social Psychology Quarterly*, 49(1), pp. 43~60.

12 Bentler, P. M. (1987), "Drug Use and Personality in Adolescence and Young Adulthood : Structural Models with Nonnormal Variables," *Child Development*, 58, pp. 65~79.

13 白倉幸男 · 中井美樹(1988), "女性の職業的自立－權威主義的保守主義および孤立感," 白倉幸男編, 社會學における計量分析, pp. 53~80.

권위주의적 보수주의가 하는 역할을 고찰하고 있다.

(14) 교통계획에 있어서의 의식구조를 고려한 대상의 분류법에 대해서[14]

교통 서비스의 이용촉진이나 계몽활동에 있어서 대상을 분류할 때, 대상의 의식구조를 고려할 수 있는 방법으로서 구조방정식모형분석을 응용하는 방법에 대해서 검토하고 있다.

(15) 전체적인 만족도에 대한 서비스와 상품품질의 상대적인 중요도에 대해서[15]

상품(오토바이)에 대한 전체적인 만족도에 대해서, 서비스와 상품품질에서는 그 영향의 정도에 차이가 있는지를 검토하고 있다.

(16) 젊은 부부가 아이를 갖고자 하는 의지와 그 결과에 대해서[16]

젊은 부부를 대상으로 아이를 만들고자 하는 의사결정이 어떻게 해서 진척이 되며, 어떠한 결과에 이르는지를 사례에 의거해서 분석하고 있다.

(17) 새차 구입에 대한 소비자의 정보수집행동에 대해서[17]

새차의 구입을 예로 소비자에 의한 정보수집활동이 어떻게 구매에 영향을 미치는지를 조사하여, 그 인과 모델을 제시하고 있다.

2.2 | 구조방정식모형분석의 대상이 되는 모델

구조방정식모형분석은 그 하위 모델로서 여러 가지 모델을 포함하고 있어서, 인과관계나 구성개념에 관한 여러 가지의 분석을 실시할 수 있다. 여기에서는 이들 하위 모델을 포함하

14 寺部愼太郎 · 屋井鐵雄(1997), "共分散構造分析を用いたマーケット · セグメンテーションに關する基礎的研究,"인터넷 홈페이지 [http://www.cv.titech.ac.jp/shin/Keikakukgaku 95.html]

15 Bacon, L. D. (1998), 인터넷 홈페이지 [http://www.spss.com/papers/amos_mktresearch.htm]

16 Beckman, L. J., Aizenberg, R., Forsythe, A. B., & Day, T.(1983), "A Theoretical Analysis of Antecedents of Young Couples' Fertility Decisions and Outcomes," *Demography*, 20(4), pp. 519~533.

17 Punj, G. N., & Staelin, R. (1983), "A Model of Consumer Information Search Behavior for New Automobiles," *Journal of Consumer Research*, 9, pp. 366~380.

여 구조방정식모형분석에서 취급할 수 있는 주된 모델을 소개하기로 한다. 먼저 대표적인 구조방정식모형분석 모델을 소개한 다음, 회귀 모델, 경로분석 모델, 요인 모델 등의 하위 모델을 소개하고, 마지막으로 여러 가지 구조방정식모형에 대해서 소개한다.

그리고 여기에서 열거하는 모델을 이해하려면 앞에서 설명한 구조방정식모형분석에서의 모델 표현법에 대한 기초지식이 필요하다.

1. 대표적인 구조방정식모형

<그림 2－1>은 다중지표 모델이라고 불리는 대표적인 구조방정식모형의 하나이다. 이 예는 야구선수의 타력과 체력 사이의 인과관계를 모델에 나타낸 것이다. 이 모델에서는 두 개의 구성개념인 '체력'과 '타력' 사이의 인과관계를 다루고, 각각 몇 개의 관측항목으로 구성된다고 하는 형태의 모델을 생각하고 있다. 각 잠재변수(구성개념)가 복수의 관측변수(지표)로 측정된다고 하는 모델로 되어 있다는 점에서 다중지표 모델이라고 불린다.

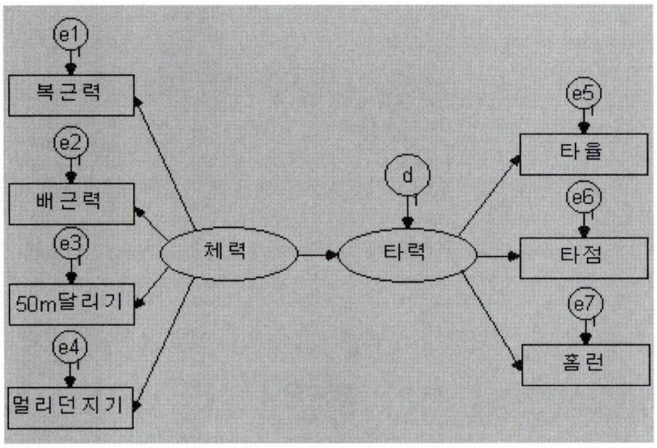

그림 2-1 다중지표 모델의 예

2. 공분산구조의 추정과 검정

관측변수의 분산 및 공분산 관계를 조사할 수 있다. 이것에 의해 개개의 분산이나 공변동 혹은 모델 전체에 대한 가설을 조사할 수 있다. <그림 2－2>는 어떤 클래스의 국어, 영어, 수학 시험의 득점에 대해서 그 분산공분산을 추정하는 모델이다. 즉, 관측변수 사이의 관계를 조사한 것이다. 예를 들면 여기에서 각 과목의 분산은 같다고 하는 모델을 정의하고, 그 가설이 옳은지 어떤지를 조사할 수 있다. 또한 복수의 그룹에 대한 동시분석에 의해서 그룹 간 모수(분산이나 공분산)의 동등성 검토 등을 실시할 수 있다.

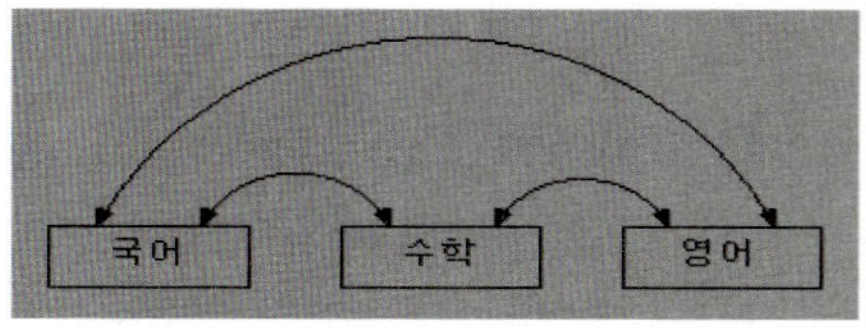

그림 2-2 분산공분산의 추정과 검정을 실시하는 모델의 예

3. 회귀분석

<그림 2-3>은 기온과 증산량(蒸散量 ; 식물에 있어서 수분의 체외방출)의 관계를 도시한 모델이다. 기온이 높아지면 증산량이 많아진다고 생각한 모델로서, 한쪽의 관측변수로부터 다른 한쪽의 관측변수 값이 정해지는 모델이므로 단순회귀 모델이라고 불린다. 구조방정식모형분석에서는 이 가설이 옳은지 어떤지, 또한 그 관계의 정도는 어느 정도인지를 조사한다. 통상의 회귀분석은 일반적으로 원인으로 되어 있는 측의 변수 값으로부터 결과의 값을 추정할 목적으로 실행되는 경우가 많은데, 이것을 구조방정식모형분석에서 실시하려면 평균구조를 도입하는 모델로 하여 절편 값을 추정하는 모델로 할 필요가 있다.

또한 여기에서 <그림 2-4>와 같이 독립변수로서 강수량을 추가하면 중회귀 모델로 할 수 있다. 그리고 이때 <그림 2-4>와 같이 독립변수 사이의 상관을 고려한 분석도 가능하다.

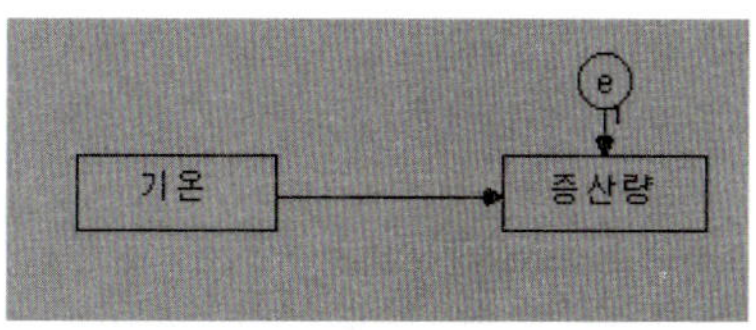

그림 2-3 단순회귀 모델의 예

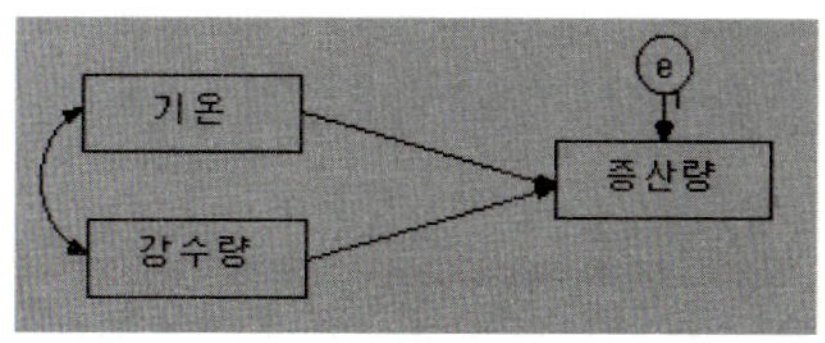

그림 2-4 중회귀 모델의 예

4. 경로분석

경로분석은 구조방정식모형분석과 마찬가지로 인과관계를 조사하는 인과분석의 하나인데, 잠재변수를 취급하지 않는 점이 일반적인 구조방정식모형분석과는 다르다. 경로분석에서는 관측변수 간의 인과관계를 변수 간의 상관계수를 기초로 조사한다. 따라서 구조방정식모형분석의 부분적인 모델로서 실행할 수 있다.

<그림 2-5>는 경로분석의 한 예로 입학시험, 교양과정의 성적, 전문과정의 성적, 졸업시험의 성적 사이에 어떠한 인과관계가 존재하는지를 조사하고자 한 것이다. 이 예는 소위 축차 모델(recursive model)이라고 불리는 것으로, 인과는 모두 하나의 방향으로 향하고 그것

이 처음으로 되돌아오는 관계는 존재하지 않는다. 이에 비해 <그림 2-6>은 비축차 모델(nonrecursive model)이라고 불리며, 인과가 처음으로 되돌아오는 소위 피드백의 관계가 존재하는 모델이다. 이 모델은 연구개발비가 매상이나 이익에 이르는 인과를 나타낸 것이다. 이때 연구비의 증감은 이익의 영향을 받는다고 하는 형태로, 비축차적인 인과를 상정하고 있다.

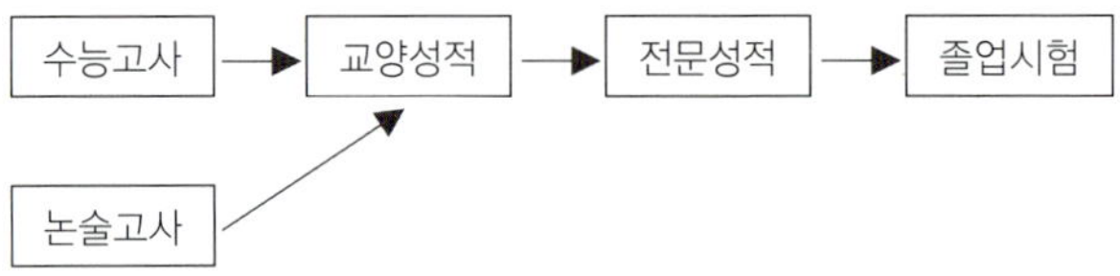

그림 2-5 경로분석 모델의 예(축차 모델)

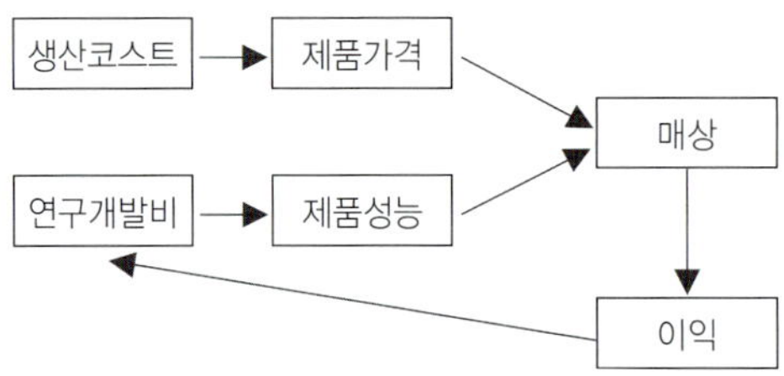

그림 2-6 경로분석 모델의 예(비축차 모델)

5. 요인분석(검증적 요인분석)

구조방정식모형분석에서 고찰되는 모델은 통상 검증적 요인 모델이다. <그림 2-7>은 그 한 예이다. 검증적 요인분석에서는 요인에 관한 가설을 도입함으로써 이와 같은 요인의 구조에 대한 모델을 상정한다. 탐색적 요인분석에서는 <그림 2-8>과 같이 각 요인에 대해서 모든 관측변수와의 사이에 관계를 상정하고, 그 관계가 어느 변수군과의 사이에서 강한지에 따라 그 의미를 해석한다. 그런 이유로 탐색적이라고 불린다. 검증적 요인분석에서는 선행연구나 다른 식견에 의거한 요인과 관측변수 사이의 관계를 도입하여, 그 가설이 데이터와 모순되지 않는지를 조사한다.

이와 같이 탐색적 요인분석이 요인을 탐색하는 데 비해서, 검증적 요인분석은 요인을 검증하는 데에 이용된다. 따라서 탐색적 요인분석은 검증적 요인분석의 전 단계로서 이용되는 경우가 많고, 또한 탐색적 요인분석의 결과는 검증적 요인분석에 의해서 검증됨으로써 더 적절한 결론에 이를 수 있다.

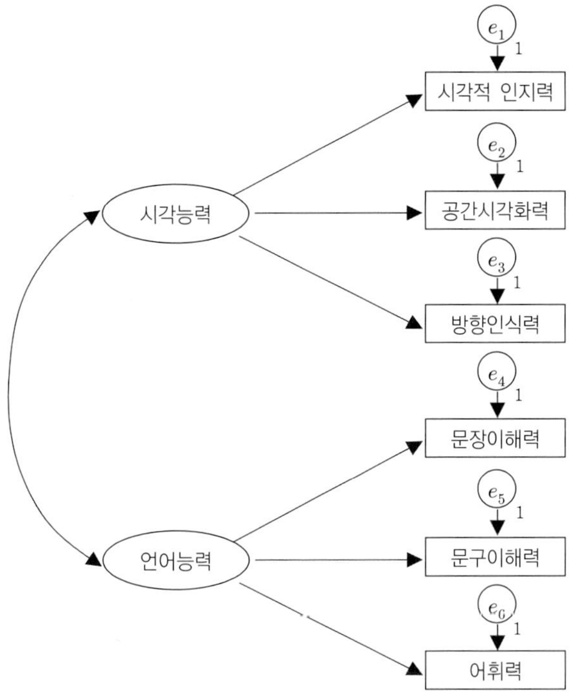

그림 2-7 검증적 요인분석의 모델 예

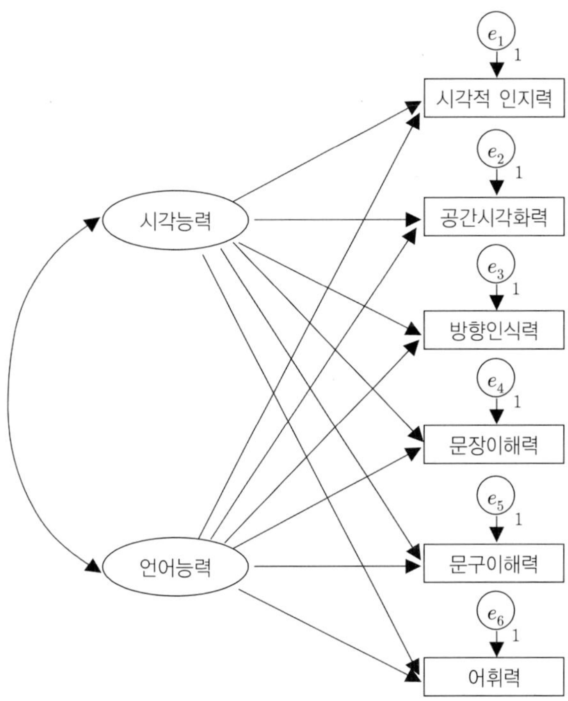

그림 2-8 탐색적 요인분석의 모델 예

6. 잠재변수에 시간의존성이 있는 모델

이 모델은 잠재변수 사이에서 시간적인 전후관계(시간의존성)가 있는 인과관계를 다루는 모델이다. <그림 2-9>는 Wheaton et al.(1977)의 데이터 중 일부이다.[18] 이와 같은 모델의 예로서 자주 소개되는 것으로 Arbuckle(1999)[19], 豊田(1992)[20], 狩野(1996)[21] 등에서 예제로 취급되고 있다.

이 모델은 '소외감의 안정'을 다룬 것으로 소외감이라고 하는 사회적 구성개념이 시간적으로 변화하는지 어떤지, 혹은 시간적으로 어느 정도 안정되어 있는지를 조사한 것이다.

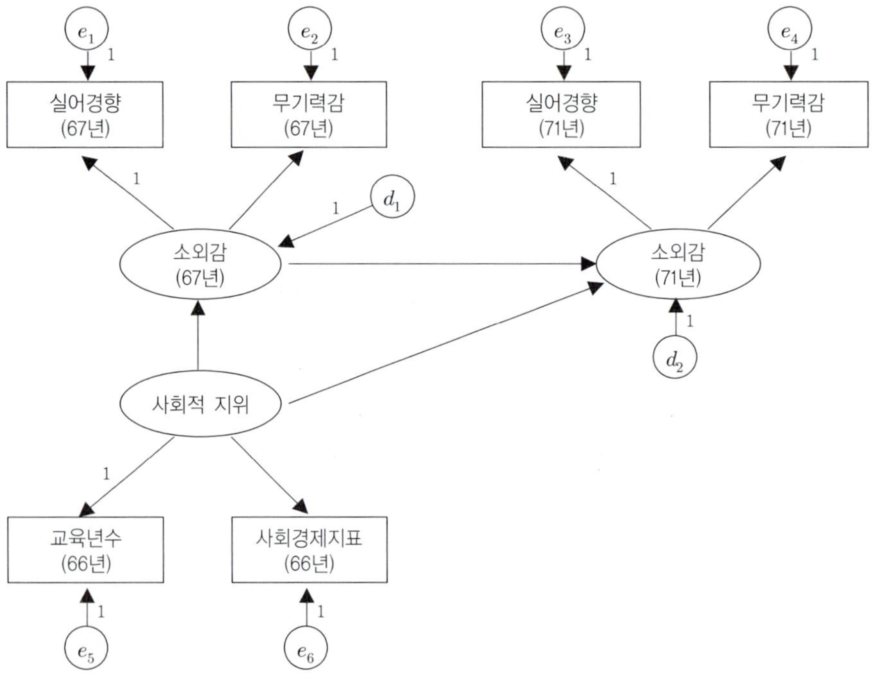

그림 2-9 잠재변수에 시간의존성이 있는 모델

18 Wheaton, B., Muthen, B., Alwin, D. F., & Summers, G. F. (1977), "Assessing Reliability and Stability in Panel Models," In Heise, D. R. (ed.), *Sociological Methodology* 1977, pp. 84~136. San Francisco : Jossey Bass.

19 Arbuckle, J. L. (1999), Amos Users' Guide Version 4.0, Small Waters Corporation.

20 豊田秀樹(1992), SASによる共分散構造分析, 東京大學出版會.

21 狩野 裕(1996), "種々の共分散構造モデル(4)共分散構造分析とソフトウェア," BASIC數學, 現代數學社, pp. 40~46.

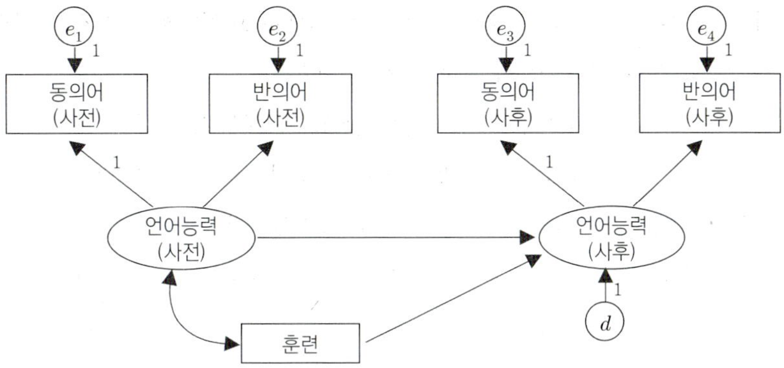

그림 2-10 공분산분석 모델의 예

7. 공분산분석

공분산분석은 실험적인 연구에서 자주 이용되는 것으로, 어떤 처리에 의한 차이(효과 등)를 사전의 상황을 고려한 다음에 조사한다. 이것을 구조방정식모형분석에 의해서 실행할 수 있다. <그림 2-10>은 그 한 예로서, 언어능력에 대하여, 어떤 훈련을 부여함에 의한 효과를 분석하는 모델이다(Arbuckle, 1999). 사전 테스트를 공변량으로 하고, 사후 테스트에 있어서의 훈련 효과를 분석하고 있다. 훈련의 유무를 0, 1로 나타내고 모델 전체의 유의성과 훈련으로부터 사후 테스트에의 경로에 대한 유의성을 조사함으로써 훈련 효과의 유무를 평가하고 있다.

8. 평균을 도입한 모델

구조방정식모형분석은 통상 평균이 0으로 기준화된 분산행렬을 사용해서 실행되기 때문에, 평균치에 대한 정보는 잃어버려진다. 예를 들면, 전술한 회귀분석을 실시하더라도 회귀계수만 구하고 절편(截片)은 구해지지 않는다. 평균에 대한 정보를 얻으려면 평균에 구조를 갖게 할 필요가 있다. 평균구조를 갖는 모델의 한 예로서, Arbuckle(1999)은 젊은이와 노인에게 있어서 기억력에 차이가 있는지를 조사한 것을 보이고 있다. 팜플렛을 보이고서 그 안의 광고를 어느 정도 생각해 낼 수 있는지를 조사하여, 그 평균이 젊은이와 노인에게 있어서 차이가 없다고 하는 가설을 검토하고 있다.

9. 변량내오차 모델

변량내오차(變量內誤差)란 회귀 모델에 있어서의 독립변수에 오차가 포함되어 있는 것을 의미한다. 통상의 회귀분석에서는 독립변수에 오차를 포함한 채로 종속변수에의 회귀를 생각해서 절편과 회귀계수를 구한다. 이에 비해서 변량내오차 모델에서는 이것을 분리하여 오차를 제거한 부분과 종속변수 사이의 회귀를 생각한다.

<그림 2-11>은 그 한 예로서 관개수량(灌漑水量)과 작물의 수확량의 회귀 모델에 대해서, 통상의 회귀 모델과 변량내오차 모델을 비교한 것이다. 통상의 회귀 모델에서는 회귀계수가 0.103인 데 비해서, 관개수량의 측정오차(오차의 분산)를 10으로 했을 때의 변량내오차 모델에서의 회귀계수(실제의 관개수량과 수확량 사이의 회귀계수)는 0.111이다. 이와 같이 변량내오차 모델에 의하면, 독립변수 내의 오차에 의한 회귀계수의 희박화(稀薄化)를 피할 수 있다.

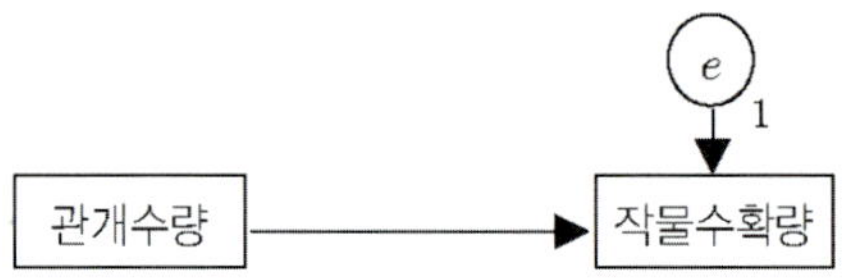

(a) 통상의 회귀 모델

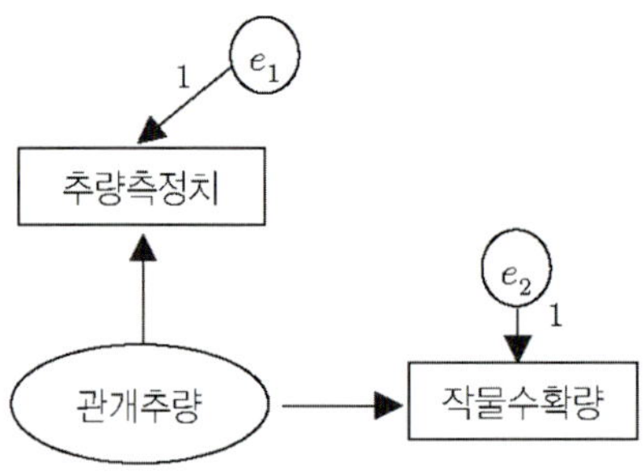

(b) 변량내오차 모델

그림 2-11 통상의 회귀 모델과 변량내오차 모델의 비교

10. 심플렉스 구조 모델(잠재변수 간의 자기회귀 모델)

<그림 2-12>는 지능의 발달에 대한 자기회귀 모델이다. 지능의 발달을 나타낸 것으로, 어떤 시점의 지능이 이전 지능의 영향을 받는다고 하는 것이며 바로 자기회귀 모델이 된다. 여기에서 변량내오차 모델과 마찬가지로 지능검사의 값을 그대로 사용하지 않고, 진짜 지능이라고 하는 잠재변수 간의 자기회귀 모델로 하고 있다(狩野, 1997). 이렇게 함으로써 지능검사가 갖는 변량내오차에 의한 희박화가 수정된다.

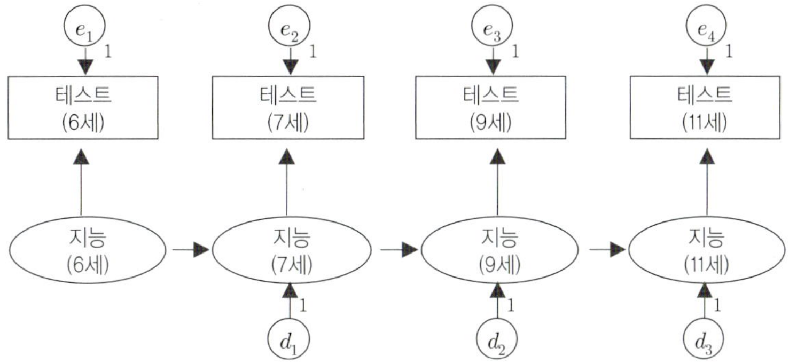

그림 2-12 심플렉스 구조 모델(잠재변수 간의 자기회귀 모델)

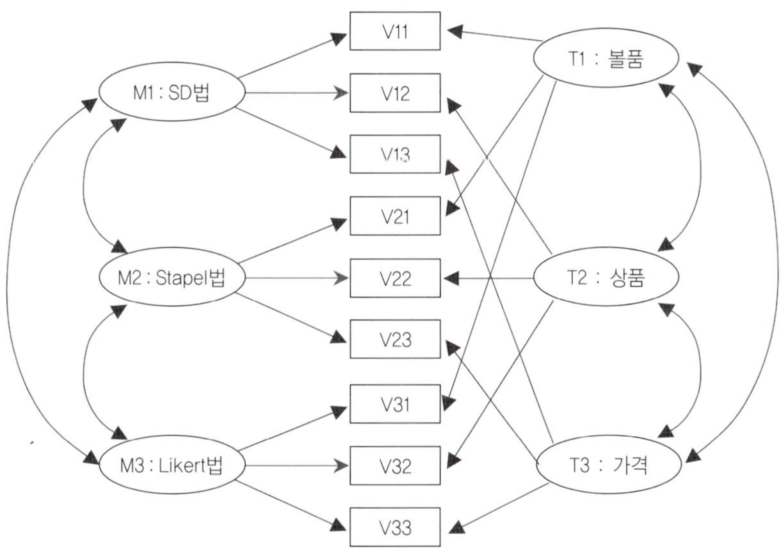

그림 2-13 MTMM 행렬에 있어서의 검증적 요인분석 모델의 예

11. 다특성다방법행렬의 분석

다특성다방법행렬(多特性多方法行列)이란 몇 개의 특성에 대해서 각각 복수의 방법으로 측정해서 얻어지는 관측변수 간의 분산공분산행렬 또는 상관행렬로, MTMM(Multi Trait - Multi Method) 행렬이라고 불린다.[22] 이것을 분석하는 목적은, 어떤 측정방법의 특징을 몇 가지의 측정방법으로 측정함으로써 해명하고자 하는 것이다. 이때, 대상이 되는 특성이 복수의 특성으로 구성되어 있는 경우에 '다특성(Multi Trait)'이 된다. <그림 2−13>은 그 한 예로서,

22 狩野 裕(1996), "種々の共分散構造モデル(2)共分散構造分析とソフトウェア," BASIC數學, 現代數學社, pp. 31~36.

슈퍼마켓의 이미지 측정방법을 평가하고자 하는 것이다. 이 예에서는 세 가지 측정방법의 차이를 조사하고 있다. 이 예는 MTMM 행렬의 분석예로서 소개되고 있다.[23]

12. 고차의 요인분석

요인분석(factor analysis)은 복수의 관측변수에 의해서 계측되는 특성을 사용해서 구성개념인 요인을 조사하는 것으로, 통상은 전술한 <그림 2-7>과 같이 각 요인은 직접 관측변수에 의해서 계측되는 형태를 취한다. 이에 비해서 요인의 배후에 다시금 요인을 가정하는 것이 타당한 경우가 있다. <그림 2-14>는 그 한 예로서 2단계의 요인구조를 상정한 것이다.[24] 이와 같이 그 구조가 다단계(고차원)로 되는 사실로부터 고차의 요인분석이라고 불린다.

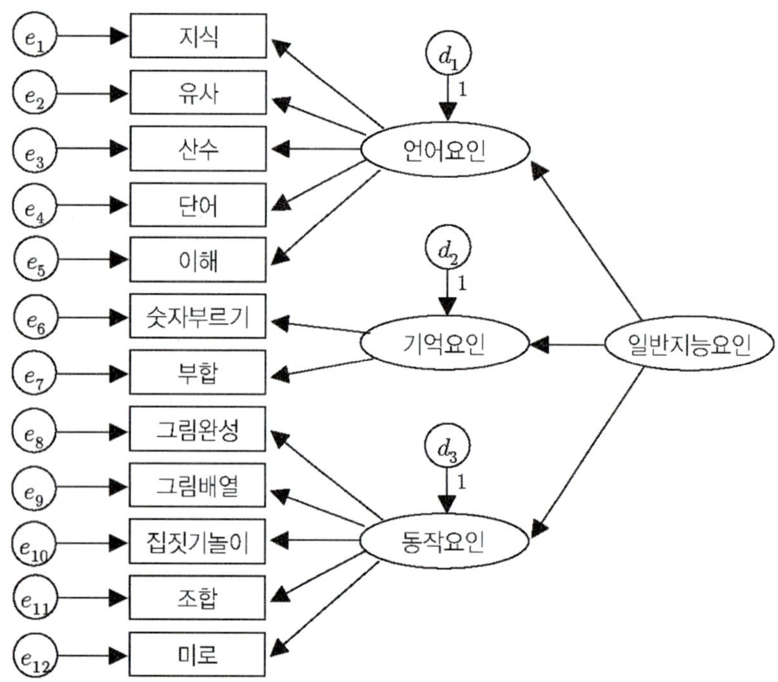

그림 2-14 고차(2차)의 요인분석 모델 예

23 狩野 裕(1996), "種々の共分散構造モデル(3)共分散構造分析とソフトウェア," BASIC數學, 現代數學社, pp. 35~40.

24 豊田秀樹(1992), 前揭書.

2.3 | 구조방정식모형분석의 포인트

여기에서는 구조방정식모형분석을 실시하는 데 있어서의 체크 포인트를 소개한다. 본 절을 이해하기 위해서는 먼저 구조방정식모형분석의 기초를 이해해 둘 필요가 있다. 제1장의 기초 지식을 전제로 먼저 구조방정식모형분석의 일반적인 순서를 소개한 다음, 분석을 실시하는 데 있어서의 몇 가지 포인트에 대해서 설명한다.

1. 구조방정식모형분석의 순서

구조방정식모형분석을 실시할 때의 일반적인 순서는 다음과 같다.

① 가설의 설정
② 데이터의 수집
③ 모델의 구성
④ 분석의 실행
⑤ 결과의 판정
⑥ 모델의 수정·개량

구조방정식모형분석의 용도는 가설의 검정에 있어, 먼저 검정해야 할 가설을 세우는 것부터 시작된다. 이상적으로는 그 다음에, 그 가설의 검정에는 어떠한 관측치가 적당한지를 생각하여 데이터를 수집한다. 그리고 다음에 가설을 나타내는 모델을 구성한다.

모델을 구성하는 데 있어서는 먼저 조사하고자 하는 인과관계를 경로도형으로 표현하게 된다. 구성개념을 어떻게 놓을지 등을 포함하여 가설을 경로도형 상에 표현한다. 이때, 해가 구해지려면 '식별성의 확보'가 필요하다. 이를 위해서는 몇 가지의 모수를 고정할 필요가 있으며, 모델의 의미를 손상하지 않도록 분산이나 경로계수 등을 고정한다. 어디를 어떻게 고정할 것인지가 문제인데, 이것에 대해서는 뒤에서 좀더 구체적으로 그 가이드라인을 보이기로 한다.

분석을 실행하면 그 결과로부터 모델 전체의 적부(適否)를 먼저 판단한다. 이를 위해서는 카이제곱검정이나 '적합도'라고 불리는 각종의 지표를 이용한다. 모델 전체의 '적합상황'에 더하여 개개 인과관계의 유의성에 대해서도 평가할 수 있다. 이들 결과에 따라서 필요하다면 모델의 개량을 실시하여 보다 적절한 모델을 탐구한다. 이때, 분석결과로서 얻어지는 몇 가지의 정보를 이용해서 어디를 어떻게 수정하면 보다 적절한 모델로 할 수 있는지를 미리 조사할 수 있다.

다만, 구조방정식모형분석은 가설의 검정이 목적이며 얻어진 데이터에 적합한 모델을 탐색하는 것이 목적은 아니라는 점에 주의할 필요가 있다. 모델의 수정은 이와 같은 목적의 범위 내에서 실시해야 한다. 모델이 합리적인 범위 내의 수정으로 수용되지 않는다면, 즉 기각될 때는 가설 혹은 그를 위해서 수집한 데이터에 있어서의 문제를 생각할 필요가 있다.

이하에서는 모델의 구성, 결과의 판정, 모델의 수정이라고 하는 분석 그 자체 실행단계에서의 유의점에 대해서 설명한다.

2. 식별성의 확보

식별성(identification)의 확보는 구조방정식모형분석을 실시하는 데 있어서 가장 번거로운 문제의 하나이다. 이것은 주어진 데이터와 모델에 있어서 해가, 즉 경로계수 등 모수의 추정치가 일의적(一義的)으로 구해지지 않는다고 하는 문제이다. 그 이론적인 설명은 제3장으로 미루고 여기에서는 구체적으로 어떻게 해서 이 문제를 해결하면 좋을지에 대하여 몇 가지 소개한다.

식별할 수 없는, 즉 식별성이 확보되지 않는 원인은 구하고자 하는 모수(자유모수)의 수가 얻어지는 방정식의 수보다 적은 데에 있다. 두 개의 미지수를 갖는 연립방정식을 푸는 데 방정식의 수가 하나밖에 없다면, 해는 자유롭게 설정되고 말아 확정되지 않는다고 하는 것과 같다. 이 경우는 한편의 미지수 값을 고정할 수 있다면, 다른 한편의 해도 구해지게 된다. 혹은 어떠한 방법으로 다른 하나의 방정식이 얻어지면 된다. 이 모두 어떠한 방법으로든 모델 내에 제약을 가한다(모수의 일부를 기지로 한다)고 하는 것이다. 이것을 분석의 목적이나 데이터의 성질을 손상하지 않는 범위에서 실시하여 식별할 수 있도록 한다. 본서에서는 이와 같은 제약을 가하는 것을 '구속'이라고 부르기로 한다.

예를 들면, 다음과 같은 제약이 일반적으로 자주 이용된다(<그림 2-9> 참조).

① 독립변수인 잠재변수의 분산을 1로 고정함으로써 그 척도를 정한다.
② 종속변수인 잠재변수로부터 관측변수에의 경로계수의 하나를 1로 고정함으로써 그 척도를 정한다.
③ 오차변수는 서로 독립으로 하고 오차변수 간의 공변동을 0으로 고정한다.
④ 오차변수로부터의 경로계수를 1로 고정한다.

⑤ 신뢰성계수를 기지(旣知)로 한다.

⑥ 경로계수가 같거나 혹은 오차변수의 분산이 같다는 등의 기지의 식견을 기초로 구속한다.

식별성의 문제에 대한 일반론은 아직 확립되어 있지 않은 것이 현실이다. 위와 같은 대응으로 해결할 수 있는 경우가 많지만, 해결할 수 없는 경우도 있다.

3. 모델의 평가

■ 모델 전체의 평가

설정한 가설을 검정하려면 모델이 어느 정도 수용될 수 있는지 어떤지를 판정하는 것이 요구된다. 그 판정의 기준으로서 검정이나 각종의 적합도 산출이 실행된다. 검정으로서는 카이제곱검정이 일반적이며 적합도로서는 여러 가지의 것이 고안되고 있는데, GFI, AGFI, AIC 등이 자주 이용된다. 또한 최근에 RMSEA도 주목받고 있다. 상세한 내용은 제3장에서 설명하기로 하고 여기에서는 대표적인 것을 문제 삼아 모델 전체의 평가순서를 설명한다.

(1) 카이제곱검정

"모델이 올바르다"고 하는 가설을 검정한다. 기각되면 "모델이 올바르지 않다"고 하게 된다. 일반적으로는 기각되지 않음으로써 그 모델을 수용(옳다고 판단함)할 것을 기대하고 실행되는 경우가 많다. 그러나 다른 검정과 마찬가지로 이 검정은 "모델의 올바름"의 확률을 나타내는 것이 아니라 "올바르지 않다"고 판단하는 위험도를 확률로 나타내는 것이라는 데에 주의할 필요가 있다. 기각되지 않는다는 것은 모델을 채택할 필요조건이지 충분조건은 아니다. 이하 다음과 같은 다른 지표와 합쳐서 판단하지 않으면 안 된다.

(2) GFI와 AGFI

적합도 GFI(Goodness of Fit Index)와 수정적합도 AGFI(Adjusted GFI)는 데이터가 갖는 분산공분산을 모델의 그것이 어느 정도 설명하는지를 그 비율로 나타내는 지표이다. AGFI는 GFI의 결점인 자유도에 영향을 받는다는 점을 수정한 것이다. 이들은 각각 회귀분석의 중상관계수와 자유도조정필중상관계수(수정된 중상관계수)에 상당한다. 다만 추정하는 모수의 수가 상당히 많지 않으면 AGFI와 GFI의 차는 커지지 않는다. 모델을 채택하려면 GFI가

0.9 이상인 것이 하나의 기준으로 되어 있다.[25]

(3) AIC

AIC(Akaike Information Criterion)는 '아카이께(赤池)의 정보량기준'이라고 불리는 것으로 아카이께에 의해서 제창되었다.[26] AIC는 상대적인 모델의 적합도를 나타내는 지표로서 모델간의 비교에 합당하다. 카이제곱검정이나 GFI에 의해서 채택되는 모델의 후보를 선택한 후, AIC가 최소인 모델을 채택하는 것이 좋다고 되어 있다.[27]

(4) RMSEA

모델의 복잡함에 의한 외견상의 적합도 상승을 조정하는 적합도지표의 하나로서 0.08 이하이면 적합도가 높다고 되어 있다. 또한 0.10 이상이면 그 모델을 채택해서는 안 된다고 되어 있으며, 케이스가 많을 때에 카이제곱검정에 대신해서 사용하는 데 편리하다.

■ 개개의 인과관계 평가

개개의 인과관계는 각 경로의 경로계수나 상관계수로서 구해진다. 이것이 유의한지 어떤지를 평가할 필요가 있다. 모델이 전체로서 데이터에 적합하다고 판단되더라도 개개의 인과관계가 유의하지 않으면 의미가 없다. 평가의 수단으로서는 "인과관계가 없다" 즉 "경로계수가 0"라고 하는 가설을 검정하는 Wald 검정이 자주 사용된다. 이것은 예를 들면, 경로계수를 그 표준오차로 나눈 값을 이용하여, 이것이 t 분포가 된다는 사실로부터 t 검정에 의해서 검정한다. 표본의 수가 충분히 크면 정규분포로 간주할 수 있으므로, 이 값이 1.96 이상이면 5%의 유의수준에서 위의 가설을 기각하고 "인과관계가 있다"고 할 수 있다. Amos에서는 이것을 'C.R.(Critical Ratio)'로서 출력한다.

또한 경로계수에 대해서는 종속변수의 변동을 독립변수가 어느 정도 설명할 수 있는지를 나타내는 지표로서 결정계수(R-square)가 있다. 이것은 중회귀분석의 중상관계수(multiple correlation coefficient)의 제곱에 해당된다. 종속변수의 변동을 독립변수가 다 설명할 수 없는 부분은 오차변동으로서 산출되고, 오차변동의 종속변수 변동에 대한 비율을 1에서 빼 산출된다.

---

25 豊田秀樹(1992), 前揭書.

26 Akaike, H. (1974), "A New Look at the Statistical Model Identification," *IEEE Transactions on Automatic Control*, AC-19, pp. 716~723.

27 豊田秀樹(1992), 前揭書.

따라서 독립변수가 모두를 설명할 수 있을 때는 1 − 0 = 1이 되어 최대로 1이 되는 지표로서, 1에 가까울수록 독립변수가 종속변수를 잘 설명하고 있으며 그 경로계수가 유의하다고 판단할 수 있다. Amos에서는 이것을 SMC(Square Multiple Correlation)로서 출력한다.

4. 모델의 수정 · 개량

전술한 방법에 의해서 모델을 평가한 결과, 모델이 데이터에 대해서 부적절한 경우 혹은 더 적절한 모델로 수정 · 개량할 수 있는 여지가 있는 경우에 그 수정을 실시한다. 수정은 분석의 결과로서 산출되는 수정지표 등에 의거해서 실시된다. 이것들은 모델을 변경한 경우에 전술한 평가지표가 어떻게 변화하는지를 나타내는 것으로, 어디를 어떻게 바꾸면 모델이 좋아지는지를 아는 단서가 된다. 이들 단서에 따라서 경로를 다시 긋는다거나 모수(파라미터)의 구속(拘束)을 실시한다거나 한다.

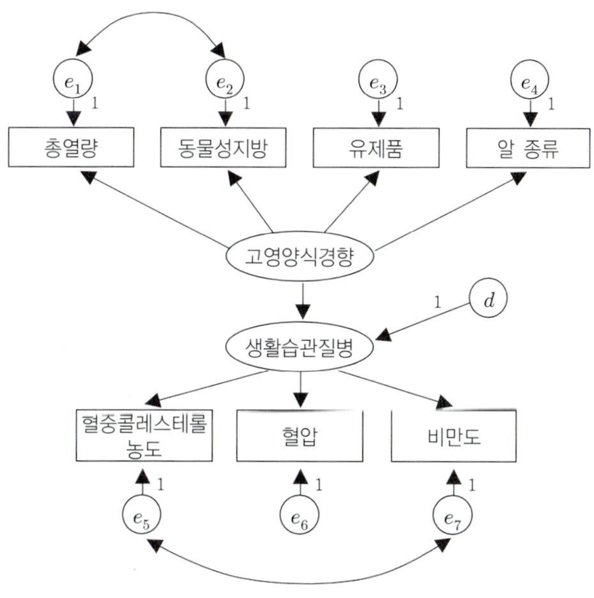

그림 2-15 모델 수정의 예(오차변수 간의 공변동을 추가)

Amos에서는 수정지표로서, 거기에 경로를 넣었을 때에 어느 정도 카이제곱 값의 감소가 기대되는지를 나타내는 것이 준비되어 있다. 또한 불필요한 경로에 대해서는 전술한 C.R.로 판단할 수 있다. C.R.이 1.96 미만이면 그 후보가 된다. 다만 그와 같은 경로의 하나를 삭제하면, C.R.은 변화하므로 유의하지 않았던 경로가 유의로 바뀌는 경우가 있다. 따라서 유의하지 않은 경로를 한 번에 전부 삭제하는 것이 아니라, 먼저 가장 유의하지 않은 것을 하나 삭제하고 다시 분석을 실시한 다음 그 결과를 보고 판단하는 순서가 필요하다. 이 점 Amos에서는 복수 모델의 동시분석 기능을 사용하면 보다 편리하게 이것을 진척시킬 수 있다.

<그림 2-15>는 기존의 모델에 수정을 가한 것으로 e_1과 e_2 및 e_5와 e_7 사이에 상관을 넣고 있다. 그래서 카이제곱 값은 28.108에서 13.941로 감소하고, 그 확률은 0.009에서 0.291로 상승하고 있다. 이것은 수정지표(modification index)에 의해, 카이제곱 값의 대폭적인 감소가 보여진 데 의거해서 수정을 실시한 결과이다. 또한 이들 사이에 상관을 인정하더라도 모델의 의미를 손상하는 일은 없다고 하는 판단에 의한 것이다.

2.4 | Amos에 의한 구조방정식모형분석

지금까지 구조방정식모형분석에 대해서 일반적인 소개를 했다. 여기에서는 이것들이 Amos에서 어떻게 실행되는지를 중심으로 설명한다.

1. Amos의 특징

Amos의 최대의 특징은, 모델의 정의를 GUI를 사용해서 그래피컬하게 실행하는 점에 있다. 종래의 구조방정식모형분석 소프트웨어에서는 이것을 수식으로 정의함으로써 실시해 왔기 때문에 이용자는 모델의 정의에 다대한 수고를 요했다. 이것이 장해가 되어서 구조방정식모형분석을 포기해 버린 사람도 많았던 것이다. 또한 가설을 모델로서 나타낼 때에 경로도형에 의한 표현은 가설조립의 사고와 거의 같은 사고로 실시할 수 있고, 가설을 그대로 모델화할 수 있다.

Amos에서 준비되어 있는 모델 정의를 위한 경로도형 작도기능은 매우 사용하기 용이하여 일반적인 제도용 소프트웨어의 조작성에 가깝다. PC(개인용 컴퓨터)에서 그림을 그릴 수 있게 된 사람은 물론 이제부터 시작하고자 하는 사람이라도 용이하게 습득할 수 있다. 아직 개선의 여지는 있기는 하나 기본적인 작도기능의 범위 내라면 단시간에 습득할 수 있다. 표현력, 조작성 모두 상당한 수준으로 준비되어 있다. 그 조작에 대해서는 제4장에서 설명한다.

Amos의 또 하나의 특징으로서 범용 패키지 소프트웨어인 SPSS와의 제휴기능이 있다. Amos는 단독으로 설치할 수 있는 소프트웨어이지만 이미 SPSS가 설치되어 있으면 더욱 편리하다. Amos에서는 각종의 외부 어플리케이션에 의한 데이터를 읽어 생 데이터(raw data)로 하는 기능이 있는데, SPSS 파일도 그 하나이다. SPSS의 데이터 관리기능이나 데이터 변용기능(變容機能)을 이용한 사용이 가능하다. 또한 SPSS가 설치되어 있는 상태에서 Amos를 설치하면 SPSS의 '분석(A)' 메뉴에 'Amos'가 추가되어 마치 SPSS의 통계기능 중 하나처럼 실행하는 것도 가능하다.

2. Amos에서의 분석

앞에서 소개한 분석이 Amos에서는 어느 기능을 사용해서 실행할 수 있는지에 대해서 설명한다. Amos에서는 일반적으로 실시되는 구조방정식모형분석의 대부분이 실행되지만, 다른 소프트웨어와는 실행법이나 호출방법이 다른 경우가 있다. 여기에서는 이용자가 일반적인 이해를 통해서 어떤 분석을 실행하고자 했을 때에, Amos에서의 실행법을 즉시 알 수 있기 위한 정보를 제공한다.

이하에서는 Amos 특유의 기능을 포함하여 분석의 목적이나 사용 모델의 관점에서 소개한다.

(1) 데이터의 준비와 입력

Amos의 입력 데이터는 생 데이터(raw data, 관측항목에 대한 케이스 데이터), 분산공분산행렬 또는 상관행렬, 평균, 표본 수 및 관측변수의 변수명이다. 따라서 생 데이터로부터든 분산공분산행렬 또는 상관행렬로부터의 분석이 가능하다. 그리고 분산공분산행렬 또는 상관행렬로부터 분석할 때도 표본 수가 필요하다.

이들 데이터는 Amos가 갖는 데이터 입력기능에 의해 입력하는 것이 가능하며, 그 입력에는 Amos 텍스트를 사용한다. 또한 생 데이터에 대해서는 SPSS 파일을 열어서 이용할 수도 있다. 그 상세한 내용은 제4장에서 설명한다.

(2) 모델의 작성

<그림 2－15> 등과 같은 경로도형을 컴퓨터 화면상에 그리는 방법으로 모델을 작성하는 Amos 그래픽스와 수식으로 정의하는 Amos 텍스트가 준비되어 있다. 통상은 Amos 그래픽스를 사용하게 될 것이다. 경로도형의 의미와 경로도형을 그릴 때의 Amos 그래픽스에 대한 간단한 조작법에 대해서는 제4장에서 설명했다.

(3) 상관행렬로부터의 분석

상관행렬로부터 분석할 때는 표본 수와 평균치의 입력이 필요하다. 평균치가 없는 경우는, 분산공분산행렬(covariances)로서 이것을 입력한다. 상관행렬로서 입력하고자 하면 평균치의 입력이 요구되어 분석이 불가능하게 된다. 또한 표본 수(sample size)의 입력은 필수이다.

(4) 표준화해(標準化解)

표준화해(또는 標準解)란 변수의 분산을 1로 표준화했을 때의 해이다. Amos의 표준화해는 완전 표준화해로 모든 변수(관측변수, 잠재변수 등도)의 분산을 1로 한 해로서 얻어진다. 이 산출을 지시하려면 일단 계산이 끝나고 화면의 왼쪽 중앙에 있는 [Standardized estimates]를 클릭하여 선택한다.

(5) 구속조건의 지시

경로(path)의 경로계수나 변수의 분산을 고정하려면 통상 모델을 그릴 때에 고정하는 값을 입력한다. Amos에서는 이와 같이 모수(파라미터)의 값에 고정치를 지시하여 고정모수(固定母數)로 할 수 있다.

이 외의 모수의 고정법으로서 어떤 변수의 분산과 어떤 변수의 분산이 같다든가, 어떤 두 곳의 경로계수가 같다고 하는 구속을 하고 싶은 경우가 있다. 이들 조건을 가설의 일부로서 모델에 반영하고 싶은 경우이다. 이와 같은 때는 서로 같다고 하는 모수에 같은 이름을 붙여 둔다. Amos에서는 같은 이름의 모수 값은 동일하다고 해석한다.

(6) 경로의 정리

Amos에서는 분석결과로서 인과관계의 검정을 위한 C.R.(critical ratio)이 표시된다. 이것을 보고 유의하지 않은 경로는 삭제하여 관계를 정리할 수 있다. 다만, 이것도 유의하지 않은 경로가 모두 삭제할 가치가 있는 것은 아니라는 데 주의가 필요하다. 먼저 가장 유의하지 않은 경로를 삭제한다. 이렇게 함으로써 다시 분석하면 그 때까지 유의하지 않았던 경로가 유의로 바뀌는 경우가 있다. 이와 같이 해서 재분석을 반복하면서 그 때마다 가장 유의하지 않은 경로를 삭제해 나간다. 이때, Amos가 구비하고 있는 복수 모델의 동시분석을 실행하면 편리하다. 경로를 긋는 방법이 다른 몇 개의 후보에 대해서 동일하게 하여 분석하고, 그 결과에 의거해서 어떻게 경로를 그어 놓는 것이 좋은지를 고찰할 수 있다.

(7) 결측값의 취급

Amos에서는 결측값의 취급에 주의할 필요가 있다. 특히 SPSS의 사용자는 SPSS에서의 결측값 취급이 분석단위에서 제거된다는 것을 표준으로 하고 있으므로 주의가 필요하다. Amos에는 분석단위 혹은 리스트 단위에서 제거의 기능은 갖추어져 있지 않다. 결측값을 포함하는 데이터를 그대로 처리하고자 하면 에러가 되어 처리는 중지된다. 결측값을 포함하는 데이터를 처리하는 경우는 평균의 추정을 지시할 필요가 있다. 이렇게 함으로써 결측값의 추정이 실시되어 분석은 실행된다. 결측값을 갖는 케이스를 제거하지 않고 결측값의 추정에 의해서 처리하고자 하는 데는 그 나름의 이유가 있고, Amos에서는 그 쪽이 바람직하다고 생각한다. 상세한 내용은 제3장에서 설명한다.

결측값을 제외하고 분석하고 싶은 경우는 Amos에 데이터를 투입하기 전에 결측값을 포함하는 케이스를 제거해 둘 필요가 있다. SPSS 파일을 입력 데이터로 하려면 먼저 SPSS의 '데이터' 메뉴의 '케이스 선택'에서 '조건을 만족하는 케이스'를 선택하고, 결측값을 포함하지 않는 케이스를 선택한 후, '선택되지 않은 케이스'를 '지우기'로 해서 다른 파일에 보존해 둔다. Amos에서는 이 파일을 입력 데이터로서 사용하면 된다.

(8) 복수 그룹(多母集團)의 동시분석

Amos에서는 복수의 그룹, 예를 들면 고연령층과 저연령층이나 남성과 여성이라고 하는 그룹으로 나누어서 같은 모델에 대하여 동시에 분석하는 것이 용이하다. 이렇게 함으로써 그룹 간 인과관계의 동등성(요인의 불변성 등)의 검토나 비교를 실시할 수 있다. 이것을 실시하려면 입력 데이터의 그룹을 필요한 만큼 설정하는 것만으로 족하다. 또한 그룹 간에 모수의 값을 같게 하고 싶은 경우는 각 그룹에서 모수에 이름을 붙여 명령문에 의해 지정한다.

(9) 복수 모델의 동시분석

Amos에서는 복수의 모델을 동시에 분석할 수 있다. 이렇게 함으로써 모델 간의 비교를 효율적으로 추진할 수 있다. 또한 (6)의 '경로의 정리'에 이용하면 편리하다. 방법은 매우 간단하여 먼저 도입의 가능성이 있는 경로를 모두 그려 넣은 형태로 모델을 작성한다. 이때, 모델에 따라서는 다른 것과 틀린 조건(경로의 유무 등)을 설정하고 싶은 부분에 대해서는 그 경로에 이름을 붙여 놓는다. 그런 다음에 명령문에 의해서 모델마다 경로에 대한 조건을 정의하면 된다.

(10) 절편과 평균의 추정

평균구조가 있는 모델을 분석하여 절편과 평균의 추정을 실시하려면, 분석을 실시할 때에 '평균' 옵션의 버튼을 누르든지 명령문을 지정하는 것으로 족하다. 또한 복수의 그룹에 대해서 이것을 실시하는 경우 위의 (8)과 마찬가지로 절편이나 평균에 대해서도 그 모수명을 지정함으로써, 그룹 간에 불변이라고 하는 조건을 설정할 수 있고 모수의 불변성 검토가 가능하다.

(11) 붓스트랩(Bootstrap)법의 이용

입력 데이터로부터 시뮬레이션적인 기법에 의해 생성된 많은 의사적(疑似的)인 표본을 사용해서 분석을 실시한다. 이것에 의해 모집단분포를 가정하지 않는 분석이 가능하다.

CHAPTER

3

Amos에 의한 분석방법

CHAPTER 3

Amos에 의한 분석방법

3.1 | 개요와 목적

본 장에서는 단순한 모델과 수치예를 제시하면서 초보자가 이해하기 쉽도록 구조방정식모형분석의 기본적인 개념을 설명한다. 또한 Amos의 출력 통계량, 결측값의 취급에 대해서도 해설한다.

3.2 | 데이터

구조방정식모형분석에서는 생 데이터(raw data), 분산공분산행렬, 상관행렬 중 어느 것인가를 분석의 대상으로 한다. 생 데이터로부터는 분산공분산행렬 혹은 상관행렬이 생성될 수 있으므로 기본적인 분석대상은 분산공분산행렬이나 상관행렬이 된다. 분산공분산행렬로부터 상관행렬은 생성되지만 상관행렬로부터 분산공분산행렬은 생성되지 않는다. 여기에서는 분석에 분산공분산행렬을 이용했다고 하자. 그리고 데이터로부터 얻어진 분산공분산행렬을 S 라고 표기하기로 한다.

3.3 | 모델의 설정

다음에 모델을 생각한다. 예를 들면 <그림 3－1>과 같은 인과 모델을 상정했다고 하자. 관측된 변수는 여성의 '외관', '성격', '사랑'이라고 한다. 물론 '사랑'이나 '성격'은 직접 관찰할 수 없으므로 구성개념으로 해야 한다고 하는 주장도 가능하지만, 여기에서는 조작적으로 그것들이 정의되어 실제로 조사의 질문항목이나 실험의 절차에서 관측 가능했다고 가정한다.

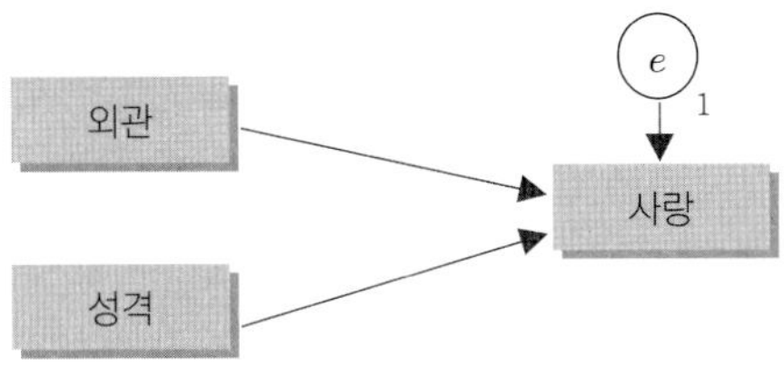

그림 3-1

여기에서는 '외관'과 '성격'이 '사랑'에 직접 이어진다고 하는 가정을 하고 있다. 즉, 미인이고 성격이 좋으면 사랑을 받는다고 하는 생각이다. '외관'과 '성격'으로 '사랑'이 모두 설명될 수 있다고는 생각되지 않으므로, 그 설명할 수 없는 잔차는 '사랑'을 향하는 오차 *e*(error variable)로서 표시되고 있다. 그러나 '외관'과 '성격'은 직접적으로 측정할 수 없는 그 사람의 '매력'을 형성하고 있다고 생각하면 <그림 3−2>가 된다.

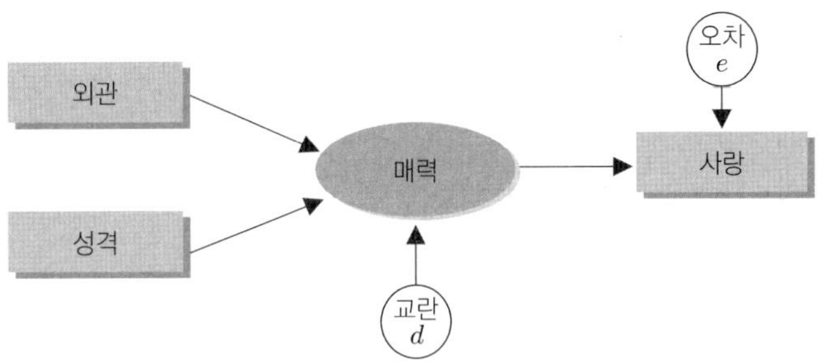

그림 3-2

여기에서는 '매력'이라고 하는 잠재변수가 도입되어 있다. 잠재변수인 '매력'도 '외관'과 '성격'으로 모두가 설명된다고는 생각하지 않으므로 오차 *d* 가 필요하게 된다. 잠재변수에 대한 이 오차변수를 교란변수(攪亂變數, disturbance variable)라고 부른다.

여기에서는 '외관'과 '성격'에는 아무런 상관이 없다고 생각하고 있으므로 '외관'과 '성격'을 잇는 선은 그려져 있지 않다. 그 밖에 다른 모델도 생각할 수 있다. 성격은 즉시 알 수 없지만 외관은 언뜻 보아 알 수 있으므로, 첫눈에 반하는 것과 같이 사랑으로 이어진다고 간주하면 <그림 3−3>이 될지도 모른다.

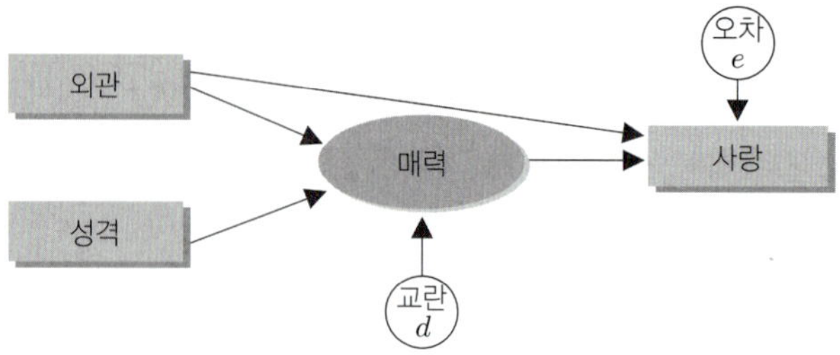

그림 3-3

3.4 | 내생변수와 외생변수

어떤 변수에서 어떤 변수로의 영향도를 가중치로서 나타내 보자. <그림 3－3>에서는 '외관'과 '성격'은 모델 내의 어느 변수로부터도 영향을 받고 있지 않다. 이와 같은 변수는 외생변수(exogenous variable) 혹은 독립변수(independent variable)라고 불린다. 한편 '매력'과 '사랑'은 모델 내의 다른 변수로부터 영향을 받고 있다. 이것들은 내생변수(endogenous variable) 혹은 종속변수(dependent variable)라고 불린다.

3.5 | 구조방정식과 측정방정식

내생변수인 '매력'은 '외관'과 '성격'의 영향을 받고 있고, 그 밖에 교란변수의 영향을 받고 있다. 영향의 강도를 가중치 w_1, w_2로 나타내면 식 (3.1)이 된다. 여기에서 오차는 모델 밖의 것이며 가중치는 1로서 표시는 생략되어 있다.

$$\text{매력} = w_1\text{외관} + w_2\text{성격} + \text{오차}d \tag{3.1}$$

마찬가지로 사랑은

$$\text{사랑} = w_3\text{외관} + w_4\text{매력} + \text{오차}\,e \tag{3.2}$$

(3.1) 식은 직접 관측할 수 없었던 잠재변수인 '매력'을 생성하는 형태의 식이 되어 있어, 구조방정식(structural equation)이라고 불린다. 한편, (3.2) 식은 실제로 관측된 변수인 '사랑'을 생성하는 형태의 식이 되어 있다. 이것은 측정방정식(measurement equation)이라고

불린다. <그림 3－3>에서는 구조방정식, 측정방정식 모두 하나이다. 그러나 변수의 수가 증가해서 모델이 복잡해지면 방정식의 수도 늘어나게 된다. 예를 들면, 좀더 복잡한 <그림 3-4>의 모델에 대해서 생각해 보자.

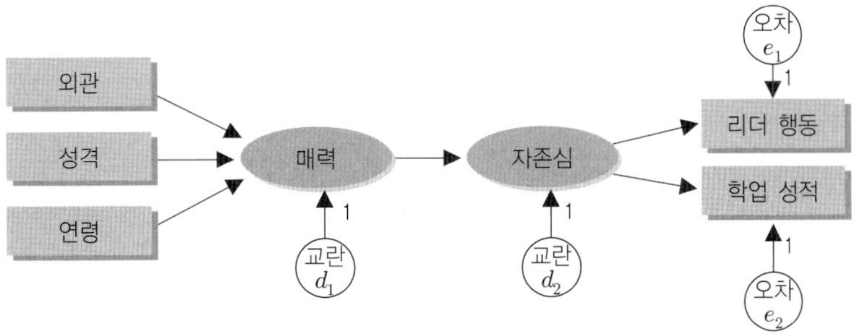

그림 3-4

<그림 3－4>에서는 잠재적인 '매력'에 영향을 미치는 관측된 변수로서 '외관', '성격' 외에 '연령'을 추가하고 있다. 또한 잠재적인 변수도 '자존심'을 더해서 2개로 하고, '매력'이 '자존심'을 높인다고 가정하고 있다. 더욱이 '자존심'은 '리더 행동'의 빈도나 높은 '학업 성적'에 이어진다고 가정하고 있다.

이 경우의 구조방정식은

$$매\quad력 = w_1\ 외관 + w_2\ 성격 + w_3\ 연령 + 오차\ d_1 \tag{3.3}$$

$$자존심 = w_4\ 매력 + 오차\ d_2 \tag{3.4}$$

측정방정식은

$$리더\ 행동 = w_5\ 자존심 + 오차\ e_1 \tag{3.5}$$

$$학업\ 성적 = w_6\ 자존심 + 오차\ e_2 \tag{3.6}$$

이와 같이 모델에 따라 방정식의 수는 얼마든지 늘어난다. 이들 방정식을 일반화해서 행렬로 표현하기로 한다. 고등학교에서 방정식이 많이 나열된 다원연립방정식을 배웠던 것을 생각해 내자. 수많은 방정식을 늘어놓는 대신에 행렬로 표현하면 단순한 형태로 나타낼 수 있다. 물론 행렬로 표기한 경우는 통상의 수치(스칼라라고 부른다)와는 다른 계산규칙에 따르게 된다는 것도 잊어서는 안 된다. 측정방정식에는 관측된 데이터의 일반적인 평균에 상당하는 항이 있는데, 구조방정식에는 없다. 이것은 잠재변수는 절대원점을 갖는 비율척도가 아니라 임의로 0이 정해지기 위하여, 평균이 0으로 간주되고 있기 때문이다.

구조방정식 : 잠재변수 = 가중치×잠재변수 + 가중치×관측변수 + 교란변수 (3.7)

측정방정식 : 관측변수 = 평균 + 가중치×잠재변수 + 가중치×관측변수 + 오차변수 (3.8)

만일 (3.1) 식과 같은 구조방정식이라면 잠재변수는 하나뿐으로 잠재변수에서 잠재변수로의 경로는 존재하지 않으므로, 오른쪽 성분인 잠재변수에의 가중치 요소가 모두 0인 식을 생각하면 된다. 한편, (3.3) (3.4) 식과 같은 경우에는 두 개의 잠재변수가 있어서 잠재변수에서 잠재변수로의 경로도 있으므로 "잠재변수 = 가중치×잠재변수 + 가중치×관측변수 + 교란변수"의 형태가 다음과 같이 성립한다.

$$\begin{pmatrix} \text{매 력} \\ \text{자존심} \end{pmatrix} = \begin{pmatrix} 0 \\ w_4 \end{pmatrix} (\text{매 력}) + \begin{pmatrix} w_1 & w_2 & w_3 \\ 0 & 0 & 0 \end{pmatrix} \begin{pmatrix} \text{외 관} \\ \text{성 격} \\ \text{연 령} \end{pmatrix} + \begin{pmatrix} d_1 \\ d_2 \end{pmatrix}$$

측정방정식에 대해서도 마찬가지로 존재하지 않는 요소는 가중치 0인 모델로 간주하면 된다. 그 다음은 이 방정식을 푸는 것이 된다. 경로도형에서, 어떤 변수에서 어떤 변수로의 영향도를 나타내고 있는 수치야말로 바로 여기에서 말하고 있는 가중치인 것이다. 그러나 문제는 방정식의 해가 구해지는가이다. 이것은 식별문제(識別問題)라고 일컬어진다.

3.6 | 식별문제

관측변수에 대해서는 데이터가 있고 그 공분산도 알려져 있지만, 잠재변수의 분산이나 오차변수, 교란변수의 분산은 알지 못한다. 또한 그것들로부터의 영향도도 불분명하다. 그렇다면 기지의 정보로부터 해가 얻어지지 않는 상황이 생긴다.

예를 들면, 다시 한번 <그림 3-2>의 모델을 생각해 보자.

관측되어 있는 것은 '외관', '성격', '사랑'의 세 변수이다. 그러나 '외관'과 '성격'은 다른 변수로부터 화살표를 받고 있지 않은 독립변수로 추측대상은 아니다. 한편 '사랑'은 잠재변수와 오차로부터 화살표를 받고 있는 종속변수로 추측해야 할 대상이 된다. 잠재변수인 '매력'은 화살표를 받고 있는 종속변수이므로 분산을 1로 놓을 수는 없다.

이렇게 해서 추측해야 할 대상은 <그림 3-5>에서 '*'로 표시되어 있는 대로, 각 오차의 분산(2)과 잠재변수의 분산(1), 관측변수에서 잠재변수로의 경로(2), 잠재변수에서 관측변수로의 경로(1), 관측변수 '사랑'의 분산(1) 해서 2+1+2+1+1=7이 된다.

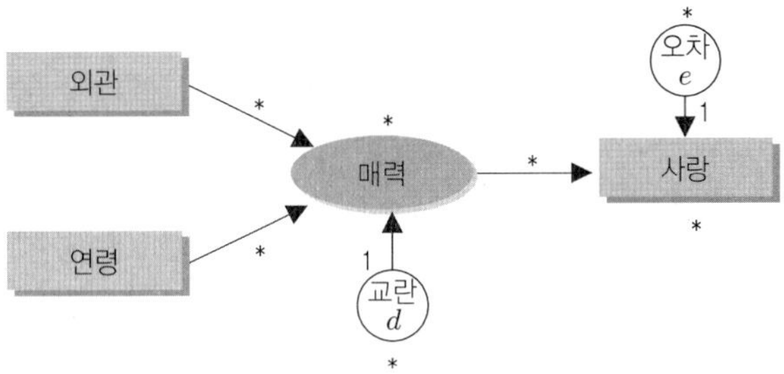

그림 3-5

한편, 이미 알고 있는 것은 관측변수 간의 분산공분산이다. 아래에 관측된 데이터의 분산공분산행렬을 보이고 있다. 대각요소는 각 변수의 분산, 비대각요소는 행과 열의 변수 간 공분산을 나타내고 있다. 중복을 제외하고 헤아려 보면 알 수 있듯이 이 경우는 세 변수에서 기지(既知)의 요소는 여섯이 된다. 이것을 일반화하면 변수의 수를 p라고 했을 때 $p(p+1)/2$가 기지의 요소수(要素數)가 된다. 기지의 요소수와 구하는 파라미터 수의 차를 자유도(自由度)라고 한다.

관측변수 간의 분산공분산행렬 S를 다음과 같다고 한다.

	성격	외관	사랑
성격	2.21	−0.26	1.05
외관	−0.26	0.96	0.10
사랑	1.05	0.10	6.85

이 경우에 구하는 파라미터의 수는 7이고 기지의 요소는 6이므로 자유도는 −1이 되어 해가 구해지지 않는다. 실제로는 무수히 해가 생겨서 어느 것이 타당한지 구별할 수 없는 상황이 생기는 것이다. 딱 하나뿐인 방정식 $X+Y=20$에서는 두 개의 미지수 X와 Y에 무수한 조합의 해가 생기게 되는 것이다.

이와 같은 경우에 어떠한 구속을 모델에 과함으로써 해를 얻게 된다. 이들 구속의 지침은 2.3절 '2. 식별성의 확보'에 상세히 설명되어 있다. 여기에서는 매력에 대한 외관의 경로를 1로 해 보자. 이렇게 함으로써 자유도는 0이 된다. 자유도 0인 경우에 해는 유일한 것이 된다. 하나뿐인 방정식 $X+Y=20$에 또 하나 $X+2Y=8$이 더해진 것과 같다. 이 경우, X와 Y는 유일하게 결정된다.

그러나 구조방정식모형분석에서는 이와 같은 해가 가령 구해지더라도 그것은 기각할 수가 없는 유일해이므로, 그다지 관심의 대상이 되지는 않는다. 즉, 모델의 검정이 되지 않는 것이다. 구조방정식모형분석이 다루는 것은 자유도가 0보다도 큰 상황, 즉 미지수보다도 독립적인 방정식의 수가 많은 과잉식별(overidentification)이라고 불리는 상황이다. 유일한 해가 있는 상황이 관심의 대상이 아니라고 하는 것은 기묘하게 생각이 들지도 모른다. 회귀분석이든, 경로분석이든 해는 하나만 얻어지는 것이다. 이에 비해서 구조방정식모형분석에서 얻어지는 해는 어떤 종류의 타협의 산물이 되지 않을 수 없다. 즉, 어느 방정식도 완전히 충족하는 유일해는 얻어지지 않으므로, 어느 정도 어떠한 방정식도 충족하는 해를 얻게 된다. 그렇다면 그 타협이 타당한지 어떤지가 모델의 검정에 이어지는 것이다.

그런데 자유도 0인 경우에 얻어지는 해는 유일해가 된다고 언급했는데, 항상 해가 구해진다고는 할 수 없다. 실제로 자유도 0인 <그림 3-6>에서는 해가 구해지지 않는다.

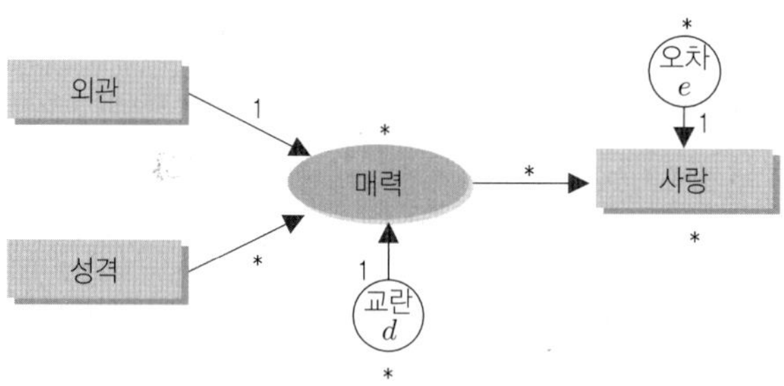

그림 3-6

해가 구해지려면 자유도가 플러스가 된다는 사실 이외에 조사된 케이스 수가 미지수보다 많은 것이 필요조건인데, 이것도 필요충분조건은 아니다. 즉, 양자가 충족되어 있더라도 항상 해가 얻어진다고는 할 수 없다. 분석 전에 해가 구해질 필요충분조건을 간단히 아는 방법은 알려져 있지 않다. 따라서 식별조건을 아는 현실적인 방법은 Amos를 통해서 결과를 본다고 하는 것이다. 자유도가 마이너스인 경우에는 "The specified model has negative degrees of freedom"이라고 하는 에러를 표시해 주며, 구속조건이 모자라다고 생각될 때에는 "it will probably be necessary to impose XXX additional constraint(s)"라고 하는 "구속을 XXX개 더하시오"를 의미하는 메시지가 표시된다.

그 밖에도 Amos의 운용을 통해서 선형종속이라고 불리는 문제의 존재도 알 수 있다. 이것은 미지수 X, Y에 대해서 방정식 $X+Y=20$과 $2X+2Y=40$이 있는 것과 같은 상황이다.

미지수가 두 개이고 방정식이 두 개이므로 답이 얻어질 것 같지만, 해는 정해지지 않는다.

$X+Y=20$의 양변을 두 배하면 $2X+2Y=40$이 되므로, $2X+2Y=40$의 해는 이미 $X+Y=20$의 해로 풀려 있다. 결국 해를 얻기 위한 연립방정식이 부족하게 된다. 실제의 분석은 훨씬 복잡하므로 선형종속이 감추어져 있더라도 간단히 찾아낼 수 없다. 선형종속이 있으면 역행렬이 구해지지 않으므로 계산이 안 되게 된다. 이런 종류의 에러 메시지가 표시되었다면 입력 데이터를 체크해 보는 것이 좋을 것이다.

3.7 | 파라미터의 추정

해가 구해진다고 하는 것은 추정할 경로계수나 변수의 분산이 얻어진다고 하는 것이다. 그러면 무엇을 기준으로 해서 이들 값을 구하는 것일까? 경로계수가 얻어지면 그것을 기초로 그 모델로부터 데이터의 분산공분산행렬이 재현된다. 관측 데이터의 분산공분산행렬은 이미 얻어져 있으므로 그것과 모델로부터 재현된 분산공분산행렬이 가능한 한 일치하도록 경로계수나 분산이 얻어지면 된다. 이와 같은 해를 구하는 방법으로서는 크게 두 가지 방법이 있다. 하나는 최소자승법이고 다른 하나는 최우법(最尤法)의 발상이다.

1. 최소자승법

현실의 분산공분산행렬과 모델로부터 재현된 분산공분산행렬의 차의 자승을 생각한다. 단순한 차가 아니라, 자승함으로써 이 기준함수값의 최소치가 0으로 정해진다. 만일 데이터와 모델이 완전히 일치하면 기준 함수값은 0이 되는 것이다. 그 다음은 이 값을 가능한 한 작게 되도록 하는 파라미터를 구하게 된다.

$$\text{최소화하는 함수 } F = (\text{현실의 분산공분산행렬} - \text{모델로부터 재현된 분산공분산행렬})^2$$

Amos에서는 최소자승법에 의한 기준으로서 이하의 네 가지 방법이 이용된다. 각각 최소화함수는 다음과 같다. 여기에서 관측된 분산공분산행렬은 S, 모델로부터 얻어진 재현 분산

공분산행렬은 C로 한다.[28]

adf(점근적 분포비의존법 : asymptotically distribution-free estimation)는

$$F = \Sigma(S-C)'U(S-C)$$

gls(일반화 최소자승법 : generalized least squares estimation)는

$$F = \frac{1}{2}\mathrm{trace}(S^{-1}(S-C))^2$$

sls('척도불변' 최소자승법 : 'scale free' least squares estimation)는

$$F = \frac{1}{2}\mathrm{trace}(D^{-1}(S-C))^2$$

여기에서 $D = \mathrm{diag}S$ (diag는 어떤 행렬의 대각성분만으로 되는 행렬을 말한다. 이 경우에 $\mathrm{diag}S$이므로 행렬 S의 대각성분만으로 이루어지며 나머지 요소는 0인 행렬을 의미한다).

uls(가중치 없는 최소자승법 : unweighted least squares estimation)는

$$F = \frac{1}{2}\mathrm{trace}(S-C)^2$$

단, Amos가 출력하는 최소화된 값은 뒤에서 설명할 최우법(最尤法)도 포함해서 각각의 값에 $(N-r)$을 곱한 값이 된다. N은 전 케이스 수, r은 디폴트(Default)에서 그룹의 수를 나타낸다. 통상은 그룹의 수가 1이므로 Amos가 출력하는 최소화 기준치 (CMIN) = $(N-r) \times F$가 된다. 이렇게 함으로써 카이제곱 값에 대응한 값이 된다.

언뜻 보아 어떠한 함수라도 관측된 분산공분산행렬 S와 모델로부터 재현된 분산공분산행렬 C가 같으면 함수의 값이 0이 되는 것을 알 수 있다.

각각의 특징을 간단히 들면, uls는 가장 직관적으로 이해하기 쉬운 최소자승 기준이 되어 있다. 계산이 보다 간단하므로 계산시간이 짧고 코스트가 낮다고 하는 이점도 있다. 또한 특

28 통상 모델로부터 재현된 분산공분산행렬은 $\Sigma(\theta)$로 표현되는 경우가 많다. θ는 Σ를 구성하기 위한 추정 파라미터의 의미이다. 이것 이외에도 경로나 오차도 그리스 문자로 표현되는 것이 통례로 되어 있다. 그러나 여기에서는 구조방정식모형분석에 관한 서적에 빈번하게 나타나는 "Σ, Y, δ, ζ, η, θ, φ, γ" 등의 기호는 낯익지 않은 사람에게는 단지 이해를 저해하는 요인에 지나지 않는다고 생각하여, 보다 친숙한 알파벳 표기로 바꾸었다. 또한 θ도 생략하고 있다.

히 다변량정규분포 등의 가정을 필요로 하지 않는다. 그러나 다른 기준과 달리 척도불변이 아니다. 이것은 간단히 말하자면 측정단위 등의 영향, 예를 들면, 측정된 것이 길이인 경우라면 mm인가, cm인가, m인가 아니면 km인가에 의해 적합도기준이 영향을 받는다고 하는 것이다. 또한 uls를 이용하면 다른 기준과 달리 그대로 카이제곱분포를 이용할 수 있는 근사치가 되지 않는다고 하는 문제도 있다. PC를 이용하여 계산시간이나 계산 코스트를 고려할 필요가 없는 대부분의 사용자에게 있어서는 가장 고를 가능성이 낮은 선택지(選擇肢)라고 할 수 있다.

gls는 뒤에서 설명할 최우법과 마찬가지로 다변량정규분포를 전제로 하고 있다. S^{-1}라고 하는 가중치를 더한 최소자승법의 형태를 취한다. 이것에 의해 uls와 달리 척도불변의 성질을 갖고 있다. 즉, 데이터가 어떠한 단위로 측정되어 있더라도 최소화기준은 영향을 받지 않는다.

sls는 Amos에서는 'scale free least squares estimation'의 약어(略語)로 되어 있는데, simple least squares estimation의 약어로서 소개되어 있는 경우도 있다. sls의 특징으로서 표본수가 적은 경우에 최우법보다 우수한 성질을 갖고 있으며, 입력에 상관행렬을 이용할 경우의 문제점이 있어 Fisher의 Z 변환을 실시하는 것이 바람직하다.[29]

adf는 Browne(1984)이 제창한 것으로 관측 분산공분산과 재현 분산공분산의 차의 제곱에 가중치 U를 부여한 것으로 되어 있다.[30] Weighted Least Squares의 약어로 WLS라고 불리는 경우도 있다. 가중치를 바꿈으로써 다른 추정법을 표현할 수 있는 일반화한 형태로 된다. Browne(1984)는 gls나 최우법과 마찬가지로 카이제곱과 대응하는 값을 제공하면서, 최우법만큼 강한 다변량정규분포의 전제를 요구하지 않는 가중치를 발표하고 있다. 따라서 다변량정규분포에 따를 것 같지 않은 경우가 많은 현실적인 데이터에는 가장 적합한 기준이라고 말할 수 있을지도 모른다. 그러나 그 평가는 미묘하다. Chou and Bentler(1995)[31]는 다변량정규분포로부터의 일탈에 대한 시뮬레이션의 결과를 들어 adf가 기대되고 있었던 만큼 좋은 성적을 보이지 않는다는 것을 지적하고 있다. adf의 평가는 연구자 사이에서도 의견이 분분한 것 같은데, 어쨌든 adf를 이용하는 것은 충분히 큰 케이스 수의 경우가 좋을 것이다.

여기에서는 모델 <그림 3-5>에 관해서 gls를 예로 취하여 실제로 적합도함수(適合度函

---

29 豊田秀樹(1992), 竹内 啓(監), SASによる共分散構造分析, 東京大學出版會, p. 61.

30 Browne, M. W. (1984), "Asymptotically Distribution-free Methods for the Analysis of Covariance Structures," *British Journal of Mathematical and Statistical Psychology*, 37, pp. 62~83.

31 Chou, C., & Bentler, P. M. (1995), "Estimation and Tests in Structural Equation Modeling," Hoyle, R. H. (ed.), *Structural Equation Modeling : Concepts, Issues, and Application*, SAGE.

數) $F=\frac{1}{2}\mathrm{trace}(S^{-1}(S-C))^2$를 계산하는 것을 생각해 보자. 단지 수식을 바라보고 있는 것만으로는 이미지를 파악할 수 없기 때문이다. 그리고 케이스 수는 10으로 한다. 모델 <그림 3－5>는 있는 그대로는 식별조건이 갖추어져 있지 않으므로 해는 구해지지 않는다. 너무나 적은 관측변수이고, 잠재변수까지 상정하고 있으므로 통상의 식별성 확보 방식을 이용하면 의미 있는 분석이 되지 못한다. 그래서 여기에서는 우선 경로를 남기고 교란변수와 오차변수의 분산을 각각 1로 해서 해를 구해 보기로 한다(모델 <그림 3－7> 참조).[32]

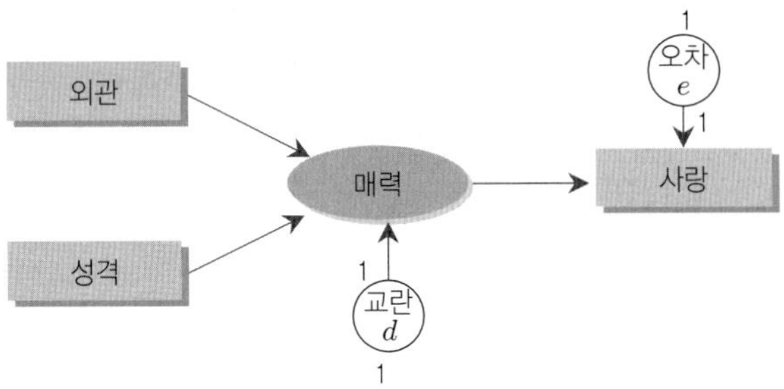

그림 3-7

모델 <그림 3－7>은 변수의 수나 케이스의 수 그리고 모델이나 구속조건도 구조방정식 모형분석에는 부적절한 것인데, 자신이 계산하고 이해하는 보조수단이 되게끔 가능한 한 적은 케이스로 또한 잠재변수를 포함하는 단순한 모델을 굳이 이용한 것이다.

관측된 데이터의 분산공분산행렬 S와 gls를 지정해서 Amos로 재현한 분산공분산행렬 C는 다음과 같다.

관측된 분산공분산행렬 S

$$S = \begin{array}{c} \\ 성격 \\ 외관 \\ 사랑 \end{array} \begin{array}{c} \begin{array}{ccc} 성격 & 외관 & 사랑 \end{array} \\ \begin{pmatrix} 2.21 & -0.26 & 1.05 \\ -0.26 & 0.96 & 0.10 \\ 1.05 & 0.10 & 6.85 \end{pmatrix} \end{array}$$

gls 기준에 관해서 Amos에 의해 구해진 분산공분산행렬 C

$$\mathrm{C} = \begin{array}{c} \\ 성격 \\ 외관 \\ 사랑 \end{array} \begin{array}{c} \begin{array}{ccc} 성격 & 외관 & 사랑 \end{array} \\ \begin{pmatrix} 2.074 & 0.000 & 1.044 \\ 0.000 & 0.901 & 0.217 \\ 1.044 & 0.217 & 6.875 \end{pmatrix} \end{array}$$

---

32 이와 같이 교란변수나 오차변수의 분산을 1로 구속하는 것은 현실적이 아니고 통상은 실시되지 않는다. 여기에서는 적은 수고로 모델 구축과 데이터의 입력이 가능하고 경로의 값도 얻어지므로, 굳이 수치예로서 채택하고 있다. 본래의 구속 지침은 2.3절 "2. 식별성의 확보"를 참고하기 바란다. 그리고 여기에서의 데이터는 물론 가공의 것이다.

역행렬 S^{-1}란 S에 곱해서 단위행렬을 생성하는 행렬을 말한다. 즉, $S^{-1}S=I$이다. 바로 단위 행렬을 통상의 스칼라 계산에 있어서의 1로 비유하면, $\frac{1}{2}\times 2=1$과 같이 1이 되는 나눗셈의 수를 연상해 보면 된다.

$$S^{-1} = \begin{array}{c} \\ 성격 \\ 외관 \\ 사랑 \end{array} \begin{array}{c} \begin{array}{ccc} 성격 & 외관 & 사랑 \end{array} \\ \begin{pmatrix} 0.5076228469 & 0.1458082073 & -0.0799393883 \\ 0.1458082073 & 1.0851346754 & -0.0381915453 \\ -0.0799393883 & -0.0381915453 & 0.1587964251 \end{pmatrix} \end{array}$$

gls 기준의 식 $F=\frac{1}{2}\text{trace}(S^{-1}(S-C))^2$를 만족하는 모든 요소가 얻어졌으므로, F를 계산해 보자. 먼저 $(S-C)$는 행렬 S로부터 대응하는 C의 요소를 빼나가면 되므로 다음과 같이 된다.

$$S-C = \begin{array}{c} \\ 성격 \\ 외관 \\ 사랑 \end{array} \begin{array}{c} \begin{array}{ccc} 성격 & 외관 & 사랑 \end{array} \\ \begin{pmatrix} 0.136 & -0.260 & 0.006 \\ -0.260 & 0.059 & -0.117 \\ 0.006 & -0.117 & -0.025 \end{pmatrix} \end{array}$$

다음은 단지 행렬의 곱셈을 하기만 하면 된다.

$$S^{-1}(S-C) = \begin{array}{c} \\ 성격 \\ 외관 \\ 사랑 \end{array} \begin{array}{c} \begin{array}{ccc} 성격 & 외관 & 사랑 \end{array} \\ \begin{pmatrix} 0.0306469369 & -0.1140263475 & -0.0120153385 \\ -0.2625342487 & 0.0305812227 & -0.1251311192 \\ 0.0000108235 & -0.0000482420 & 0.0000188638 \end{pmatrix} \end{array}$$

$$(S^{-1}(S-C))^2 = \begin{array}{c} \\ 성격 \\ 외관 \\ 사랑 \end{array} \begin{array}{c} \begin{array}{ccc} 성격 & 외관 & 사랑 \end{array} \\ \begin{pmatrix} 0.0308749262 & -0.0069810438 & 0.0138997845 \\ -0.0160758433 & 0.0308770692 & -0.0006745852 \\ 0.0000129971 & -0.0000027104 & 0.0000059069 \end{pmatrix} \end{array}$$

trace란 행렬의 대각성분의 합계를 말한다. 따라서 위의 행렬의 대각성분을 더해 가게 된다.

마지막으로 2로 나누면

$$F=\frac{1}{2}(0.0308749262+0.0308770692+0.0000059069)=0.03087895114$$

전 케이스 수는 10이고 그룹 수는 1이므로 $(N-r)=(10-1)=9$가 된다. 따라서 마지막으로 9를 이 값에 곱한다.

$$0.03087895114 \times 9 = 0.2779105603$$

이 값은 계산상의 오차를 무시하면 Amos의 최소화 기준치 0.277909와 일치하는 것을 확인할 수 있다.

여기에서 Amos가 추정한 파라미터로부터 재현된 분산공분산행렬 C를 잠시 살펴보자. '외관', '성격'에 대해서는 관측된 분산과 모델로부터 재현된 분산이 일치하고 있지만, '사랑'에 대해서는 일치하고 있지 않다는 것을 알아차릴 수 있다. '외관', '성격'은 경로의 화살표를 받고 있지 않고 독립변수로 되어 있으므로 추정되는 대상이 아니기 때문이다. '사랑'은 데이터로부터 관측된 분산의 값이긴 하지만 경로의 화살표를 받고 있다. 따라서 추정되는 대상이다. 이 경우에 데이터와 모델이 완전히 일치하고 있는 것은 아니므로, 관측된 분산과 재현된 분산은 다른 것이다.

또한 '외관'과 '성격'의 재현된 공분산은 0이 되어 있음을 알 수 있다. 이것은 모델 안에서 '외관'과 '성격' 사이에는 상관을 가정하고 있지 않기 때문이며, 모델의 가정이 충실히 추정치에 반영되고 있는 것을 알 수 있다.

2. 최우법

최우법(最尤法)이 최소화를 목표로 하는 함수는 이하에 보이는 식 F이다. 평균을 이용하지 않는 경우에는 식의 마지막에 붙어 있는 $+M$의 항이 생략된다. 먼저 생략된 경우를 생각해 보자. 관측된 분산공분산행렬 S와 모델로부터 재현된 분산공분산행렬 C가 같으면, 식의 전반부는 분명히 0이 되는 것을 알 수 있다. 또한 이 경우에 $S=C$이므로 후반부의 SC^{-1}는 SS^{-1}나 CC^{-1}라고 써도 같게 되어, 그 결과는 단위행렬이 된다. 그리고 그 trace는 $1 \times p$로 변수의 수 p와 같게 된다. 이렇게 해서 $+M$을 무시하면 후반부도 0이 되어 전체가 0이 되는 것이다.

그런데 평균을 이용한 경우에 대해서 생각해 보자. 식에는 관측 평균과 모델 평균의 차를 고려한 항인 $+M$을 더하게 된다. 이 경우에도 $+M$ 항의 내부에서는 (관측 평균－모델 평균)을 나타내는 $(\bar{x}-\mu)$라고 하는 요소가 곱해진 형태로 되어 있으므로, 관측 데이터와 모델에 의한 재현 데이터의 평균이 일치하는 경우에는 $+M$은 0이 된다. 이렇게 해서 모델과 데이터가 일치하는 경우에는 역시 전체는 0이 되는 것이다.

ml(maximum likelihood estimation : 최우법)

$$F = \log_e|C| - \log_e|S| + \mathrm{trace}(SC^{-1}) - p\ [+M]$$
$$M = (\bar{x} - \mu)' C^{-1} (\bar{x} - \mu)$$

최우법의 발상은 얻어진 표본 데이터를 고정화한 것으로 생각한 다음, 그 데이터가 얻어질 확률이 가장 높은 모집단을 상정하여 파라미터를 구한다. 보통 모집단은 유일하며 고정된 존재로 간주한다. 한편 얻어진 관측 데이터는 오차를 갖고 산포되어 있어 그로부터 어떠한 실제 모집단을 추측하고자 생각한다. 이에 비해서 역으로, 얻어진 관측 데이터가 고정된 것이며 모집단이 산포되어 있는 것으로 간주하는 것이다. 그리고 확률적으로 그 관측 데이터가 얻어질 가능성이 가장 높은 모집단을 구하여 파라미터를 정하는 것이다. 이와 같은 해는 우도함수(尤度函數)의 최대화로서 구해진다. 그러나 우도 그대로는 얻어지는 값이 아주 작아 계산상 사정이 나쁘다. 그래서 대수를 취하여 대수우도함수(對數尤度函數)로 한다. 대수화한 값과 원래의 작은 값은 1대 1로 대응해서 순서적인 관계를 유지한 채로 되기 때문에 원래의 작은 값을 최대화하는 것과 대수화된 값을 최대화하는 것은 같다. 대수화함으로써 대상을 확대해 주는 어떤 종류의 렌즈의 효과가 얻어졌다고 생각해도 좋을지도 모른다. 또한 우도함수가 곱의 관계인 데 비해서, 대수화되면 합의 관계로 변환되므로 계산상도 사정이 좋다. 이렇게 해서 최대 대수우도를 구하는 것이 우도함수를 최대화하는 것이 된다. 구조방정식모형 분석에서는 최대화가 아니라 관측 데이터와 모델과의 차의 최소화를 목표로 하는 기준을 이용하므로, 그것에 맞춰서 함수를 변형하여 앞에 든 기준값을 구성하는 것이다.

그리고 최우법에서는 변수가 다변량정규분포에 따른다고 하는 전제가 있다. 다변량정규분포의 전제조건으로서는 각 변수가 정규분포에 따를 필요가 있다. Amos의 정규분포 검토에서 정규분포의 경우에는 skew(skewness : 왜도)와 kurtosis(첨도) 모두가 0이 된다. skew는 분포의 중심으로부터의 비대칭성을 나타내어, 마이너스 값이면 득점의 높은 쪽에 정점이 있고 플러스의 값이면 득점의 낮은 쪽에 정점이 있는 것을 나타낸다. kurtosis는 분포의 뾰족한 정도(퍼짐 정도)를 나타낸다. 플러스의 값이면 정규분포보다도 뾰족한 분포이며, 마이너스의 값이면 완만한 분포라는 것을 나타낸다. 각각에 대해서 critical ratio로서 'C.R.'에 각 통계량을 표준오차로 나눈 값이 표시된다. kurtosis의 마지막 행에는 Mardia의 다변량첨도가 출력된다. 이것도 정규분포의 경우에는 0이 된다.

더욱이 제곱한 마하라노비스 거리를 이용해서 평균으로부터 가장 멀리 떨어져 있는 케이스의 번호가 Mahalanobis d-squared의 라벨이 있는 곳에 표시된다. 이것은 정규성을 무너뜨리고 있는 원인일지도 모르는 이상점(outlier, 특이한 케이스)을 검출하는 데 도움이 된다.

그런데 여기에서도 실제로 <그림 3－7>을 기초로 계산을 실시해 보자. 관측된 분산공분산행렬은 최소자승법일 때와 같은 S 이다.

$$S = \begin{matrix} \\ 성격 \\ 외관 \\ 사랑 \end{matrix} \begin{matrix} \begin{matrix} 성격 & 외관 & 사랑 \end{matrix} \\ \begin{pmatrix} 2.21 & -0.26 & 1.05 \\ -0.26 & 0.96 & 0.10 \\ 1.05 & 0.10 & 6.85 \end{pmatrix} \end{matrix}$$

최우법에 의거해서 Amos가 계산하는 분산공분산행렬 C 는 다음과 같이 된다.

$$C = \begin{matrix} \\ 성격 \\ 외관 \\ 사랑 \end{matrix} \begin{matrix} \begin{matrix} 성격 & 외관 & 사랑 \end{matrix} \\ \begin{pmatrix} 2.210 & 0.000 & 1.113 \\ 0.000 & 0.960 & 0.231 \\ 1.113 & 0.231 & 6.903 \end{pmatrix} \end{matrix}$$

먼저 $|S|$와 $|C|$를 구한다. 이것들은 각각 행렬 S와 C 의 행렬식에 해당된다. 행렬식에서는 행렬의 데이터를 하나의 수치로 축약한다. 어떤 입방체(立方體)를 생각해 보자. 그 입방체는 가로 · 세로 · 높이의 3차원으로 되어 있다. 이것을 행렬에 비유하면 행렬식이란 그 입방체의 체적에 상당한다.

최우법의 $F = \log_e|C| - \log_e|S| + \mathrm{trace}(SC^{-1}) - p$에 있어서의 $\log_e|C| - \log_e|S|$의 부분은 행렬을 하나의 수치로 한 다음에 두 개의 행렬을 비교하고 있는 셈이 된다. 만일 관측된 분산공분산행렬과 재현된 분산공분산행렬이 같다면 행렬식의 값은 같으므로 당연히 이 부분은 0이 된다.

오늘날 표계산 소프트웨어에서는 행렬의 곱셈이나 역행렬은 물론 행렬식의 값도 쉽게 구해준다. 물론 수식처리 소프트웨어가 있으면 계산은 간단하다.

$$|C| = \begin{vmatrix} 2.210 & 0.000 & 1.113 \\ 0.000 & 0.960 & 0.231 \\ 1.113 & 0.231 & 6.903 \end{vmatrix} = 13.33825875$$

다음에 행렬식의 값 13.33825875의 자연대수를 취한다.

$$\log_e 13.33825875 = 2.5906365035$$

마찬가지로 해서 S에 대해서도 행렬식의 값과 그 대수를 구한다.

$$|S| = \begin{vmatrix} 2.21 & -0.26 & 1.05 \\ -0.26 & 0.96 & 0.10 \\ 1.05 & 0.10 & 6.85 \end{vmatrix} = 12.9348$$

$$\log_e 12.9348 = 2.5599213536$$

그 다음은 C의 역행렬 C^{-1}를 구한다.

$$C^{-1} = \begin{array}{c} \\ \text{성격} \\ \text{외관} \\ \text{사랑} \end{array} \begin{array}{c} \begin{array}{ccc} \text{성격} & \text{외관} & \text{사랑} \end{array} \\ \begin{pmatrix} 0.4928318698 & 0.0192756045 & -0.0801064082 \\ 0.0192756045 & 1.0508763747 & -0.0382741113 \\ -0.0801064082 & -0.0382741113 & 0.1590612418 \end{pmatrix} \end{array}$$

마지막으로 SC^{-1}를 계산해서 그 행렬의 대각성분의 합계인 trace를 구한다.

$$SC^{-1} = \begin{array}{c} \\ \text{성격} \\ \text{외관} \\ \text{사랑} \end{array} \begin{array}{c} \begin{array}{ccc} \text{성격} & \text{외관} & \text{사랑} \end{array} \\ \begin{pmatrix} 1.0000350466 & -0.2708165884 & -0.0000695893 \\ -0.1176423467 & 1.0000022514 & -0.0000093565 \\ -0.0293278724 & -0.1368506403 & 1.0016303665 \end{pmatrix} \end{array}$$

$$\mathrm{trace}(SC^{-1}) = 1.0000350466 + 1.0000022514 + 1.0016303665 = 3.0016676645$$

모든 요소가 구해졌으므로 기준함수의 계산을 해 보자. 그리고 p는 관측변수의 수이므로, 여기에서는 '외관', '성격', '사랑'으로부터 그 값은 3이 된다.

$$F = 2.5906365035 - 2.5599213536 + 3.0016676645 - 3 = 0.0323828143$$

최소자승법일 때와 마찬가지로 마지막으로 (총 케이스의 수−1)인 9를 이 값에 곱하면 다음과 같이 된다.

$$0.0323828143 \times 9 = 0.2914453291$$

이것은 계산상의 오차를 고려하면 Amos가 출력하는 0.2914327의 값에 일치하는 것을 확인할 수 있다.

3. 최적화문제

지금까지 최소자승법이나 최우법에서도 계산에 사용한 모델의 분산공분산행렬 C는 Amos에 의해 미리 얻어진 기지의 것으로서 취급했는데, Amos는 어떻게 C를 구하고 있는 것일까? 실제로는 직접적으로 어떠한 방정식을 풀어서 구하는 것은 아니다. 어떤 초기값으로부터 시작해서 최소화함수의 값이 조금이라도 작아지는 방향으로 파라미터를 변경해서 반복계산을 실시한다. 그리고 계산의 전후에 미리 지정해 놓은 아주 작은 상수보다도 변화가 작아진 시점에서 해가 수렴했다고 판단하여 계산을 중단하는 것이다. 이와 같은 계산에서는 초기값에 따라 수렴까지의 계산횟수가 많아진다거나, 언뜻 보아 최소값처럼 보이지만 실은 차선의 해에 지나지 않는 해에 빠진다거나, 경우에 따라서는 수렴하지 않게 되는 가능성도 나온다. 또한 계산횟수가 초기 지정상태의 횟수로는 부족하다거나 수렴 기준값이 너무 무르다거나 혹은 너무 엄격하다거나 하는 가능성도 나온다.

이와 같은 계산은 최적화문제라고 불리며, 전문서적에서는 비선형최적화라든가 비선형계획법 등에서 다루어지고 있는 경우가 많다. 그 상세한 내용은 생략하기로 하고, 다만 Amos에서 계산을 컨트롤하는 의미를 알기 위해서 여기에서는 간단히 그 이미지만을 제시하기로 한다.

일반적으로 강하법(降下法)이라고 불리는 일군의 방법에 대한 설명은 산을 내려오는 하산에 비유하고 있는 경우가 많다.[33] 본서에서도 같은 비유를 이용하기로 한다. 어둠 속에서 하늘을 날고 있는 조종사(pilot)가 비행기의 고장으로 탈출하여 낙하산으로 강하했다고 생각해 보자. 조종사가 강하한 것은 산 속이다. 그러나 칠흑 같은 어둠 속에서 불빛은 보이지 않고, 캠핑할 설비나 식료품도 없다. 살아남기 위해서는 산을 내려가 가장 고도가 낮은 평지에 다다르는 것뿐이다. 그 평지에는 민가가 있으므로 목숨을 건질 수 있을 것이다. 이와 같은 경우에 조종사는 어떠한 행동을 취할 것인가? 주위는 어둠 속이고 손전등도 없으므로 멀리까지 바라보고 방향을 짐작할 수는 없다. 우선 희미한 시계(視界)에서 방향을 잡아 걷기 시작하여, 자신이 산을 내려가고 있는지 혹은 오르고 있는지를 확인할 것이다. 오르고 있다면 산의 정상을 향하고 있을 가능성이 있고, 내려가고 있다면 평지를 목표로 하고 있을 가능성이 있다. 그래서 오르고 있다고 판단했다면 나아갈 방향을 바꾸고, 내려가고 있다면 그 방향으로 계속 진행할 것이다. 가령 계속해서 내려가고 있다고 하더라도 그 진행방향으로부터 짐승의 으르

33 Kruskal, J. B., and Wish, M. (1978), *Multidimensional Scaling, Sage University Paper Series on Quantitative Applications in the Social Sciences*, 07-011, Beverly Hills, Calif : Sage Publications LTD, pp. 22~24. 豊田秀樹 (1992), 前揭書, pp. 63~65.

렁거리는 소리가 들린다면, 그 쪽으로는 나아가지 않을 것이다. 최종적인 목적인 평지도달에 의한 생존으로부터 벗어나 버리기 때문이다. 이러한 방침으로 나아가 아무리 걸어도 더 이상 고도가 낮아지지 않는다면, 바꾸어 말해서 고도에 변화가 생기지 않으면 가장 낮은 평지에 도달했다고 판단하게 될 것이다.

이와 같은 행동 패턴을 계속하고 있으면 조종사는 어떻게 될 것인가? 다행히 평지에 겨우 당도하여 민가에서 구조를 받을 수 있을지도 모른다. 그러나 한편으로 그저 오로지 내려가고 있는 사이에 가장 낮은 평지에 도착한 줄 알았는데, 아직 높은 장소에 있는 구덩이에 빠져 버릴 가능성도 있다. 구덩이가 없고 함정이 없는 장소, 혹은 민가가 있는 평지에 곧 내려갈 수 있는 장소에 강하해 있으면 조종사는 이내 구출될 것이다. 한편, 주위에 구덩이가 많이 있는 곳에 강하한 조종사는 평지에 도달하는 것이 어렵게 될 것이다.

그런데 이것을 계산으로 바꾸어 놓으면 조종사가 강하한 지점이 계산의 초기값에 상당한다. 초기값에 따라서는 진짜의 최소값이 아니라 국소적인 최소값, 즉 국소적인 최적해라고 불리는 구덩이에 상당하는 값으로 계산이 수렴해 버릴지도 모른다. 혹은 적절한 초기값이라면 몇 번의 반복횟수로 최종적인 최소값에 도달할 수 있을지도 모른다. 가령 내려가는 길에서도 짐승의 으르렁거리는 소리가 들리는 방향으로는 나아가지 않는다고 하는 것은, 부적절한 해가 생기는 방향으로는 계산을 진척시키지 않는다고 하는 것에 상당한다. 예를 들면, 각종의 분산 추정치가 마이너스가 되는 경우에는 헤이우드 케이스(Heywood case)라고 불리는 부적절한 해가 된다. 분산은 제곱한 수치이므로 마이너스의 값이 되는 것은 이상한 일이기 때문이다. 한편, 고도(高度)는 반복계산으로 체크되는 수치에 대응한다. 아무리 걸어도 더 이상 고도가 낮아지지 않으므로 가장 낮은 평지에 도착했다고 하는 판단은, 반복계산에서 전후의 수치에 거의 변화가 생기지 않게 되었으므로 계산이 수렴했다고 하는 판단에 대응한다.

분석에 즈음해서는, 몇 개의 초기값을 바꾸어 보고 국소적인 최적해에 빠져 있지 않은지 검토하는 것은 의의가 있는 일이다. 특히 케이스 수가 적다든가 잠재요인에의 경로가 적은 경우에는, 해가 수렴하지 않는 경우도 있으므로 초기값이 중요하게 되는 수가 있다. 카리노(狩野, 1997)는 평균구조를 갖는 분석에서 초기값을 바꾸어 본 경우에 계산의 반복횟수가 어떻게 개선되는지를 예시하고 있다.[34]

34 狩野 裕(1997), AMOS EQS LISRELによるグラフィカル多變量解析－目で見る共分散構造分析－, 現代數學社, p. 222.

그런데 이와 같은 계산의 수렴기준으로서 Amos에는 몇 가지의 종류가 있다. 상세한 것은 뒤에서 논하기로 한다. 문제는 어떠한 최소화기준을 이용할 것인가 하는 데 있다. 그러나 여기에는 결정적인 방법은 없다. 그러므로 복수의 방법이 존재하고 있다고도 할 수 있다. 데이터의 성질과 모델에 따라 각각의 추정기준의 적절함은 달라진다.

다만 카리노(狩野, 1997)는 다변량정규성의 가정이 무너지는 경우이더라도 최우법(最尤法)을 권하고 있다.[35] Chou and Bentler(1995)도 시뮬레이션 실험의 결과로서 정규성이 무너지는 경우라도 gls와 최우법으로 만족스러운 결과가 얻어졌다고 기술하고 있다.[36] 또한 Amos를 비롯하여 구조방정식모형분석을 위한 프로그램의 대부분에서 초기 지정상태의 추정법이 최우법인 것도, 최우법이 유력시되고 있는 증거라고 할 수 있을지도 모른다. 최우법이 연구의 대상으로서 가장 많이 거론되어 연구가 풍부한 것도 무시할 수 없다.

다만, Loehlin(1987)은 최소자승법에 비해서 최우법이 특히 변칙적인 해를 가져오는 실례를 들고 있다.[37] 하나의 방법에만 의존하는 것이 아니라 복수의 방법을 시도하여 결과의 일치정도에 대해서 검토하는 것이 현명한 일이다. 어떠한 방법으로도 거의 같은 결과가 얻어진다면 결과에 자신을 더 가질 수 있고, 그렇지 않으면 가설과 결과의 정합성을 검토한다거나 초기값을 바꾸어 보는 등을 실시해서 계산을 반복해 보는 것도 생각할 수 있다.

3.8 | 적합도지표

관측된 분산공분산행렬과 모델로부터 재현되는 분산공분산행렬이 가능한 한 일치하도록 추측값을 구한다고 할 때, 어느 정도 일치하면 모델이 적합하다고 판단할 수 있을까? 이를 위한 가장 기본적인 통계량으로서는 적합도검정이 이용될 수 있을 것으로 생각한다. 실제로 구조방정식모형분석에서는 적합도검정으로서 카이제곱검정이 자주 이용된다. 그리고 대부분의 최소화함수는 간단한 변형으로 점근적으로 카이제곱 분포에 따르도록 만들어져 있다. 관측된 분산공분산행렬과 모델로부터 재현되는 분산공분산행렬이 같다고 하는 가설 하에서 카이제곱 분포에 따르는 것이다. 여기에서 말하는 점근적(漸近的)이란 현실적으로 말하면 케이스 수가 충분히 크다면이라고 하는 것이다. 이렇게 해서 관측된 분산공분산행렬과 모델로부

35 狩野 裕(1997), 「上揭書」, p. 142, p. 162.

36 Chou, C., & Bentler, P. M. (1995), op. cit.

37 Loelin, J. C. (1987), Latent Variable Models : *An Introduction to Factor, Path, and Structural Analysis*, Lawrence Erlbaum Associations, pp. 54~60.

터 재현되는 분산공분산행렬이 대단히 일치하지 않으면 카이제곱 값은 큰 값이 되어, 카이제곱 분포에 비추어서 어느 정도 극단적인 값인지를 확률적으로 판단할 수 있다.

Amos에서는 'Chi-square ='의 뒤에 카이제곱 값이 표시된다. 유의성의 판단은 그 밑에 표시되어 있는 'Probability level ='의 뒤에 표시되는 값으로 실시한다. 이 값이 0.05보다 크면 5%의 유의수준에서 모델과 관측 데이터가 같다고 하는 가설을 기각할 수 없다고 판단한다. 즉, 모델이 관측 데이터에 적합하다고 간주하는 것이다. 그러나 항상 지적되듯이 카이제곱검정에는 실용적이지 못한 측면이 있다. 카이제곱 분포에 따른다고 하는 것은 어디까지나 대표본의 경우라고 하는 전제가 있다. 따라서 케이스 수가 적은 경우에는 검출력이 낮아서 모델이 기각되지 않는 수가 많아진다. 즉, 소규모 데이터에서는 관측 데이터에 모델이 적합해 있다고 판단하는 경우가 많아진다. 그런데 데이터를 많이 수집해 보면 이번에는 그 같은 모델이 기각되어 버린다고 하는 일이 일어나기 쉽다. 카이제곱검정에서는 데이터와 모델이 완전히 같다고 하는 가설을 전제로 해서 검정을 실시하고 있다. 그러나 엄밀하게 말하면 두 개의 사항이 완전히 같다고 하는 등의 일은 있을 수 없는 것으로, 검정력을 높여 가면 필연적으로 양자는 다르다고 하는 결론에 도달하고 만다. 즉, 데이터가 늘어나면 늘어날수록 관측치와 모델의 아주 작은 차도 민감하게 감지되게 되어 결국 모델이 기각되어 버리는 것이다. 예비적인(pilot) 연구에서 모델의 적합성을 확인하고 나서 본 조사에 임하는 것이 관례인데, 많은 데이터를 고생하며 수집해 보면 이번에는 모델이 적합하지 않다고 하는 결과가 되고 마는 것이다.

또 하나의 문제점은 카이제곱검정의 결과에 대한 해석이다. 여기에서는 "모델이 관측 데이터에 적합하다"고 하는 표현을 이용했는데, 엄밀히 말하면 "모델과 관측 데이터가 다르다고는 말할 수 없다"고 하는 쪽이 적절하다. 검정되는 것은 "모델 = 관측 데이터"라고 하는 가설이며, 이것이 기각되지 않는 모델을 분석자는 목표로 한다. 그러나 기각되지 않았다고 하더라도 그 모델이 관측 데이터를 설명하는 유일한 진짜 모델이라고는 결코 말할 수 없다. 관측 데이터를 설명할 수 있는 모델은 그 밖에도 무수히 많이 있을 수 있기 때문이다. 예를 들면 유령의 존재를 검증하고 싶다고 생각하고 있는 연구자를 생각해 보자. 그 사람이 정말로 구하는 것은 유령이 존재한다고 하는 결론(혹은 그 역의 결론 "유령은 없다")을 얻는 것일 것이다. 그러나 구조방정식모형분석이 가르쳐 주는 것은 그와 같은 적극적인 답이라고 하기보다는 기껏해야 "유령이 없다고 하는 가설은 부정할 수 없었다"고 하는 것이다. 물론 "유령이 있다"와 "유령이 없다고는 말할 수 없다"에서는 의미가 같지 않다는 것은 분명하다. 이것은 카이제곱검정의 문제라고 하기보다 구조방정식모형분석이 갖는 문제일지도 모른다.

이것 이외에도 다변량정규성의 가정이 무너지고 있을 때에 정말로 카이제곱 분포가 성립하느냐 하는 의문도 있다.

카이제곱검정의 문제, 특히 케이스 수의 증가가 모델을 기각해 버리는 문제에 대한 점을 고려해서 여러 가지의 적합도지표가 제안되고 있다. 또한 카이제곱검정과 같이 유의하냐 유의하지 않으냐 하는 0이냐 1이냐 하는 것과 같은 결론이 아니라, 적합도를 연속량적으로 판단할 수 있는 지표, 상대적으로 모델을 비교·검토할 수 있는 지표도 많이 제안되고 있다. Amos에서 출력되는 지표도 대단히 많다.

이들 지표를 출력할 때에 Amos에서는 분석자가 지정한 모델(Default model) 이외에 특수한 고정적 모델도 비교를 위해서 출력한다. 그것에 대해서 먼저 설명하기로 한다. Amos가 출력하는 것에는 다음의 세 가지 모델이 있다.

(1) 독립 모델

독립 모델(independence model)이란 관측변수 간에 상관이 없다는 것을 가정한 모델이다. 관측된 분산공분산행렬은 대각요소에 분산이 있는 외에는 모두 0으로 가정한 것이다. 전혀 상관이 없는 변수를 모아서 분석이나 모델 구축을 생각하는 것은 현실적으로는 있을 것 같지 않으므로, 이 모델은 대단히 적합성이 나쁜 것이 될 것이다. 상당히 제약이 엄격한 모델이라고 할 수 있다. 그래서 대부분의 적합도 기준에서는 분석 모델과의 비교대상으로서 이용하는 경우가 많은 모델이기도 하다. 이와 같은 경우에는 널 모델(null model)이라든가 기준 모델(baseline model)이라고 불리고 있는 경우도 있다. 그리고 평균이 이용되는 경우에는 모든 관측변수의 평균이 0으로 고정된다.

(2) 포화 모델

포화 모델(saturated model)이란 파라미터에 구속을 전혀 과하지 않는 모델이다. 아무런 구속도 없으므로 모델을 데이터에 완전히 적합시킬 수 있다. 다만, 그 당해 데이터에 대한 적합을 위한 만큼만 구성된 모델이기 때문에 다른 데이터에의 일반화 가능성은 거의 없다. 가장 일반화된 모델, 혹은 초기적인 모델이라고도 할 수 있을지 모른다. 다른 어느 모델이 됐든 포화 모델에 구속을 가함으로써 성립한 것으로 간주할 수 있기 때문이다.

(3) 제로 모델

제로 모델(zero model)은 모든 파라미터를 0으로 고정한 모델이다. 가장 구속이 엄한 모델이라고 할 수 있다. 그리고 최우법에서는 제로 모델은 출력되지 않는다.

각각의 모델에 더해서 'Default model' 라벨의 행에 분석자가 지정한 모델에 관해서 각종의 적합도 기준값이 출력된다. 여기에서는 주요한 것만 거론하기로 한다.

① NPAR(독립적인 파라미터의 수)

② CMIN(Amos의 최소화 기준값)

Amos가 최소화 기준값으로서 출력하는 값이다. 카이제곱 값에 대응한다. 즉, 최소화 함수 F에 $(N-r)$을 곱한 수치이다. 0이라면 모델이 관측 데이터에 완전히 적합해 있다는 것을 의미한다. 포화 모델은 완전히 적합한 모델이므로 CMIN의 값은 항상 0이 된다.

③ DF(모델의 자유도)

④ P(카이제곱 검정의 유의확률)

⑤ CMIN/DF(Amos의 최소화 기준값을 자유도로 나눈 값)

이 값을 최소화 기준값으로서 이용해야 한다고 하는 입장도 있다. 값이 0에 가까울수록 적합해 있다는 것을 의미한다.

⑥ RMR(잔차제곱평균제곱근 : root mean square residual)

관측된 분산공분산행렬과 모델로부터 재현된 분산공분산행렬의 대각요소와 아래 삼각요소에 대해서 차의 제곱합을 계산하고, 요소 수로 나눈 수치의 제곱근이다. 차를 제곱해서 평균화한 다음에 제곱근을 구하므로 계산은 표준편차와 같은 것이 된다. 다만 표준편차는 평균으로부터의 편차가 되는데, RMR은 관측 데이터로부터의 모델의 편차라고 생각할 수 있다. 관측 데이터와 모델이 일치해 있으면 0이 되고, 값이 작을수록 적합도가 좋다는 것을 의미한다. 단, RMR은 파라미터에 대한 구속의 수에 영향을 받는 결점이 있다. 구속이 없는 파라미터를 늘려서 모델을 복잡하게 해 갈수록, 관측 데이터에 대한 외관상의 적합도가 증가해 버린다.

⑦ GFI(goodness of fit index)

간단하고 확실한 모델 선택의 방법으로서 GFI와 AIC의 편성이 소개된 이래 잘 알려져 있는 기준이다.[38] 그것에 의하면 GFI가 0.9 이하인 모델은 버리고, 남은 모델에 대해서 비교하여 AIC의 값이 최소인 것을 최종 모델로서 채택한다고 한다. GFI의 값은

0에서 1까지 취하고, 1인 경우에는 모델이 완전히 적합해 있다는 것을 의미한다. 100배함으로써 모델의 관측 데이터에 대한 설명률을 나타낸다. RMR과 마찬가지로 파라미터에 대한 구속의 수에 영향을 받는 결점이 있다.

⑧ AGFI(adjusted goodness of fit index)

파라미터에 대한 구속의 수에 영향을 받는 GFI의 결점을 수정한 기준이다. 파라미터가 많고 복잡한 모델에 대해서 페널티를 가한다. GFI와 마찬가지로 값은 0에서 1까지 취하며, 1인 경우에는 모델이 완전히 적합해 있다는 것을 의미한다. 카리노(狩野, 1997)는 "회귀분석의 용어로 말하자면 GFI는 중상관계수에, AGFI는 수정된 중상관계수에 대응"한다고 비유하고 있다.[39] AGFI≦GFI의 관계가 성립한다.

⑨ PGFI(parsimony goodness of fit index)

파라미터에 대한 제약의 수에 영향을 받는 GFI의 결점을 수정한 기준이다. GFI의 값에 제로 모델과 모델의 자유도 비(比)를 곱한 것이다.

$$\text{PGFI} = \text{GFI} \times \frac{\text{모델의 자유도}}{\text{제로 모델의 자유도}}$$

⑩ LO 90, HI 90(추정치의 90% 신뢰구간의 하한과 상한)

⑪ F0(모델과 진짜 모집단의 최소화 기준값)

통상의 최소화 기준은 관측 데이터와 모델의 차를 최소화하는 것을 생각하고 있다. 그러나 여기에서의 관측 데이터란 표본에 지나지 않는다. 그래서 표본이 아니라 진짜 모집단과 모델 사이의 최소화 기준을 생각한다. 이 최소화 기준이 F0이다. 문제는 진짜 모집단의 추정치를 어떻게 얻느냐 하는 것인데, 표본 데이터와 모델과의 최소화 기준값을 적절히 변형하면, 어떤 자유도의 비심 카이제곱 분포(noncentral chi-square distribution)에 따른다는 사실이 알려져 있다. 이때의 비심(非心) 파라미터 NCP는 F0를 포함하는 것이 되므로, 추정치를 얻을 수 있다. 단, F0는 파라미터에 대한 구속의 영향을 받는다. 파라미터를 늘린 복잡한 모델이 단순한 절약 모델보다도 선택되기 쉬워져 버린다.

38 豊田秀樹(1992), 前掲書.

39 狩野 裕(1997), 前掲書, p. 144.

길라잡이

$X_1, X_2, ..., X_N$이 서로 독립이고 표준정규분포 $N(0, 1)$에 따를 때
$X_1^2+X_2^2+...+X_N^2$의 분포를 자유도 N인 카이제곱 분포라 하고,
$X_1, X_2, ..., X_N$이 서로 독립이고 정규분포 $N(\mu_i, 1)$에 따를 때
$X_1^2+X_2^2+...+X_N^2$의 분포를 자유도 N, 비심도 $\mu_1^2+\mu_2^2+...+\mu_N^2$인 비심 카이제곱 분포(noncentral chi-square distribution)라고 한다.

⑫ **NCP(비심 파라미터의 추정치** : estimate of noncentrality parameter)

F0와 NCP의 관계는 다음과 같다.

$$\text{F0의 추정치} = \frac{NCP}{(N-r)}$$

그리고 N은 케이스 수, r은 통상 그룹 수이다.

⑬ RMSEA(root mean square error of approximation)

파라미터에 대한 구속의 수에 영향을 받는 F0의 결점을 수정한 기준이다. 많은 파라미터를 포함하는 복잡한 모델에 대해서는 페널티를 고려하고 있다. F0를 모델의 자유도로 나누고 제곱근을 구한 값이다. 즉, 다음과 같이 된다.

$$\text{RMSEA} = \sqrt{\frac{\text{F0}}{(\text{모델의 자유도})}}$$

⑭ **PCLOSE(RMSEA에 대한 유의확률)**

RMSEA가 0.05 이하다라고 하는 귀무가설에 대한 유의확률 값이다.

⑮ NFI(Bentler-Bonett normed fit index)

독립 모델은 구속이 엄하여 있을 것 같지 않은 모델이므로, 관측 데이터와의 적합도는 대단히 낮아진다. 바꾸어 말하면 관측 데이터와 모델의 차에 대한 최소화 기준값은 상당히 큰 값이 된다. NFI는 그 독립 모델을 비교대상으로 해서 모델을 평가한 값이 된다.

$$\text{NFI} = 1 - \frac{\text{모델의 } Amos \text{ 최소화 기준값}(CMIN)}{\text{독립 모델의 } Amos \text{ 최소화 기준값}(CMIN)}$$

모델이 완전한 적합을 보이면 분자인 모델의 최소화 기준값은 0이 되므로, 1만이 남아 NFI는 1이 된다. 한편, 모델이 독립 모델과 완전히 같은 적합도를 보이면 비율 부분의 값은 1이 되므로 1 − 1 = 0로 NFI는 0이 된다.

⑯ RFI(Bollen's relative fit index)

NFI와 같은 형식의 식이 되는데, 모델의 최소화 기준값(CMIN)과 독립 모델의 최소화 기준값의 대신에 각각을 자유도로 나눈 값을 이용한다. NFI와 마찬가지로 0이면 적합이 나쁘고 1이면 완전한 적합을 의미한다.

⑰ IFI(Bollen's incremental fit index)

NFI나 RFI와 마찬가지로 기준이 되는 모델과의 비교를 고려한 기준이다. 1에 가까울수록 적합성 좋다는 것을 나타낸다.

$$\text{IFI} = \frac{\text{독립 모델의 } Amos \text{ 최소화 기준값}(CMIN) - \text{모델의 } Amos \text{ 최소화 기준값}(CMIN)}{\text{독립 모델의 } Amos \text{ 최소화 기준값}(CMIN) - \text{모델의 자유도}}$$

⑱ TLI(Tucker–Lewis index)

NNFI(Bentler-Bonnet non-normed fit index)로서도 알려져 있는 기준이다. 1에 가까울수록 적합성이 좋다는 것을 의미한다. 단, TLI는 흔히 어떤 0에서 1까지의 값을 취하는 기준과 달리 0에서 1까지의 범위에 값이 한정되지 않는다.

⑲ CFI(comparative fit index)

Bentler(1990)가 NFI의 결점과 TLI의 결점을 보완해서 제창한 기준이다.[40] RNI(McDonald and Marsh's relative fit index)와 같은 것이다.

$$\text{CFI} = 1 - \frac{\text{모델의 } Amos \text{ 최소화 기준값}(CMIN) - \text{모델의 자유도}}{\text{독립 모델의 } Amos \text{ 최소화 기준값}(CMIN) - \text{독립 모델의 자유도}}$$

---

40 Bentler, P. M. (1990), "Comparative Fit Indexes in Structural Models," *Psychological Bulletin*, Vol. 19, pp. 425~430.

TLI와 달리 0에서 1까지의 값을 취한다. 또한 NFI와 달리 케이스 수가 적은 경우에는 적합을 과소평가하는 수도 있다. 1에 가까울수록 적합성이 좋다는 것을 의미한다.

⑳ PRATIO(절약비 : parsimony ratio)

PRATIO는 모델의 자유도와 독립 모델의 자유도의 비율로 다음과 같이 된다.

$$\text{PRATIO} = \frac{\text{모델의 자유도}}{\text{독립 모델의 자유도}}$$

모델은 파라미터를 늘려서 복잡하게 하면 할수록 그 당해의 관측 데이터를 잘 설명하는 것이 된다. 그러나 복잡한 모델일수록 다른 데이터에는 일반화할 수 없고, 예측력이 없는 것이 되는 경우가 많다. 만일 단순한 모델로 데이터를 설명할 수 있다면 그보다 더 좋은 것은 없다. 독립 모델은 단순한 모델로 간주할 수 있으므로, PRATIO가 작을수록 절약 모델이라고 할 수 있다.

㉑ PNFI

NFI에 절약 모델의 지표를 고려하여 PRATIO를 곱한 기준이다.

$$\text{PNFI} = \text{NFI} \times \frac{\text{모델의 자유도}}{\text{독립 모델의 자유도}}$$

㉒ PCFI

CFI에 절약 모델의 지표를 고려한 기준이다. PNFI와 비슷한 다음과 같은 식이 된다.

$$\text{PCFI} = \text{CFI} \times \frac{\text{모델의 자유도}}{\text{독립 모델의 자유도}} = \text{CFI} \times \text{PRATIO}$$

㉓ AIC(아카이께의 정보량기준 : Akaike information criterion)

AIC는 일본인 아카이께(赤池)가 제창한 것으로 Kullback-Leibler 정보량의 생각을 기초로 한 것이다. 그 기본 생각을 대강 제시하면 진짜 모델과 그 모델의 근사함, 즉 (진짜 모델－모델)의 값을 생각한다. 차가 크면 클수록 좋지 않은 모델이고, 차가 작으면 좋은 모델이라고 할 수 있다. 그러나 실제로는 진짜 모델은 알 수가 없다. 그래서 진짜 모델을 무시하고 마이너스가 붙은 모델 쪽만 생각해 본다. 그렇게 하면 모델의 절대값이 크면 클수록 큰 마이너스의 값이 되고, 그만큼 진짜 모델에 가까워지고 있다고 간주할 수 있다. 이때에 모델의 값이라고 말하고 있는 것은 평균대수우도(平均對數尤度)가 된다. 그 불편추정량이 바로 AIC＝－2(최대 대수우도－자유 파라미터 수)가 된다.

자유 파라미터 수를 뺌으로써 파라미터가 많은 모델에 대한 페널티를 고려하고 있는 기준이다. Amos가 출력하는 AIC는 최소기준값(CMIN)에 독립적인 파라미터 수의 2배를 더한 값이 된다. 즉, 다음과 같이 된다.

$$\text{AIC} = \text{CMIN} + 2 \times \text{NPAR}$$

Amos의 AIC 값과 달리 다음 식의 값이 표시되는 소프트웨어도 있다.

$$\text{AIC} = \text{CMIN} - 2 \times (\text{자유도 DF})$$

또한 다음과 같은 식으로 되어 있는 경우도 있다.

$$\text{AIC} = \text{CMIN} / 2 - \text{NPAR}$$

어쨌든 진짜 모델은 불분명하므로 AIC의 값에 절대적인 의미는 없고, 복수의 모델 간 비교를 할 때에만 유효하게 된다. AIC의 값이 작은 모델일수록 우수하다고 판단한다.

㉔ BCC(Browne–Cudeck criterion)

AIC와 비교해서 모델의 복잡함에 대하여 다소 엄한 페널티를 과한다. 평균구조를 분석하기 위해서 특히 고안된 기준이다.

㉕ BIC(Bayes information criterion)

다른 기준과 비교해서 모델의 복잡함에 대한 페널티가 커서, 절약 모델을 보다 잘 선택하는 기준이다.

㉖ CAIC(consistent AIC)

Bozdogan(1987)이 제창한 AIC의 수정판 기준이다.[41] BIC 정도는 아니지만 AIC나 BCC보다도 모델의 복잡함에 대한 페널티가 크다.

㉗ ECVI

ECVI는 AIC에 $(N-r)$의 역수를 곱한 기준이다. 즉, 다음과 같이 된다.

$$\text{ECVI} = \text{AIC} / (N-r)$$

41 Bozdogan, K. A., & Stine, R. A. (1992), "Bootstrapping Goodness-of-Fit Measures in Structural Equation Models," *Sociological Methods & Research*, 21(2), pp. 205~229.

N은 케이스 수, r은 통상 그룹 수이다.

㉘ MECVI

ECVI 와 같은 변환을 AIC가 아니라 BCC에 대해서 실시한 기준이다.

$$\text{MECVI} = \text{BCC} / (N - r)$$

㉙ HOELTER(Hoelter's critical N)

모델이 어떤 유의수준에서 기각되지 않기 위한 최대의 케이스 수이다. HOELTER.05는 5% 유의수준, HOELTER.01은 1% 유의수준을 의미한다. 가령 HOELTER.05의 값이 190이라면 유의수준 5%에서 모델이 기각되지 않는 것은 190케이스까지이고, 케이스 수가 191을 넘으면 기각되어 버린다는 것을 의미한다.

그런데 수많은 적합도기준 중에서 어느 것을 이용하면 좋을 것인가? 역시 답은 하나가 아니다. 이용한 추정법이 어느 것인가, 케이스 수는 어느 정도인가, 잠재변수는 독립변수인가 종속변수인가, 관측변수는 다변량정규분포를 하고 있는가, 등 많은 요인이 얽혀 있다. 통계학자들은 이론적으로 말하기보다도 수치 시뮬레이션 등의 결과로부터 경험적인 지침을 제창하지만, 아직 결정적인 것은 없다.

다만 몇 개의 기준은 고전적인 것으로서 출력될 뿐이고, 이미 개량된 새로운 지침이 발표되고 있음을 알 수 있다. 또한 기준은 몇 개의 카테고리, 예를 들면 카이제곱계의 기준, 독립모델과의 비교를 생각한 기준, 정보량기준, 진짜 모집단을 고려한 기준, 절약 모델을 특히 고려한 기준 등으로 분류할 수 있다. 그래서 복수의 종류가 다른 카테고리에서 기준을 몇 개 선택하여 짝을 지어 종합적으로 판단하는 것이 좋을지도 모른다. 절대적인 기준으로 모델을 여러 개 선택하고, 다음에 상대적인 기준으로 최적 모델을 선택하는 것도 생각할 수 있다.

여기에서 어떠한 구체적인 지침을 내리는 것은 간단하지만, 그것은 주관적인 판단기준을 새로 덧붙이는 것밖에 안 된다. 이 분야의 연구가 활발하다는 것을 생각하면 가까운 장래에 더 결정적인 기준이나 그 편성이 발표될 가능성은 높을지도 모른다. 그래서 구체적인 방책에 대해서는 감히 언급하지 않기로 한다.

3.9 | 결측값의 처리

Amos에서 실행하는 결측값의 처리는 특별한 것으로 여기에서 간단히 언급해 둔다. SPSS에서 일반적으로 이용할 수 있는 결측값의 처리법은 리스트 단위(listwise), 페어 단위(pairwise)이다. 단, 몇 가지 통계처리에서는 대입법(imputation)도 이용 가능하게 되어 있다. 리스트 단위에서는 그 케이스의 변수에 해당하는 어느 것 하나라도 결측값이 있는 경우에는, 그 케이스 모두가 분석에서 제외된다. 페어 단위에서는 그 케이스의 결측값이 있는 변수는 계산에서 제외되지만, 결측값이 없는 변수에 대해서는 케이스의 데이터가 계산에 이용된다. 대입법에서는 결측값에 데이터의 평균치 등을 대입하는 처리가 실시된다.

그러나 Amos가 실행하는 결측값 처리는 이상의 세 가지 어느 것과도 다른 것이다. Amos에서는 결측값을 최우추정(最尤推定)에 의해서 추측한다. 데이터를 관측되지 않는 결측값을 갖는 데이터와 관측된 데이터로 나눈다. 관측되지 않는 데이터는 관측된 데이터의 조건부 확률함수로 간주하여, 최우법을 이용해서 관측된 데이터로부터 케이스 단위로 결측값의 추정치를 얻는다.

주의해야 할 것은, Amos의 결측값 처리법이 전제로 하는 가정은 랜덤한 결측(missing at random)이라고 하는 것이다. 이것은 결측이 생기는 확률과 데이터에 관련이 없다고 하는 것을 의미한다. 거꾸로 말하면 결측값의 발생 패턴과 데이터에 관련이 보이는 경우에는 Amos의 결측값 처리법은 적절하지 않다. 예를 들면, 피험자가 어느 정도 젊은 여성이어서 연령난이 결측값과 같이 처리되는 경우는 이 가정(假定)이 충족되어 있지 않을지도 모른다. 또한 연령이 높은 사람은 연령란을 공백인 채로 해서 결측값을 발생시키고 있다고 하는 것을 생각할 수 있기 때문이다. 이렇게 되면 결측값의 발생이 데이터와 무관하게 발생했다고 하는 가정이 충족되지 않게 된다. 그러나 결측값이 왜 생기는가, 또 그 결측값에 어떠한 규칙성이 있는가를 아는 것은 현실적으로는 어렵다. 통상 결측값은 수없이 많이 관찰되는 것은 아니고, 양적으로 취급할 수도 없다. 피험자가 대답하고 싶지 않은 질문이었을지도 모르고, 단순한 기입누락일지도 모른다. 혹은 질문항목을 제대로 갖추지 못했거나 피험자의 암묵적인 항의일 가능성도 있다.

어쨌든 Wothke and Arbuckle(1998)에 의하면 랜덤한 결측조건에서는 최우법은 페어 단위나 리스트 단위의 결측값 처리보다도 적절한 추정치를 가져온다고 하고, 페어 단위나 리스트 단위가 유효한 것은 랜덤한 결측보다도 더욱 엄한 조건(missing completely at random) 하에서밖에 없다고 한다.[42] 이것을 생각하면 Amos의 결측값 처리는 우수한 특징을 갖고 있다고 할 수 있을 것이다. 구조방정식모형분석이 많은 케이스를 전제로 한 분석이라는 것을 생각하더라도, 결측값을 갖고 있는 분석자에게 있어서 데이터를 헛되이 하지 않는 Amos의 결측값 처리는 복음이라고도 할 수 있을 것이다. 더욱이 **Wothke and Arbuckle** (1998)은 구조방정식모형분석을 위해서만이 아니라 회귀분석이나 평균·분산의 추정 등에서도 Amos를 이용함으로써 이 결측값 처리의 이점에 대한 혜택을 받을 수 있다는 것을 지적하고 있다.

42 Wothke, W., & Arbuckle, J. L. (1998), SPSS White Paper-Full-Information Missing Data Analysis with Amos, http://www.spss.com/cool/

CHAPTER

4

Amos의 기본조작

CHAPTER 4 Amos의 기본조작

4.1 | Amos의 구성

Amos를 구동(驅動)하는 데에는 Program Editor나 Amos Graphics라는 두 가지 중 어느 하나의 메뉴가 필요하다. 여기에서는 경로도형을 작성함으로써 변수 간의 관계를 정의하고 모델을 구성할 수 있는 Amos Graphics를 중심으로 해설한다.

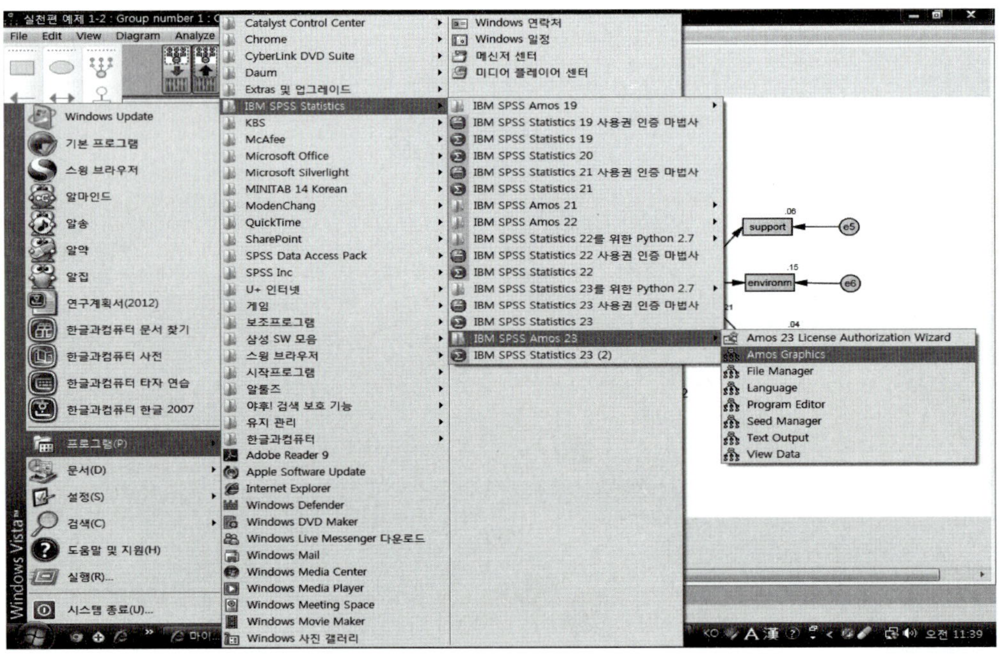

그림 4-1 Amos의 구성

Amos의 설치가 완료되면 윈도우의 시작 버튼을 눌러 [프로그램]−[IBM SPSS Statistics]-[IBM SPSS Amos 23]−[Amos Graphics]를 선택하면 Amos를 시작할 수 있다.

<그림 4−1>에서 보는 바와 같이 Amos에는 다양한 메뉴가 있는데 대표적인 것들에 대하여 간단히 설명하면 다음과 같다.

① Amos Graphics

모델을 경로도형으로 기술함으로써, 변수 간의 관계를 그래프로 표현하면서 구조방정식모형분석이 가능한 소프트웨어이다.

② File Manager

Amos File Manager 윈도우는 Amos Graphics 경로도형 파일의 목록을 보여준다. 파일을 보거나 그것들을 지울 수 있다.

③ Program Editor

Amos를 사용하는 Main Program을 기술한다. Visual Basic이나 C#로 프로그램을 기술할 수 있다. 대규모 데이터 분석 프로젝트의 일환으로서 구조방정식을 사용하는 프로그램을 기술할 수 있다.

④ Seed Manager

Seed Manager 대화상자는 NextSeed 방법을 사용해서 프로그램이 검색할 수 있는 32비트 정수값을 통제한다.

⑤ Text Output

모형 수행의 결과 값을 텍스트의 형태로 윈도우에 나타나게 해 주는 기능을 갖고 있다. 이 버튼을 누르면 텍스트 윈도우가 나타나게 된다. 도구상자의 [View Text]를 사용하는 것과 같은 의미를 갖는다.

⑥ View Data

구조방정식모형을 구성할 생 데이터(raw data)를 볼 수 있는 메뉴이다.

4.2 | Amos Graphics의 화면구성

여기에서는 Amos Graphics를 기동(起動)했을 때에 표시되는 어플리케이션 윈도우와 그 중의 메뉴 바, 도구상자(tool box) 및 계산과정과 출력결과의 각 윈도우에 대해서 설명한다.

1. Amos Graphics 어플리케이션 윈도우

Amos Graphics를 기동하면 Amos 어플리케이션 윈도우가 표시되어 경로도형을 그리기 위한 장방형의 캔버스와 도구상자가 나타난다. Amos Graphics의 어플리케이션 윈도우에는 <그림 4-2>와 같이 맨 위에 메뉴 바가 배치되어 있고 화면 중앙부에는 경로도형을 그리기 위한 캔버스 그리고 그 옆에는 도구상자가 배치되어 있다.

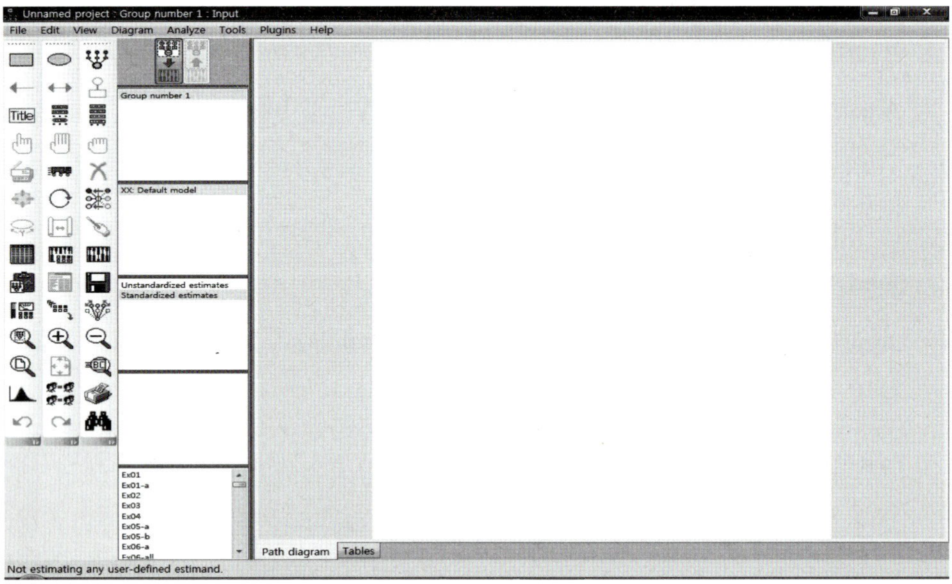

그림 4-2 Amos Graphics 어플리케이션 윈도우

2. 메뉴 바

메뉴 바(메뉴 모음)에는 <그림 4-3>과 같은 8개의 메뉴가 준비되어 있다.

그림 4-3 Amos Graphics의 메뉴 바

각각의 메뉴를 클릭하면 서브 메뉴가 표시된다. 예를 들면 File 메뉴에는 'New', 'New with Template…', 'Open' 등의 서브 메뉴가 있다. 각 메뉴의 기능에 대한 개요는 다음과 같다.

① File : Amos에서 작성한 경로도형을 보존한다거나 보존중인 경로도형을 연다거나 분석에 사용할 데이터 파일을 지정한다고 하는, 주로 파일에 관한 조작을 행하기 위한 메뉴이다. 그 밖에 경로도형이나 분석결과의 인쇄, Amos의 종료도 이 안에 준비되어 있다.

② Edit : 작성한 경로도형의 편집(예를 들면 복사, 이동, 소거, 회전 등)을 실시하는 기능이 준비되어 있다.

③ View : 결과물의 산출방식을 결정하는 키워드가 준비되어 있다.

④ Diagram : 경로도형의 작성기능이 준비되어 있다.

⑤ Analyze : 경로도형 작성 후 Amos 프로그램을 통한 분석결과의 산출방식을 결정한다.

⑥ Tools : 글꼴, 모델관리, 도구상자 표시 여부를 경정한다.

⑦ Plugins : 선택된 외생변수 간의 공분산을 그린다거나 성장곡선 모델을 적용한다. 비관측 변수의 이름을 붙인다.

⑧ Help : Amos의 조작이나 기능에 대해서 조사할 수 있도록 하는 도움말 기능이 준비되어 있다. Amos를 사용하고 있는 도중에 조작방법을 알 수 없게 되었을 때는 이것을 이용하면 편리하다. 또한 여러 가지 메뉴 및 도구 등의 기능이나 사용법을 알 수 있을 뿐만 아니라 관련된 기능에 관한 해설에도 연결되어 있어 곧 알 수 있도록 되어 있다.

3. 도구상자

도구상자는 메뉴에 준비되어 있는 기능과 같은 것을 보다 간단히 선택·실행할 수 있도록 버튼의 형태로 준비한 것이다.

도구상자에는 <그림 4－4>와 같은 것이 준비되어 있다. 마우스 포인트로 버튼 위를 클릭하면, 그 버튼의 설명이 표시된다. 대표적인 버튼은 다음과 같다.

 Draw observed variables

관측변수인 장방형을 그릴 때에 사용한다. 이 버튼은 [Diagram] 메뉴의 [Draw Observed]를

사용하는 것과 같은 의미를 갖는다.

Draw unobserved variables

잠재변수인 타원형을 그릴 때에 사용한다. 이 버튼은 [Diagram] 메뉴의 [Draw Unobserved]를 사용하는 것과 같은 의미를 갖는다.

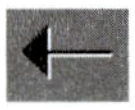

Draw paths(single headed arrows)

경로(經路)인 화살표를 그릴 때에 사용한다. 이 버튼은 [Diagram] 메뉴의 [Draw Path]를 사용하는 것과 같은 의미를 갖는다.

Draw covariances(double headed arrows)

공분산인 쌍방향 화살표를 그릴 때에 사용한다. 이 버튼은 [Diagram] 메뉴의 [Draw Covariance]를 사용하는 것과 같은 의미를 갖는다.

Erase objects

경로도형 안에 그려진 도형을 소거할 때에 사용한다. 이 버튼을 선택하여 소거하고 싶은 도형 위를 클릭하면 그 도형이 소거된다. 이 버튼은 [Edit] 메뉴의 [Erase]를 사용하는 것과 같은 의미를 갖는다.

Figure captions

경로도형에 자신이 원하는 경로도형의 제목과 간단한 목적 혹은 경로모델의 작성자 등의 주석사항을 기입해 넣을 때에 사용한다.

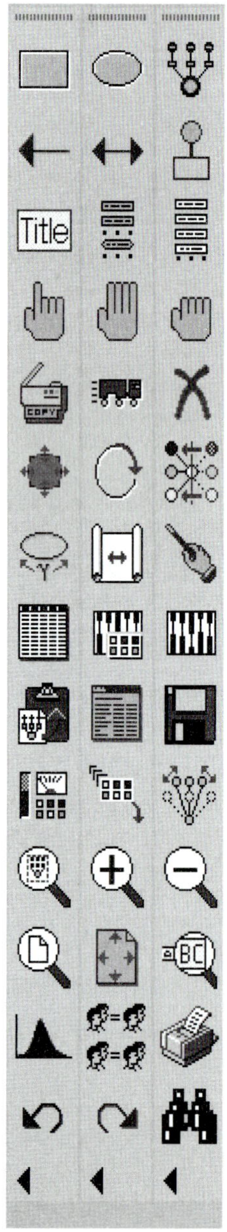

그림 4-4 도구상자

Calculate estimates

분석을 실행할 때에 사용한다. 경로도형의 작성이나 옵션 등의 지정이 끝나고 이 버튼을 선택하면 분석이 개시된다. 분석 중은 분석경과를 표시하는 윈도우가, 분석이 끝나면 분석결과를 표시하는 윈도우가 나타난다.

이 버튼은 [Analyze] 메뉴의 [Calculate Estimates]를 사용하는 것과 같은 의미를 갖는다.

 Zoom in on an area that you select

경로도형 내의 임의로 선택된 범위를 확대 표시할 때에 사용한다. 이 버튼을 선택하여 확대 표시하고 싶은 범위의 중앙에 마우스를 이동시켜서 마우스의 왼쪽 버튼을 누른 채로 움직이면 사각형의 테두리가 표시된다. 확대하고 싶은 부분을 테두리 안에 넣고 버튼을 놓으면 그 부분이 확대된다. 이 버튼은 [Diagram] 메뉴의 [Zoom]을 사용하는 것과 같은 의미를 갖는다.

 Move objects

경로도형 내에 그려진 도형을 이동할 때에 사용한다. 이 버튼을 선택하여 이동하고 싶은 도형 위를 클릭해서 왼쪽 버튼을 누른 채로 움직이면 그 도형이 이동한다. 이 버튼은 [Edit] 메뉴의 [Move]를 사용하는 것과 같은 의미를 갖는다.

 Duplicate objects

경로도형 내에 그려진 도형의 복제를 작성할 때에 사용한다. 이 버튼을 선택하여 복제를 작성하고 싶은 도형 위를 클릭해서 왼쪽 버튼을 누른 채로 이동시키고 버튼을 풀면 복제된 도형이 나타난다. 이 버튼은 [Edit] 메뉴의 [Duplicate]를 사용하는 것과 같은 의미를 갖는다.

 Select one object at a time

경로도형 내에 그려진 도형을 하나씩 선택할 때에 사용한다. 대상이 되는 도형 위에서 마우스를 클릭하면 그 도형이 선택되게 되어 흑색으로 그려져 있던 도형이 청색으로 변한다(이 색의 설정은 표준설정의 색으로 [Global] 메뉴의 [Colors...]를 선택함으로써 변경할 수 있다). 또한 계속해서 다른 도형의 위에서 마우스를 클릭함으로써 복수의 도형을 선택할 수 있다. 선택이 끝난 도형의 위에서 마우스를 클릭하면 그것을 비선택 상태(흑색 표시)로 되돌릴 수 있다. 이 버튼은 [Edit] 메뉴의 [Select]를 사용하는 것과 같은 의미를 갖는다.

 Equally space the selected objects horizontally

변수와 변수 사이의 간격을 좌우 등간격 형태로 알맞게 맞춰주는 데에 사용한다. 변수가 선택이 되어진 상태에서만 사용 가능하며, 여러 가지 복잡한 모형이 구성되어질 때 상하 간격 조정 버튼과 함께 요긴하게 쓰인다. 이 버튼은 [Edit] 메뉴의 [Space Horizontally]를 사용하는 것과 같은 의미를 갖는다.

 Equally space the selected objects vertically

변수와 변수 사이의 간격을 상하 등간격 형태로 알맞게 맞춰주는 데에 사용한다. 변수가 선택이 되어진 상태에서만 사용 가능하며, 여러 가지 복잡한 모형이 구성되어질 때 좌우 간격 조정 버튼과 함께 요긴하게 쓰인다. 이 버튼은 [Edit] 메뉴의 [Space Vertically]를 사용하는 것과 같은 의미를 갖는다.

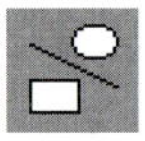 Make observed variables unobserved, and vice versa

관측변수(사각형)인 것을 비관측의 외생/내생 변수(원형)로 변환시켜 주는 데에 사용한다. 이 버튼을 누른 뒤에 해당 변수를 마우스로 클릭하면 사각형의 관측변수가 원형의 비관측 외생/내생 변수로 변환된다. Toggle 기능도 있어 역의 기능도 성립된다. 이 버튼은 [Analyze] 메뉴의 [Toggle Observed/Unobserved]를 사용하는 것과 같은 의미를 갖는다.

 Move parameter values

Amos의 수행 후 경로도형의 경로와 변수에 모수들이 생성되는데 이들 모수를 사용자가 원하는 위치로 이동시키는 데에 사용한다. 버튼을 누른 후에 이동하고자 하는 모수를 이동시키면 된다. 이 버튼은 [Edit] 메뉴의 [Move Parameter]를 사용하는 것과 같은 의미를 갖는다.

 Change the shape of objects

경로도형 내에 그려진 도형의 형태나 크기를 변경할 때에 사용한다. 이 버튼을 선택하여 변경하고 싶은 도형을 클릭하고 왼쪽 버튼을 클릭한 채로 움직이면, 그 도형의 크기나 형태가 바뀐다. 이 버튼은 [Edit] 메뉴의 [Space of Object]를 사용하는 것과 같은 의미를 갖는다.

Examine the path diagram with a loupe

복잡한 경로 모형이 구성되면 각종 결과치나 값들을 경로도형에서 보기가 힘든 경우가 있다. 이를 위해서 확대경 버튼을 클릭하면 작업 시트 내에 정사각형 모양의 확대경이 생긴다. 이 정사각형 속의 숫자나 글씨 등이 확대되어 보인다. 이 버튼은 [Diagram] 메뉴의 [Loupe]를 사용하는 것과 같은 의미를 갖는다.

Reposition the path diagram on the screen

경로도형과 제목 및 주석 등은 하나의 페이지에 나타나게 되는데 이 전체 페이지의 위치를 이동시킬 때에 사용한다. 이 버튼을 누르면 커서(cursor)에 'scroll'이라는 설명문이 나타나며 페이지를 커서 방향으로 이동시킬 수 있다. 이 버튼은 [Diagram] 메뉴의 [Scroll]을 사용하는 것과 같은 의미를 갖는다.

View a smaller area of the path diagram

경로도형을 전체적으로 확대시키는 데 사용하는 버튼이다. 버튼을 누를 때마다 확대가 계속된다. 이 버튼은 [Diagram] 메뉴의 [Zoom In]을 사용하는 것과 같은 의미를 갖는다.

View a larger area of the path diagram

경로도형을 전체적으로 축소시키는 데 사용하는 버튼이다. 버튼을 누를 때마다 축소가 계속된다. 이 버튼은 [Diagram] 메뉴의 [Zoom Out]을 사용하는 것과 같은 의미를 갖는다.

Show the entire page on the screen

확대나 축소로 인하여 페이지의 전체적인 크기가 변형된 경우에 이 버튼을 클릭하면 처음의 크기 상태로 돌아온다. 이 버튼은 [Diagram] 메뉴의 [Zoom Page]를 사용하는 것과 같은 의미를 갖는다.

Resize the path diagram to fit on a page

전체 페이지의 크기를 재조정시켜 주는 기능을 가진 버튼이다. 경로도형을 비롯한 구조방정식 모형의 전체적인 사항이 한 페이지에 나타나도록 전체 페이지를 조정시켜 주는 버튼으로 초기설정(default)은 인쇄할 때의 상태로 되어 있고, 주로 인쇄기능과 같이 사용된다. 이 버튼은 [Edit] 메뉴의 [Fit to Page]를 사용하는 것과 같은 의미를 갖는다.

Start a new path diagram using the default templa

새로운 모형을 구축하기 위해 작업 시트를 깨끗한 백지의 상태로 만들어 주는 버튼이다. 수행 전에 현재 작업 중인 모형에 대해서는 저장을 할 것인지를 묻는 대화상자가 나타난다. 이 버튼은 [File] 메뉴의 [New]를 사용하는 것과 같은 의미를 갖는다.

Read an old path diagram from disk

Amos Graphics로 이전에 작성해서 저장한 경로도형을 열 때에 사용한다. 이 버튼을 선택하면 [열기] 대화상자가 나타나므로 열고 싶은 파일을 선택하고 [열기(O)] 버튼을 누르면 파일이 읽어 들여져서 경로도형이 표시된다. 이 버튼은 [File] 메뉴의 [Open...]을 사용하는 것과 같은 의미를 갖는다.

Save the current path diagram

현재 작업을 하고 있는 경로도형을 저장할 때에 사용한다. 경로도형을 처음 저장할 때는 이 버튼을 선택하면 [다른 이름으로 저장] 대화상자가 표시되므로 임의의 이름을 붙이고 [저장(S)] 버튼을 누르면 보존된다. 이미 이름이 붙여져 있는 경로도형을 편집하고 있던 경우는 이 버튼을 선택함으로써 같은 이름으로 재저장된다. 이 버튼은 [File] 메뉴의 [Save]를 사용하는 것과 같은 의미를 갖는다.

Save the current path diagram under a new name

저장된 경로도형을 다른 이름의 파일로 저장하고 싶을 때에 사용한다. 이 버튼은 도구상자에 있지 않고 [File] 메뉴의 [Save As...]를 선택하여 사용할 수 있다.

View Text

모형을 완성시킨 후 수행을 한 뒤에만 사용할 수 있는 버튼으로 모형 수행의 결과 값을 텍스트의 형태로 윈도우에 나타나게 해 주는 기능을 갖고 있다. 이 버튼을 누르면 텍스트 윈도우가 나타나게 된다. 이 버튼은 [View] 메뉴의 [Text Output]을 사용하는 것과 같은 의미를 갖는다.

Select data file(s)

Amos 모형에 사용된 데이터를 볼 수 있는 버튼으로 결과는 스프레드시트 형태로 보여지게 된다. 아래 그림은 이 버튼을 누른 뒤에 나타나게 되는 대화상자이다.

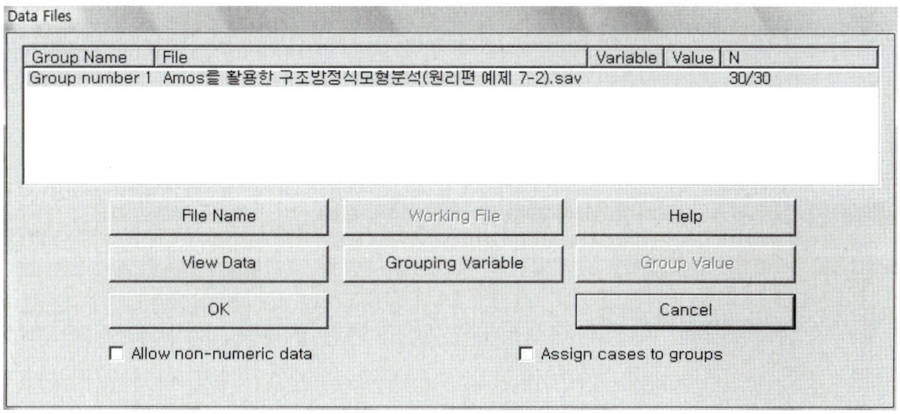

여기에서 [View Data] 버튼을 누르면 현재의 모형에 사용되고 있는 자료의 입력된 모습을 볼 수 있다. 이 버튼은 [File] 메뉴의 [Data Files...]를 사용하는 것과 같은 의미를 갖는다.

Print the selected path diagrams

경로도형을 인쇄할 때에 사용한다. 이 버튼은 [File] 메뉴의 [Print...]를 사용하는 것과 같은 의미를 갖는다.

Undo the previous change

사용자가 지금까지 수행했던 기능을 되돌리고자 할 때 사용한다. 실수로 수행했던 작업을 번복할 수 있는 편리한 기능이다. 이 버튼은 [Edit] 메뉴의 [Undo]를 사용하는 것과 같은 의미를 갖는다.

 Undo the previous undo

앞에서 되돌림했던 수행 작업을 다시 수행하고자 할 때 사용한다. 위의 되돌림 버튼과 함께 사용하면 편리하다. 이 버튼은 [Edit] 메뉴의 [Redo]를 사용하는 것과 같은 의미를 갖는다.

 Copy the path diagram to the clipboard

현재 작업하고 있는 경로도형을 윈도우의 클립보드에 복사해 두는 기능을 가진 버튼이다. Amos의 모형으로 보고서나 문서의 편집·작성을 위해 자주 사용되는 기능이다. 이 버튼은 [Edit] 메뉴의 [Copy(to clipboard)]를 사용하는 것과 같은 의미를 갖는다.

 Draw circles and squares

이 버튼을 먼저 누르고 난 다음 관측변수의 버튼(사각형)과 비관측/외생변수/내생 변수의 버튼(타원)으로 사각형이나 원을 그리면 오직 정사각형과 원으로만 그려진다. 이 버튼은 [Tools] 메뉴의 [Square]를 사용하는 것과 같은 의미를 갖는다.

 Use golden section for rectangles and ellipses

위의 정사각형/원 그리기 버튼과 반대의 성질을 가진 버튼이다. 이 버튼을 누르고 사각형이나 원을 그리면 모두 직사각형이나 타원으로 그려진다. 이 버튼은 [Tools] 메뉴의 [Golden]을 사용하는 것과 같은 의미를 갖는다.

 Move tools

도구상자에는 60개가 넘는 버튼이 있다. 이 모든 것을 전부 도구상자에 띄어 두는 것은 화면 배열상 보기도 안 좋고 해서 자주 쓰이는 버튼만 띄어 두는 것이 사용에 편리하다. 이렇게 사용자가 원하는 버튼만 도구상자에 띄어 두는 기능을 가진 버튼이다. 여기에서 도구상자에 띄우고 싶은 도구와 띄우고 싶지 않은 도구를 선택할 수 있다. 이 버튼은 [Tools] 메뉴의 [Customize...]를 사용하는 것과 같은 의미를 갖는다.

Get help

Amos의 도움말 기능을 볼 수 있게 하는 버튼이다. 윈도우 프로그램의 가장 기본적이며 공통적인 기능 중의 하나이다. 이 버튼은 [Help] 메뉴의 [Contents]를 사용하는 것과 같은 의미를 갖는다.

Get version number for Amos Draw

현재 사용하고 있는 Amos의 버전과 제작자 그리고 제작사의 연락처 등이 적혀 있는 화면이 나타난다. 이 버튼은 [Help] 메뉴의 [About Amos]를 사용하는 것과 같은 의미를 갖는다.

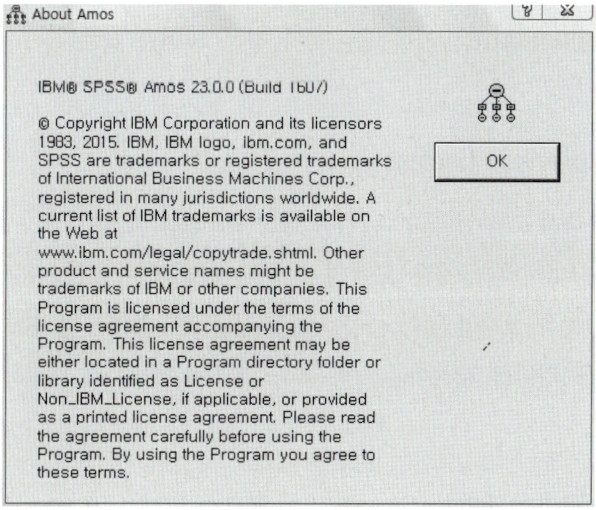

Full screen

Amos 화면을 전체 화면으로 확대시켜 주는 버튼이다. 이 버튼은 [View/Set] 메뉴의 [Full Screen]을 사용하는 것과 같은 의미를 갖는다.

Touch up a variable

변수와 변수를 연결해 주는 화살표나 쌍방향 화살표의 위치를 변수의 중간으로 맞춰주는 기능을 하는 버튼이다. 경로도형의 편집을 위하여 주로 사용된다. 이 버튼은 [Edit] 메뉴의 [Touch Up]을 사용하는 것과 같은 의미를 갖는다.

Select all objects

경로도형 안에 그려진 도형을 동시에 모두 선택할 때에 사용한다. 이 버튼을 선택하면 경로도형으로서 그려진 도형이 모두 선택되게 되어 흑색으로 그려져 있던 도형의 색이 청색으로 바뀐다(이 색의 설정은 표준설정의 색이며, [Global] 메뉴의 [Color...]를 선택함으로써 변경할 수 있다). 이 버튼은 [Edit] 메뉴의 [Select All]을 사용하는 것과 같은 의미를 갖는다.

Deselect all objects

경로도형 안의 선택된 도형을 모두 비선택 상태로 할 때에 사용한다. 이 버튼을 선택하면 선택되었던 청색의 도형이 모두 선택되어 있지 않은 상태의 흑색으로 바뀐다. 이 버튼은 [Edit] 메뉴의 [Deselect All]을 사용하는 것과 같은 의미를 갖는다.

Retrieve a previous backup

Amos는 모형을 구축하고 수정을 한 뒤에는 항상 Backup 파일이 생기게 된다. 이 Backup 파일을 열어 주는 버튼이다. 예전 모형의 복구에 상당히 유용한 기능을 가진 버튼이다(＊.bk? 로 되어 있는 확장자만 열어 준다). 이 버튼은 [File] 메뉴의 [Retrieve Backup...]을 사용하는 것과 같은 의미를 갖는다.

Run the modeling lab

모형을 구축한 후에는 모수의 결과값이나 초기 설정에 따라 모형의 결과는 달라질 수 있다. 이 버튼은 그 모수의 변화에 따라 모형이 어떻게 달라지는지를 미리 보여 주는 기능을 갖고 있다. 이 버튼을 누르면 다음과 같은 실험실 윈도우가 나타난다.

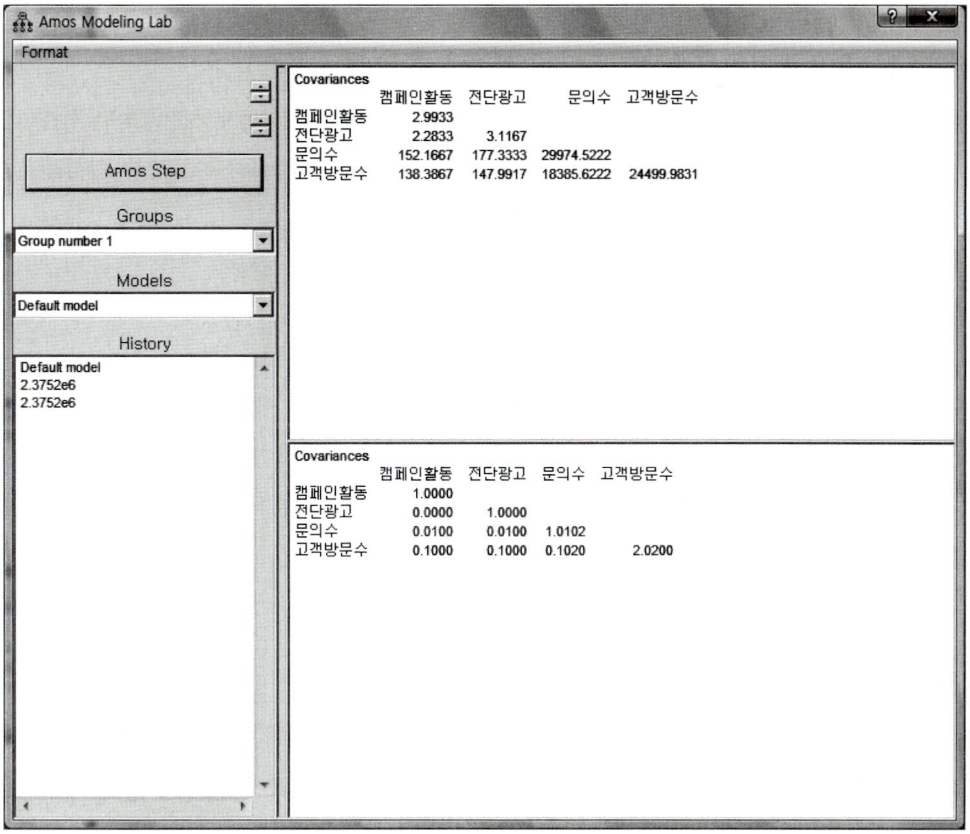

이 버튼은 [Analyze] 메뉴의 [Modeling Lab...]을 사용하는 것과 같은 의미를 갖는다.

 Do not show variable names or parameter names

이 버튼을 누르면 경로도형 내의 변수명과 모수들이 전부 사라지고, 경로도형의 외곽선만 남는다. 이 버튼은 [Tools] 메뉴의 [Outline]을 사용하는 것과 같은 의미를 갖는다.

 Preserve symmetries

이동 버튼 등을 이용하여 경로도형 내에서 변수 및 모수를 이동시키거나 하면 경로도형이 제대로 정렬되지 않아 도형이 정돈되어 보이지 않게 되는데, 이 버튼을 누르면 변수 간 간격 등이 대칭 형태로 정렬된다. 경로도형 작업 중간에 유용하게 쓰이는 버튼이다. 이 버튼은 [Tools] 메뉴의 [Smart]를 사용하는 것과 같은 의미를 갖는다.

 Rotate the indicators of a latent variable

이 버튼을 누르면 모형이 전체적으로 시계방향으로 90° 회전을 하게 된다. 모형의 추가로 인한 편집을 할 때 유용하게 쓰인다. 이 버튼은 [Edit] 메뉴의 [Rotate]를 사용하는 것과 같은 의미를 갖는다.

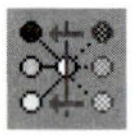 Reflect the indicators of a latent variable

위의 모형 회전 버튼이 모형 전체를 회전시키는 것인 데 비해 이 버튼은 모형 중 일부를 이동시키는 기능을 갖고 있다. 먼저 버튼을 누르고 모형에서 반대 방향으로 이동시키고 싶은 변수를 누르면 그 변수를 축으로 좌우 또는 상하의 대칭이 바뀌게 된다. 이 버튼은 [Edit] 메뉴의 [Reflect]를 사용하는 것과 같은 의미를 갖는다.

 Draw a latent variable or add an indicator to a latent variable

잠재변수인 타원형을 그릴 때 또는 이미 그려진 잠재변수에 지침을 추가할 때에 사용한다. 이 버튼은 [Diagram] 메뉴의 [Draw Indicator Variable]을 사용하는 것과 같은 의미를 갖는다.

 Add a unique variable to an existing variable

오차변수인 원형을 이미 그려진 변수에 추가할 때에 사용한다. 이 버튼은 [Diagram] 메뉴의 [Draw Unique Variable]을 사용하는 것과 같은 의미를 갖는다.

Display degrees of freedom

데이터로부터 모형을 구축할 때 자유도(degrees of freedom)[43]를 볼 수 있게 해 주는 버튼이다. 이 버튼은 [Analyze] 메뉴의 [Degrees of freedom…]을 사용하는 것과 같은 의미를 갖는다. 이 버튼을 누르면 위와 같은 화면이 나타난다.

---

43 자유도 : 데이터로부터 평균까지의 편차합을 구하면 그 값은 항상 0이 된다. 이때 $n-1$개 데이터의 편차를 알게 되면 나머지 한 개의 편차도 알 수 있게 되므로 $n-1$개의 관측치들이 자유롭게 변화할 수 있다는 개념을 의미한다.

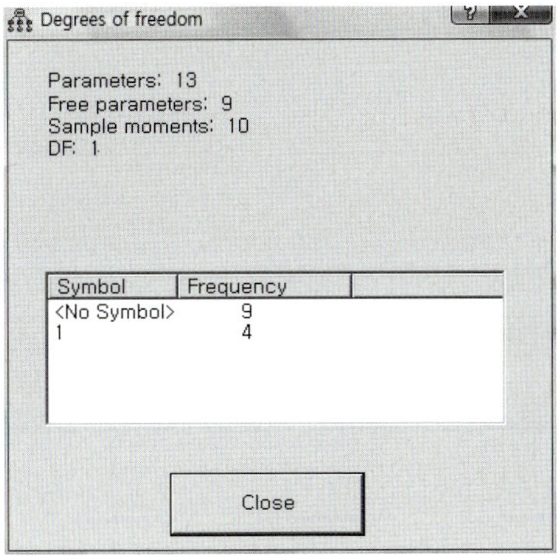

Link the selected objects

선택 버튼으로 선택되어진 경로도형 내의 변수들을 하나의 객체로 묶어 주는 버튼이다. 먼저 선택 버튼으로 묶고 싶은 변수들을 선택한 다음 이 Link 버튼을 누르면 선택사항이 사라지며 하나의 객체로 인식한다. 모형의 내부값들이 변하는 것이 아니라 단지 그림 상에서만 한 개로 그룹화되는 개념이다. 도형의 이동 등에 편리한 기능의 하나이다. 이 버튼은 [Edit] 메뉴의 [Link]를 사용하는 것과 같은 의미를 갖는다.

Redraw the path diagram on the screen

경로도형을 지웠다가 다시 그릴 때에 사용한다. 이 버튼은 [Diagram] 메뉴의 [Redraw Diagram]을 사용하는 것과 같은 의미를 갖는다.

Object properties

경로도형을 그린 뒤 각 변수(객체)에 속성을 줄 수 있다. 초기 모수의 지정, 글자의 색이나 폰트 지정, 각종 비주얼 효과 등을 지정할 때 사용한다. 상당히 자주 사용하는 버튼 중의 하나이다. 이 버튼은 [View] 메뉴의 [Object Properties...]을 사용하는 것과 같은 의미를 갖는다. 이 버튼을 누르고 변수를 선택하면 다음과 같은 대화상자가 나타난다. 각종 탭을 사용하여 변수의 속성을 지정하면 된다.

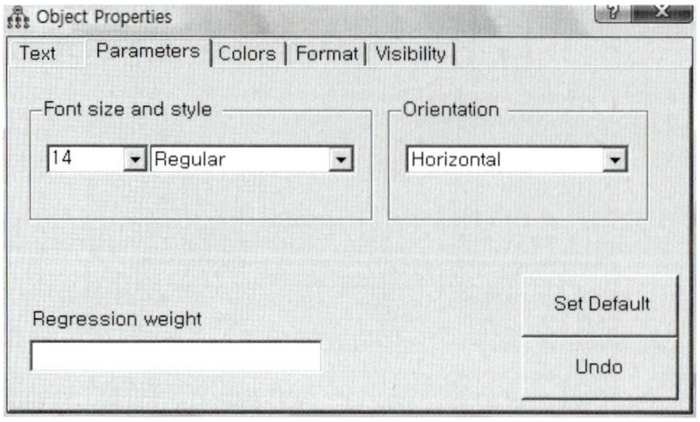

Drag properties from object to object

어느 특정 변수의 속성을 다른 변수에 복사하고자 할 때에 사용한다. 먼저 이 버튼을 선택하면 다음과 같은 대화상자가 나타난다.

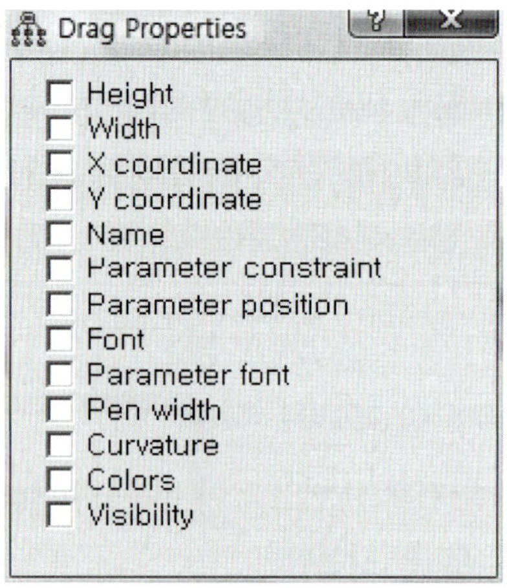

여기에서 복사할 사항에 체크한다. 그 변수의 높이와 넓이만 복사하고 싶으면 [Height]와 [Width]에 체크하면 된다. 복사하고자 하는 변수를 누른 뒤 그것을 끌어다가 복사될 변수에 갖다 놓으면 높이와 넓이가 같아진다. 이 버튼은 [Edit] 메뉴의 [Drag Properties…]를 사용하는 것과 같은 의미를 갖는다.

Interface properties

변수의 각종 인터페이스의 속성을 지정해 주는 버튼이다. 사용언어에서부터 선택시 변수의 변화색 조정, 각종 여백주기 옵션과 경고 메시지 출력 여부 선택 등을 할 수 있다. 이 버튼을 누르면 다음과 같은 대화상자가 나타난다. 이 버튼은 [View] 메뉴의 [Interface Properties...]을 사용하는 것과 같은 의미를 갖는다.

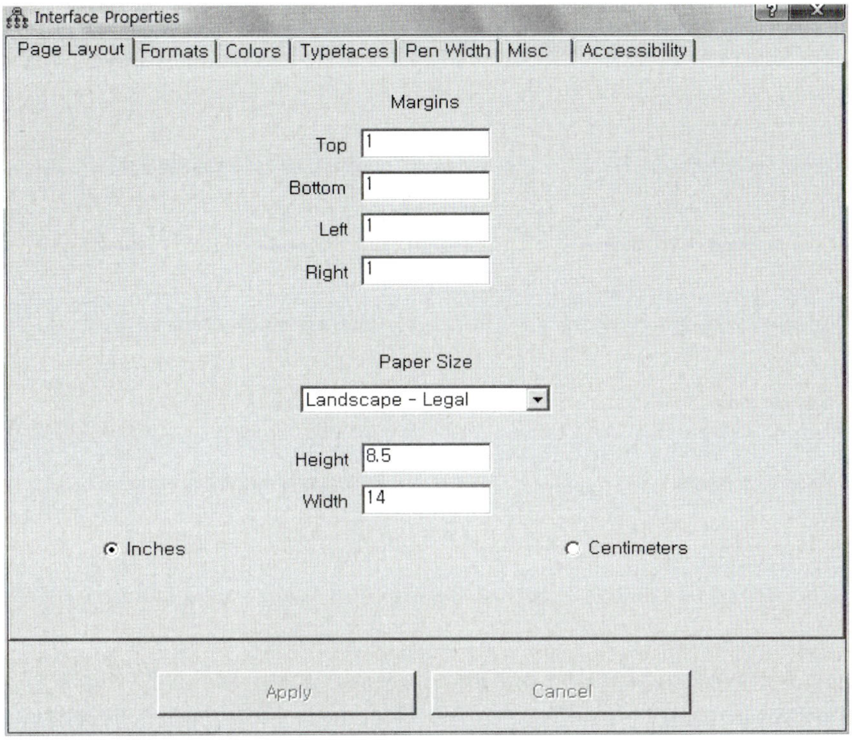

Analysis properties

Amos에서 다양한 결과를 도출하기 위한 여러 가지 옵션을 선택할 수 있는 버튼이다. 이 버튼을 선택하면 다음과 같은 대화상자가 나타난다. 이 대화상자에서는 8개의 탭이 있고, 각각의 기능이 전부 따로 존재하게 된다. 가장 많이 쓰이는 것이 [Output] 탭으로 이곳에서 주로 분석의 종류를 지정하게 된다. 이 탭에서는 상관계수와 요인점수 가중치 그리고 표본의 적률값과 그 잠재적 적률값, 그 차이를 나타내는 잔차 적률값과 각종 추정치 그리고 기각률의 차이 등을 구해 주는 기능을 선택할 수 있다. [Title]에서는 구축한 모형의 제목이나 각종 참고사항을 나타나게 할 수 있다. [Estimation]에서는 추정의 방법을 선택할 수 있는 기능들이 있고, [Permutations]는 Purmute 기법에 의한 테스트를 지정하는 탭이고, [Random#]은 임의 발생 수의 지정을 하는 탭이며, [Numerical]은 기각역(棄却域)의 임계치 지정과 요인분석시 회전수를 지정할 수 있는 기능을 가진 탭이다. [Bootstrap]은 Bootstrap을 이용한 분석을 할 때 필요한 기능 및 옵션을 지정하는 탭이다. [Bias]는 공분산에서 입력시 사용되는 공분산과 분석결과로서의 공분산의 도출을 불편추정치로 할 것인지, 최우추정치(最尤推定値)로 할 것인지에 대한 지정을 하는 탭이다.

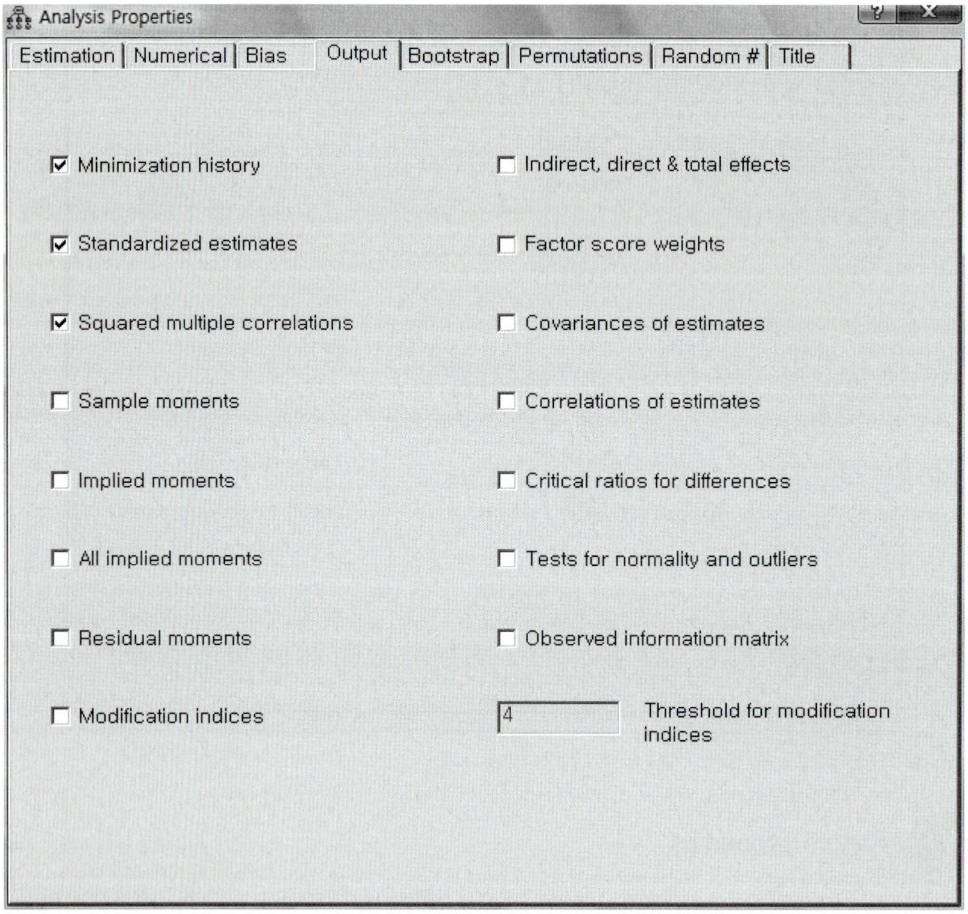

이 버튼은 [View] 메뉴의 [Analysis Properties...]를 사용하는 것과 같은 의미를 갖는다.

List variables in model

모형에 사용되고 있는 변수의 목록을 보여 주는 버튼이다. 모형을 작성한 후 변수 목록 버튼을 선택하면 다음과 같은 변수 목록을 보여 주는 윈도우가 나타난다.

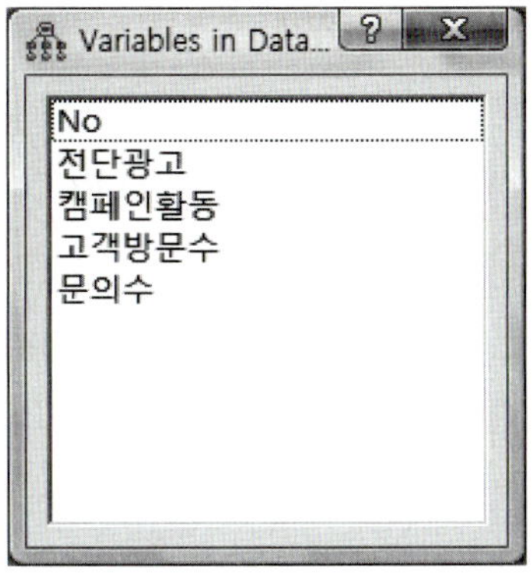

이 버튼은 [View] 메뉴의 [Variables in Model...]를 사용하는 것과 같은 의미를 갖는다.

List variables in data set

위의 변수 목록 버튼은 원시자료(raw data)에서 모형에 사용된 변수들만의 목록을 보여 주는데 비해 이 버튼은 원시자료에 있는 모든 변수들의 항목을 보여 준다. 이 버튼은 [View] 메뉴의 [Variables in Dataset…]를 사용하는 것과 같은 의미를 갖는다.

List parameters in model

모형에서 사용된 모든 모수들의 목록을 보여 주는 버튼이다. 보통 표시선의 위쪽에 나타나는 모수들의 종류를 보여 주는 목록이라고 할 수 있다. 이 버튼을 선택하면 다음과 같은 윈도우가 나타난다.

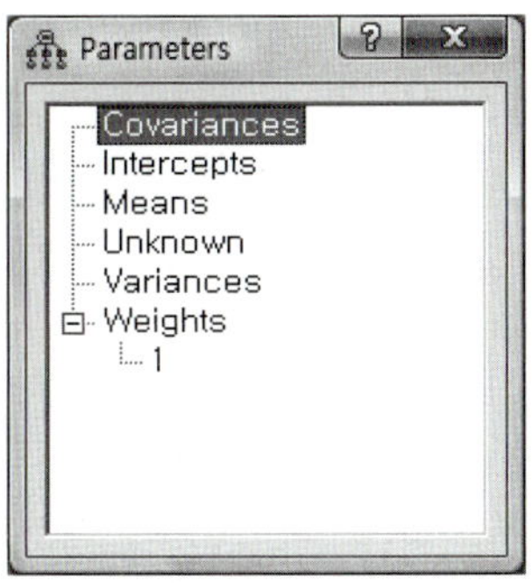

이 버튼은 [View] 메뉴의 [Parameters...]를 사용하는 것과 같은 의미를 갖는다.

Matrix representation

보고서 작성의 경우 MS의 Excel을 비롯한 LOTUS, Q-PRO와 같은 스프레드시트를 이용하면 편리한 것처럼 Amos도 자체적인 스프레드시트 노트를 제공하고 있다. 이 버튼을 선택하면 스프레드시트 형태로 출력을 위한 윈도우가 나타난다. 이 버튼은 [View] 메뉴의 [Matrix Representation…]을 사용하는 것과 같은 의미를 갖는다.

Manage models

한 캔버스에서 여러 개의 모형을 만들고 또한 그 모형들을 삭제하는 등의 관리를 할 수 있게 하는 기능을 가진 버튼이다. 이 버튼은 [Analyze] 메뉴의 [Manage Models…]를 사용하는 것과 같은 의미를 갖는다.

Manage groups

Amos는 여러 개의 모형은 물론 다양한 그룹의 모형을 구축할 수도 있다. 이런 그룹들을 생성, 삭제, 다른 이름으로 저장할 수 있는 기능을 가진 버튼이다. 이 버튼은 [Analyze] 메뉴의 [Manage Groups…]를 사용하는 것과 같은 의미를 갖는다.

Start a new path diagram with your choice of template file

임시 모형 또는 백업 모형이라고도 하는데, 일반적으로 구축해 놓은 모형의 변화가 많을 경우에 백업의 개념 또는 일시적인 경우로 그 모형을 다른 형태로 저장하는 개념이다. Amos에서는 일반적인 경우의 모형은 amw 파일로 저장이 되지만 임시 모형은 amt 파일로 저장이 된다. 이런 amt 형태의 파일을 불러올 때 사용하는 버튼이다. 이 버튼은 [File] 메뉴의 [New with Template…]를 사용하는 것과 같은 의미를 갖는다.

Save the path diagram as a template file

모형을 임시 파일 형태로 저장할 수 있는 버튼이다. 기본 이름은 Normal.amt이고 사용자가 원하는 이름으로 다시 저장하면 된다. 이 버튼은 [File] 메뉴의 [Save As Template…]를 사용하는 것과 같은 의미를 갖는다.

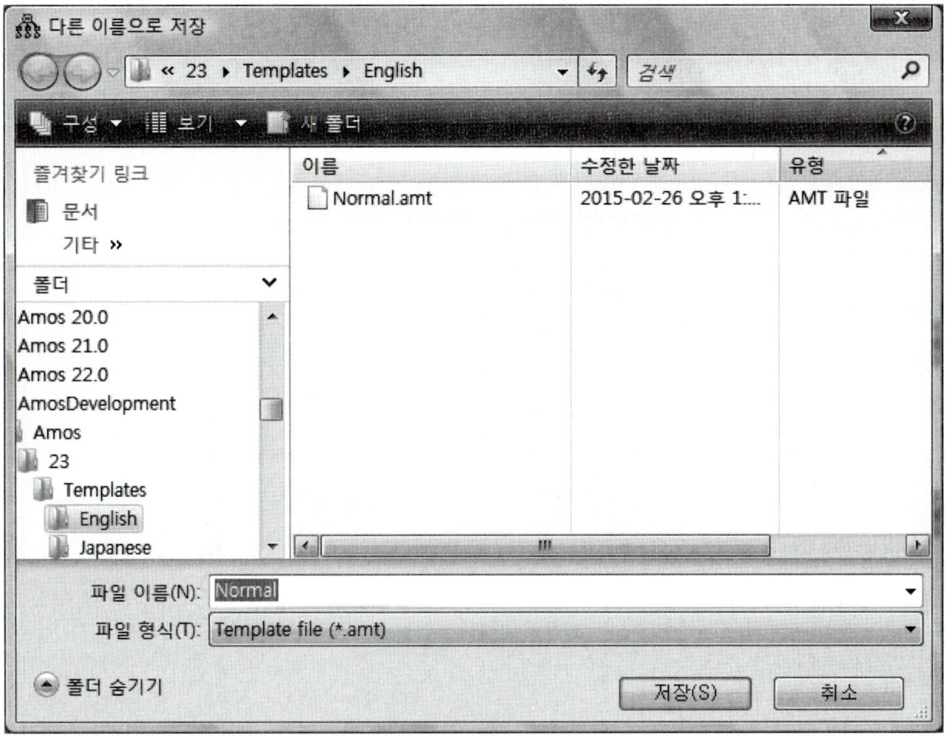

이 버튼을 누르면 위와 같은 대화상자가 나타난다.

Stop Calculating Estimates

Amos에서 계산작업이 수행되고 있을 때만 활성화되는 버튼으로 수행되는 작업을 중지시킬 때 사용한다. 이 버튼은 [Analyze] 메뉴의 [Stop Calculating Estimates]를 사용하는 것과 같은 의미를 갖는다.

4. 계산과정을 보이는 윈도우

분석의 실행을 개시하면 화면상에 계산과정을 보이는 윈도우가 나타난다. 이 윈도우는 계산 중은 녹색, 계산종료시는 적색의 배경색이 된다. 이 윈도우에는 카이제곱 값이나 자유도 등이 표시된다. 종료시에는 그 윈도우의 제일 아래 행에 [Finished]라고 표시하고 자동적으로 닫힌다.

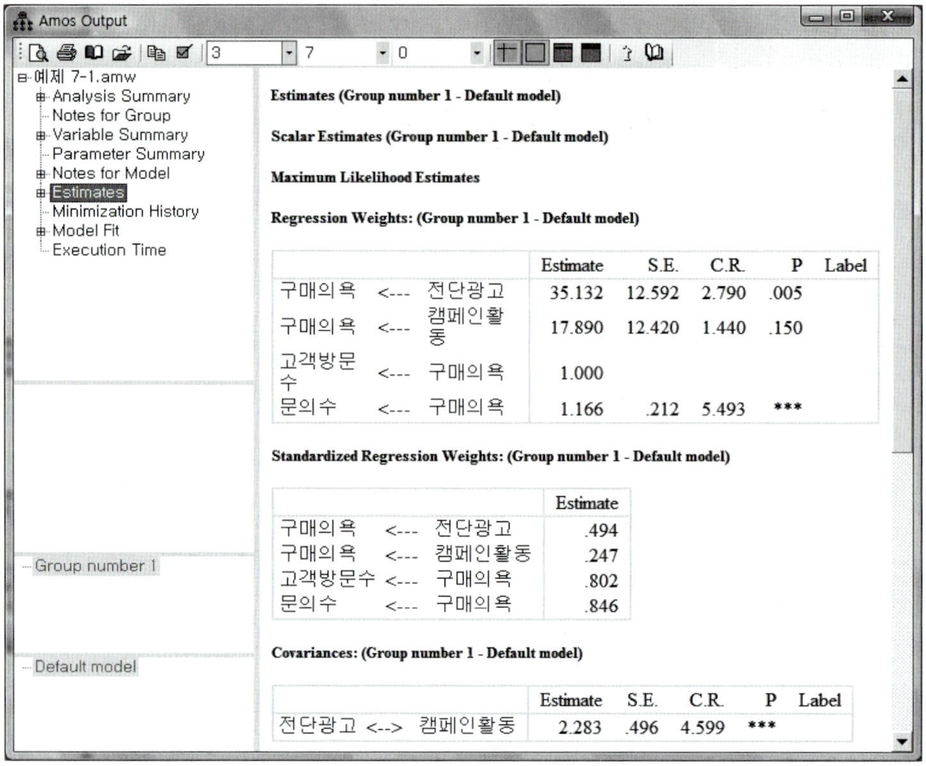

그림 4-12 분석결과 출력 윈도우

5. 결과 출력 윈도우

분석이 끝나면 <그림 4-12>와 같은 결과를 표시하는 윈도우가 나타난다. 분석결과는 Amos Output에 출력되며 여러 가지 내용을 선택적으로 볼 수 있다. 결과를 인쇄할 경우에는 이 윈도우의 [File] 메뉴로부터 [Print]를 선택한다.

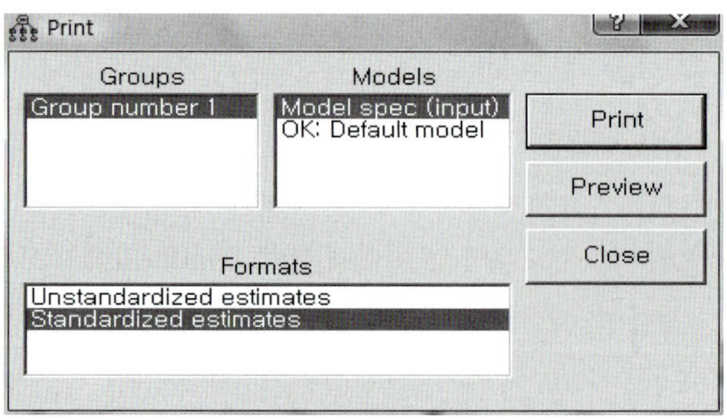

CHAPTER

5

Amos에 의한 검증적 요인분석

CHAPTER 5

Amos에 의한 검증적 요인분석

5.1 | 요인분석의 개요

■ 요인분석이란

두 개의 변수 간에 상관이 있는 경우, 그들 변수는 무엇인가 공통적인 것을 측정하고 있다고 생각할 수 있다. 예를 들면 대학생에게 있어서 컴퓨터를 다루는 것을 좋아하는 정도와 수학을 좋아하는 정도 사이에는 어느 정도 양의 상관관계가 있을 것인데, 그것은 컴퓨터를 좋아하게 되는 것과 수학을 좋아하게 되는 것에 무엇인가 공통점이 있기 때문이다. 그 공통점은 가령 논리적인 문제해결을 좋아하는 것 등을 들 수 있다. 물론 완전한 상관이 아닌 한, 그러한 공통적인 것 이외에 각각의 변수에 고유한 부분도 있을 것이다. 위의 예에서 컴퓨터를 좋아하는 것에 대해서는 일반적으로 기계조작이나 장난감 놀이를 좋아하는지 어떤지 등이 수학을 좋아하는 것과는 관계가 없는 독자적인 요인이라고 할 수 있다.

많은 변수가 서로 복잡하게 상관하고 있는 경우에도 그들의 상관관계를 설명할 수 있는 몇 가지의 공통적인 성분을 생각하여, 개개의 변수를 그러한 공통적인 성분을 반영하는 부분과 각각의 변수에 독자적인 부분으로 나누어서 생각할 수 있다. 요인분석(factor analysis)에서는 공통적인 성분을 공통요인(common factor) 또는 요인(factor)이라 부르고, 독자적인 성분을 독자요인(unique factor)이라고 부른다.

요인분석의 목적은 변수 간의 상관행렬로부터 공통요인을 끄집어 내어 그 공통요인을 이용해서 변수 간의 상관관계를 설명하고, 공통요인과의 관계에 의해서 각 변수의 성질을 간결한 형태로 기술하는 것이다. 또 요인분석의 결과를 변수나 관측대상의 분류를 위해서 이용하는 경우도 많다.

■ 공통요인에 의한 상관의 설명

요인분석의 기본적인 개념을 설명하기 위해서 변수가 다섯 개만 있는 인공적인 데이터를 예로 들어 보자.

표 5-1 상관행렬

	X_1	X_2	X_3	X_4	X_5
X_1 : 문장이해	1.00	0.60	0.50	0.44	0.24
X_2 : 대화	0.60	1.00	0.44	0.40	0.23
X_3 : 작문	0.50	0.44	1.00	0.30	0.14
X_4 . 수학의 응용문제	0.44	0.40	0.30	1.00	0.52
X_5 : 수학의 계산문제	0.24	0.23	0.14	0.52	1.00

위의 표에는 다섯 가지 테스트 득점 간의 상관계수가 표시되어 있다. 이 표를 보면 문장이해의 득점 X_1과 대화의 득점 X_2 사이의 상관계수가 0.60으로 가장 높고, 작문의 득점 X_3도 이들 두 가지 테스트의 득점과 0.50, 0.44라고 하는 비교적 높은 상관계수를 갖고 있다. 한편 수학의 응용문제 득점 X_4는 이들 세 가지 테스트의 득점과도 어느 정도의 상관이 있지만 그보다 수학의 계산문제 득점 X_5와의 상관쪽이 0.52로 더 높게 되어 있다.

이들의 상관관계에 의거해서 다섯 가지의 변수를 대략적으로 분류한다면 <그림 5-1>과 같이 중복이 있는 두 개의 군(群)이 만들어진다.

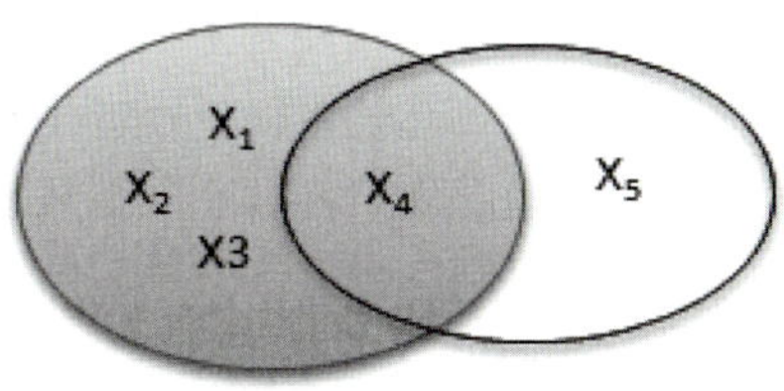

그림 5-1 다섯 가지 변수의 분류

또 앞에서 말한 바와 같이 상관의 설명으로서 공통요인이라고 하는 것을 생각하면, 이와 같은 관계는 <그림 5-2>와 같이 나타낼 수도 있다. 다시 말하면 X_1, X_2, X_3가 공통적으로 갖고 있고 또한 X_4에도 약간 반영되어 있는 요인 1과 X_4와 X_5의 상관을 만들어 내고 있는 요인 2라고 하는 두 가지의 공통요인을 생각하면 <표 5-1>의 상관관계에 대한 설명이 가능하다.

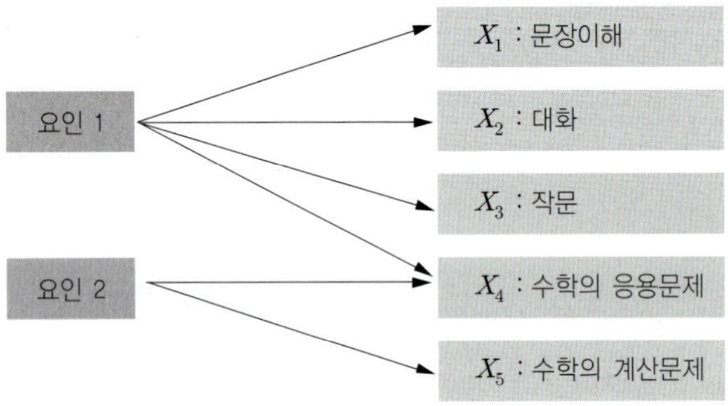

그림 5-2 공통요인에 의한 상관관계의 설명

그렇다면 <그림 5-2>에 나타내 보인 두 가지의 요인은 어떠한 변수인가를 생각해 보기로 한다. 요인 1은 문장이해, 대화, 작문이라고 하는 테스트에 공통적으로 포함되고 수학의 응용문제 득점과도 어느 정도 관계가 있는 변수이기 때문에 언어적인 능력을 나타내는 것이라고 일단 생각할 수 있다. 한편 요인 2는 두 가지의 수학 테스트에 공통적으로 포함되어 있으므로 수학적인 능력을 나타내는 요인이라고 간주해도 좋을 것이다.

이와 같이 요인이 구체적으로 어떤 변수인가 하는 것은 그 요인을 반영하고 있는 변수에 공통적으로 존재하는 특징으로부터 추측되게 된다. 이러한 것을 요인의 해석이라고 한다.

■ 요인분석의 용도

요인분석이 회귀분석이나 판별분석 등의 다른 다변량분석법과 다른 점은 설명변수와 목적변수가 지정되지 않고 변수들 간의 상호작용을 분석하는 데 있다. 요인분석은 주로 다음과 같은 경우에 사용된다.

① 데이터의 양을 줄여 정보를 요약하는 경우
② 변수들 내부에 존재하는 구조를 발견하고자 하는 경우
③ 요인으로 묶이지 않는 중요도가 낮은 변수를 제거하고자 하는 경우
④ 같은 개념을 측정하는 변수들이 동일한 요인으로 묶이는지를 확인(측정도구의 타당성 검정)하고자 하는 경우

⑤ 요인분석을 통하여 얻어진 요인들을 회귀분석이나 판별분석에서 설명변수로 활용하고자 하는 경우

■ 일반적인 요인분석의 절차

표본상관행렬 R을 계산(표본분산공분산행렬 S를 계산)

↓

추출할 요인수를 정한다

↓

공통성을 추정한다

↓

요인부하량행렬의 추정(주축요인추출법, 최대우도법 등)

↓

요인의 회선

↓

요인점수의 추정

■ 요인수의 결정

실제의 분석에 있어서는 특정의 요인수 m이 문제가 되는 경우는 적고, 데이터에 적합하다고 간주할 수 있는 최소의 요인수를 정하는 것이 필요하다. 적합도검정을 축차적(逐次的)으로 행함으로써 이 목적을 달성할 수 있다. 즉, 먼저 $m=0$ 혹은 $m=1$ 등의 작은 요인수로 적합도의 검정을 실시하는 것으로부터 출발하여 만일 그것이 기각되었다면 $m=m+1$에서 적합도의 검정을 실시한다. 이 절차를 자유도가 플러스인 범위의 m에 대해서 귀무가설이 기각되지 않을 때까지 반복한다. 만일 자유도가 플러스인 범위의 m에 있어서 귀무가설이 받아들여지지 않은 경우에는 주어진 데이터에 적합한 요인분석 모형은 존재하지 않는다고 판단한다.

■ 요인의 회전

요인분석의 목적은 특정변수 간의 상호관련을 통해서 잠재적인 구조를 탐색하는 데 있다. 이 목적을 위해서 요인부하량행렬이나 요인구조행렬의 추정치 등으로부터 요인의 해석이 실

시된다. 그런데 직교해(orthogonal solution)에 한해서 보더라도 요인부하량행렬은 일의적으로는 정해지지 않는다.

변수들이 여러 요인에 대하여 비슷한 요인부하량을 나타낼 경우에 변수들이 어느 요인에 속하는지를 분류하기가 어렵다. 따라서 변수들의 요인부하량이 어느 한 요인에 높게 나타나도록 하기 위해서 요인축을 회전시킨다. 회전방식은 크게 직각회전(orthogonal rotation)과 사각회전(oblique rotation)으로 나누어진다.

(1) 직각회전방식

회전축이 직각을 유지하며 회전하므로 요인들 간의 상관계수가 0이 된다. 따라서 요인들 간의 관계가 상호 독립적이어야 한다거나 상호 독립적이라고 간주할 수 있는 경우에 사용된다. 또는 요인점수를 이용하여 회귀분석이나 판별분석을 추가적으로 실시하고자 할 때 다중공선성(多重共線性)을 피하기 위한 경우 등에 유용하게 사용된다. 그러나 사회과학 분야에 있어서는 서로 다른 두 개의 요인(개념)이 완전히 독립적인 경우는 극히 드물기 때문에 사각회전방식(斜角回轉方式)이 이용된다. 직각회전방식에는 Varimax, Quartimax, Equimax 등이 있는데 이 중에서 Varimax 방식이 가장 널리 이용된다. Varimax 방식은 요인분석의 목적이 각 변수들의 분산구조보다 각 요인의 특성을 알고자 하는 데 더 유용하다.

(2) 사각회전방식

대부분의 사회과학 분야에서는 요인들 간에 독립적인 경우는 매우 드물고 어느 정도의 상관관계는 항상 존재하기 마련이다. 사각회전방식은 요인을 회전시킬 때 요인들이 서로 직각을 유지하지 않으므로 직각회전방식에 비해서 높은 요인부하량은 더 높아지고, 낮은 요인부하량은 더 낮아지도록 요인을 회전시키는 방법이다. 비직각회전방식에는 Oblimin(=Oblique), Covarimin, Quartimin, Biquartimin 등이 있는데 이 중에서 주로 Oblimin 방식이 많이 이용되고 있다.

■ 요인분석과 주성분분석의 차이

요인분석은 모든 변수가 '동일한 보조'로 나타나는 경우에 적합한 변수지향형 기법이라고 하는 점에서 주성분분석과 다소 비슷한 목적을 가지고 있다. 이러한 목적은 '요인'이라고 불리는 데이터의 보다 좋은 이해를 돕는 새로운 변수를 이끌어 내고자 하는 것이다. 그러나 주성분분석이 기초가 되는 모형에 의존하지 않는 변수의 직교변환을 찾아내기 위한 기법인 데

반해서, 요인분석은 완전한 통계적 모형에 의거해서 변수의 분산에 대한 설명보다도 그것들의 공분산구조의 설명을 주제로 하고 있다. 공통요인으로는 설명되지 않는 분산은 잔차항으로 설명할 수 있다.

요인분석 모형을 구성하려면 다수의 가정을 두지 않으면 안 된다. 이들 가정은 응용상 반드시 현실적인 것은 아니다. 요인분석 모형에서는 요인의 존재라고 하는 중요한 가정을 두고 있다.

한 조(組)의 배후에 있는 '관측불능'의 수라고 하는 개념은 특히 심리학적 연구와 같은 몇 가지 연구분야에서는 타당하지만 그 이외의 많은 연구영역에서는 현실감이 부족하다. 또한 요인분석 모형에서는 요인의 수 m 을 알고 있는 것으로 가정하고 있다. 실제로는 m이 미지인 경우가 많지만 $m=1$을 출발점으로 해서 축차적으로 다른 값이 검토된다. 그러나 m의 정확한 값을 고르는 것은 용이하지 않다. 검정의 수단이 없는 것은 아니지만 그 검정은 상당히 복잡하고 모형의 가정에 구속되므로, 외적 조건을 생각해서 m의 값을 고르는 경우가 많다. 요인의 형태가 m의 변화에 의해서 완전히 변해 버린다고 하는 점은 상당히 불안하다. 대조적으로 주성분분석에 의해서 이끌어내지는 성분은 일의적(一意的)이어서 고려할 가치가 있다고 생각되는 성분수가 바뀌어도 그것들의 성분은 불변이다.

5.2 | 검증적 요인분석과 탐색적 요인분석

제2장에서 언급한 바와 같이 구조방정식모형분석에서 고찰되는 모델은 통상 검증적 요인 모델이다. <그림 5-3>은 그 한 예이다. 검증적 요인분석(confirmatory factor analysis)에서는 요인에 관한 가설을 도입함으로써 이와 같은 요인의 구조에 대한 모델을 상정한다. 이에 비해 탐색적 요인분석(exploratory factor analysis)에서는 <그림 5-4>와 같이 각 요인에 대해서 모든 관측변수와의 사이에 관계를 상정하고, 그 관계가 어느 변수군과의 사이에서 강한지에 따라 그 의미를 해석한다. 그런 이유로 해서 탐색적이라고 불린다. 검증적 요인분석에서는 선행연구나 다른 식견에 의거한 요인과 관측변수 사이의 관계를 도입하여, 그 가설이 데이터와 모순되지 않는지를 조사한다.

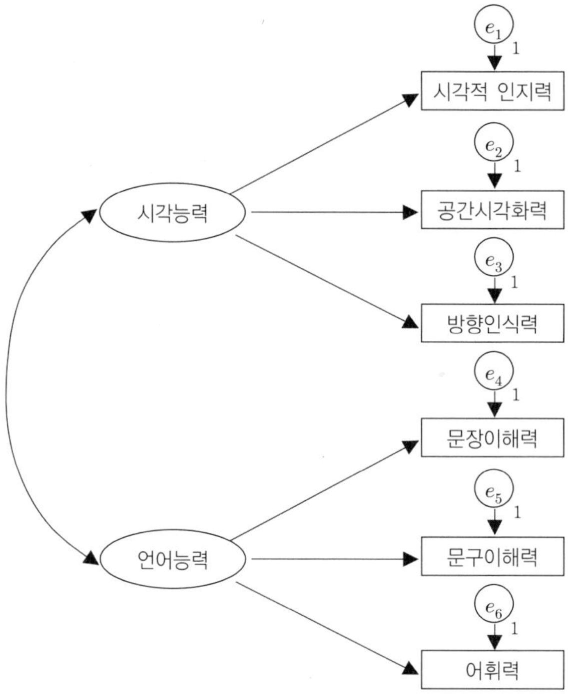

그림 5-3 검증적 요인분석의 모델 예

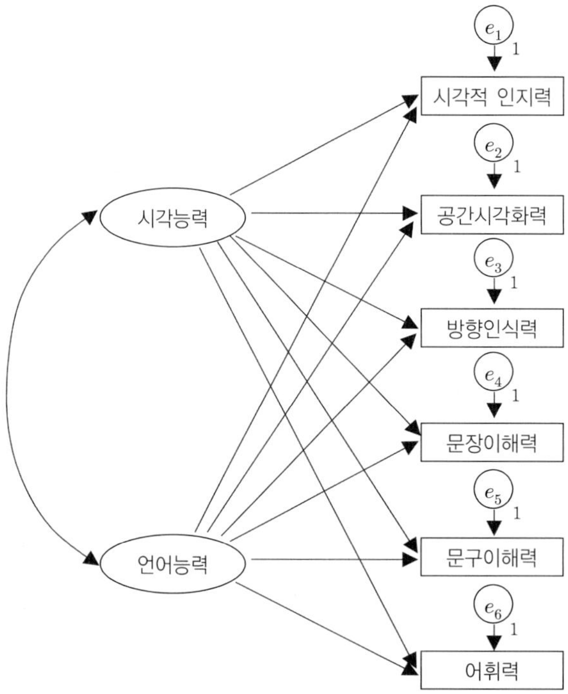

그림 5-4 탐색적 요인분석의 모델 예

이와 같이 탐색적 요인분석이 요인을 탐색하는 데 비해서, 검증적 요인분석은 요인을 검증하는 데 이용된다. 따라서 탐색적 요인분석은 검증적 요인분석의 전 단계로서 이용되는 경우가 많고, 또한 탐색적 요인분석의 결과는 검증적 요인분석에 의해서 검증됨으로써 더 적절한 결론에 이를 수 있는 것이다. 위의 두 가지 요인분석의 절차는 다음의 <그림 5-5>와 같다.[44]

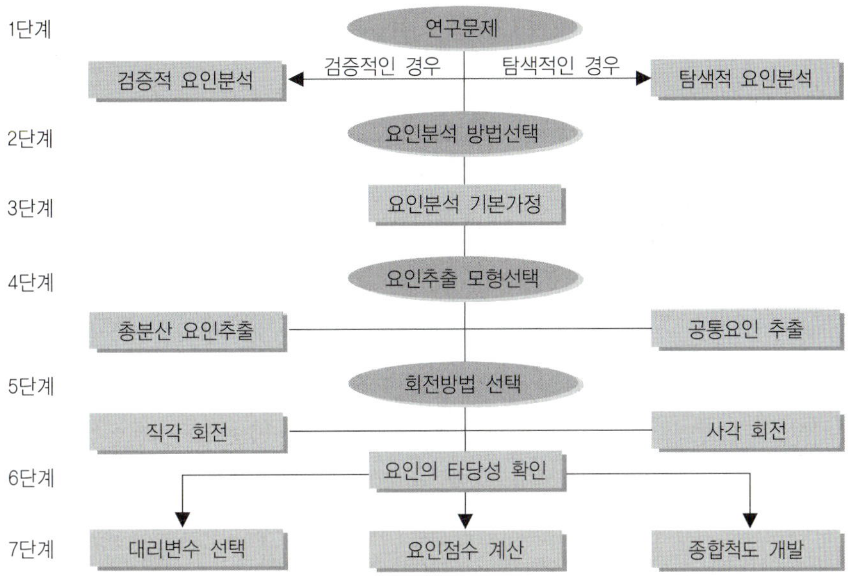

그림 5-5 검증적 요인분석과 탐색적 요인분석의 절차

이처럼 탐색적 요인분석은 이론상으로 아직 체계화되거나 정립되어 있지 않은 연구에서 향후 연구의 방향을 파악하기 위한 탐색적 목적으로 실행하는 전통적인 요인분석이라고 할 수 있다. 탐색적 요인분석은 관측변수들의 상호관계를 설명하는 잠재요인을 평가하거나 주어진 데이터의 여러 가지 측면을 탐색하여 데이터를 요약·기술함으로써 가치 있는 정보를 얻고자 하는 방법이다.

그 반면에 검증적 요인분석은 기존의 이론이나 경험적인 연구결과로부터 분석대상이 되는 변수에 관한 사전 지식이나 이론적 결과를 가지고 그 내용을 가설 형식으로 모델화하기 위한 방법이다.

흔히 요인분석을 통하여 추출된 새로운 요인을 이용해서 회귀분석, 분산분석, 판별분석 등의 추가적인 분석을 실시하면 보다 엄밀한 분석이 가능하다.

44 김계수, 「AMOS 구조방정식 모형분석」, 고려정보산업, 2001, pp. 173~174.

1. 탐색적 요인분석의 실제

[예제 5-1]

다음은 K 대학교 학생회에서 학교 구내식당에 대한 학생들의 반응을 조사하기 위해서 작성한 설문내용이다.

[설문 1] 귀하는 구내식당을 이용할 때 다음의 항목들을 어느 정도 중요하게 생각하십니까?

	중요도						
	1	2	3	4	5	6	7
1. 청결상태(X_1)	:____	:____	:____	:____	:____	:____	:
2. 음식량(X_2)	:____	:____	:____	:____	:____	:____	:
3. 대기시간(X_3)	:____	:____	:____	:____	:____	:____	:
4. 음식맛(X_4)	:____	:____	:____	:____	:____	:____	:
5. 친절(X_5)	:____	:____	:____	:____	:____	:____	:

[설문 2] 귀하는 구내식당을 평균적으로 일주일에 몇 번 정도 이용하십니까? (이용횟수) (X_6)

[설문 3] 귀하의 성별(남, 여) (X_7)

다음의 데이터표는 학생 25명에 대한 설문결과를 정리한 것이다. 이 데이터에 대해 요인분석을 실시하라.

요인분석의 대상 변수는 '청결상태(X_1)', '음식량(X_2)', '대기시간(X_3)', '음식맛(X_4)', '친절(X_5)' 등 다섯 개의 변수들이다.

표 5-2 데이터표

No.	X_1	X_2	X_3	X_4	X_5	X_6	X_7	No.	X_1	X_2	X_3	X_4	X_5	X_6	X_7
1	6	4	7	6	5	4	1	14	6	3	5	5	7	3	2
2	5	7	5	6	6	6	1	15	3	4	4	3	2	2	2
3	5	3	4	5	6	4	1	16	2	7	5	5	4	4	2
4	3	3	2	3	4	3	1	17	3	5	2	7	2	5	2
5	4	3	3	3	2	2	1	18	6	4	5	5	7	4	2
6	2	6	2	4	3	3	1	19	7	4	6	3	5	2	2
7	1	3	3	3	2	1	1	20	5	6	6	3	4	3	2
8	3	5	3	4	2	2	1	21	2	3	3	4	3	2	2
9	7	3	6	5	5	4	1	22	3	4	2	3	4	3	2
10	6	4	3	4	4	5	1	23	3	6	3	5	3	5	2
11	6	6	2	6	4	6	1	24	6	5	7	5	5	5	2
12	3	2	2	4	2	3	1	25	7	6	5	4	6	5	2
13	5	7	6	5	2	6	2								

■ SPSS에 의한 해법

〈순서 1〉 데이터의 입력

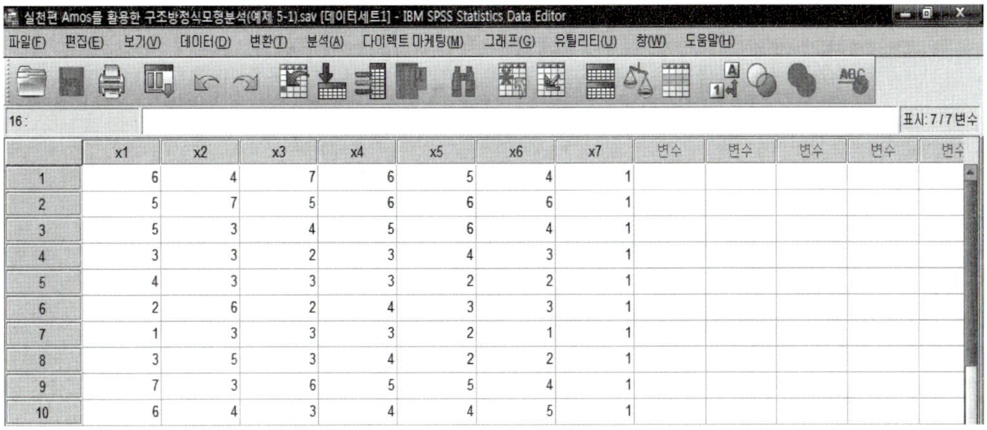

(주1) X1, X2, X3, X4, X5의 변수에는 1 = '중요도 1', 2 = '중요도 2', 3 = '중요도 3', 4 = '중요도 4', 5 = '중요도 5', 6 = '중요도 6', 7 = '중요도 7'이라고 하는 변수값 설명을 해놓는다.

(주2) X7의 변수에는 1 = '남', 2 = '여'라고 하는 변수값 설명을 해놓는다.

〈순서 2〉 요인분석의 선택

메뉴에서 [분석(A)]−[차원 축소(D)]−[요인분석(F)]을 선택한다.

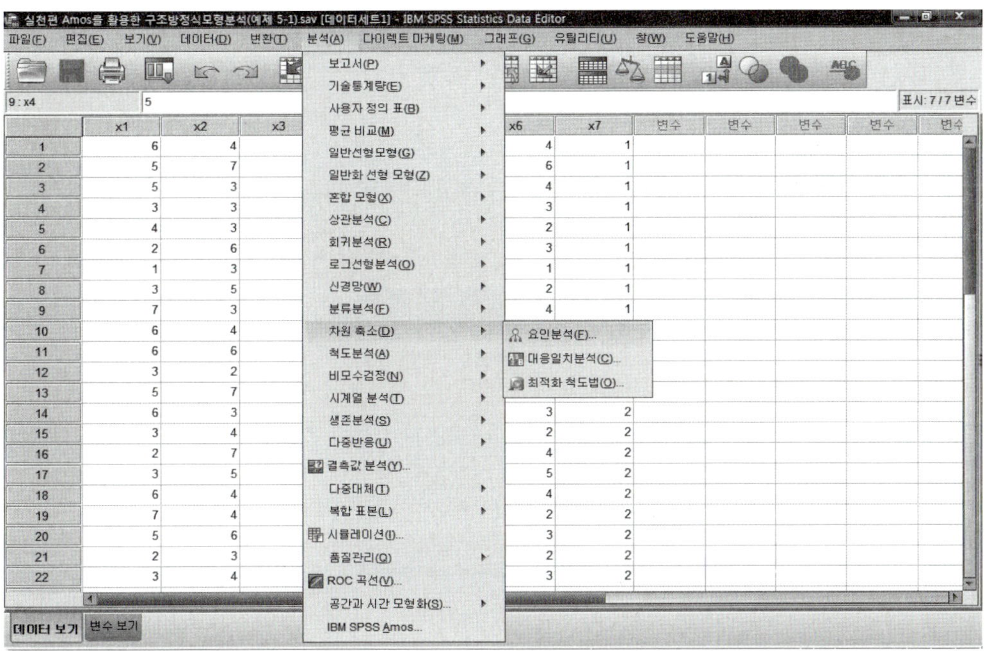

↓ (대화상자가 나타난다)

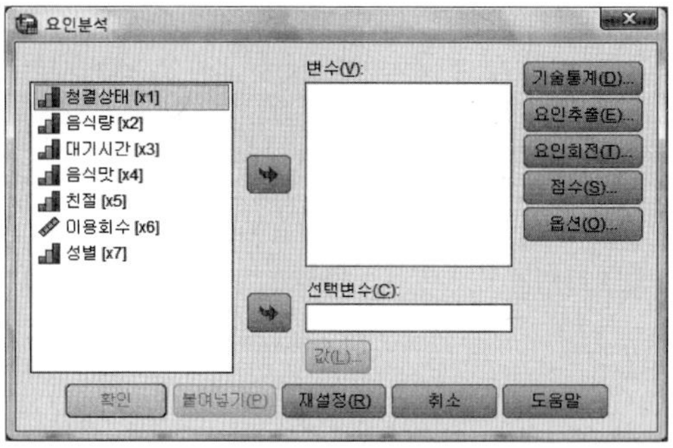

〈순서 3〉 변수의 선택

[변수(V)]로서 '청결상태[X1]', '음식량[X2]', '대기시간[X3]', '음식맛[X4]', '친절[X5]'을 선택한다.

〈순서 4〉 기술통계의 선택

[요인분석] 대화상자에서 [기술통계(D)] 버튼을 클릭하면 다음과 같은 [요인분석 : 기술통계] 대화상자가 나타난다.

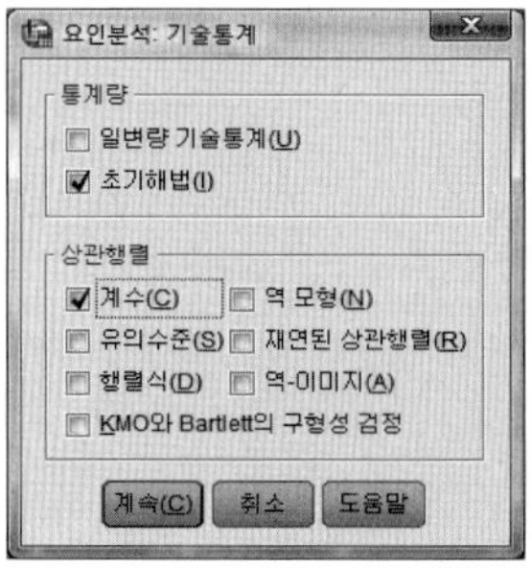

위와 같은 항목을 지정하고 [계속] 버튼을 클릭하면 앞의 [요인분석] 대화상자로 복귀한다.

〈순서 5〉 요인추출의 선택

[요인분석] 대화상자에서 [요인추출(E)] 버튼을 클릭하면 다음과 같은 [요인분석 : 요인추출] 대화상자가 나타난다. [방법(M)] 중에서 '주축 요인 추출'을 선택한다.

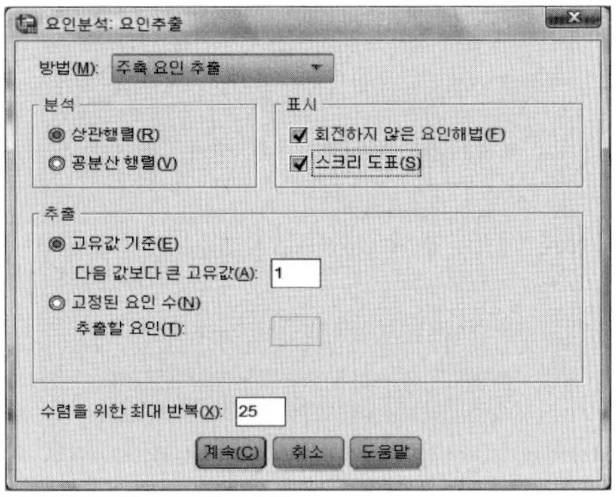

위의 대화상자에서 초기지정 상태에 [스크리 도표(S)]를 추가로 지정하고, [계속] 버튼을 클릭하면 앞의 [요인분석] 대화상자로 복귀한다.

〈순서 6〉 요인회전의 선택

[요인분석] 대화상자에서 [요인회전(T)] 버튼을 클릭하면 다음과 같은 [요인분석 : 요인회전] 대화상자가 나타난다.

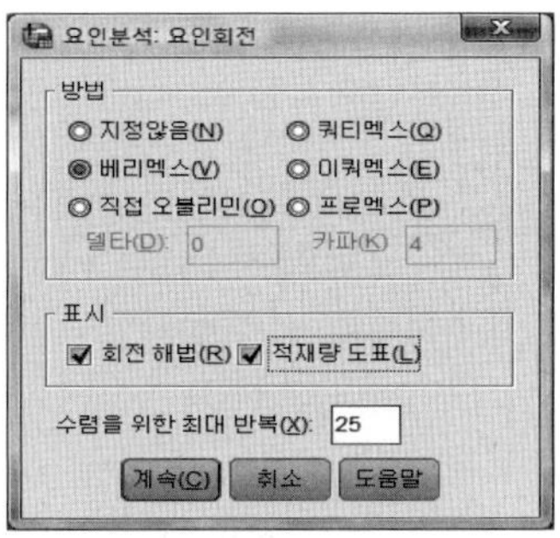

[요인분석 : 요인회전] 대화상자에서 위와 같은 항목을 지정하고, [계속] 버튼을 클릭하면 앞의 [요인분석] 대화상자로 복귀한다.

〈순서 7〉 요인점수의 선택

[요인분석] 대화상자에서 [점수(S)] 버튼을 클릭하면 다음과 같은 [요인분석 : 요인점수] 대화상자가 나타난다.

위와 같은 항목을 지정하고, [계속] 버튼을 클릭하면 앞의 [요인분석] 대화상자로 복귀한다.

〈순서 8〉 옵션의 선택

[요인분석] 대화상자에서 [옵션(O)] 버튼을 클릭하면 다음과 같은 [요인분석 : 옵션] 대화상자가 나타난다.

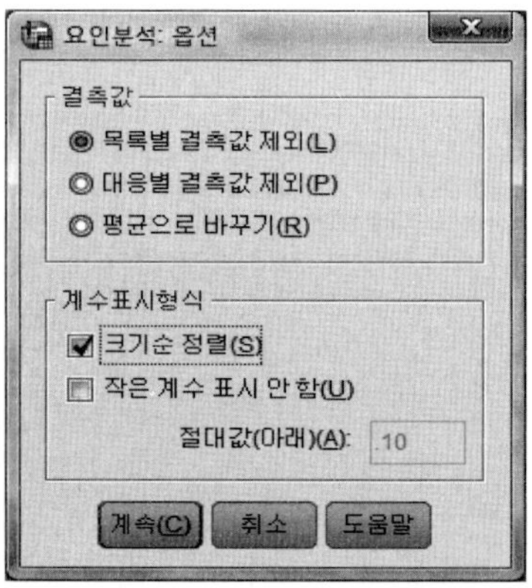

[요인분석 : 옵션] 대화상자에서 [크기순 정렬]에 체크하고, [계속] 버튼을 클릭하면 앞의 [요인분석] 대화상자로 복귀한다. 여기에서 [확인] 버튼을 클릭한다.

분석결과 및 결과의 해석방법

(1) 상관행렬

상관행렬

		청결상태	음식량	대기시간	음식맛	친절
상관계수	청결상태	1.000	.050	.629	.265	.686
	음식량	.050	1.000	.220	.355	.009
	대기시간	.629	.220	1.000	.183	.509
	음식맛	.265	.355	.183	1.000	.272
	친절	.686	.009	.509	.272	1.000

위의 상관행렬에서 보면 X1(청결상태) 변수와 X5(친절) 변수의 상관계수(0.686)가 가장 높고, X1(청결상태) 변수와 X3(대기시간) 변수의 상관계수(0.629)가 두 번째로 높게 나타나 있다. X3(대기시간) 변수와 X5(친절) 변수의 상관계수(0.509)를 제외하면 다른 변수들 간의 상관계수는 비교적 낮은 편이다.

(2) 공통성의 추출

공통성

	초기	추출
청결상태	.585	.840
음식량	.197	.789
대기시간	.449	.472
음식맛	.213	.216
친절	.497	.588

추출 방법: 주축요인추출.

공통성(communality)은 변수에 포함된 요인들에 의해서 설명되는 비율이라고 할 수 있다. 각 변수의 초기값과 주축요인추출법에 의한 각 변수에 대해 추출된 요인에 의해 설명되는 비율이 나타나 있다. 좀더 자세한 설명은 다음의 회전 전의 요인행렬을 참조하기 바란다.

(3) 변수들의 공분산 및 고유치

설명된 총분산

	초기 고유값			추출 제곱합 적재량			회전 제곱합 적재량		
요인	전체	% 분산	누적 %	전체	% 분산	누적 %	전체	% 분산	누적 %
1	2.396	47.929	47.929	2.020	40.403	40.403	1.901	38.012	38.012
2	1.213	24.255	72.184	.885	17.705	58.108	1.005	20.095	58.108
3	.714	14.287	86.471						
4	.395	7.897	94.368						
5	.282	5.632	100.000						

추출 방법: 주축요인추출.

요인분석의 목적은 데이터의 축소, 즉 변수의 수를 줄이는 데 있으므로 위에 나타난 요인 5개를 모두 사용하는 것은 비합리적이다. 추출된 두 요인의 고유치(eigenvalue)는 각각 2.396, 1.213으로서 이것은 요인추출 기준으로 지정한 고유치 1 이상인 요인만 추출된 것을 의미하고 있다. 고유치(고유값)는 그 요인이 설명하는 분산의 양을 나타내므로 이 값이 큰 요인이 중요한 요인이 된다.

이 두 요인은 구내식당에 대한 학생들의 반응을 요인 1은 47.929%, 요인 2는 24.255%를 설명함으로써 전체(누적) 72.184%를 설명하고 있다. 물론 요인 1이 더 높은 설명력을 갖고 있다. 요인을 더 많이 추출하였다면 그 설명력은 72.184%보다 높아질 것이지만 요인의 수가 많아진다는 단점이 있다. 따라서 요인은 가능한 한 적으면서 설명력을 높이는 것이 요인분석의 중요한 과제가 된다.

고유치는 각 요인의 설명력을 나타내는 것으로 모든 요인의 고유치 합계는 요인분석에 사용된 변수의 수와 같다. 그러므로 여기에서는 5이다. 따라서 요인 1의 설명력은 2.396 / 5 = 0.47929(47.929%)로 계산된다. 그리고 요인의 고유치는 요인에 속한 각 변수들의 적재값을 제곱하여 더한 것과 같다. 예를 들어 요인 1의 고유치는 회전 전의 요인행렬에 나타나 있는 요인 1에 속한 각 변수들의 적재값을 제곱하여 더한 것과 같다. 즉 $(0.891)^2 + (0.268)^2 + (0.687)^2 + (0.366)^2 + (0.741)^2 = 2.396$으로 계산된다.

(4) 고유치 스크리 도표

스크리 도표

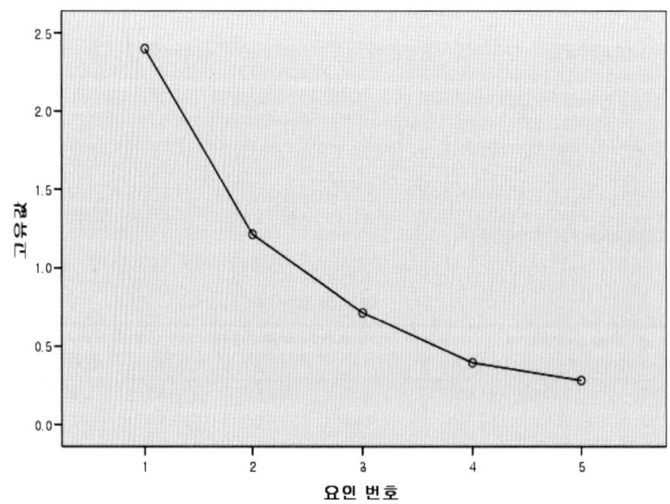

스크리 도표는 고유치의 변화를 보여 주고 있다. 가로축은 요인의 번호, 세로축은 고유치를 나타내고 있다. 요인 3부터는 고유치가 급격히 작아지고 있음을 알 수 있다. 이와 같이 고유치가 급격히 작아지는 점에서 요인의 개수를 결정할 수도 있다. 따라서 이 방식에 의해서도 요인의 개수는 두 개가 적당하다고 할 수 있다.

(5) 회전전의 요인행렬

요인행렬[a]

	요인	
	1	2
청결상태	.891	-.216
친절	.741	-.196
대기시간	.687	.009
음식맛	.366	.288
음식량	.268	.847

추출 방법: 주축 요인추출.

a. 2 요인 추출을 시도하였으나 25 이상의 반복계산이 요구됩니다. (수렴=.012). 추출이 종료됩니다.

지정한 요인추출 방법으로 두 요인이 추출되었다. 분석결과에 의하면 X1(청결상태)의 적재값은 요인 1, 2의 각각에 대하여 0.891, −0.216 만큼 영향을 미친다는 것이다. 요인행렬의 각 수치는 회전시키기 전의 요인부하량(factor loading)을 나타내고 있다. 요인 1에 대해서는 X1(청결상태), X5(친절), X3(대기시간)의 부하량이 하나의 공통적인 특성을 가지고 있고, 요인 2에 대해서는 X4(음식맛), X2(음식량)의 부하량이 하나의 공통적인 특성을 가지고 있는 것으로 보인다.

여기에서 각 변수의 공통성(communality)은 요인 1과 요인 2에 대한 적재량의 제곱합에 의해 구해진다. 즉 X1(청결상태)의 공통성은 다음과 같이 계산된다(전술한 공통성의 추출결과 참조).

$$(0.891)^2 + (-0.216)^2 = 0.840$$

(6) 회전된 요인행렬

베리멕스법에 의한 세 차례의 반복계산 후에 얻어진 회전 결과가 제시되어 있다.

회전된 요인행렬[a]

	요인	
	1	2
청결상태	.913	.084
친절	.765	.055
대기시간	.647	.231
음식량	-.022	.888
음식맛	.252	.391

추출 방법: 주축 요인추출.
회전 방법: Kaiser 정규화가 있는 베리멕스.

a. 3 반복계산에서 요인회전이 수렴되었습니다.

요인을 회전하는 이유는 변수의 설명축인 요인들을 회전시킴으로써 요인의 해석을 돕고자 하는 데 있다. 여기에서는 베리멕스 직각회전방식을 사용하였다. 일반적으로 직각회전방식은 요인점수를 이용하여 회귀분석이나 판별분석 등을 수행할 경우, 요인 간에 독립성이 있는 것이 요인들의 다중공선성에 의한 문제점을 발생시키지 않기 때문이다. 이 결과를 가지고 연구자는 변수의 공통점을 발견하여 각 요인의 의미를 부여하게 된다. 본 예제에서는 요인 1을 '환경요인'이라고 부를 수 있으며, 요인 2를 '음식요인'이라고 부를 수 있다. X1(청결상태), X5(친절), X3(대기시간)는 요인 1인 '환경요인'이며, X2(음식량), X4(음식맛)는 요인 2인 '음식요인'이라고 말할 수 있다.

(7) 요인 변환행렬

요인 변환행렬(factor transformation matrix)은 요인회전시 사용한 변환행렬값을 의미한다.

요인 변환행렬

요인	1	2
1	.946	.325
2	-.325	.946

요인추출 방법: 주축 요인추출.
회전 방법: Kaiser 정규화가 있는 베리멕스.

(8) 회전공간의 요인 도표

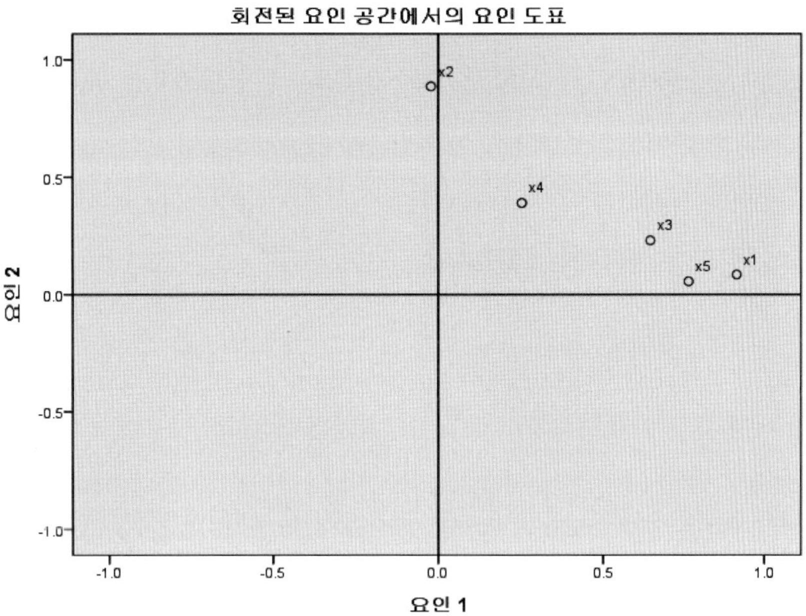

두 개의 요인에 의해 구성된 2차원 공간에 5개의 변수들이 위치하고 있다. 여기에서 X1(청결상태), X3(대기시간), X5(친절)의 요인 1과 X2(음식량), X4(음식맛)의 요인 2는 서로 다른 위치에 있음을 볼 수 있다.

(9) 요인점수 계수행렬

요인점수(factor scores)는 각 관측대상의 변수별 회답을 요인들의 선형결합으로 표현한 값이다. 각 개체들의 요인점수는 다음과 같다.

$$F_{jk} = \sum_{i=1}^{p} W_{ji} Z_{ik}$$

여기에서 p는 변수의 개수, Z_{ik}는 표준화된 변수, W_{ji}는 각 변수에 주어지는 가중치, F_{jk}는 개별 관측대상의 요인점수이다. 요인점수는 관측대상이 각 변수에 대해 회답한 결과를 요인별 가중치를 이용하여 요인 공간상의 점수로 변환시켜 연구자가 각 관측대

요인점수 계수행렬

	요인	
	1	2
청결상태	.676	-.008
음식량	-.091	.855
대기시간	.117	.023
음식맛	.019	.079
친절	.237	.020

요인추출 방법: 주축 요인추출.
회전 방법: Kaiser 정규화가 있는 베리멕스.
요인점수화 방법: 회귀.

요인점수 공분산행렬

요인	1	2
1	.881	.024
2	.024	.796

요인추출 방법: 주축 요인추출.
회전 방법: Kaiser 정규화가 있는 베리멕스.

요인점수화 방법: 회귀.

상의 요인 공간상 위치를 파악할 수 있게 해준다. 요인점수를 계산해 보면 다음과 같다.

요인 1의 점수 $= 0.676X1 - 0.091X2 + 0.117X3 + 0.019X4 + 0.237X5$

요인 2의 점수 $= -0.008X1 + 0.855X2 + 0.023X3 + 0.079X4 + 0.020X5$

여기에서 각 변수들의 관측치를 대입하면, 관측대상별로 요인점수를 구할 수 있다.

2. 요인분석 결과를 이용한 회귀분석

[예제 5-2]

예제 5-1의 요인분석 결과 추출된 두 개의 요인을 새로운 독립변수(설명변수)로 해서 구내식당에 대한 주당 평균 이용횟수(X6)에 미치는 영향을 분석하라.

예제 5-1의 5개 변수들(X1~X5)이 주당 평균 이용횟수(X6)에 미치는 영향을 분석하고 싶다면, 그 변수들을 직접 이용하여 중회귀분석을 실시할 수도 있다. 그러나 많은 변수들을 몇 개의 요인으로 묶어서 중회귀분석을 실시하면 보다 차원 높고 의미 있는 분석결과를 얻을 수 있다. 특히 중회귀분석에 있어서 설명변수들이 질적 데이터나 혹은 카테고리 데이터로 이루어져 있는 경우에는 이와 같이 설명변수들을 일단 요인분석에 의해서 몇 개의 요인으로 묶은 다음 중회귀분석을 실시하는 것이 바람직하다.

그러나 중회귀분석을 실시하기 전에 각 요인에 대하여 신뢰성분석을 실시하는 것이 합당한 분석절차이다.

> 요인분석의 목적은 데이터의 축소, 즉 변수의 수를 줄이는 데 있다. 특히 변수들이 순서척도로 측정된 정성적 데이터는 그 변수들을 직접 이용하여 중회귀분석을 실시하는 것보다 많은 변수들을 몇 개의 요인으로 묶어서 설명변수로 활용하는 것이 바람직하다.

■ SPSS에 의한 해법

〈순서 1〉 데이터의 입력

요인분석이 끝나면 SPSS 데이터 편집기에 다음과 같은 두 개의 요인이 추가되어 나타난다. 이 두 개의 요인을 새로운 설명변수로서 중회귀분석을 실시하고자 한다.

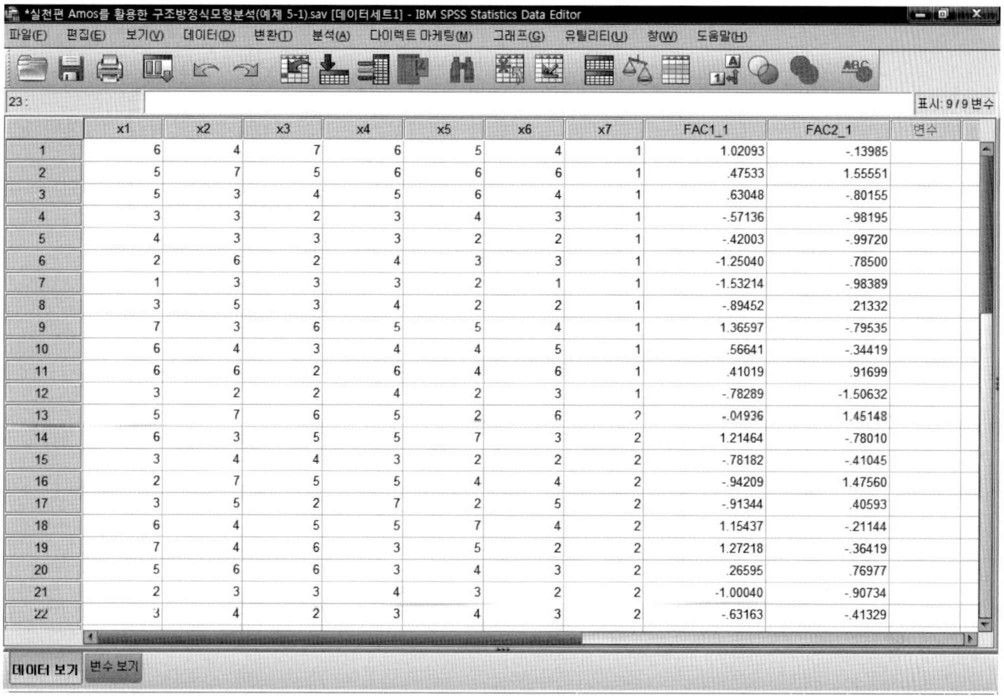

〈순서 2〉 회귀분석의 선택

메뉴에서 [분석(A)] – [회귀분석(R)] – [선형(L)]을 선택한다.

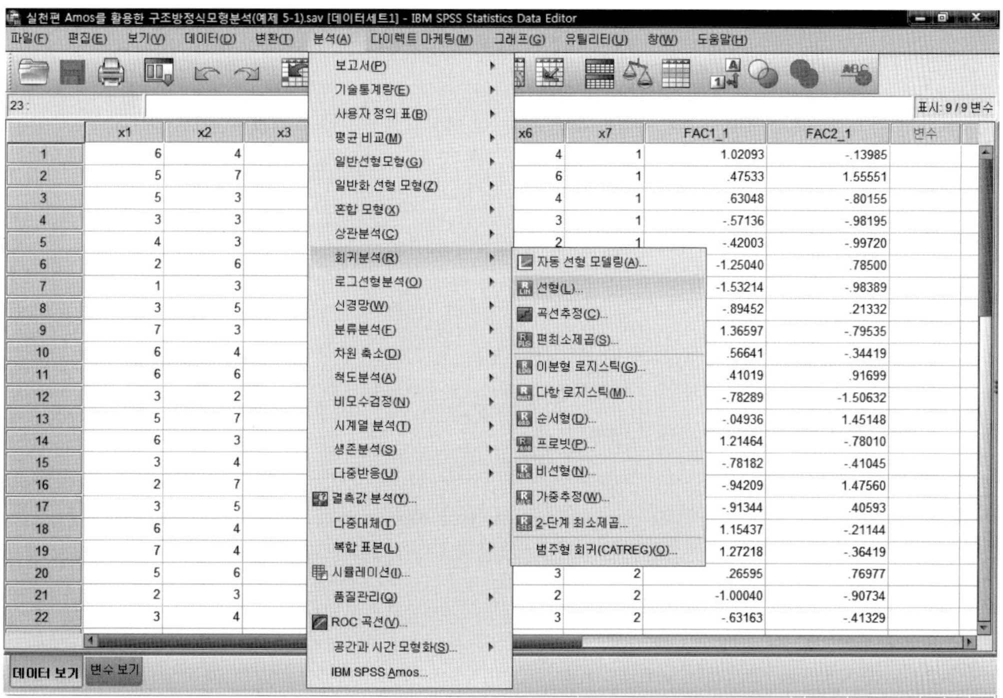

↓ (대화상자가 나타난다)

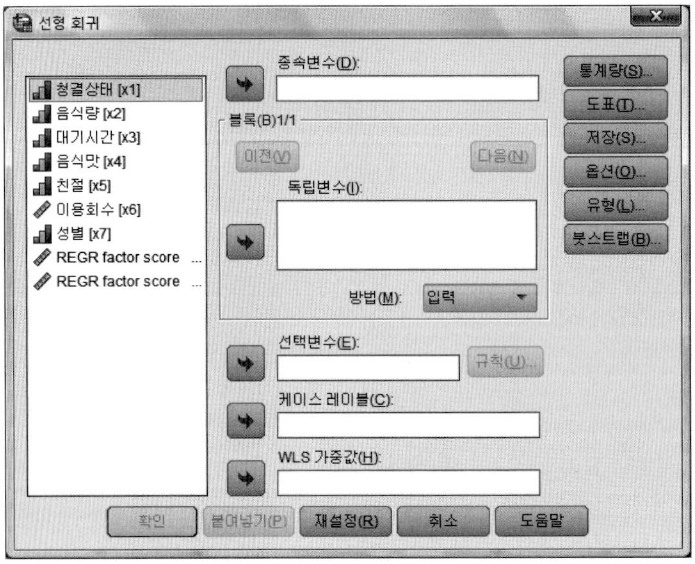

〈순서 3〉 변수의 선택

[종속변수(D)]로서 'X6'를 선택하고, [독립변수(I)]로서 'FAC1_1'과 'FAC2_1'을 선택한다.

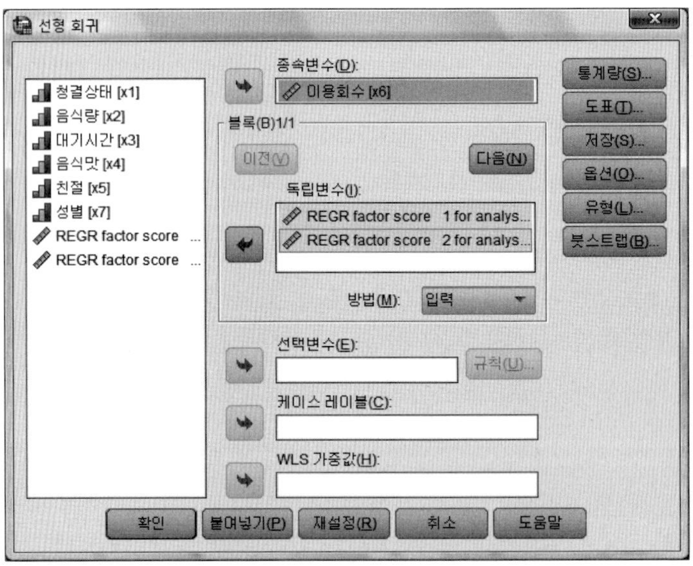

여기에서 [확인] 버튼을 클릭하면, 중회귀분석이 실시되어 다음과 같은 분석결과를 얻게 된다.

▦ 분석결과 및 결과의 해석방법

입력/제거된 변수[a]

모형	입력된 변수	제거된 변수	방법
1	REGR factor score 2 for analysis 1, REGR factor score 1 for analysis 1[b]	.	입력

a. 종속변수: 이용회수

b. 요청된 모든 변수가 입력되었습니다.

모형 요약

모형	R	R 제곱	수정된 R 제곱	추정값의 표준오차
1	.750[a]	.563	.523	.991

a. 예측자: (상수), REGR factor score 2 for analysis 1, REGR factor score 1 for analysis 1

ANOVA[a]

모형		제곱합	자유도	평균제곱	F	유의확률
1	회귀	27.842	2	13.921	14.180	.000[b]
	잔차	21.598	22	.982		
	전체	49.440	24			

a. 종속변수: 이용회수

b. 예측자: (상수), REGR factor score 2 for analysis 1, REGR factor score 1 for analysis 1

계수[a]

모형		비표준화 계수		표준화 계수	t	유의확률
		B	표준오차	베타		
1	(상수)	3.680	.198		18.571	.000
	REGR factor score 1 for analysis 1	.573	.216	.375	2.658	.014
	REGR factor score 2 for analysis 1	1.029	.227	.639	4.535	.000

a. 종속변수: 이용회수

분석결과 회귀식은 다음과 같다.

$$\hat{Y} = 3.680 + 0.573F_1 + 1.029F_2$$

여기에서,

$$\hat{Y} = X6(\text{주당 평균 구내식당 이용횟수})$$
$$F_1 = \text{요인 1(환경요인)}$$
$$F_2 = \text{요인 2(음식요인)}$$

이 회귀식은 분산분석 결과 통계적으로 유의하며(유의확률 = 0.000 < 0.05), 결정계수 R^2 = 0.563으로서 두 개의 요인이 총변동의 56.3%를 설명하고 있다. 요인 1(환경요인)의 회귀계수는 통계적으로 유의하며(유의확률 = 0.014 < 0.05), 요인 2(음식요인)의 회귀계수 역시 통계적으로 유의함을 알 수 있다(유의확률 = 0.000 < 0.05).

결론적으로 구내식당은 식당의 청결상태 등 환경요인과 음식량 등의 음식요인 모두를 중요시해야 함을 알 수 있다. 그리고 음식요인의 t값(4.535)이 환경요인의 t값(2.658)보다 더 크므로 음식요인이 목적변수(주당 평균 구내식당 이용횟수)에 미치는 영향이 더 크다고 볼 수 있다. 따라서 구내식당은 음식량과 음식맛 등 음식요인의 향상에 더 주의를 기울여야 할 것이다.

3. 검증적 요인분석의 실제

[예제 5-3]

<예제 5-1>의 데이터에서 요인분석의 대상변수인 '청결상태($X1$)', '음식량($X2$)', '대기시간($X3$)', '음식맛($X4$)', '친절($X5$)' 등 5개의 변수들에 대하여 검증적 요인분석을 실시하라.

■ 연구 모델

앞의 탐색적 요인분석에서 SPSS의 실행결과를 보면 '청결상태($X1$)', '대기시간($X3$)', '친절($X5$)' 등이 요인 1을, '음식량($X2$)', '음식맛($X4$)' 등이 요인 2를 구성하고 있음을 알 수 있다. 요인 1을 '환경요인(environment)'그리고 요인 2를 '음식요인(food)'이라고 명명했다.

여기에서 각 요인을 설명하기 위해서 사용되고 있는 5개의 변수들은 서로 관련이 없다고 가정하고 있다. 그러나 요인 1과 요인 2는 서로 관련이 있다는 가설을 설정할 수 있다. 그 이유는 경험적인 측면에서 볼 때 환경요인과 음식요인이 결코 서로 배타적인 개념이라고는 볼 수 없기 때문이다.

그렇다면 다음과 같은 검증적 요인분석을 위한 연구 모델을 구축할 수 있을 것이다.

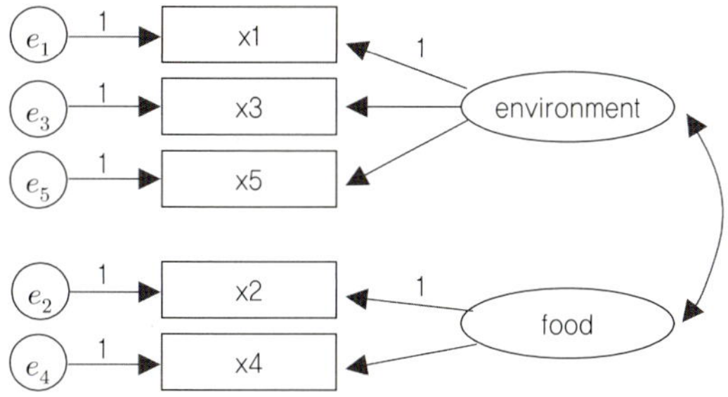

그림 5-6 검증적 요인분석 연구모델

> 요인분석에는 검증적 요인분석과 탐색적 요인분석이 있다.
> - 검증적 요인분석 : 요인에 관한 가설을 도입함으로써 요인의 구조에 대한 모델을 상정한다.
> - 탐색적 요인분석 : 각 요인에 대해서 모든 관측변수와의 사이에 관계를 상정하고, 그 관계가 어느 변수군과의 사이에서 강한지 그 의미를 해석한다.

■ Amos의 실행

〈순서 1〉 데이터의 입력

<예제 5-1>과 같이 데이터를 SPSS 시트에 입력한다.

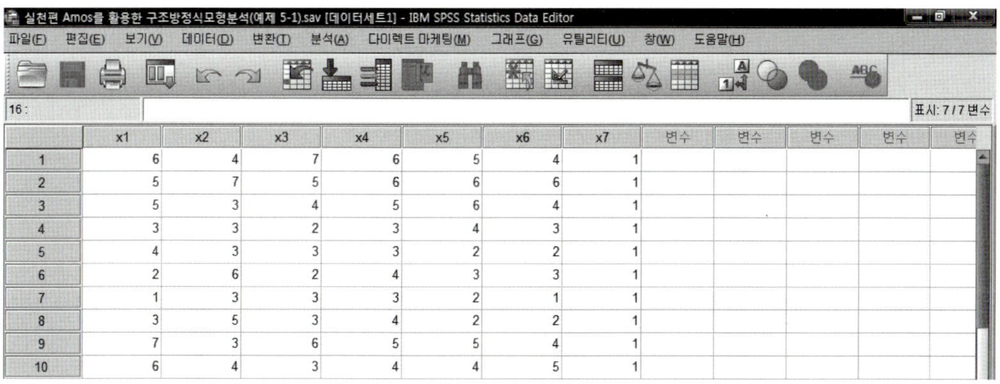

	x1	x2	x3	x4	x5	x6	x7	변수	변수	변수	변수	변수
1	6	4	7	6	5	4	1					
2	5	7	5	6	6	6	1					
3	5	3	4	5	6	4	1					
4	3	3	2	3	4	3	1					
5	4	3	3	3	2	2	1					
6	2	6	2	4	3	3	1					
7	1	3	3	3	2	1	1					
8	3	5	3	4	2	2	1					
9	7	3	6	5	5	4	1					
10	6	4	3	4	4	5	1					

〈순서 2〉 Amos Graphics의 호출

메뉴에서 [분석]-[IBM SPSS Amos]를 선택하면 다음과 같은 화면이 나타난다.

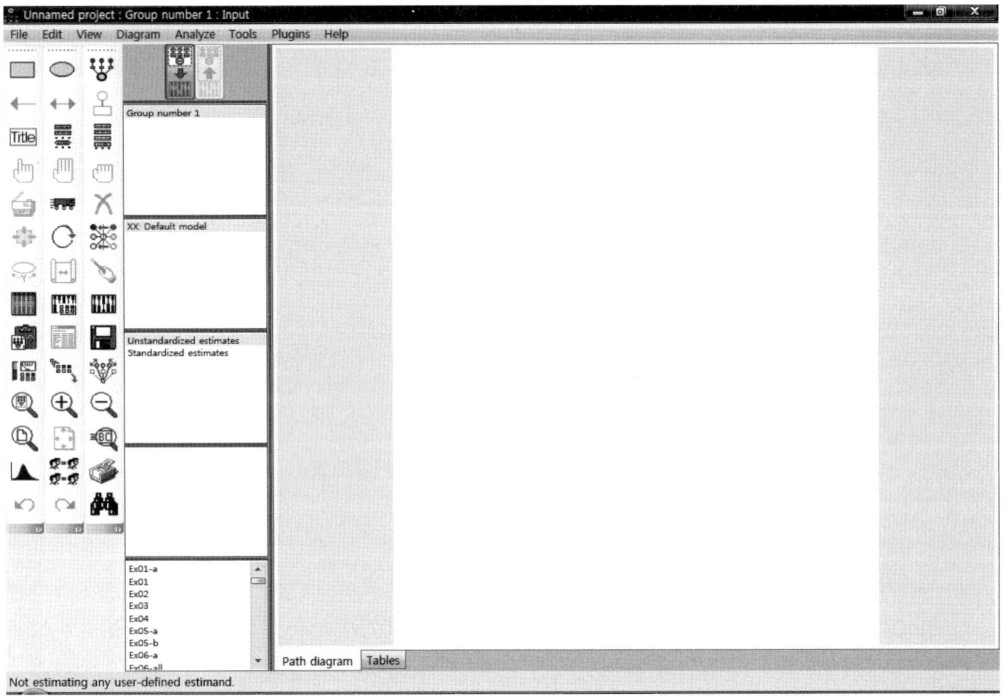

〈순서 3〉 경로도형 그리기

<그림 5.6>과 같은 경로도형을 그린다.

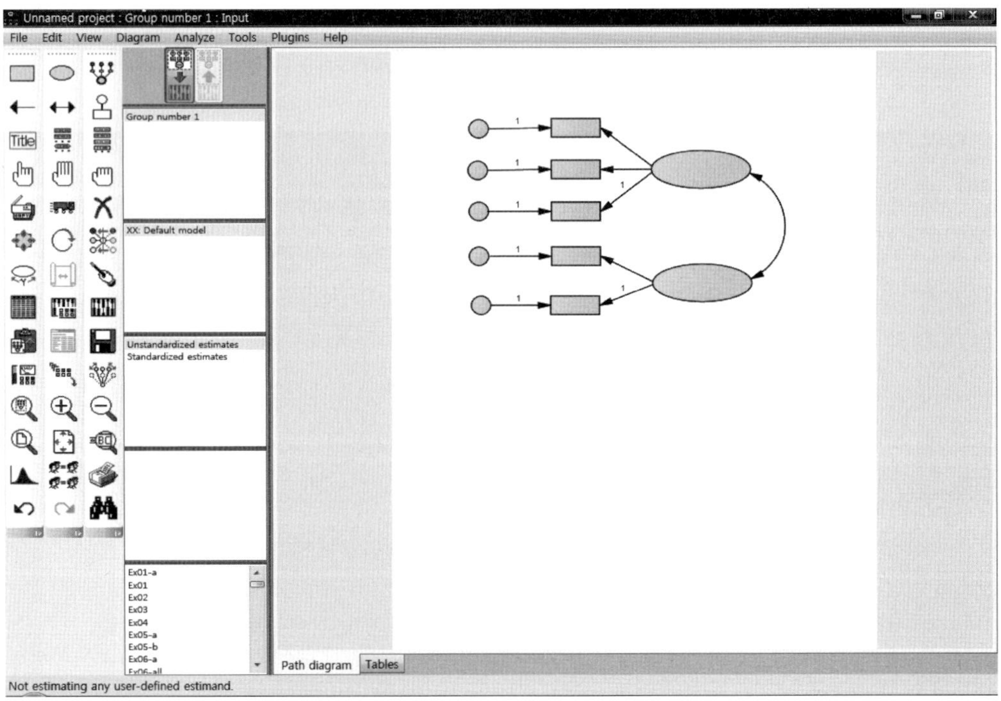

〈순서 4〉 데이터 파일의 연결

(1) 메뉴에서 [File]-[Data Files]를 선택한다.

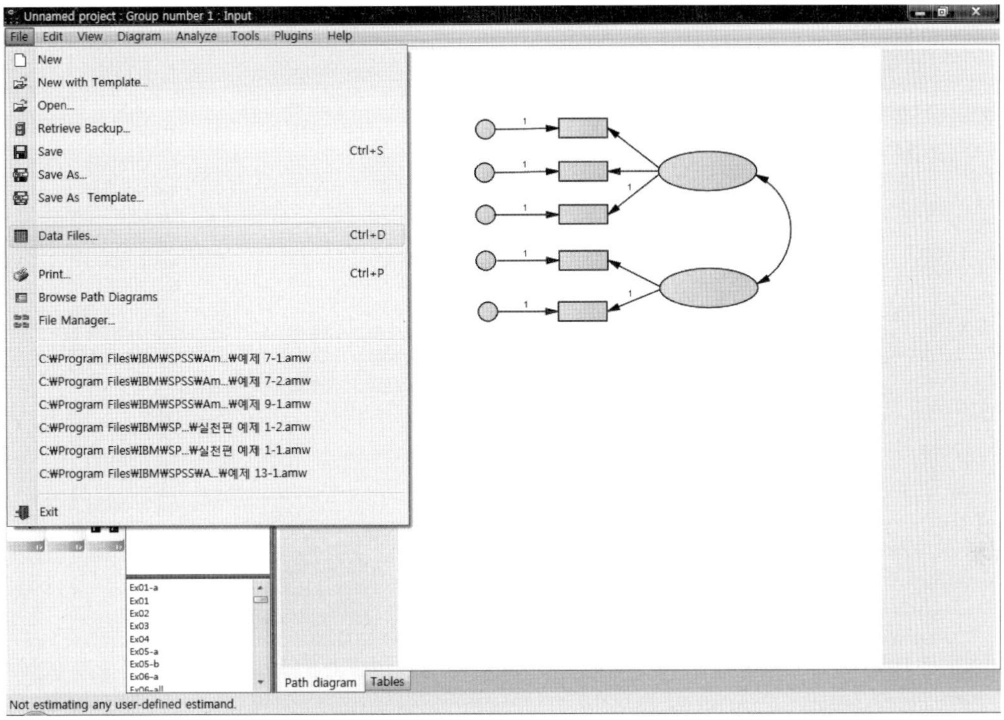

(2) 다음 화면에서 [File Name]을 클릭한다.

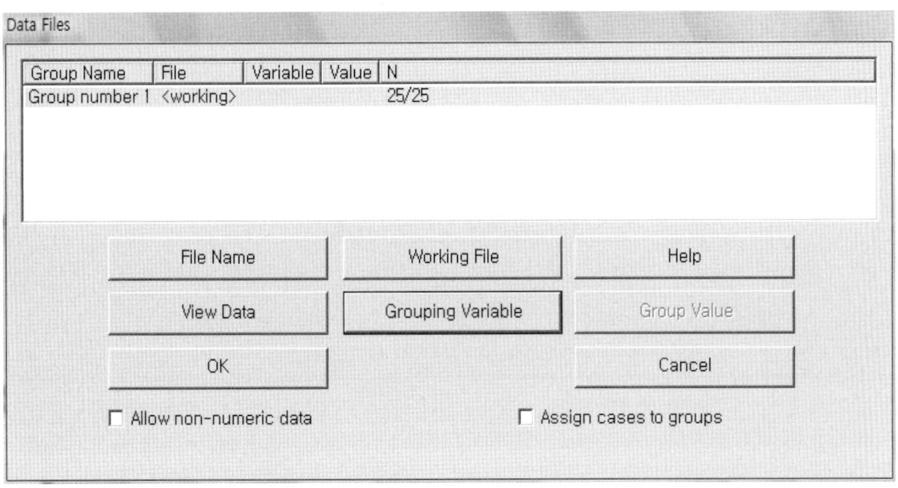

(3) [예제 5-1]의 데이터 파일이 있는 곳을 찾아 선택하고 [열기]를 클릭한다.

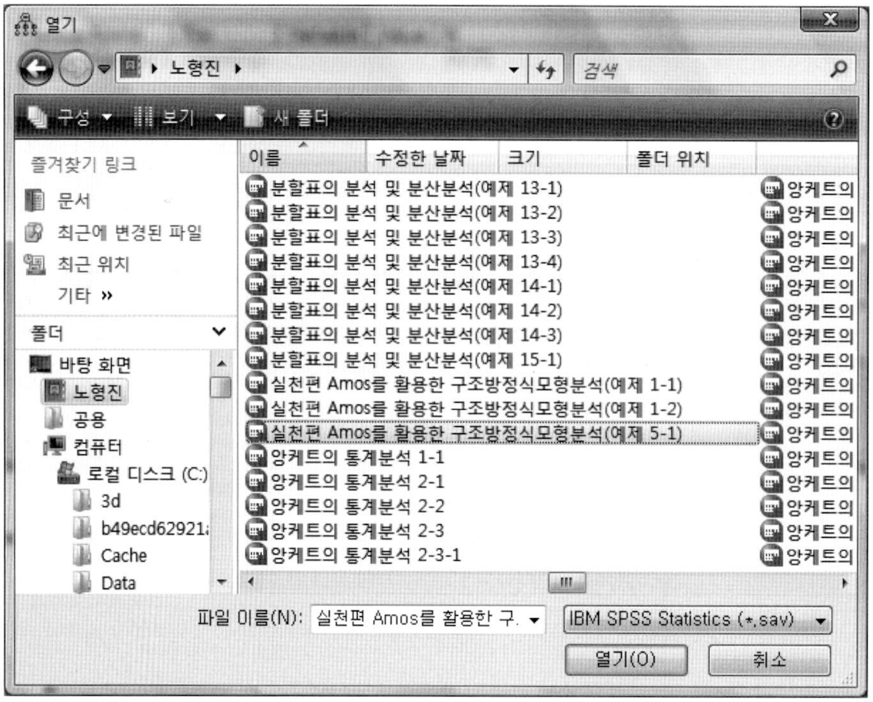

(4) 다음 화면에서 [OK]를 클릭한다.

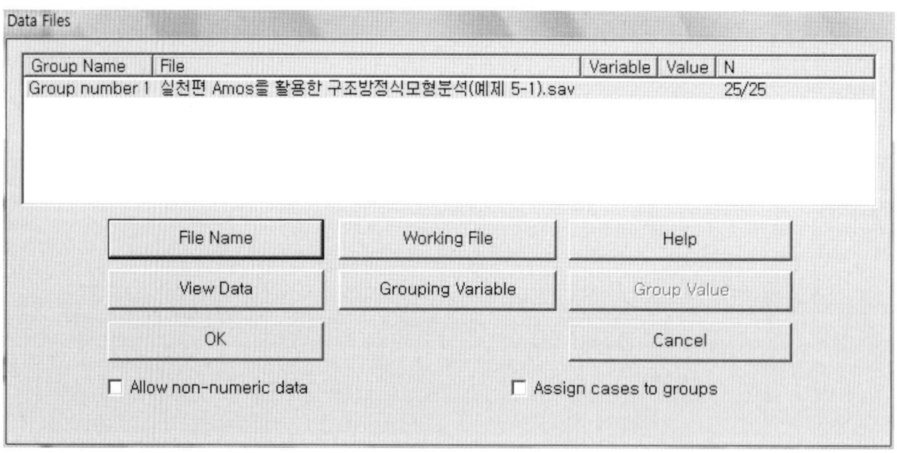

〈순서 5〉 변수의 입력

(1) 도구상자에서 버튼을 클릭하여 [Variables in Data] 대화상자가 나타나면 경로도형에 해당 변수를 드래그하여 입력한다.

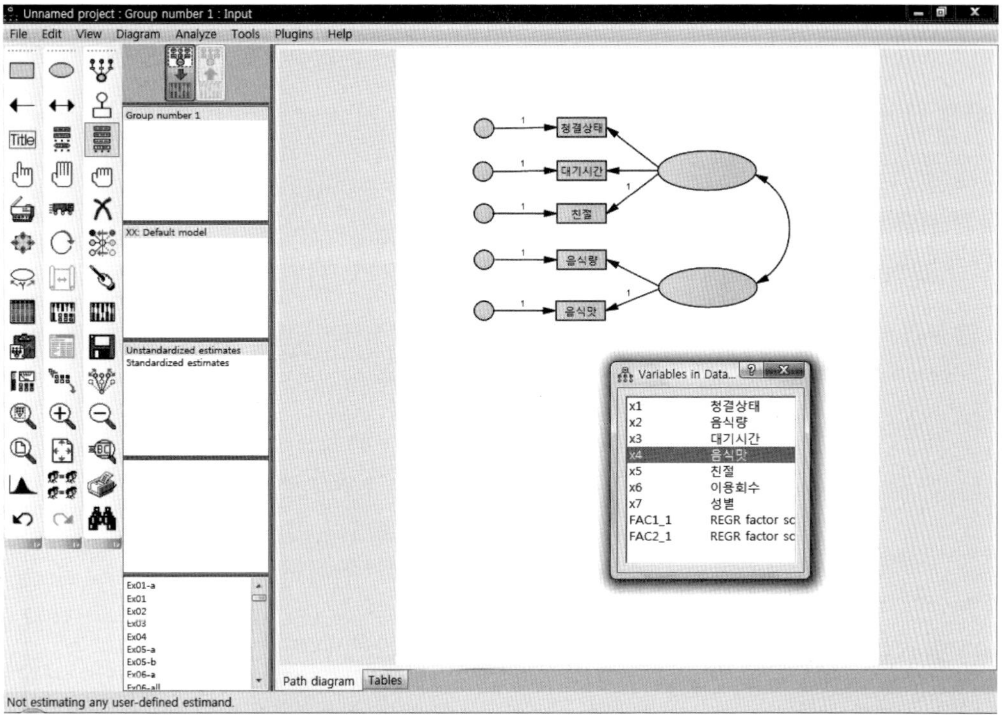

(2) [Object Properties] 대화상자를 불러 오차변수, 잠재변수를 입력한다.

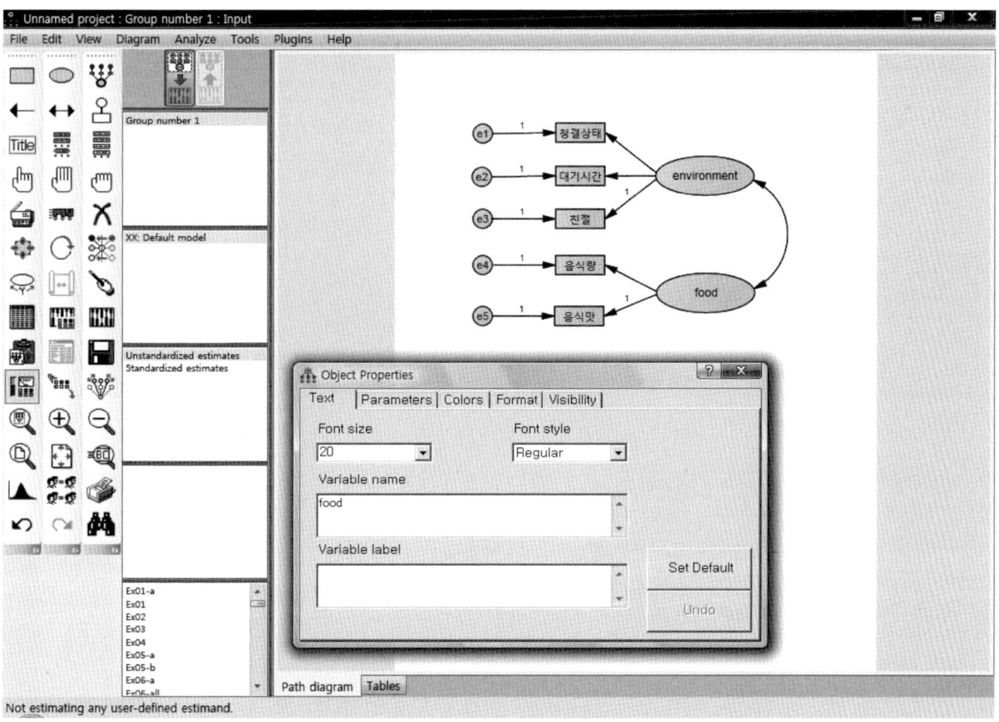

버튼을 누르면 검증적 요인분석을 위한 모델이 완성된다.

〈순서 6〉 Amos의 실행

(1) 출력설계

[Analysis properties] 버튼을 클릭하면 다음과 같은 대화상자가 나타난다. [Output] 탭에서 [Standardized estimates]를 체크하고 화면을 닫는다.

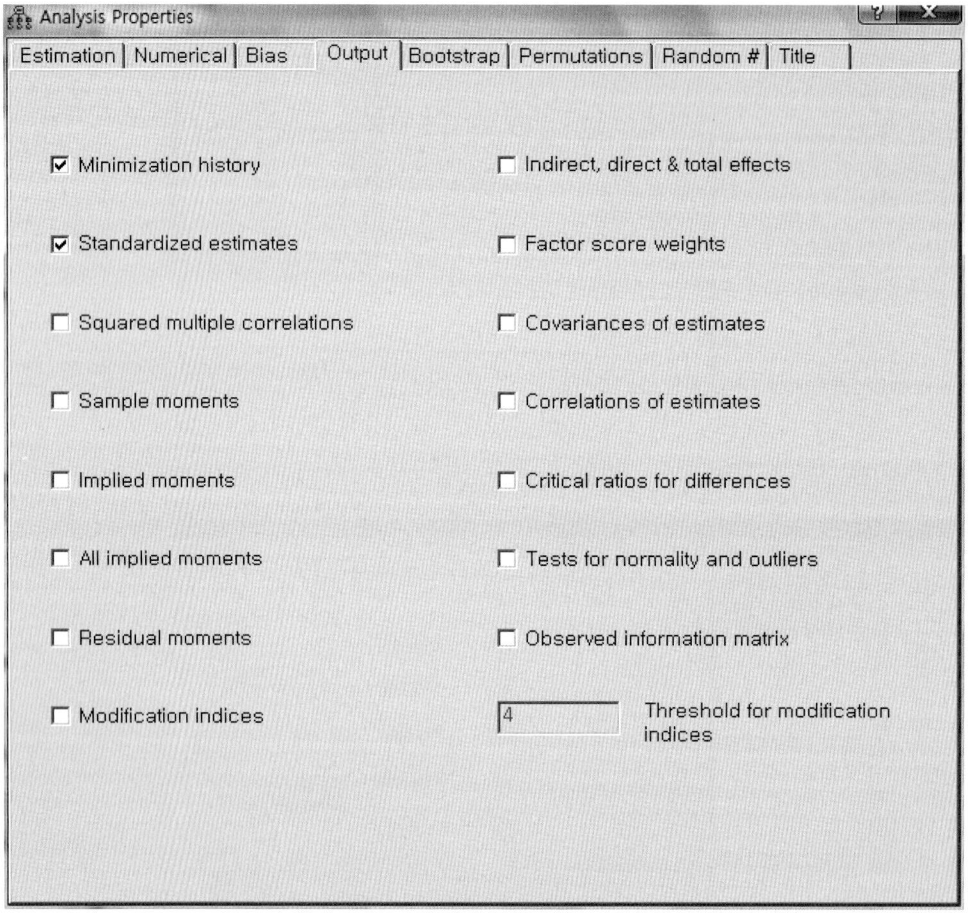

필요한 항목은 그때그때 선택하여 출력할 수 있다.

(2) 다음은 버튼을 클릭하면 계산이 시작된다. 파일명을 물어오므로 가령 '실천편 예제 5-1'(임의)라고 입력한다. 그리고 [저장(S)] 버튼을 클릭한다.

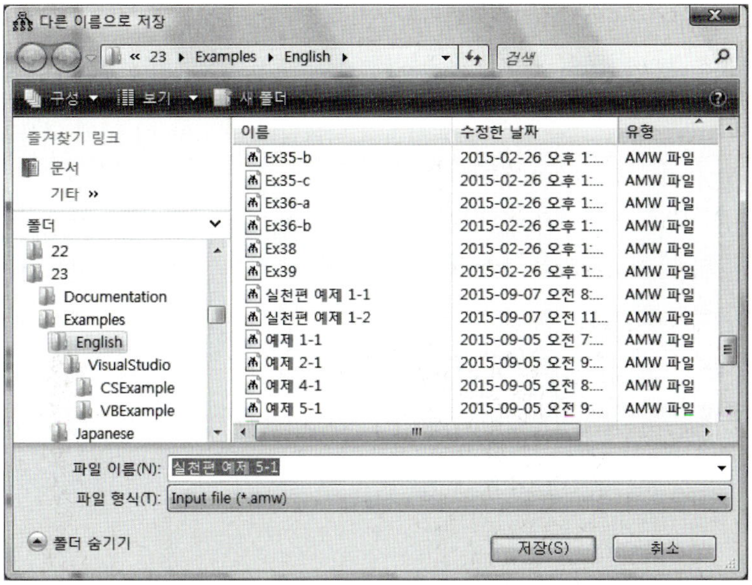

(3) [View the output path diagram]을 클릭하면 분석결과가 출력된다.

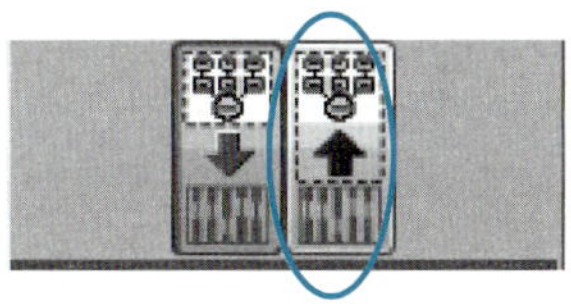

〈순서 7〉 분석결과의 출력

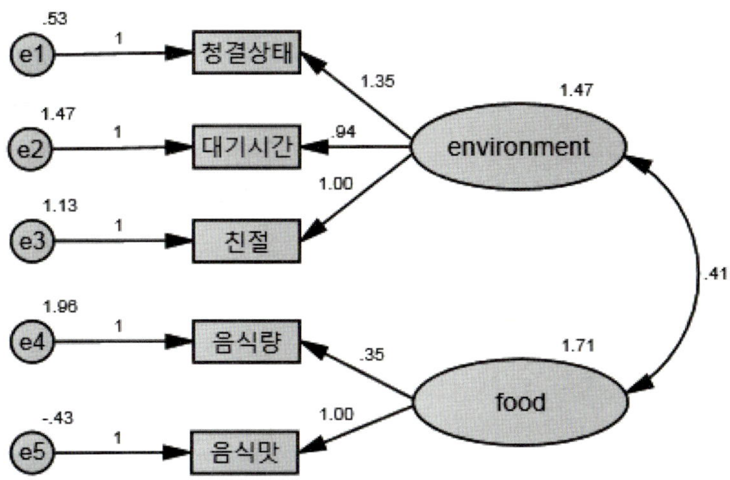

〈순서 8〉 Chi-square, 자유도 df, 유의확률 p, AIC, GFI의 출력

(1) [Figure captions] [Title] 버튼을 클릭해서 마우스 포인터를 캔버스의 적당한 위치에 놓고 다시 클릭하면 다음과 같은 대화상자가 나타난다. [Caption] 난에 다음과 같이 입력하고 [OK] 버튼을 클릭한다.

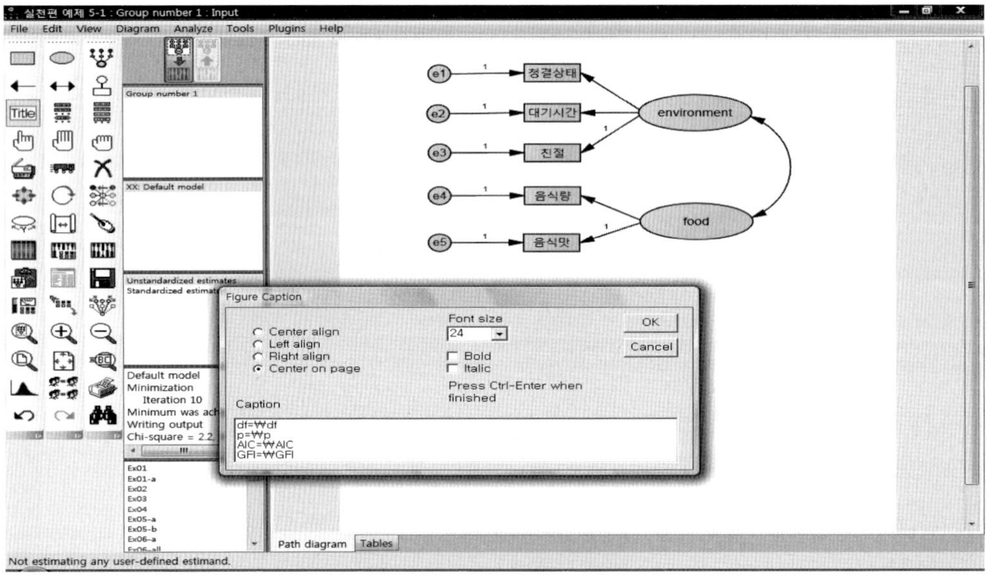

(2) 다음과 같이 출력 준비가 완료된다.

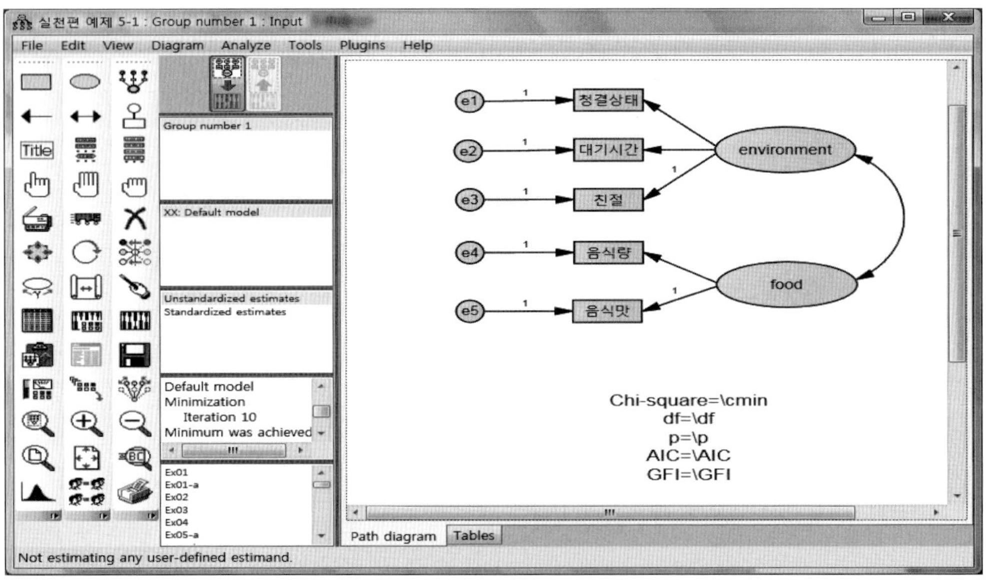

■ 분석결과 및 결과의 해석방법

(1) 구조방정식모형분석-1

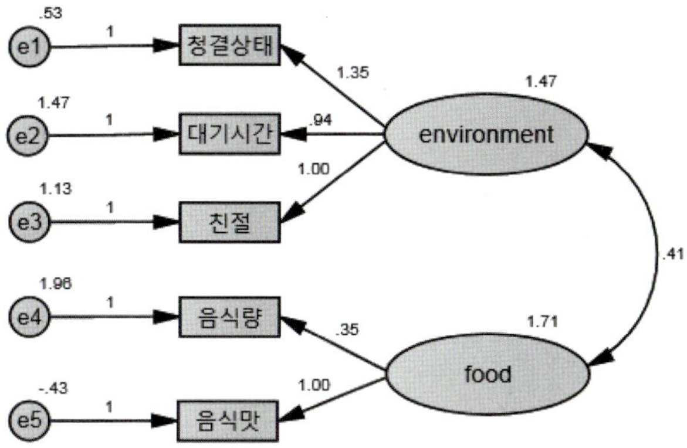

비표준화 추정치

Chi-square=2.171
df=4
p=.704
AIC=24.171
GFI=.966

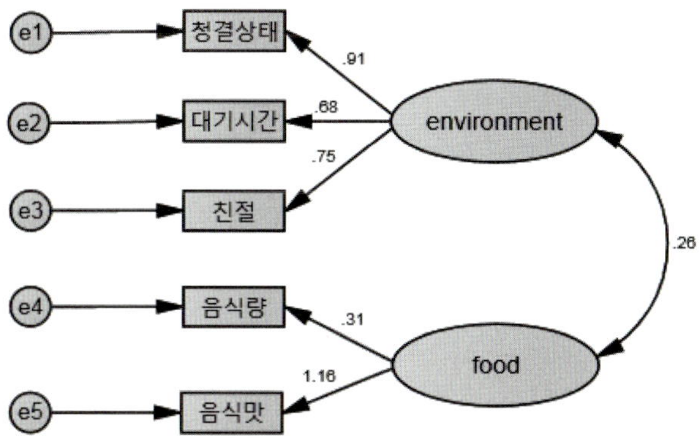

표준화 추정치

Chi-square=2.171
df=4
p=.704
AIC=24.171
GFI=.966

(2) 구조방정식모형분석-2

Maximum Likelihood Estimates

Regression Weights: (Group number 1 - Default model)

			Estimate	S.E.	C.R.	P	Label
x5	<---	environment	1.000				
x3	<---	environment	.936	.288	3.248	.001	
x1	<---	environment	1.345	.381	3.531	***	
x4	<---	food	1.000				
x2	<---	food	.346	.886	.390	.696	

① Maximum Likelihood Estimates : 최우법으로 파라미터를 구하고 있다.

② Regression Weights : 각 파라미터의 표준화되어 있지 않은 추정치(Estimate), 표준오차(S.E.), 기각비(C.R.)를 구하고 있다.

$$\text{C.R.} = \text{Critical Ratio} = \frac{\text{추정치}}{\text{표준오차}}$$

$$3.248 = \frac{0.936}{0.288},\ 3.531 = \frac{1.345}{0.381},\ 0.390 = \frac{0.346}{0.886}$$

기각비의 절대값이 1.96보다 클 때는 그 추정치는 의미가 있다. 즉,

$$3.531 = \frac{1.345}{0.381} \geqq 1.96 = z(0.025)$$

일 때는 다음의 가설

귀무가설 H_o : "환경요인의 X1(청결상태)에 대한 추정치(인과계수)는 0이다"

는 기각되므로 이 추정치(인과계수)는 0이 아니라는 것을 알 수 있다.

③ Standardized Regression Weights : **표준화된 추정치(인과계수)**

이 값에 대한 절대값의 대소나 부호를 보면서 인과관계를 간파한다. 여기에 구조방정식 모형분석의 참다운 묘미가 있다고 할 수 있다.

Standardized Regression Weights: (Group number 1 - Default model)

	Estimate
x5 <--- environment	.753
x3 <--- environment	.684
x1 <--- environment	.914
x4 <--- food	1.156
x2 <--- food	.307

(3) 구조방정식모형분석–3

Covariances: (Group number 1 - Default model)

	Estimate	S.E.	C.R.	P	Label
environment <--> food	.412	.323	1.276	.202	par_4

Correlations: (Group number 1 - Default model)

	Estimate
environment <--> food	.260

Variances: (Group number 1 - Default model)

	Estimate	S.E.	C.R.	P	Label
environment	1.472	.747	1.970	.049	par_5
food	1.712	4.234	.404	.686	par_6
e3	1.127	.455	2.475	.013	par_7
e2	1.469	.510	2.881	.004	par_8
e1	.528	.590	.895	.371	par_9
e5	-.432	4.222	-.102	.919	par_10
e4	1.965	.759	2.588	.010	par_11

The following variances are negative. (Group number 1 - Default model)

	e5
	-.432

This solution is not admissible.

① Covariances : 환경요인과 음식요인의 공분산을 구하고 있다.

$$\text{C.R.} = \frac{0.412}{0.323} = 1.276 < 1.96 = z(0.025)$$

이므로 유의하지 않다.

② **Correlations** : 환경요인과 음식요인의 상관계수를 구하고 있다.

$$상관계수 = r = 0.260 < 0.3$$

이므로 두 요인 간에는 상관관계가 거의 없는 것으로 판단된다.

③ **Variances** : 각 잠재변수와 관측변수에 대한 분산을 구하고 있다.

e5의 분산이 마이너스가 되어 해로서 적합하지 않음을 알 수 있다.

(4) 구조방정식모형분석-4

CMIN

Model	NPAR	CMIN	DF	P	CMIN/DF
Default model	11	2.171	4	.704	.543
Saturated model	15	.000	0		
Independence model	5	35.184	10	.000	3.518

RMR, GFI

Model	RMR	GFI	AGFI	PGFI
Default model	.113	.966	.874	.258
Saturated model	.000	1.000		
Independence model	.838	.628	.442	.419

① **Saturated model(포화 모델)** : perfect fitting 모델을 말하는데, 이것은 '좋은 모델'의 의미가 아니라 추정 파라미터의 개수를 가장 많이 했을 때의 모델을 말한다.

② **Independence model(독립 모델)** : terrible fitting 모델을 가리키는 것으로 추정 파라미터의 개수를 가장 적게 해 보았을 때의 모델을 말한다.

즉, Saturated model이나 Independence model은 그 중간에 들어가는 Default model과 비교하기 위해서 준비된 극단의 모델이다.

③ **CMIN** : 불일치의 값을 말한다. Saturated model은 완전히 일치하고 있으므로 0.000이 된다.

④ CMIN/DF

$$0.543 = \frac{2.171}{4} = \hat{F} \qquad 3.518 = \frac{35.184}{10} = \hat{F_b}$$

⑤ RMR(root mean square residual) : RMR이 0에 가까울수록 그 모델의 적합성은 좋다고 판단한다.

⑥ GFI(goodness-of-fit index) : 적합도지수로 1에 가까울수록 그 모델의 적합성은 좋다고 판단한다.

⑦ AGFI(adjusted goodness-of-fit index) : 조정적합도지수이다.

$$0.874 = 1-(1-0.966)\times\frac{15}{4}$$

15 =Saturated 모델의 파라미터 수

4 =Default 모델의 자유도

⑧ PGFI(parsimony goodness-of-fit index)

$$0.258 = 0.966 \times \frac{4}{15}$$

(5) 구조방정식모형분석-5

Baseline Comparisons

Model	NFI Delta1	RFI rho1	IFI Delta2	TLI rho2	CFI
Default model	.938	.846	1.059	1.182	1.000
Saturated model	1.000		1.000		1.000
Independence model	.000	.000	.000	.000	.000

Parsimony-Adjusted Measures

Model	PRATIO	PNFI	PCFI
Default model	.400	.375	.400
Saturated model	.000	.000	.000
Independence model	1.000	.000	.000

① NFI(normed fit index)

Saturated model의 적합성 정도를 100%, Independence model의 적합성 정도를 0%로 했을 때, Default model의 적합성 정도가 93.8%라고 하는 것을 말한다.

$$0.938 = \frac{35.184 - 2.171}{35.184} \qquad \leftarrow \text{CMIN}$$

② RFI(relative fit index) : 값이 1에 가까울수록 좋은 모델임을 의미한다.

③ IFI(incremental fit index) : 값이 1에 가까울수록 좋은 모델임을 의미한다.

④ TLI(Tucker-Lewis index=non-normed fit index) : 모델의 신뢰성계수를 말하며 값이 1에 가까울수록 좋은 모델임을 의미한다.

⑤ CFI(comparative fit index) : 값이 1에 가까울수록 좋은 모델임을 의미한다.

⑥ **세 개의 신뢰성계수**

$$\text{NFI} = \frac{35.184 - 2.171}{35.184} = 0.938 \overset{\text{개량판}}{\Rightarrow} \text{TLI} = \frac{\frac{35.184}{10} - \frac{2.171}{4}}{\frac{35.184}{10} - 1}$$

$$= 1.181$$

$$= \text{NNFI}$$

$$\overset{\text{개량판}}{\Rightarrow} \text{CFI} = 1 - \frac{\max\{2.171 - 4,\ 0\}}{\max\{35.184 - 10,\ 0\}}$$

$$= 1.000$$

$$= 1 - \frac{0}{25.184} \cdots 1 - \frac{NCP}{NCP_b}$$

NCP(noncentrality parameter): 비심도 파라미터

⑦ PRATIO(parsimony ratio)

PRATIO는 PNFI나 PCFI를 계산할 때 쓰인다.

$$0.400 = \frac{4}{10}$$

4 = Default model의 자유도

10 = Independence model의 자유도

⑧ PNFI(parsimony NFI)

$$\text{NFI} = \text{NFI} \times \text{PRATIO}$$

$$0.375 = 0.938 \times 0.400$$

⑨ PCFI(parsimony CFI)

$$\text{PCFI} = \text{CFI} \times \text{PRATIO}$$

$$0.400 = 1.000 \times 0.400$$

(6) 구조방정식모형분석-6

NCP

Model	NCP	LO 90	HI 90
Default model	.000	.000	5.091
Saturated model	.000	.000	.000
Independence model	25.184	10.763	47.185

FMIN

Model	FMIN	F0	LO 90	HI 90
Default model	.090	.000	.000	.212
Saturated model	.000	.000	.000	.000
Independence model	1.466	1.049	.448	1.966

RMSEA

Model	RMSEA	LO 90	HI 90	PCLOSE
Default model	.000	.000	.230	.727
Independence model	.324	.212	.443	.000

① NCP(noncentrality parameter) : 비심도(非心度) 파라미터이다.

$$0.000 = 2.171 - 4 = -1.829 \rightarrow 0\text{으로 처리}$$

$$0.000 = 0.000 - 0$$

$$25.184 = 35.184 - 10$$

② LO 90 : lower limit of 90% 구간추정

HI 90 : upper limit of 90% 구간추정

③ FMIN : minimum of discrepancy F.

$$\text{F0} = \frac{\text{NCP}}{n} \qquad \leftarrow \text{discrepancy} = \text{불일치}$$

$$0.000 = \frac{0.000}{25-1} \qquad \leftarrow N = \text{표본수}$$

$$n = N - r$$

길라잡이

X를 $N(0,\ 1)$, Y를 자유도 N의 카이제곱 분포라고 했을 때

$$\frac{X}{\sqrt{\frac{Y}{N}}}$$

를 자유도 N의 t 분포라고 하고, X를 $N(\delta,\ 1)$, Y를 자유도 N의 카이제곱 분포라고 했을 때

$$\frac{X}{\sqrt{\frac{Y}{N}}}$$

를 자유도 N, 비심도 δ의 비심 t 분포라고 한다.

④ RMSEA(root mean square error of approximation)

RMSEA가 0.05보다 작을 때 그 모델은 적합도가 좋다.

"RMSEA가 0.1보다 클 때는 그 모델을 채택하지 않는 편이 좋다"

라고 되어 있다.

RMSEA = 0.000이므로 Default model의 적합도는 좋다.

PCLOSE는 다음 가설의 검정

"귀무가설 H_0 : RMSEA ≦ 0.05"

의 유의확률(=p 값) Default model의 PCLOSE는

유의확률 0.727 ≧ 유의수준 α = 0.05

이므로 귀무가설 H_0는 기각되지 않는다.

이 검정결과는 RMSEA = 0.000과 일치하고 있다는 것을 알 수 있다.

(7) 구조방정식모형분석-7

AIC

Model	AIC	BCC	BIC	CAIC
Default model	24.171	31.504	37.579	48.579
Saturated model	30.000	40.000	48.283	63.283
Independence model	45.184	48.517	51.279	56.279

ECVI

Model	ECVI	LO 90	HI 90	MECVI
Default model	1.007	1.083	1.295	1.313
Saturated model	1.250	1.250	1.250	1.667
Independence model	1.883	1.282	2.799	2.022

HOELTER

Model	HOELTER .05	HOELTER .01
Default model	105	147
Independence model	13	16

① AIC(Akaike's information criterion) : 아카이께 정보량기준

AIC가 작은 모델이 좋은 모델이다.

AIC = -(모델의 최대 對數尤度) + 2(모델의 자유 파라미터 수)

$$\text{AIC} = N(\log(2\pi\frac{S_E}{N}) + 1) + 2(p + 2)$$

중회귀분석이나 판별분석에 있어서 설명변수를 선택할 때, 이 AIC가 위력을 발휘한다.
AIC는 모델의 적합도의 정도를 평가하는 값으로 다음과 같은 쓰임새가 있다.
몇 개의 모델이 거론되어 각각 AIC를 계산해서 그 중 AIC가 가장 작은 모델을 적합도가 가장 좋은 것으로 한다.

② BCC(Browne-Cudeck criterion) : BCC는 AIC보다 조금 큰 값을 취한다.

③ BIC(Bayes information criterion)

④ CAIC(consistent AIC) ← consistent = 일치

⑤ ECVI = AIC / n ← $n = N - r$

$$1.007 = \frac{24.171}{25-1}$$

N = 표본수

⑥ MECVI = BCC / n

$$1.313 = \frac{31.504}{25-1}$$

⑦ HOELTER : Hoelter's critical N

모델이 옳다고 하는 가설을 채택하는 최대 표본수 N

0.05 = 유의수준 5%일 때, Default model에서는 N = 105

0.01 = 유의수준 1%일 때, Default model에서는 N = 147

CHAPTER

6

Amos에 의한 다모집단의 동시분석

CHAPTER 6 Amos에 의한 다모집단의 동시분석

6.1 | 다모집단 동시분석의 기초지식

통계처리의 질문 중에 의외로 만만치 않은 것이 앙케트 조사의 분석이다. 물론 하나의 변량에 대해서 두 개의 그룹을 비교한다거나 세 개의 그룹을 비교하는 것이라면 윌콕슨의 순위합 검정이나 크러스컬-월리스의 검정을 적용하면 된다.

그런데 많은 변량(=앙케트의 질문)을 다룰 때에는 구조방정식모형분석 중 다모집단의 동시분석을 사용하는 것이 더 효과적일 수 있다. 여기에서는 다모집단의 동시분석에 대해서 알기 쉽게 설명한다.

성별(남자와 여자)이나 그룹(대조군과 실험군) 등 분석대상이 되는 모집단이 복수인 상태를 다모집단(多母集團)이라고 한다. 다모집단은 그룹마다 개별적인 분석을 행할 수도 있지만, 동시분석에 의해서

복수의 모집단에 대해서 공통의 모델·잠재요인이 존재한다.

고 하는 가설을 검정할 수 있다.[45]

45 자세한 내용은 田部井, SPSS完全活用法 共分散構造分析(Amos)によるアンケート 處理, 東京圖書, 2001의 제6장과 James L. Arbuckle and Werner Wothke, Amos 5.0 User's Guide, SmallWaters Corporation, 2003, Example 12 등을 참조할 것.

6.2 | 다모집단 동시분석의 실제

[예제 6-1]

<표 6-1>은 여자 83명, 남자 82명의 어린이들에게 다음과 같은 항목을 측정한 테스트 결과이다.

공간적 능력	시각인지 공간시각 공간적응
언어적 능력	문장이해 문장완성 단어의미

이 테스트의 배경에는 공간적 능력과 언어적 능력의 두 가지 잠재요인이 있다고 가정하고 있다. <표 6-1>의 데이터를 사용해서 Amos로 다모집단의 동시분석을 실시해 보자. 구체적으로 말하자면 본 예제의 경우는 다모집단의 동시요인분석(simultaneous factor analysis)에 해당된다.

표 6-1 공간적 능력과 언어적 능력을 측정하는 테스트의 결과

번호	여자						남자					
	공간적 능력			언어적 능력			공간적 능력			언어적 능력		
	시각인지	공간시각	공간적응	문장이해	문장완성	단어의미	시각인지	공간시각	공간적응	문장이해	문장완성	단어의미
1	31	23	16	9	8	9	34	18	7	9	16	12
2	23	25	20	10	21	20	33	21	6	10	12	23
3	19	26	12	12	20	13	29	22	9	13	23	10
4	30	30	7	14	22	7	17	28	21	8	18	11
5	29	22	10	8	12	11	19	32	15	12	20	14
·	·	·	·	·	·	·	·	·	·	·	·	·
·	·	·	·	·	·	·	·	·	·	·	·	·
·	·	·	·	·	·	·	·	·	·	·	·	·
78	28	22	15	11	23	30	25	21	6	10	18	6
79	25	21	16	10	17	12	33	19	9	8	22	14
80	19	23	10	8	18	15	24	18	11	9	19	9
81	22	25	7	9	21	23	26	23	13	10	20	21
82	23	27	9	11	19	30	32	15	23	13	17	8
83	31	22	11	8	20	12						

(주) 데이터는 지필미디어 홈페이지 데이터 파일 <예제 6-1(F)>, <예제 6-1(M)>에 각각 수록되어 있음

여기에서 우리가 알고 싶은 것은 무엇인가? 탐색적 요인분석을 각 그룹의 데이터에 적용하더라도 반드시 같은 요인이 추출된다고는 할 수 없으므로, 그룹마다 결과를 비교하고 싶을 때는 사용할 수 없다.

Amos에서 검증적 요인분석을 실시하면 같은 요인을 추출하여 비교할 수가 있는데, 그 때 등치제약(等置制約)을 설정하여 동시분석을 실시함으로써 개개의 그룹에 같은 모델을 적용해도 좋은지, 같은 잠재요인이 배후에 존재하는지를 검토할 수 있다.

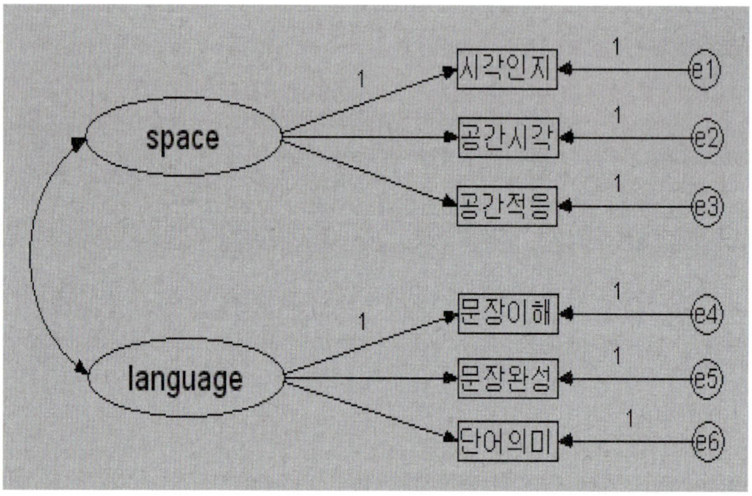

그림 6-1 예제 6-1의 모델

여기에서는 위와 같은 모델을 상정하고 있다.

> 파라미터가 같아지도록 일치시키는 제약을 '등치제약', 등치제약을 설정하는 것을 "등치제약을 부과한다"고 한다. 등가의 제약이라고도 한다.

■ Amos에 의한 해법

〈순서 1〉 데이터의 입력

<표 6-1>의 데이터는 SPSS 데이터 파일에 다음과 같이 입력한다. 물론 Excel의 워크시트에 입력해도 문제없다. 여자 아이(F)와 남자 아이(M)의 데이터를 각각 다른 파일에 입력한다.

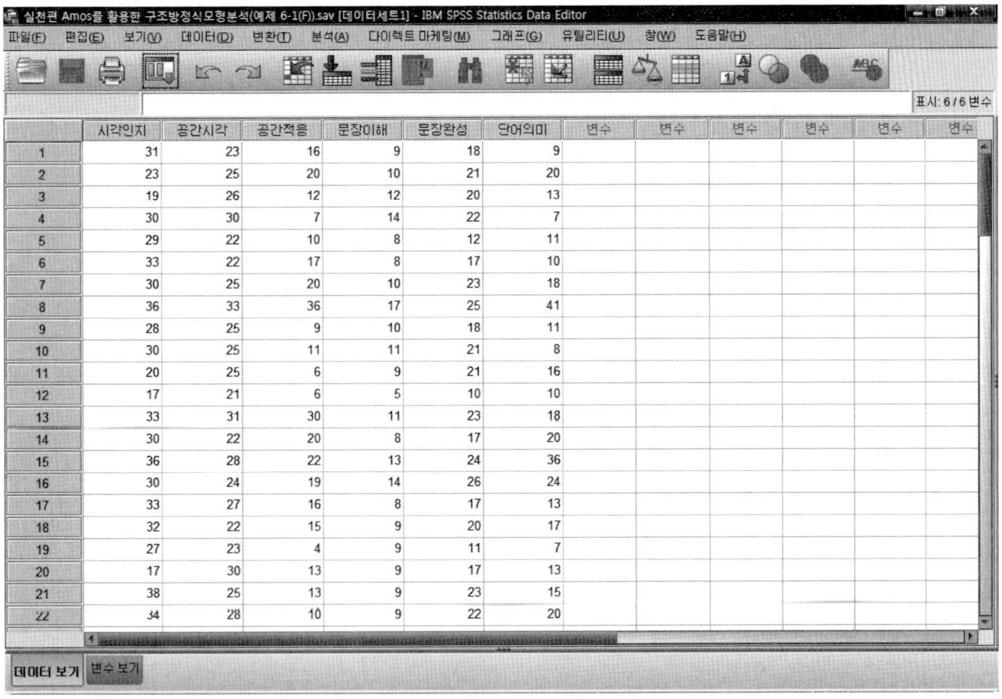

	시각인지	공간시각	공간적응	문장이해	문장완성	단어의미
1	31	23	16	9	18	9
2	23	25	20	10	21	20
3	19	26	12	12	20	13
4	30	30	7	14	22	7
5	29	22	10	8	12	11
6	33	22	17	8	17	10
7	30	25	20	10	23	18
8	36	33	36	17	25	41
9	28	25	9	10	18	11
10	30	25	11	11	21	8
11	20	25	6	9	21	16
12	17	21	6	5	10	10
13	33	31	30	11	23	18
14	30	22	20	8	17	20
15	36	28	22	13	24	36
16	30	24	19	14	26	24
17	33	27	16	8	17	13
18	32	22	15	9	20	17
19	27	23	4	9	11	7
20	17	30	13	9	17	13
21	38	25	13	9	23	15
22	34	28	10	9	22	20

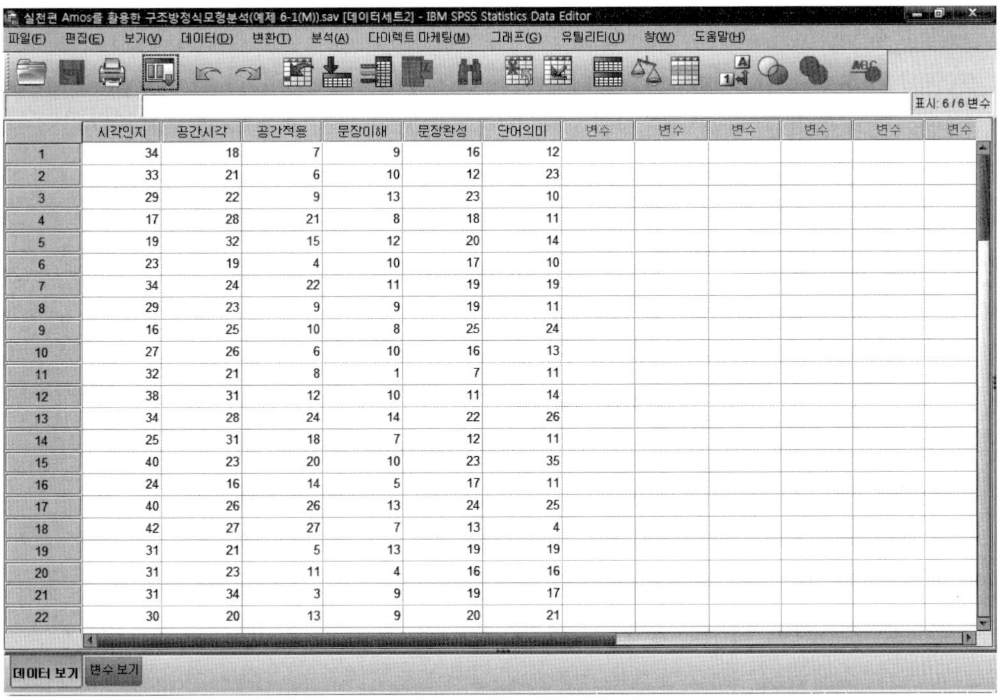

	시각인지	공간시각	공간적응	문장이해	문장완성	단어의미
1	34	18	7	9	16	12
2	33	21	6	10	12	23
3	29	22	9	13	23	10
4	17	28	21	8	18	11
5	19	32	15	12	20	14
6	23	19	4	10	17	10
7	34	24	22	11	19	19
8	29	23	9	9	19	11
9	16	25	10	8	25	24
10	27	26	6	10	16	13
11	32	21	8	1	7	11
12	38	31	12	10	11	14
13	34	28	24	14	22	26
14	25	31	18	7	12	11
15	40	23	20	10	23	35
16	24	16	14	5	17	11
17	40	26	26	13	24	25
18	42	27	27	7	13	4
19	31	21	5	13	19	19
20	31	23	11	4	16	16
21	31	34	3	9	19	17
22	30	20	13	9	20	21

〈순서 2〉 Amos의 호출

데이터 입력된 SPSS 화면에서 [분석]-[IBM SPSS Amos]를 클릭한다.

〈순서 3〉 Amos의 화면 조정

Amos Graphics의 작업공간을 장방형으로 크게 확대한다.

(1) 메뉴에서 [View]－[Interface Properties]를 선택한다.

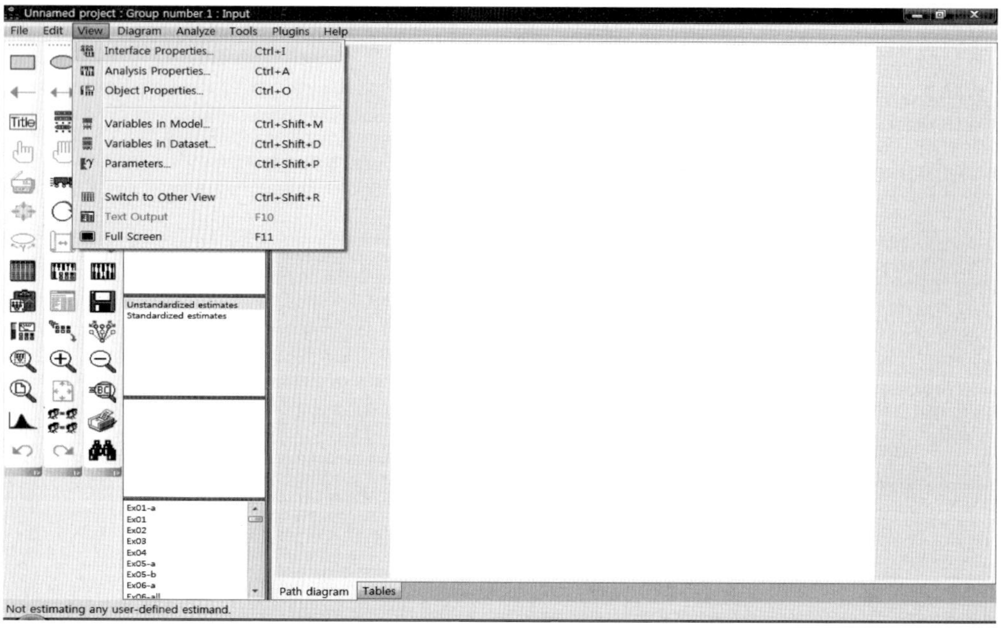

(2) [Interface Properties] 대화상자에서 [Page Layout] 탭을 선택한 다음 [Paper Size]의 [Landscape-Legal]을 선택하고 [Apply] 버튼을 클릭한다.

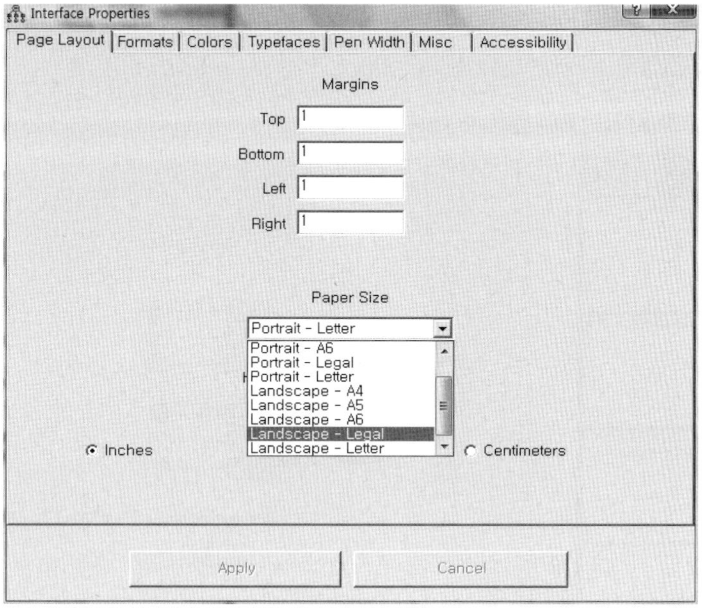

(3) 다음과 같이 작업공간이 크게 확대된다.

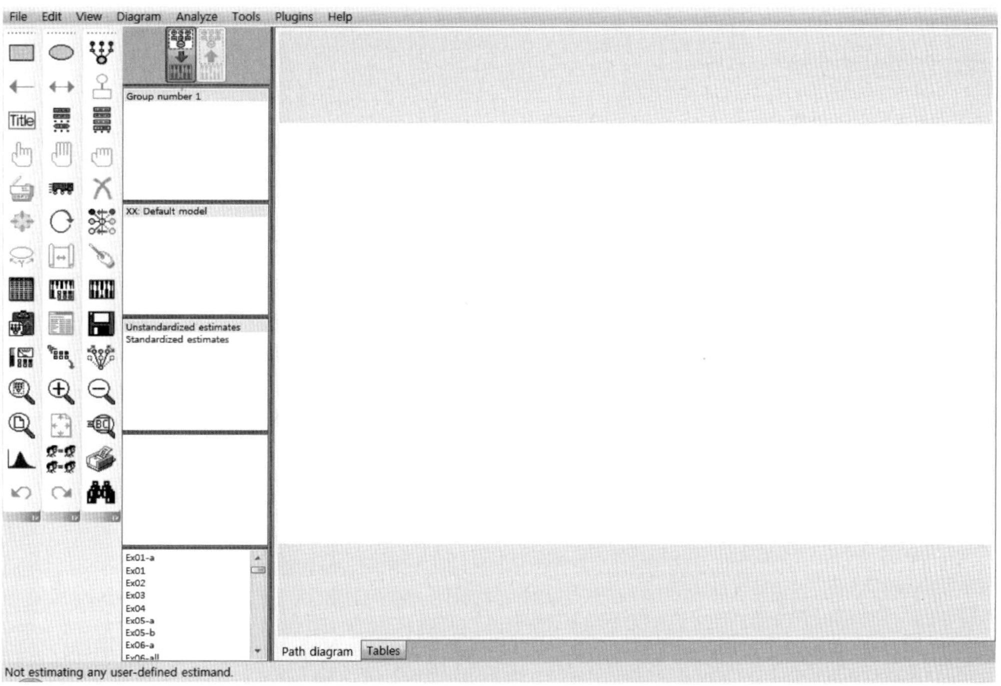

〈순서 4〉 경로도형의 작성

도구상자에 있는 각종 버튼을 이용하여 <그림 6－1>과 같은 경로도형을 작성한다. 전술한 바와 같이 '초기값 = 1'을 입력하고 Chi-square, df, p, AIC, GFI 등의 출력을 위해 화면 내의 적당한 공간에 문자를 입력해 놓는다.

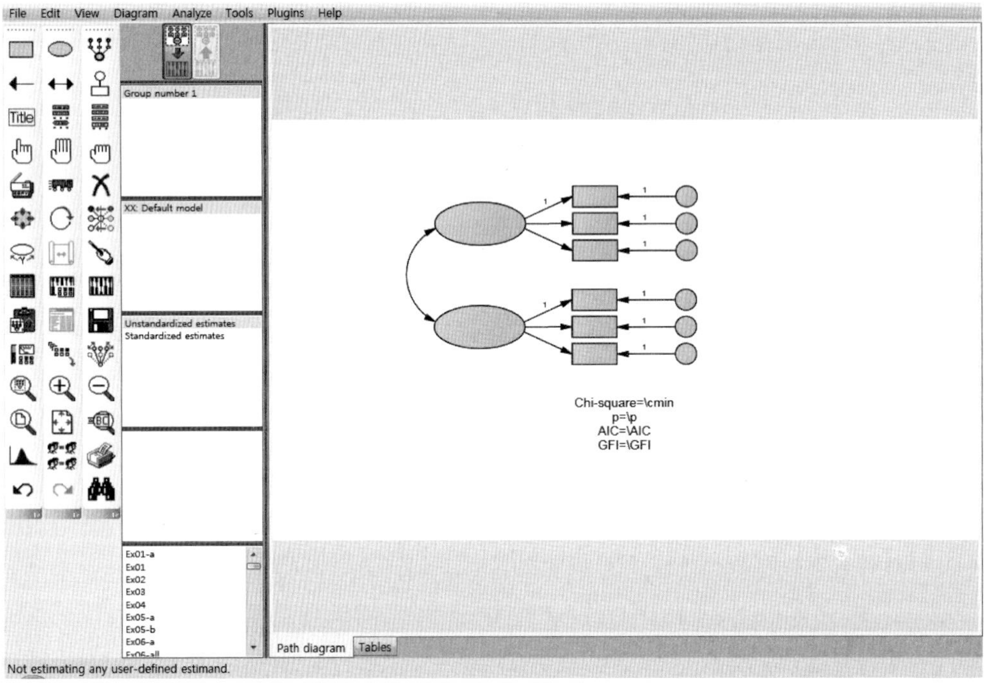

〈순서 5〉 그룹 이름 입력

그룹 윈도우의 'Group number 1'을 더블클릭하면 다음과 같은 대화상자가 나타난다. [Group Name]에 '여자'라고 입력해서 변경하고, [New]를 클릭한다. 이어서 '남자'를 입력하고 [Close]를 클릭하면 여자와 남자가 등록된다.

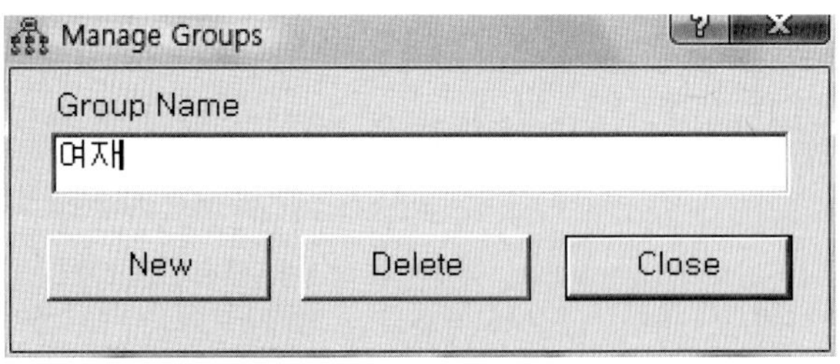

그룹 이름이 등록된 결과는 다음과 같다. 그룹을 지정하기 전에 경로도형을 완성시켜 놓는 것이 좋다. 그러면 그룹마다 같은 경로도형이 적용된다.

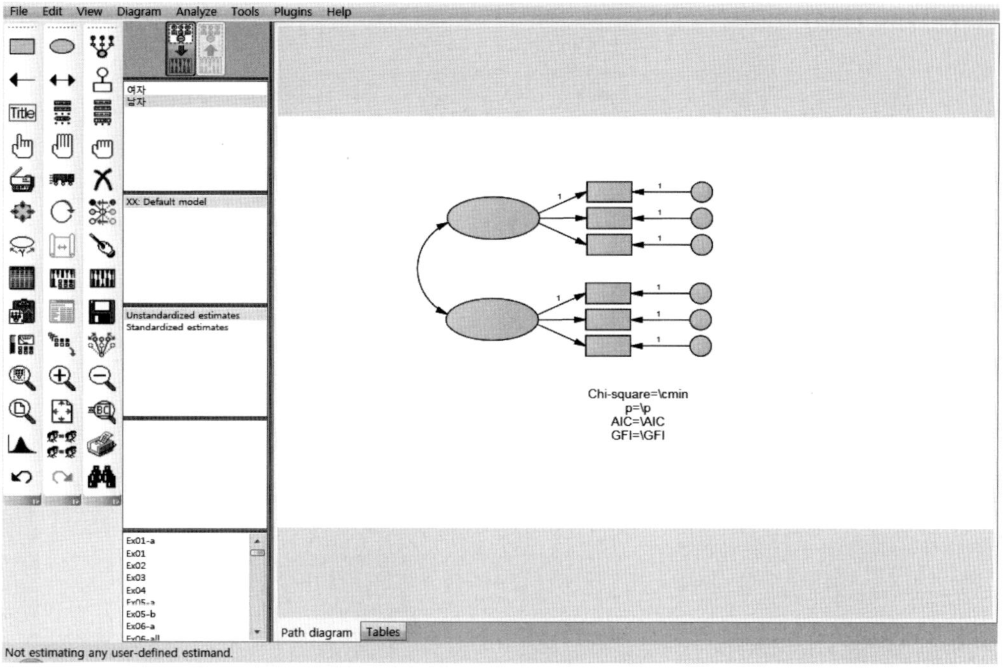

〈순서 6〉 데이터 파일의 지정

(1) 메뉴에서 [File]−[Data Files...]를 선택한다.

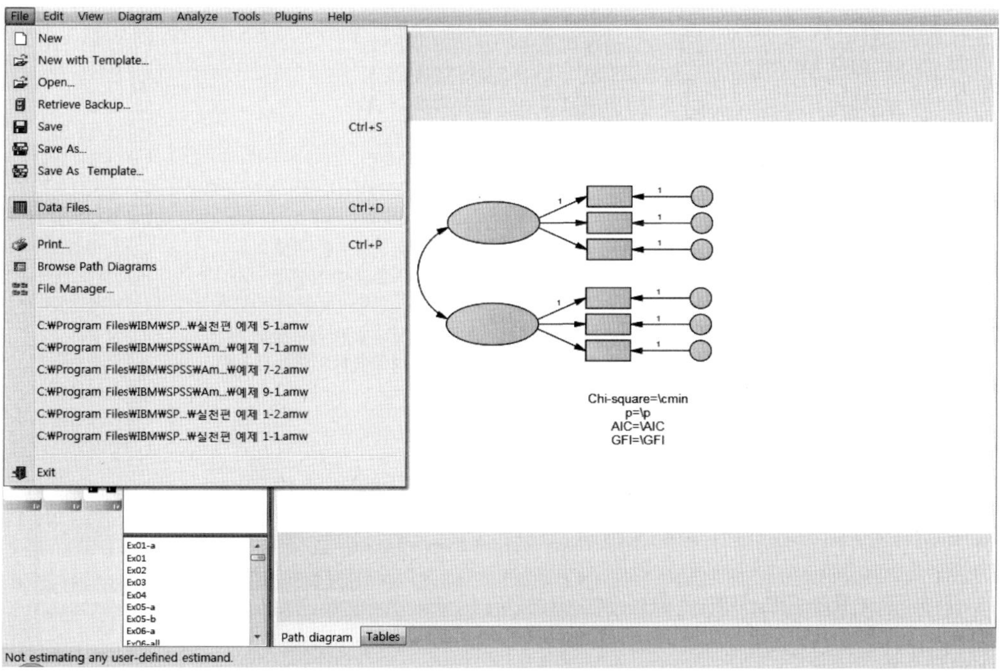

(2) [Data Files] 화면에서 [여자]를 선택하고 [File Name]을 클릭한다.

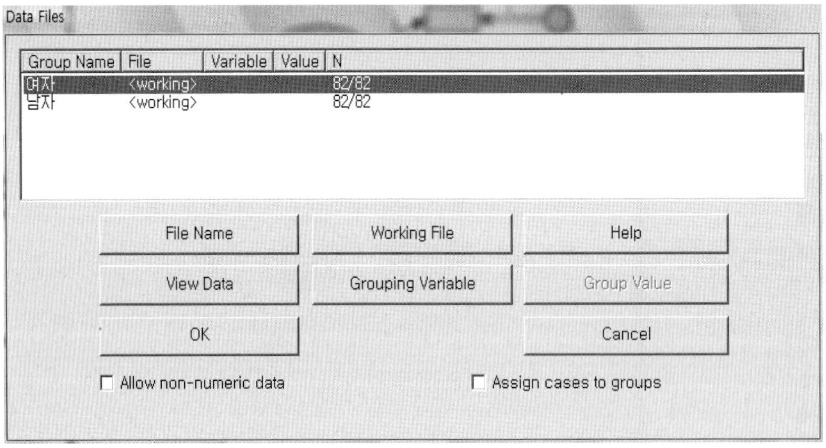

(3) [열기] 대화상자가 나타나면 다음과 같이 지정하고 [열기(O)]를 클릭한다.

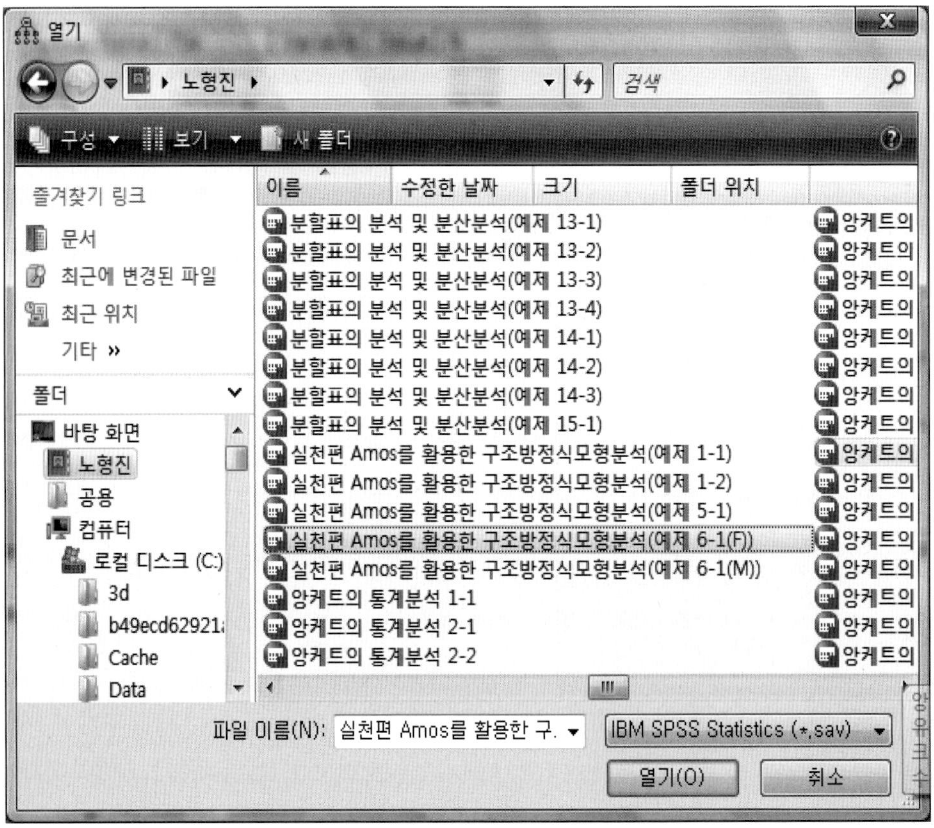

(4) [Data Files] 대화상자에서 다음과 같은 결과를 확인할 수 있다.

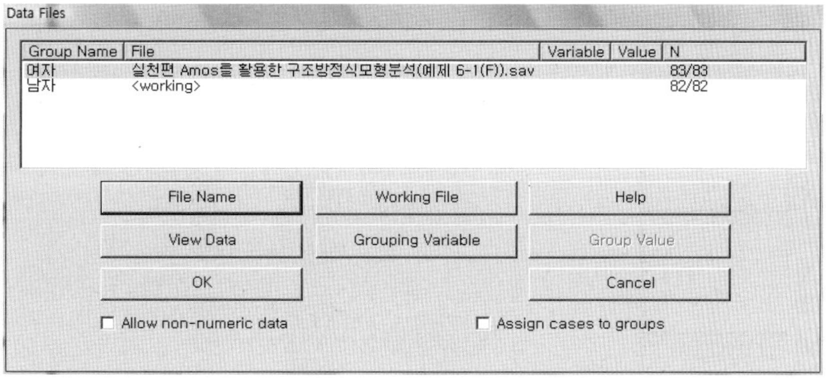

(5) 같은 방법으로 '남자'에 대해서도 지정한다. 다음과 같은 화면이 된 것을 확인하고 [OK] 버튼을 클릭한다.

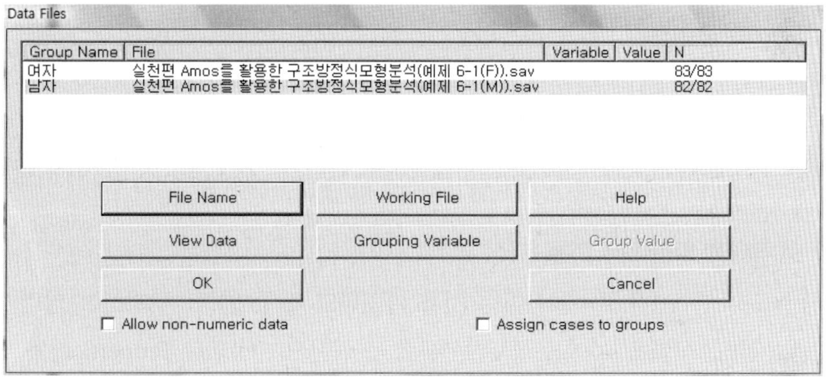

〈순서 7〉 변수의 입력

(1) 도구상자의 [List variables in data set] 버튼을 클릭하여 다음 화면을 불러낸다.

(2) 경로도형의 관측변수, 오차변수와 잠재변수를 입력한다.

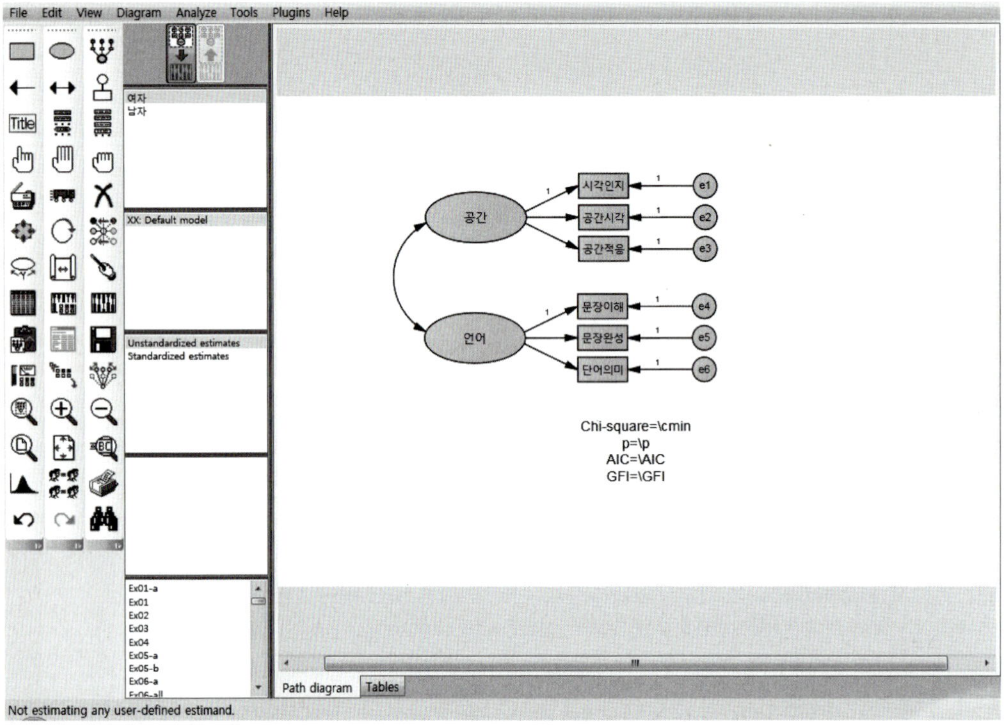

〈순서 8〉 등치제약 파라미터 이름 지정

(1) 그룹 윈도우가 '여자'로 되어 있는 것을 확인하고 등치제약을 부과하는 파라미터에 이름을 붙인다. 이름을 붙이고 싶은 부분을 클릭하고, [Object Properties]를 선택한다. 여기에서는 '공간'(공간적 능력)에서 '공간시각'으로의 경로계수에 이름을 붙이고 싶으므로, 화살표의 한가운데 부근을 클릭한다. 다음과 같은 화면이 나타나므로 [Regression weight] 난에 g1을 입력한다.

힌트

잠재요인(잠재변수)을 구성하는 공통의 의미를 가지고 있는 관측변수의 절편에 등치제약(等値制約)을 부과한다. 등치제약을 등가(等價)의 제약 혹은 등치제약(等置制約)이라고 표현하기도 한다.

(2) 같은 방법으로 '공간'(공간적 능력)에서 '공간적응'으로의 경로계수는 g2, '언어'(언어적 능력)에서 '문장완성'으로의 경로계수는 g3, '단어의미'로의 경로계수는 g4로 한다. 마지막으로 두 개의 잠재변수를 잇는 화살표를 클릭하고, [Object Properties] 대화상자의 [Covariance] 난에 g5라는 이름을 입력한 다음 윈도우를 닫는다.

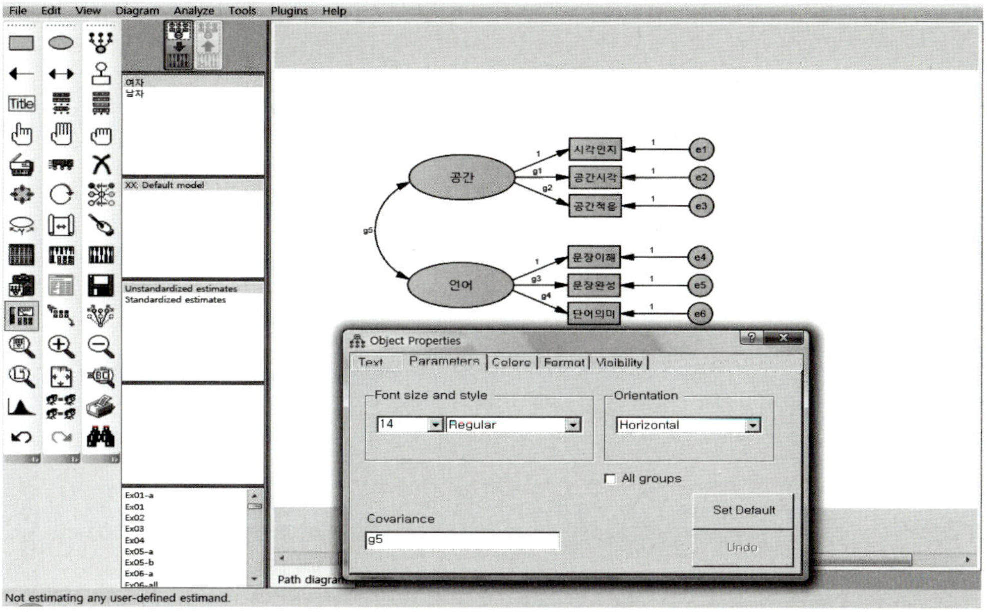

(3) 이때 주의사항은 [Object Properties] 대화상자에서 [All groups]의 체크를 제거해야 한다는 점이다.

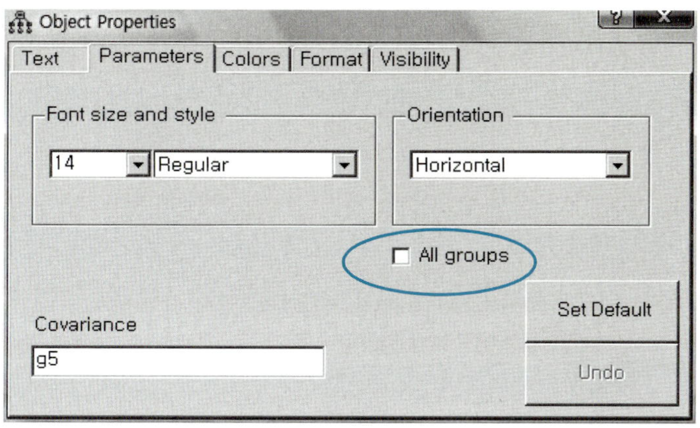

(4) 그룹 윈도우에서 '남자'를 선택하여 '공간'(공간적 능력)에서 '공간시각'으로의 경로계수에 b1, '공간적응'으로의 계수에 b2, '언어'(언어적 능력)에서 '문장완성'으로의 계수에 b3, '단어의미'로의 계수에는 b4, 잠재변수를 잇는 공분산의 계수에는 b5라고 이름을 붙인다. 완성된 모델은 다음과 같다.

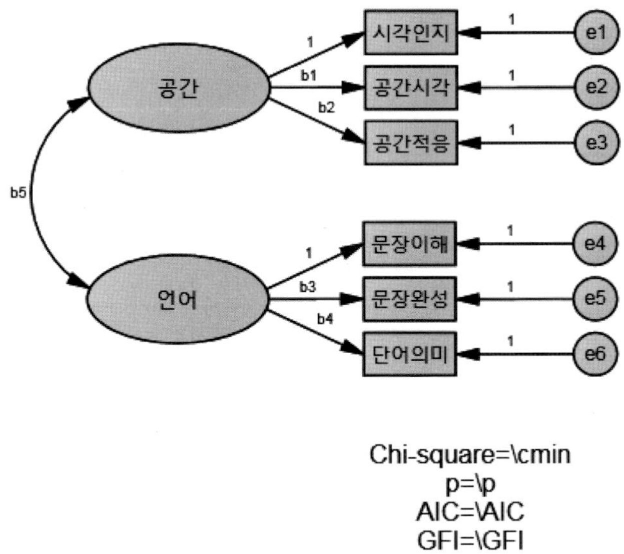

다음으로는 등치제약(等値制約)을 설정할 단계이다. 등치제약으로 특정의 추정치를 같은 것으로 가정하는 것이 통계적으로 인정되는지를 검정한다. 여기에서는 세 개의 모델을 설정한다.

① **모델 A** : 등치제약을 하지 않은 모델
제약이 없으므로 가장 자유롭게 파라미터를 추정할 수 있는 모델이다.
이 모델은 다른 모델과의 비교를 위해서 설정한다.

② **모델 B** : 경로계수에 등치제약을 부과하는 모델
'여자'와 '남자', 양쪽의 모델에서 경로계수가 같다고 하는 제약을 부과한다.

g1 = b1
g2 = b2
g3 = b3
g4 = b4

③ **모델 C** : 경로계수와 잠재변수의 공분산에 등치제약을 부과하는 모델

경로계수 외에 잠재변수의 공분산도 같다고 하는 제약을 부과한다.

g1 = b1
g2 = b2
g3 = b3
g4 = b4
g5 = b5

여기에서 등치제약이란 특정의 추정치가 서로 같다고 가정하는 것을 말한다.

〈순서 9〉 모델 관리

(1) 모델 윈도우의 [Default model]을 더블클릭하면 다음의 화면이 나타난다. [Model Name] 난에 Model A를 입력하여 변경하고 [New] 버튼을 클릭한다.

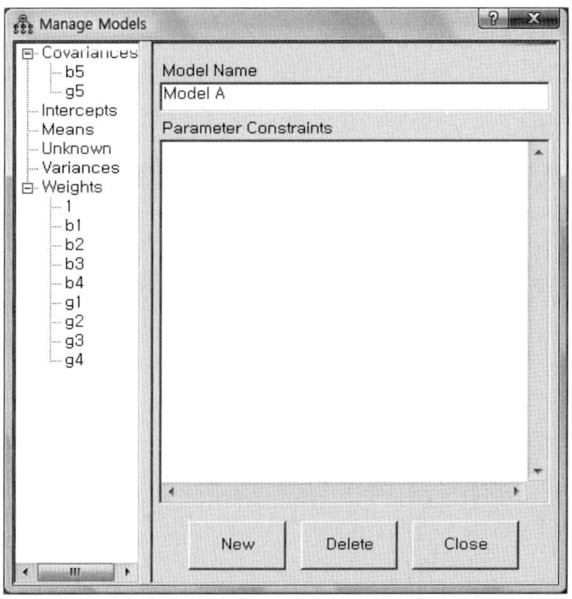

(2) [Model Name] 난에 Model B를 입력한다. 이어서 계수(Weights)의 리스트에 있는 g1을 더블클릭하면 [Parameter Constraints] 난에 g1이라고 표시된다.

다음에 b1을 더블클릭하면 'g1 = b1'이라고 표시된다(= 기호는 자동적으로 입력된다). Enter↵ 키로 행을 바꾸고 g2, b2, …의 순서로 더블클릭해서 다음과 같이 리스트를 완성한다. [New] 버튼을 클릭한다.

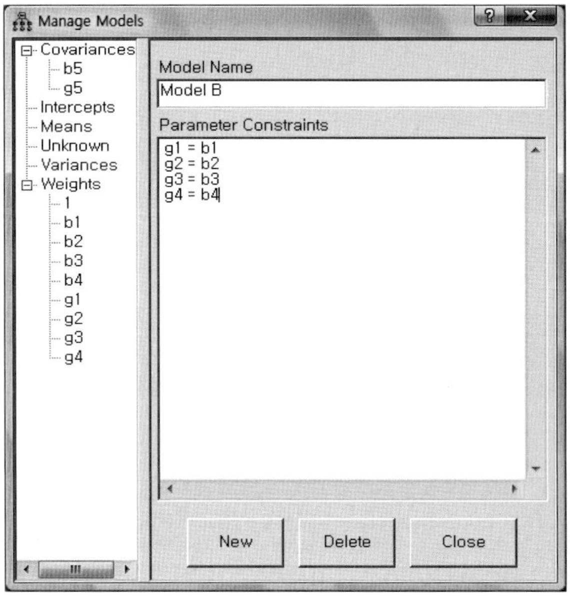

(3) [Model Name] 난에 Model C를 입력한다. Model B와 같은 순서로 파라미터를 입력한다.

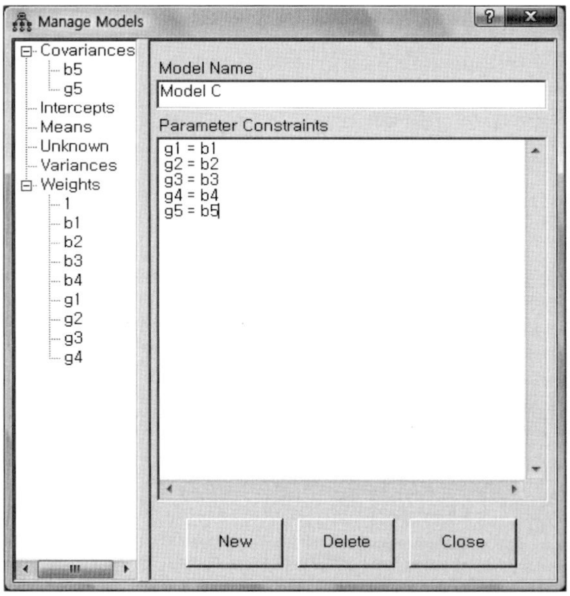

설정이 끝나면 [Close]를 클릭한다. 모델 윈도우가 다음과 같이 되어 있음을 확인한다.

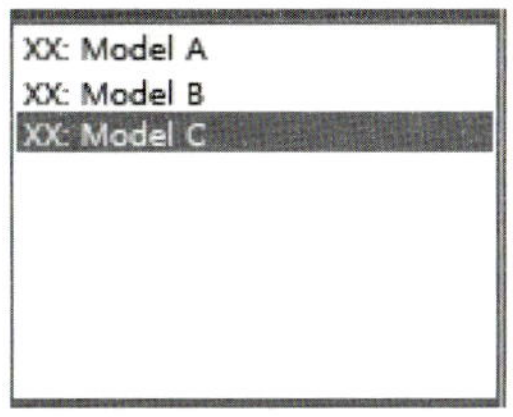

〈순서 10〉 Amos의 실행

실행 버튼 [아이콘] 을 클릭해서 계산을 실시한다.

혹은 메뉴에서 [Analyze]－[Calculate Estimates]를 클릭하거나 Ctrl 키＋F9 키를 동시에 눌러도 실행된다.

■ Amos에 의한 경로도형의 출력

화면 표시의 전환 윈도우에서 경로도형에 추정치를 표시할 수 있다. 왼쪽의 윈도우에서 그룹이나 모델을 지정하면 된다.

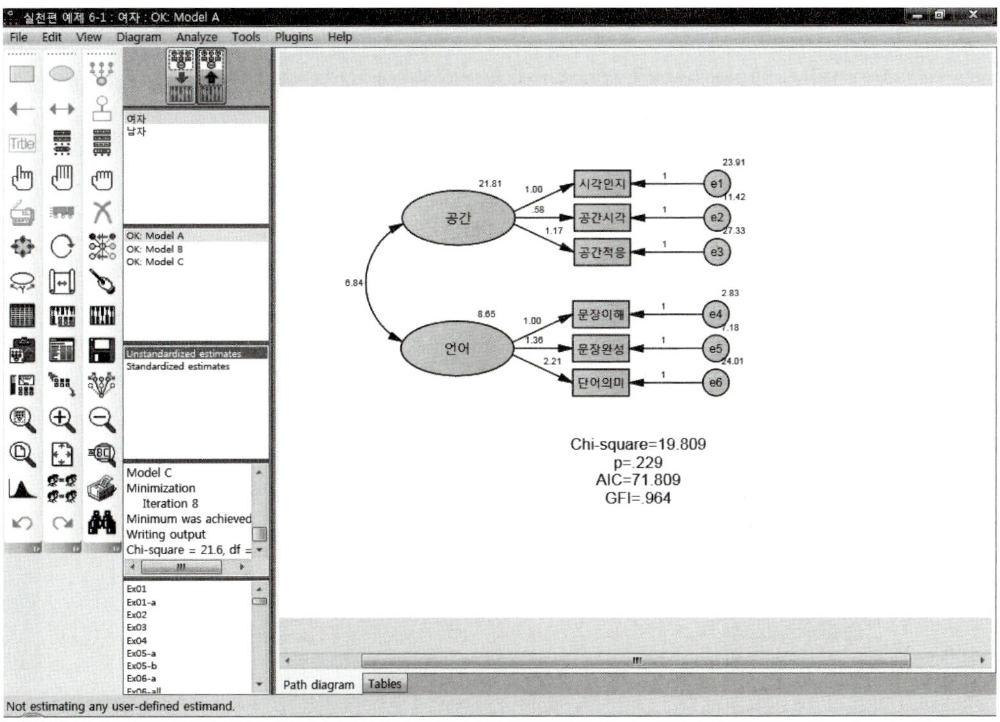

(여자의 모델 A 비표준화 추정치 경로도형)

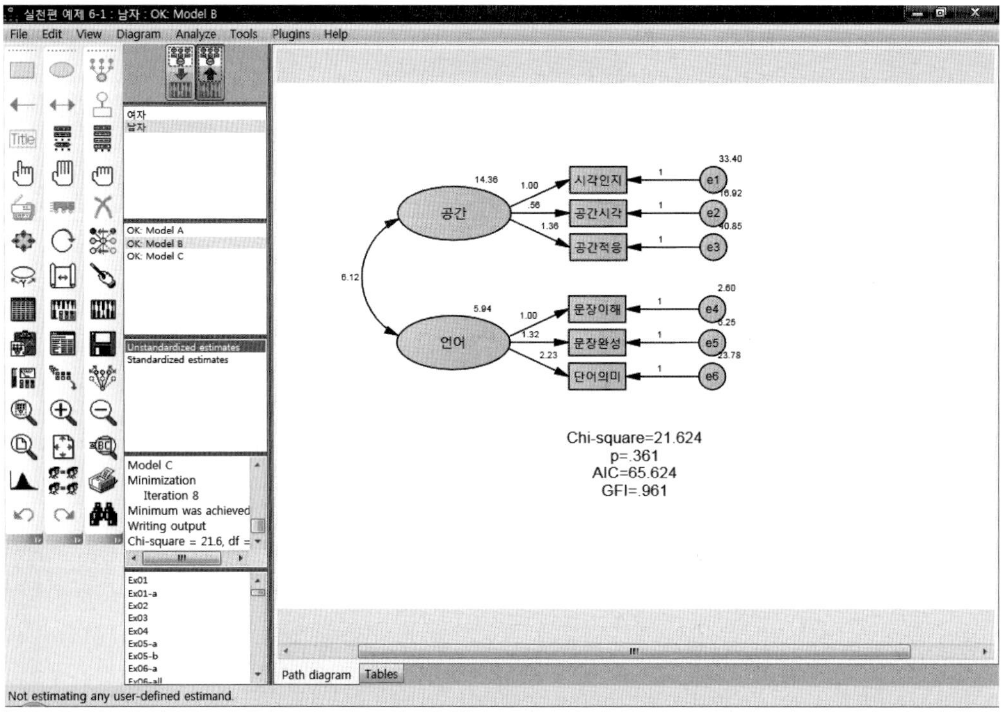

(남자의 모델 B 비표준화 추정치 경로도형)

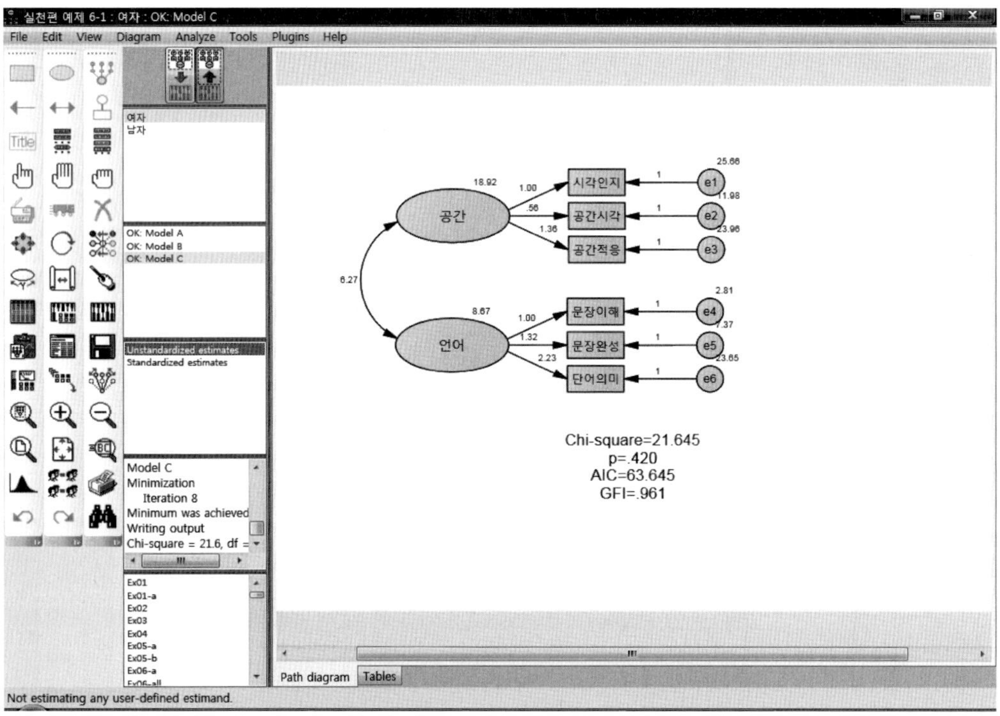

(여자의 모델 C 비표준화 추정치 경로도형)

Amos에 의한 표의 출력

표출력의 표시(View Text) 버튼을 클릭하여 모델 적합도를 표시하면 다음과 같다.

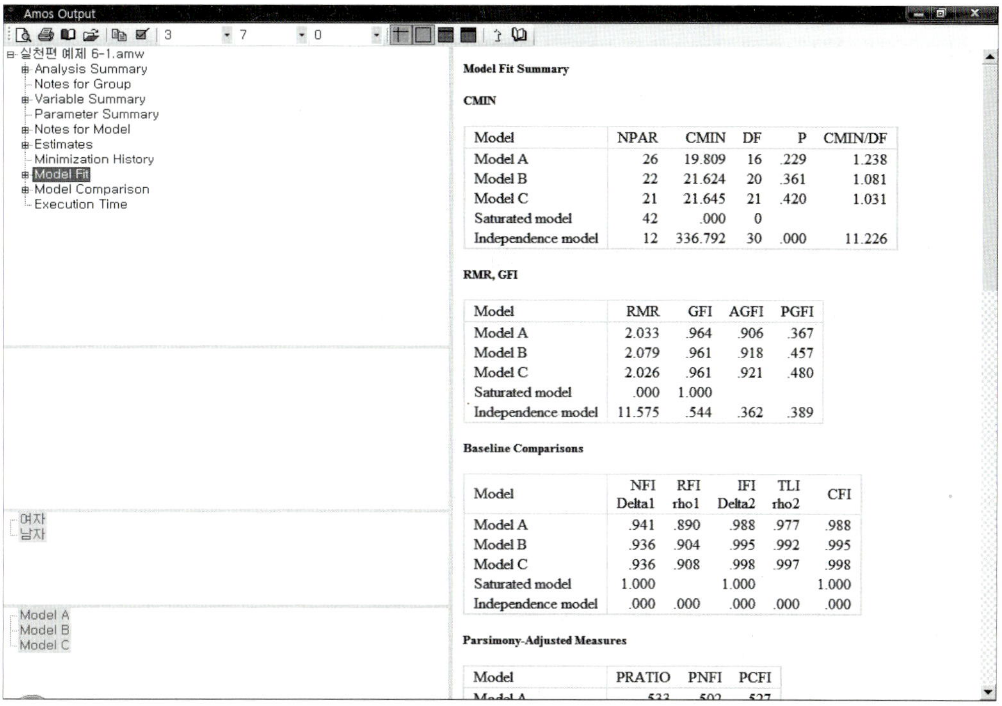

Amos에 의한 표의 출력과 출력결과의 해석방법(1)

CMIN

Model	NPAR	CMIN	DF	P	CMIN/DF
Model A	26	19.809	16	.229	1.238
Model B	22	21.624	20	.361	1.081
Model C	21	21.645	21	.420	1.031
Saturated model	42	.000	0		
Independence model	12	336.792	30	.000	11.226

RMR, GFI

Model	RMR	GFI	AGFI	PGFI
Model A	2.033	.964	.906	.367
Model B	2.079	.961	.918	.457
Model C	2.026	.961	.921	.480
Saturated model	.000	1.000		
Independence model	11.575	.544	.362	.389

조정적합도지수(AGFI)로 포화 모델(Saturated Model)과의 적합도를 볼 수 있다.

포화 모델은 전혀 제약이 없이 자유롭게 추정을 행할 수 있는 모델이며 데이터와 모델이 가장 일치해 있는 모델로 간주되고 있다. 그 포화 모델과 얼마나 적합한가에 따라서 그 밖의 다른 모델의 적합도가 평가된다.

여기에서는 모든 모델이 0.9를 초과하고 있으므로 어떤 모델이든지 적합도가 좋다고 판단된다. 그리고 유의확률 P도 세 모델 모두 유의수준 0.05보다 크므로 적합도가 좋음을 확인할 수 있다.

■ Amos에 의한 표의 출력과 출력결과의 해석방법(2)

앞의 출력결과에 이어서 복수의 모델을 상대적으로 평가하고 싶을 때에는 아까이케 정보량 규준(AIC)을 사용한다. AIC의 값이 최소인 것이 타당한 모델이다.

여기에서는 Model C(63.645)가 채택된다.

AIC

Model	AIC	BCC	BIC	CAIC
Model A	71.809	76.695		
Model B	65.624	69.759		
Model C	63.645	67.591		
Saturated model	84.000	91.893		
Independence model	360.792	363.047		

ECVI

Model	ECVI	LO 90	HI 90	MECVI
Model A	.441	.417	.536	.471
Model B	.403	.393	.498	.428
Model C	.390	.387	.484	.415
Saturated model	.515	.515	.515	.564
Independence model	2.213	1.874	2.599	2.227

HOELTER

Model	HOELTER .05	HOELTER .01
Model A	218	265
Model B	238	285
Model C	248	295
Independence model	23	26

Amos에 의한 표의 출력과 출력결과의 해석방법(3)

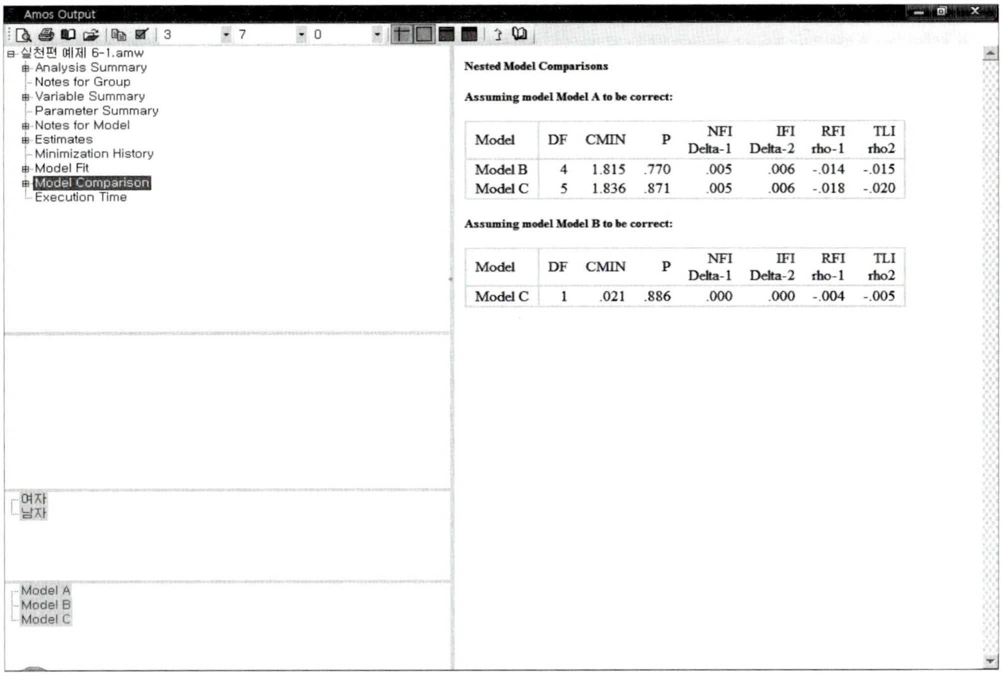

Assuming model Model A to be correct:

Model	DF	CMIN	P	NFI Delta-1	IFI Delta-2	RFI rho-1	TLI rho2
Model B	4	1.815	.770	.005	.006	-.014	-.015
Model C	5	1.836	.871	.005	.006	-.018	-.020

Assuming model Model B to be correct:

Model	DF	CMIN	P	NFI Delta-1	IFI Delta-2	RFI rho-1	TLI rho2
Model C	1	.021	.886	.000	.000	-.004	-.005

화면 왼쪽 윈도우에서 모델의 비교(Model Comparisons)를 선택한다. 최적의 모델을 정하는 데는 또 하나의 방법이 있다.

Assuming model Model A to be correct

Model A를 기준으로 그 밖의 다른 모델이 Model A와 같다고 할 수 있는지 어떤지의 검정을 실시하고 있다. 등치제약을 부과하고 있지 않기 때문에 가장 데이터와 일치하고 있는 모델인 Model A와 통계적으로 같지 않은 모델은 데이터와 일치하지 않는 것으로 간주된다.

여기에서는 Model B의 유의확률이 0.770, Model C의 유의확률이 0.871로 모두 유의확률이 0.05 이상이므로 Model A와의 사이에 5% 수준에서 유의한 차가 없고, 통계적으로 같다고 할 수 있다. 유의확률 0.05 이상의 모델이 복수인 경우에는 모델의 파라미터 수가 적은(제약이 많은) 것을 채택한다. 파라미터의 제약이 많더라도 데이터와 일치하는 모델 쪽이 불변성이 있다고 생각되기 때문이다.

앞의 Amos에 의한 표의 출력과 출력결과의 해석방법(1)에서 파라미터 수를 보면 Model C가 21로 최소이므로 여기에서도 Model C가 채택된다.

CHAPTER

7

Amos에 의한 공분산분석의 대안

CHAPTER 7

Amos에 의한 공분산분석의 대안

7.1 | 공분산분석의 개요

대안을 소개하기 전에 먼저 공분산분석(ANCOVA ; analysis of covariance)에 대해서 정리해 보기로 한다. 공분산분석은 넓은 의미에서 분산분석(ANOVA ; analysis of variance)의 한 부문이다. 실험적인 연구에서는 계통적으로 조건을 변화시켜서 측정결과가 어떻게 영향을 받는지 조사한다. 계통적으로 변화시킨 조건의 조(組)를 요인이라 하고, 그 중의 특정 조건을 수준이라고 한다. 분산분석에서 다루는 요인은 농장실험에서의 품종이나 재배법과 같은 처리법의 차이로서 표현되는 것이 보통이다. 그러나 측정결과에 영향을 미치는 것으로서 양적으로 표현되는 기지(既知)의 변수(농장실험이라면 관수량(灌水量) 등)를 문제 삼는 경우도 있다. 요인의 각 수준이 기지의 변수로 양적으로 표현되고 있는 경우, 통계적 취급은 측정치의 기지 변수에 대한 회귀도 고려한 것이 된다. 특히 가설검정에 있어서는 측정치와 기지 변수와의 공분산 계산도 포함하게 되므로 공분산분석이라고 한다.

분산분석과 공분산분석은 통계적 선형 모델의 입장에서는 완전히 똑같은 원리로 취급할 수 있다. 그 식별은 계획행렬 중에 기지의 양적 변수가 포함되어 있느냐 아니냐에 달려 있다. 여기서 **계획행렬**(design matrix)이란 실험계획이나 분산분석 개념의 기초로 되어 있는 통계적 선형 모델의 용어 중 하나이다. 예를 들면 완전무작위배치(일원배치)에 있어서, j번째의 처리($j = 1, 2, \cdots, q$)에 대한 i번째의 관측치($i = 1, 2, \cdots, q_i$)를 x_{ji}로 나타내자. x_{ji}는 평균 μ_j, 분산 σ^2(기지)인 정규분포에 따르는 것으로 가정한다. 이제 $q=2, n_1=n_2=3$일 때 모든 x_{ji}를 행렬로 표시하면 다음과 같이 쓸 수 있다.

$$\begin{bmatrix} x_{11} \\ x_{12} \\ x_{13} \\ x_{21} \\ x_{22} \\ x_{23} \end{bmatrix} = \begin{bmatrix} 1 & 0 \\ 1 & 0 \\ 1 & 0 \\ 0 & 1 \\ 0 & 1 \\ 0 & 1 \end{bmatrix} = \begin{bmatrix} \mu_1 \\ \mu_2 \end{bmatrix} + \begin{bmatrix} e_{11} \\ e_{12} \\ e_{13} \\ e_{21} \\ e_{22} \\ e_{23} \end{bmatrix}$$

이것은 기호화해서

$$X = A\theta + e$$

라고 쓸 수 있다. 이 행렬 A를 계획행렬이라고 한다. 행렬 A의 내용은 실험배치(회귀 모델도 포함해서)의 차이에 따라서 다른데, 그것은 실험계획의 내용을 나타내기 때문이다.

공분산분석은 분산분석과 회귀분석을 합친 분석방법이라고 생각할 수 있다. 다음의 데이터를 살펴보자.

3종류의 마취지속시간

A_1		A_2		A_3	
시간 X_1 (분)	체중 X_2 (kg)	시간 X_1 (분)	체중 X_2 (kg)	시간 X_1 (분)	체중 X_2 (kg)
43.6	77	27.4	58	18.3	68
56.8	85	38.9	69	21.7	75
27.3	53	59.4	81	29.5	80
35.0	64	43.2	76	15.6	63
48.4	67	15.9	60	9.7	55
42.4	72	22.2	65	16.0	65
25.3	55	52.4	72	7.5	57
51.7	81				

이 데이터는 3종류 마취약의 지속시간을 측정하고 있다. 따라서 이 세 개 그룹의 평균마취시간에 차이가 있는지 어떤지를 조사하기 위해서는 일원배치 분산분석을 실시하면 되는데, 마취약의 지속시간에는 체중도 관계가 있어 보인다.

그래서 체중도 포함해서 3종류의 마취약에 차이가 있는지 어떤지를 검정하고자 하는 것이 바로 공분산분석이다. 실제로 마취약의 평균치를 비교할 때는 다음과 같은 **조정된 평균치**

(adjusted mean)를 이용하기로 한다. **조정평균치**라고도 한다.

$$\text{조정된 시간의 평균치} = \text{시간의 평균치} - \text{기울기} \times (\text{체중의 평균치} - \text{전평균})$$

이때, 체중과 같이 원래 분석 그 자체에는 직접 관계가 없지만 분석의 보조로서 이용되는 변량을 **공변량**이라고 한다.

공변량은

$$\text{마취시간} = \text{상수} + \text{기울기} \times \text{체중} \qquad \leftarrow \quad y = a + bx$$

과 같이 회귀직선의 설명변수로서 이용한다. 이때, 기울기가 0이냐 0이 아니냐 하는 것이 중요한 포인트다. 만일 기울기가 0이라면 공변량(체중)을 생각할 의미가 없다.

공분산분석에서는 **회귀의 유의성 검정**(test of regression)을 하지 않으면 안 된다.

귀무가설 H_0 : 기울기는 0이다

이 가설이 기각되어야 비로소 마취의 평균지속시간 차이의 검정에 들어간다.

위의 데이터에 대한 출력결과를 보이면 다음과 같다.

변동의 요인	제곱합	자유도	제곱평균	F값	유의확률
잔 차	693.46	18	38.53		
회 귀	2067.36	1	2067.36	53.66	0.000(1)
마 취	1811.81	2	905.90	23.52	0.000(2)

(1)의 유의확률이 회귀의 유의성을 검정하기 위한 값이며, "귀무가설 H_0 : 회귀계수는 0이다"를 검정하고 있다. 즉, 회귀계수가 0일 때는 공변량을 채택한 의미가 없게 된다. 출력결과를 보면 검정통계량 F가 53.66이고, 그 때의 유의확률이 $0.000 < \alpha = 0.05$이므로 귀무가설은 기각된다. 따라서 이 데이터에 대해서 공분산분석을 실시하는 데에 의미가 있다는 것을 알 수 있다.

(2)의 마취에 대한 부분이 소위 분산분석으로 "귀무가설 H_0 : 세 종류의 마취약에 차이는 없다"를 검정하고 있다. 출력결과를 보면 검정통계량 F가 23.52이고, 그 때의 유의확률이 $0.000 < \alpha = 0.05$이므로 귀무가설은 기각된다. 따라서 세 종류 마취약의 평균지속시간에 차이가 있다는 것을 알 수 있다.

[예제 7-1]

11세 학생 200명을 대상으로 두 가지 경우에 대해서 8개의 종합 시험 문제를 테스트했다. 여기에서는 동의어와 반의어 각각 8개의 시험을 채택한다. 두 가지 시험을 치르는 사이에 100명의 학생들(실험군)에게는 어휘력 향상 훈련을 받게 하고, 나머지 100명의 학생들(대조군)에게는 어떤 특별한 훈련을 받게 하지 않았다. 두 가지 경우에 대해 두 가지 시험을 치른 결과 200명 학생들의 각각은 네 개의 점수를 얻었다. 다음은 변수명과 그 설명이다.

변수	설명
훈련 전 동의어	훈련 전의 동의어 시험점수
훈련 전 반의어	훈련 전의 반의어 시험점수
훈련 후 동의어	훈련 후의 동의어 시험점수
훈련 후 반의어	훈련 후의 반의어 시험점수
처리	1 : 어휘력 훈련을 받은 학생 0 : 어휘력 훈련을 안 받은 학생 본 예제의 분석을 위해서 특별히 만들어진 변수

200명의 학생들에 대한 위의 다섯 가지 변수의 측정치를 구해서 각 변수의 표준편차 및 변수 간 상관계수를 계산한 결과는 다음과 같다.

표 7-1 상관계수와 표준편차

	변수	훈련 전 동의어	훈련 전 반의어	훈련 후 동의어	훈련 후 반의어	처 리
상관계수	훈련 전 동의어	1				
상관계수	훈련 전 반의어	0.7726	1			
상관계수	훈련 후 동의어	0.7721	0.6829	1		
상관계수	훈련 후 반의어	0.6944	0.7639	0.7657	1	
상관계수	처 리	0.1526	0.0678	0.3689	0.3653	1
표준편차		6.6768	6.4894	6.9401	6.9469	0.5000

처리와 각 훈련 후의 시험들 사이에 플러스의 상관관계가 있는데, 이것은 훈련받은 학생들은 훈련받지 않은 학생들보다 훈련 후 시험에서 더 좋은 점수를 받았다는 것을 의미한다. 처리와 각 훈련 전 시험들 사이의 상관관계는 플러스이지만 비교적 작다. 이것은 대조군(control group)과 실험군(experimental group)은 훈련 전의 시험에서 거의 같은 점수를 받

았다는 것을 의미한다. 학생들은 대조군과 실험군에 무작위로 할당되었기 때문에 그렇게 생각할 수 있다.

공분산분석의 유용성은 각 공변량이 오차 없이 측정된다는 가정과 밀접하게 관련되어 있다. Cook and Campbell(1979)은 이와 같은 완전히 신뢰할 만한 공변량의 가정에 노력을 집중했다. 그들은 이와 같은 가정을 깨뜨리는 결과가 불행을 초래할 수 있다고 지적했다. 신뢰할 수 없는 공변량을 사용함으로써 하나의 처리가 실제로 이루어지거나 그렇지 않을 때 어떤 결과를 가져온다는 잘못된 결론을 야기할 수 있다. 실제로 신뢰할 수 없는 공변량들은 하나의 처리가 정말로 유익할 때 그것을 해롭게 보이게 할 수 있다. 동시에 불행하게도 완전히 신뢰할 만한 공변량에 대한 가정은 거의 불가능하다.

본 예제는 공변량에 있어서 측정 오류를 허용하면서 공분산분석의 대안을 제시한다. Bentler and Woodward(1979) 등은 이 방법을 채택했다. Sörbom(1978)은 보다 일반적인 (그리고 다소 더 복잡한) 접근을 소개하고 있다.

본 예제에서는 두 개의 처리 집단과 하나의 공변량을 채택하고 있다. 이것은 몇 개의 처리 집단이든 몇 개의 공변량이든 얼마든지 일반화될 수 있다.

공분산분석(ANCOVA)은 어떤 수행에 대한 훈련의 효과를 평가하기 위한 전통적인 방법이다. 두 가지 과정의 데이터에 대한 공분산분석에 있어서 본 예제의 훈련 후 시험의 데이터는 반응변수(response variable)로서 자주 쓰이는 데 비하여 그에 대응하는 훈련 전 시험은 공변량(covariate)으로서 취급된다. 이와 같이 공분산분석은 반응변수와 설명변수의 관계를 설명하는데 공변량이라는 변수를 통하여 주효과의 분석을 더 순수하게 하고자 하는 것이 목적이다. 분석의 적절성을 위해서 선택된 훈련 전 시험은 동의어 시험이나 반의어 시험이나 완전히 신뢰할 만한 것이어야 하는 것으로 한다.

7.2 | 공분산분석의 실제

<표 7-1>의 데이터에 대해서 우선 다음과 같은 유형의 모델 A를 구축할 수 있다.

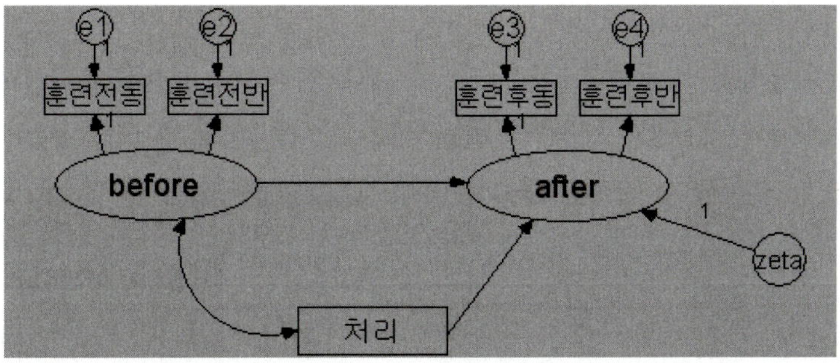

그림 7-1 모델 A

■ Amos에 의한 해법

〈순서 1〉 데이터의 입력

<표 7－1>의 데이터를 SPSS 데이터 파일에 다음과 같이 입력한다. 물론 Excel의 워크시트에 입력해도 무방하다.

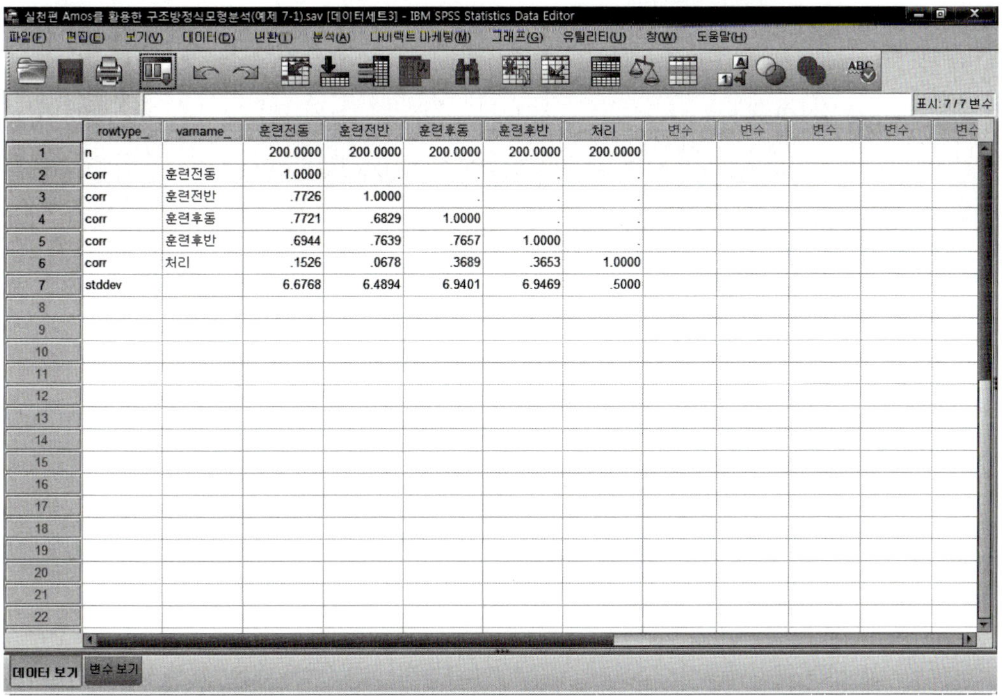

	rowtype_	varname_	훈련전동	훈련전반	훈련후동	훈련후반	처리
1	n		200.0000	200.0000	200.0000	200.0000	200.0000
2	corr	훈련전동	1.0000	.	.	.	.
3	corr	훈련전반	.7726	1.0000	.	.	.
4	corr	훈련후동	.7721	.6829	1.0000	.	.
5	corr	훈련후반	.6944	.7639	.7657	1.0000	.
6	corr	처리	.1526	.0678	.3689	.3653	1.0000
7	stddev		6.6768	6.4894	6.9401	6.9469	.5000

〈순서 2〉 Amos Graphics의 선택

메뉴에서 [시작]-[프로그램(P)]－[IBM SPSS Statistics]－[IBM SPSS Amos 23]-[Amos Graphics]를 선택한다.

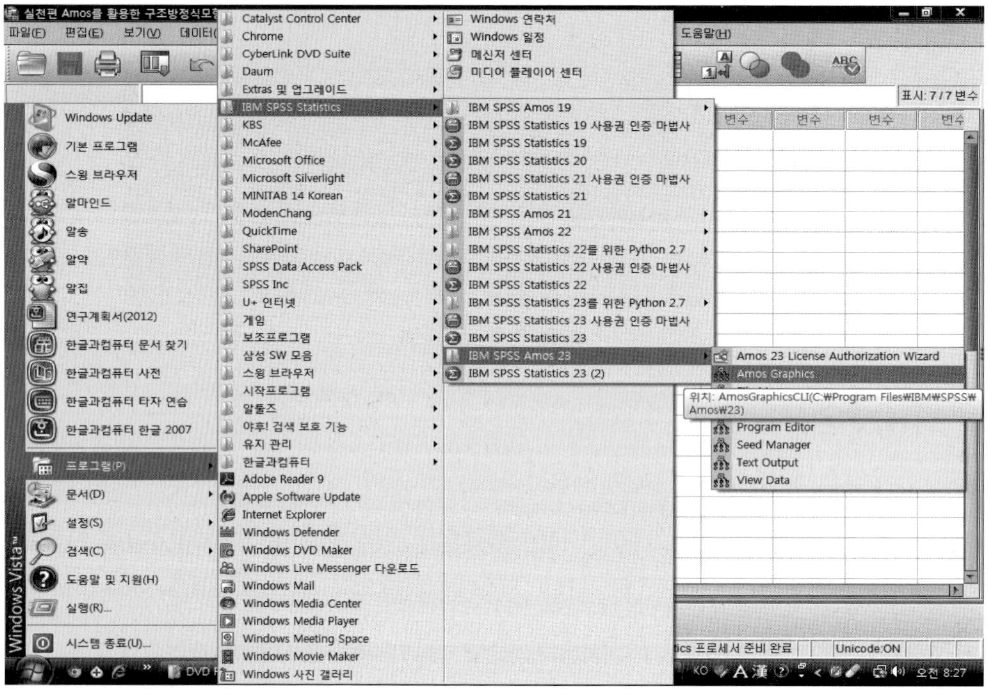

〈순서 3〉 경로도형의 작성

도구상자에 있는 각종 버튼을 이용하여 다음과 같은 경로도형을 작성한다. 초기값 '1'을 입력하고 Chi-square, df, AIC, GFI 등의 출력을 위해 화면 내의 빈 공간에 문자를 입력해 놓는다.

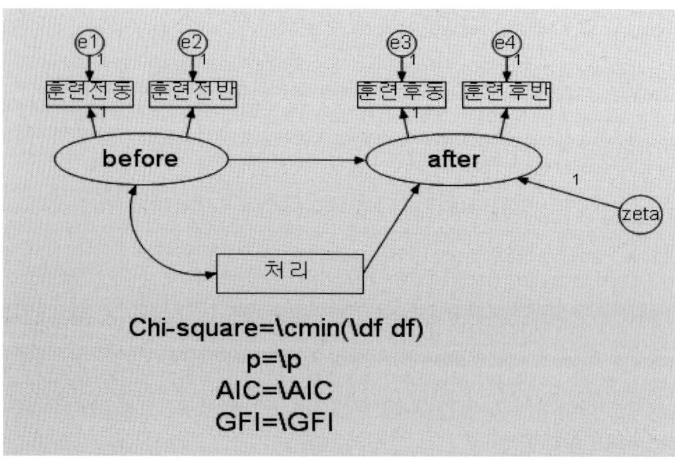

모델 A

〈순서 4〉 데이터 파일의 지정

(1) 메뉴에서 [File]－[Data Files...]를 선택한다.

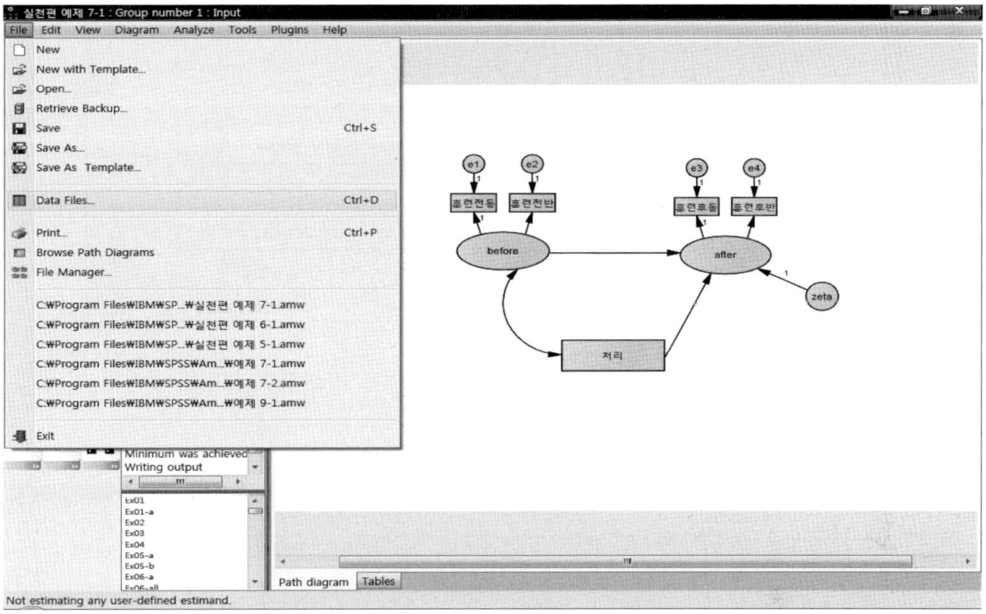

(2) [Data Files] 대화상자에서 [File Name] 버튼을 클릭한다. [열기] 대화상자에서 다음과 같이 지정하고 [열기(O)] 버튼을 클릭한다.

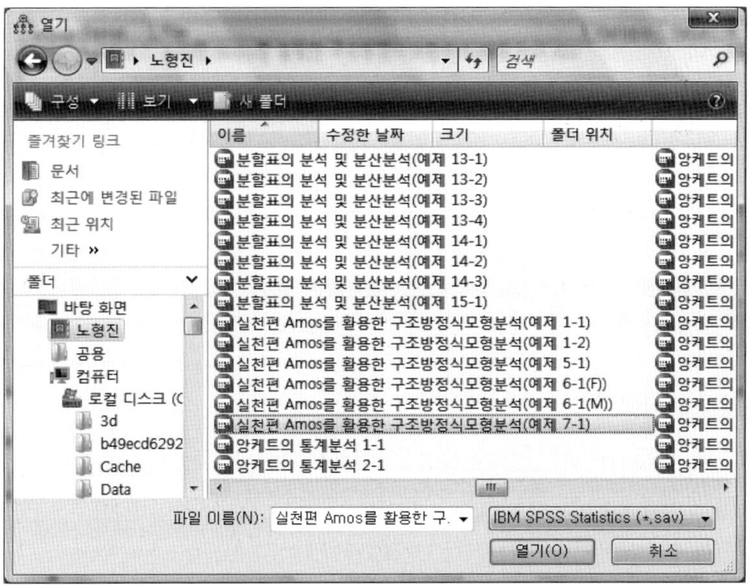

(3) 다음과 같은 화면이 된 것을 확인하고 [OK] 버튼을 클릭한다.

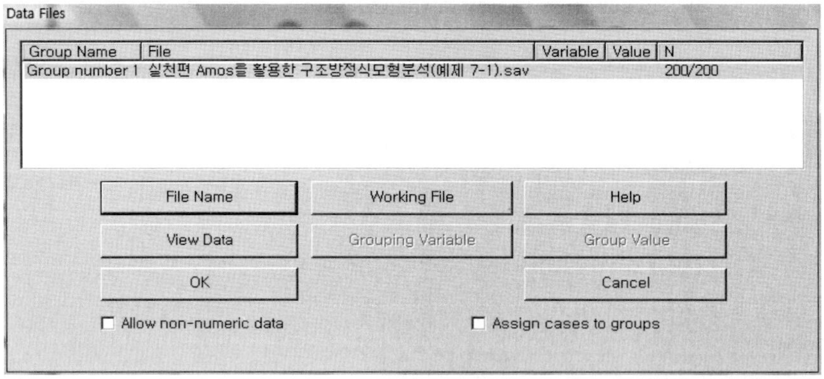

이때 [Data Files] 대화상자에서 [View Data] 버튼을 클릭하면 SPSS 데이터 편집기에 입력되어 있는 데이터를 볼 수 있다.

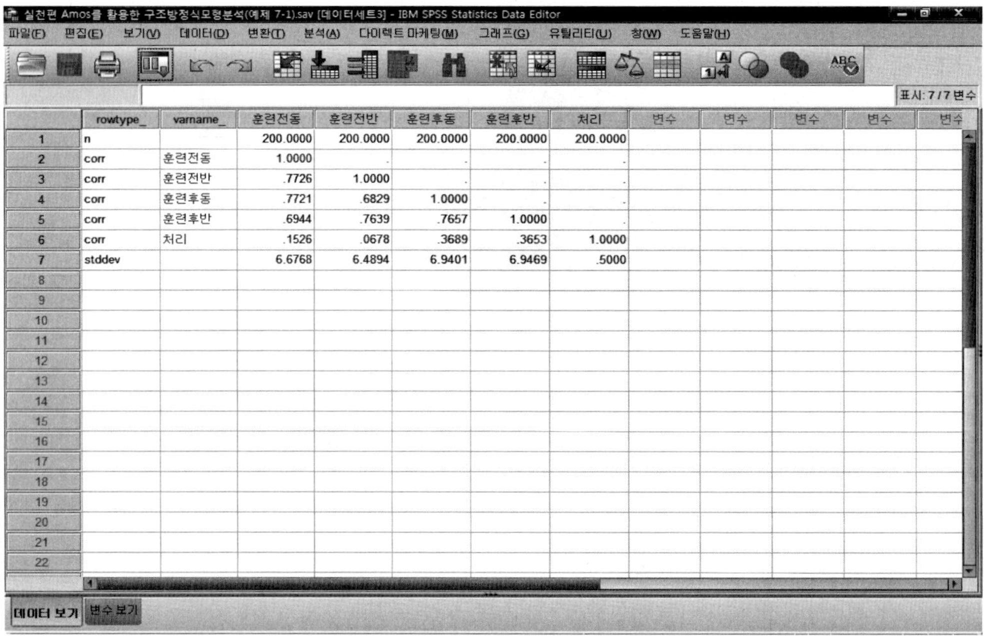

	rowtype_	varname_	훈련전동	훈련전반	훈련후동	훈련후반	처리
1	n		200.0000	200.0000	200.0000	200.0000	200.0000
2	corr	훈련전동	1.0000	.	.	.	.
3	corr	훈련전반	.7726	1.0000	.	.	.
4	corr	훈련후동	.7721	.6829	1.0000	.	.
5	corr	훈련후반	.6944	.7639	.7657	1.0000	.
6	corr	처리	.1526	.0678	.3689	.3653	1.0000
7	stddev		6.6768	6.4894	6.9401	6.9469	.5000

〈순서 5〉 Amos의 실행

원래의 화면으로 되돌아오면 실행 버튼을 클릭해서 계산을 실시한다.

혹은 메뉴에서 [Analyze]−[Calculate Estimates]를 클릭하거나 Ctrl 키+F9 키를 동시에 눌러도 실행된다.

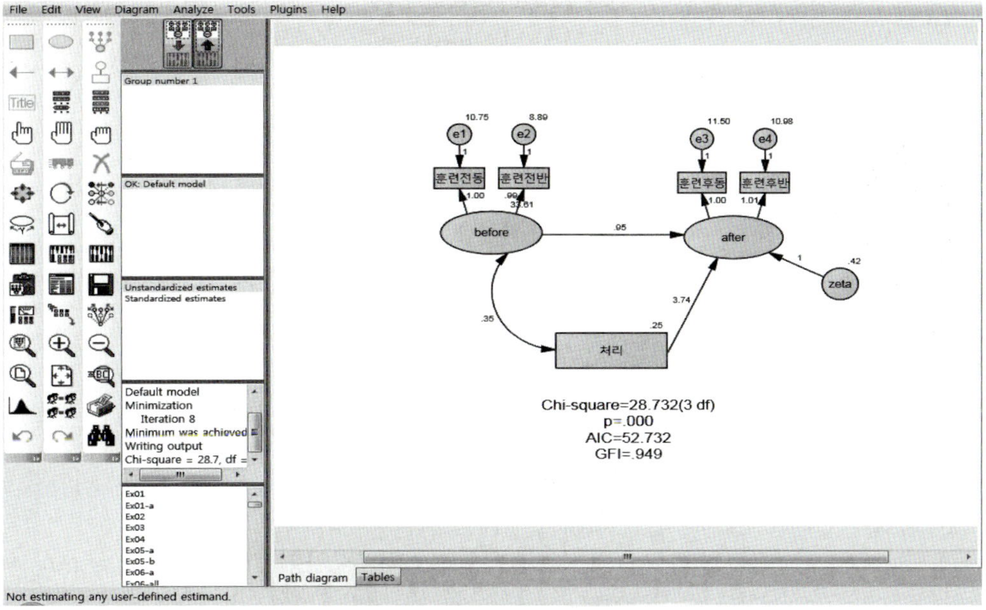

■ Amos Graphics에 의한 분석결과

다음은 모델 A의 표준화된 추정치를 구한 결과이다.

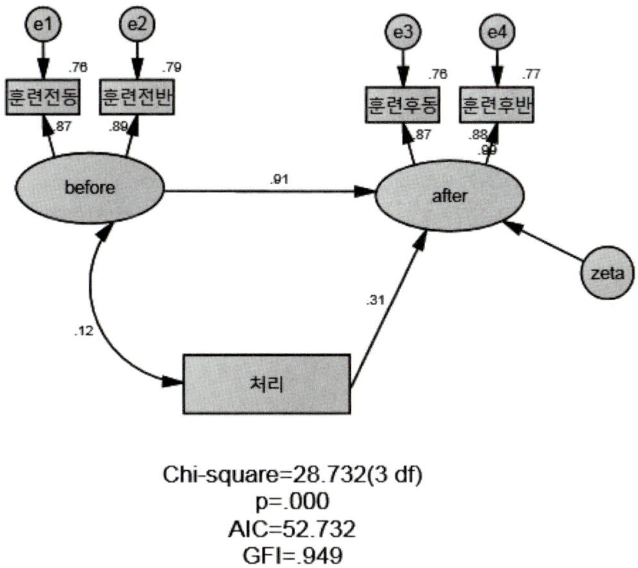

그림 7-2 모델 A의 표준화 추정치

■ 모델 A의 평가 및 수정

모델 A를 실행시켜 보면 다음과 같은 결과를 얻는다.

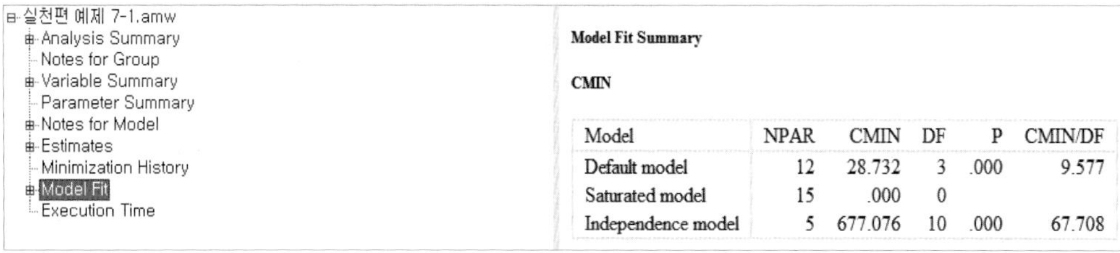

Model	NPAR	CMIN	DF	P	CMIN/DF
Default model	12	28.732	3	.000	9.577
Saturated model	15	.000	0		
Independence model	5	677.076	10	.000	67.708

카이제곱검정 결과를 보면 모델 A는 유효하지 않음을 알 수 있다. 이 모델을 통해서 구한 각종 추정치들에 대한 신뢰도가 낮으므로 이 모델을 수정하는 편이 좋을 것으로 판단된다.

Amos에는 모델의 변경에 따른 변화를 보여 주는 기능이 있다.

메뉴에서 [View]－[Analysis Properties...]－[Output]을 선택한다. 다음의 화면이 나타나면 [Modification indices]를 선택하고 오른쪽의 [Threshold for modification indices]는 기본 값인 4를 그대로 유지한다.

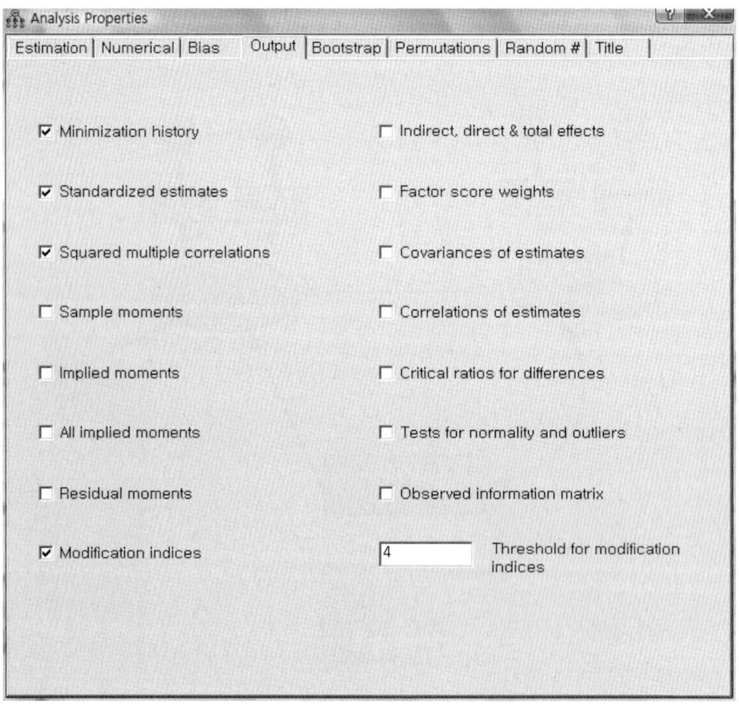

다시 Amos를 실행시킨 뒤 [View Text]에서 실행결과를 보면 다음과 같은 내용을 확인할 수 있다.

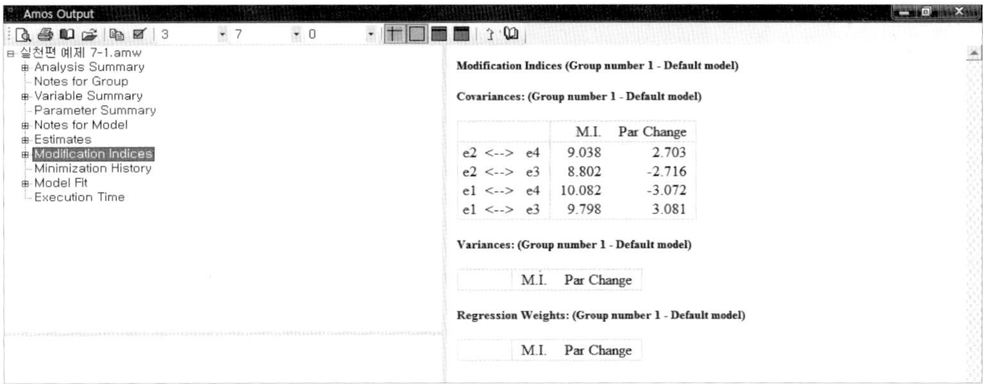

Modification Indices (Group number 1 - Default model)

Covariances: (Group number 1 - Default model)

	M.I.	Par Change
e2 <--> e4	9.038	2.703
e2 <--> e3	8.802	-2.716
e1 <--> e4	10.082	-3.072
e1 <--> e3	9.798	3.081

Variances: (Group number 1 - Default model)

	M.I.	Par Change

Regression Weights: (Group number 1 - Default model)

	M.I.	Par Change

위의 결과에서 M.I.는 Modification indices를 가리킨다. 오차항 e1과 e3를 연결시키는 모델의 경우 카이제곱 통계량이 최소한 9.798만큼 감소된다는 의미이다. 따라서 오차항 e1과 e3를 공분산의 관계로 연결하면 카이제곱 통계량이 최소한 28.732−9.798=18.934로 감소하게 된다. 다른 값들도 같은 방법으로 해석된다. 모델의 타당성을 높이기 위해서 카이제곱 통계량의 감소량이 제일 큰 오차항 e1과 e3의 공분산 관계를 선택하는 것이 좋다. 이를 선택하는 또 다른 이유는 Par Change의 값이 양수인 것이다. Par Change는 모수의 기대 변화량으로, 이것이 양수인 것은 이 관계가 전체적인 모델에 안정적으로 구성될 수 있다는 것을 의미한다. 오차항 e1과 e3를 연결시키는 새로운 모델을 모델 B라고 부르기로 한다.

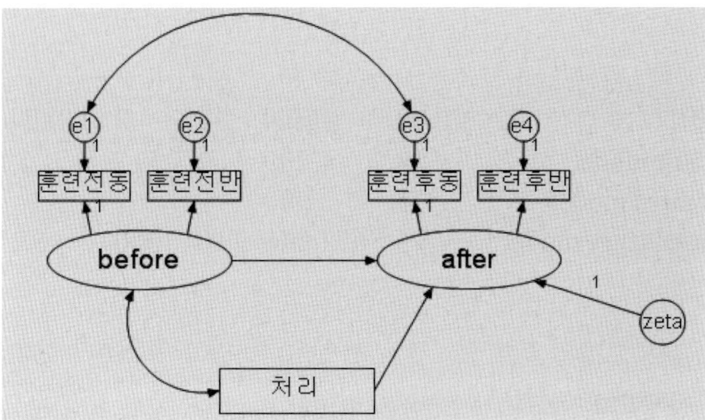

그림 7-3 모델 B

■ Amos Graphics에 의한 모델 B의 분석결과

다음은 모델 B의 표준화된 추정치를 구한 결과이다.

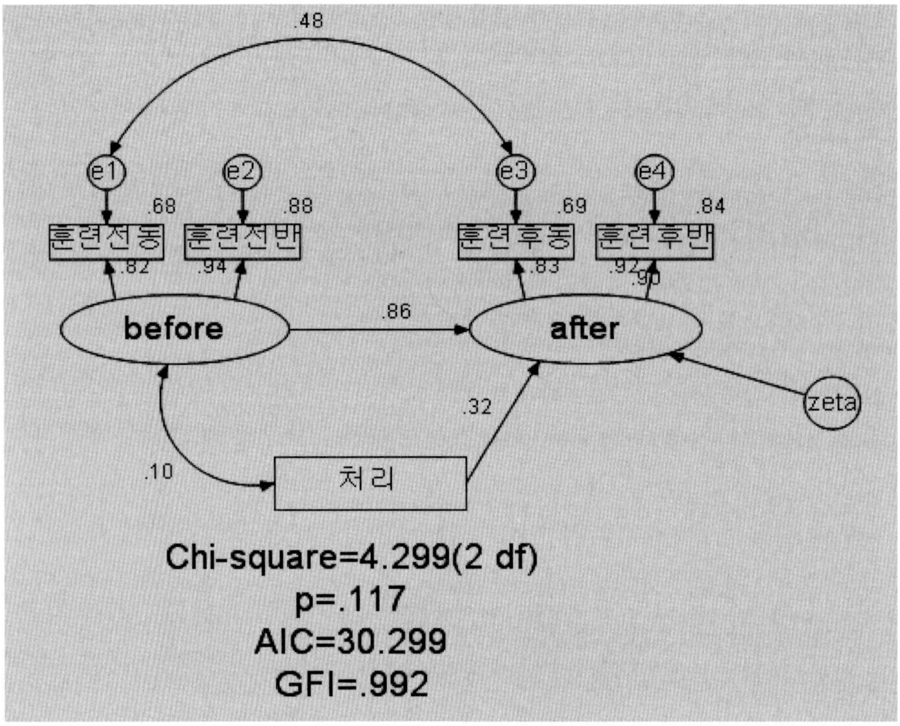

그림 7-4 모델 B의 표준화 추정치

새로운 모델 B의 전체적인 모델의 유효성 검정의 결과는 다음과 같다.

Model	NPAR	CMIN	DF	P	CMIN/DF
Default model	13	4.299	2	.117	2.150
Saturated model	15	.000	0		
Independence model	5	677.076	10	.000	67.708

기대한 바와 같이 모형은 유효성을 갖는 것으로 나타났다. 최소한 9.798보다도 훨씬 더 많은 카이제곱 통계량의 감소를 가져왔음을 확인할 수 있다. 모델 B의 분석결과는 다음과 같다.

Regression Weights: (Group number 1 - Default model)

			Estimate	S.E.	C.R.	P	Label
after	<---	before	.896	.056	16.109	***	
after	<---	처리	3.638	.448	8.128	***	
훈련전동	<---	before	1.000				
훈련전반	<---	before	1.107	.072	15.427	***	
훈련후동	<---	after	1.000				
훈련후반	<---	after	1.114	.069	16.087	***	

Standardized Regression Weights: (Group number 1 - Default model)

			Estimate
after	<---	before	.862
after	<---	처리	.318
훈련전동	<---	before	.824
훈련전반	<---	before	.939
훈련후동	<---	after	.832
훈련후반	<---	after	.918

Covariances: (Group number 1 - Default model)

			Estimate	S.E.	C.R.	P	Label
before	<-->	처리	.264	.205	1.289	.198	
e1	<-->	e3	6.880	1.460	4.714	***	

Correlations: (Group number 1 - Default model)

			Estimate
before	<-->	처리	.097
e1	<-->	e3	.478

Variances: (Group number 1 - Default model)

	Estimate	S.E.	C.R.	P	Label
before	30.144	4.354	6.924	***	
처리	.249	.025	9.975	***	
zeta	3.381	1.078	3.137	.002	
e1	14.288	1.851	7.719	***	
e2	4.989	1.521	3.279	.001	
e3	14.523	1.835	7.916	***	
e4	7.563	1.577	4.796	***	

모델 B에서 추가로 삽입된 오차항 e1과 e3의 관계는 기대했던 바대로 양의 상관관계를

보이고 있다. 그리고 본 예제의 분석목적인 처리와 훈련 후 어휘력의 관계를 보면 C.R.의 값이 8.128(>1.96)로 상당히 의미가 있는 인과계수임을 알 수 있다.

이제 공분산분석의 대안에 대해서 살펴보도록 하자. 우리가 정말 알고 싶은 것은 과연 어떤 특수한 훈련이 어휘력의 향상에 기여하는가 하는 점이다. 물론 위의 모델 B만 가지고도 긍정적인 결론을 얻을 수는 있다. 그러나 위의 모델을 보면 알 수 있듯이 훈련 전의 어휘력과 같은 공변량이 위의 모델에는 감추어져 있다. 다시 말해서 훈련 후의 어휘력은 어떤 학생의 훈련 전의 어휘력 등에 의해서도 정해질 수 있다는 것이다. 그리고 이 공변량도 오차가 있을 수 있다.

다음으로 가상의 모델을 하나 더 생각해 보자. 처리가 훈련 후의 어휘력에 미치는 효과가 없다고 가정한다면 고의적으로 회귀계수에 '0'을 부여하여 효과가 없다는 새로운 모델을 만들어서 기초 모델인 모델 B와 비교함으로써 마지막 결론을 얻기로 한다.

■ 모델 C의 구축

전술한 바와 같이 이제 처리와 훈련 후 어휘력의 관계가 전혀 유의한 것이 아님을 지정하기 위해서 고의적으로 회귀계수를 0으로 하는 모델 C를 구축하기로 한다.

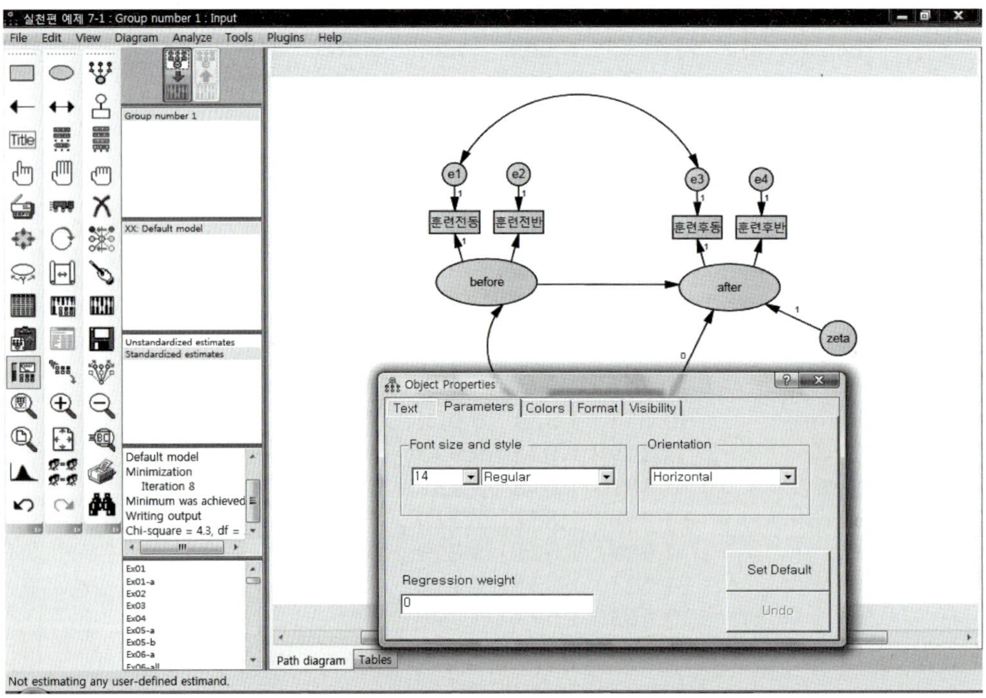

처리의 계수가 '0'으로 지정되어 있는 것을 볼 수 있다. 모델 C의 실행결과를 살펴보도록 하자.

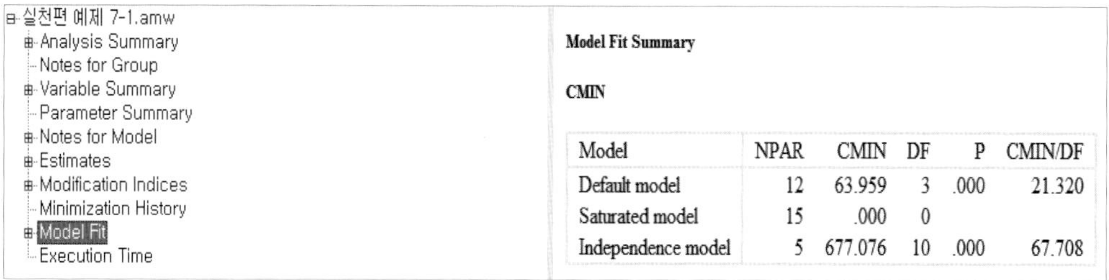

Model Fit Summary

CMIN

Model	NPAR	CMIN	DF	P	CMIN/DF
Default model	12	63.959	3	.000	21.320
Saturated model	15	.000	0		
Independence model	5	677.076	10	.000	67.708

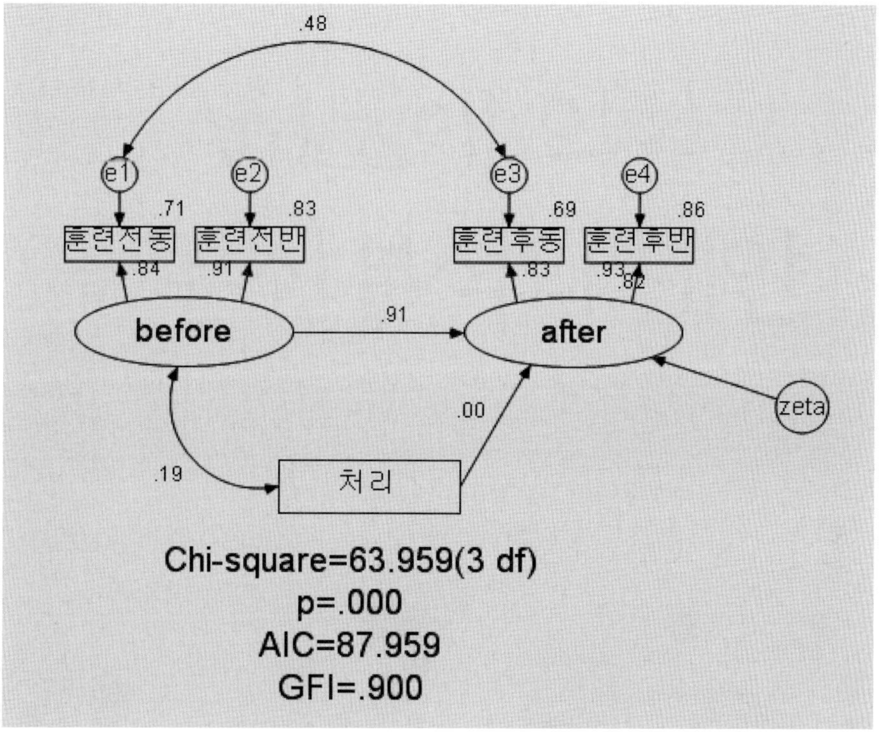

처리와 훈련 후 어휘력의 관계가 유의한 관계가 아니라고 설정함으로써 전체적인 모델의 유효성을 잃어버리는 결과를 초래했다. 이는 곧 특수한 훈련이 어휘력의 향상에 영향력을 발휘한다는 것을 알 수 있다. 카이제곱 통계량은 무려 59.66(=63.959−4.299)만큼 증가하고 자유도도 1(=3−2) 만큼 증가했다. 따라서 모델 C는 기각된다. 결국 처리는 훈련 후 어휘력에 유의한 영향을 미치고 있음을 알 수 있다.

CHAPTER

8

Amos에 의한 수정 모델의 개발

CHAPTER 8

Amos에 의한 수정 모델의 개발

8.1 | 구조방정식모형분석의 연구 모델 구축

기존의 문헌 연구와 논리적인 추론 등에 의해서 데이터에 적합한 연구 모델을 구축할 수 있다. 그러나 모델의 적합도나 해의 허용성(admissibility of solution) 등에 의해서 모델을 수정하지 않으면 안 되는 경우가 생긴다. 이때는 몇 가지 방법에 의해서 수정 모델을 개발할 수 있다.

힌트

모델의 적합도가 좋지 않을 때, 수정지수(Modification indices)는 그 모델이 적합하기 위해서는 어떻게 수정하면 좋은지를 가르쳐 준다. 다시 말하면, 고정 파라미터를 자유 파라미터로 바꾸면, 어느 정도 적합도검정의 χ^2값이 감소하는지를 보여준다. χ^2값이 작을수록 모델의 적합도가 좋다.

[예제 8-1]

K 종합병원에서는 입원 환자들의 병원에 대한 만족도를 알아보기 위해서 <표 8－1>과 같은 앙케트 조사를 실시했다. 환자 30명에 대하여 일곱 가지 측정변수를 7점 척도에 의해서 조사하였다.

표 8-1 앙케트 조사표

[질문] 귀하는 K 종합병원의 다음 사항에 대해서 어느 정도 만족하십니까?

	매우 불만 1	2	3	어느 쪽도 아님 4	5	6	매우 만족 7
1. 대기시간	: ______	: ______	: ______	: ______	: ______	: ______	:
2. 의사진료	: ______	: ______	: ______	: ______	: ______	: ______	:
3. 예약 및 접수	: ______	: ______	: ______	: ______	: ______	: ______	:
4. 간호사 치료	: ______	: ______	: ______	: ______	: ______	: ______	:
5. 진료절차	: ______	: ______	: ______	: ______	: ______	: ______	:
6. 환자만족도	: ______	: ______	: ______	: ______	: ______	: ______	:
7. 보호자만족도	: ______	: ______	: ______	: ______	: ______	: ______	:

앙케트 조사결과는 다음과 같다.

표 8-2 앙케트 조사의 결과

번호	대기시간	의사진료	예약접수	간호치료	진료절차	환자만족	보호만족
1	4	2	4	1	6	6	5
2	3	1	3	1	6	5	6
3	6	1	5	2	4	4	3
4	4	3	4	3	3	5	5
5	6	3	5	2	2	6	6
·	·	·	·	·	·	·	·
·	·	·	·	·	·	·	·
·	·	·	·	·	·	·	·
29	1	5	1	5	7	2	5
30	4	1	3	2	4	4	5

(주) 데이터는 지필미디어 홈페이지 데이터 파일 <예제 8−1>에 수록되어 있다.

■ 모델 A의 구축

기존의 문헌 연구 및 논리적인 추론 등에 의해서 <표 8−2>의 데이터에 적합한 연구 모델을 구축할 수 있다. 다음을 모델 A라고 부르기로 한다.

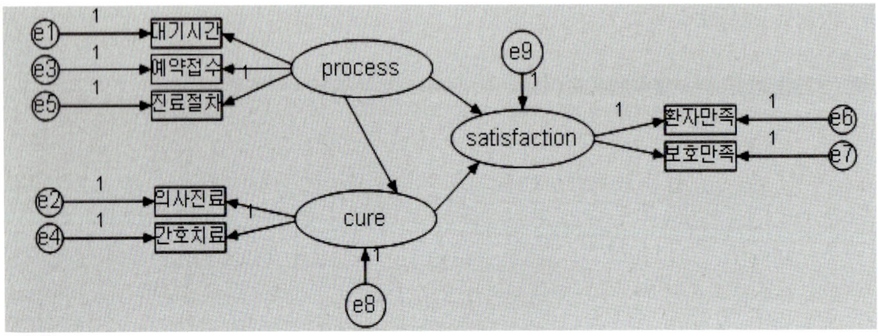

그림 8-1 모델 A

본 예제에서는 대기시간, 예약접수, 진료절차 등의 'process(절차)'가 환자만족, 보호만족 등의 'satisfaction(만족)'에 영향을 미칠 뿐만 아니라 의사진료, 간호치료 등의 'cure(치료)'에도 영향을 미칠 것이라는 연구가설을 설정한다. 그리고 '치료'는 '만족'에 영향을 미칠 것이라는 가설도 설정한다. 여기에서 '절차', '만족', '치료' 등은 잠재변수이다.

Amos에 의한 해법

〈순서 1〉 데이터의 입력

SPSS의 데이터 편집기에 <표 8-2>의 데이터를 입력한다.

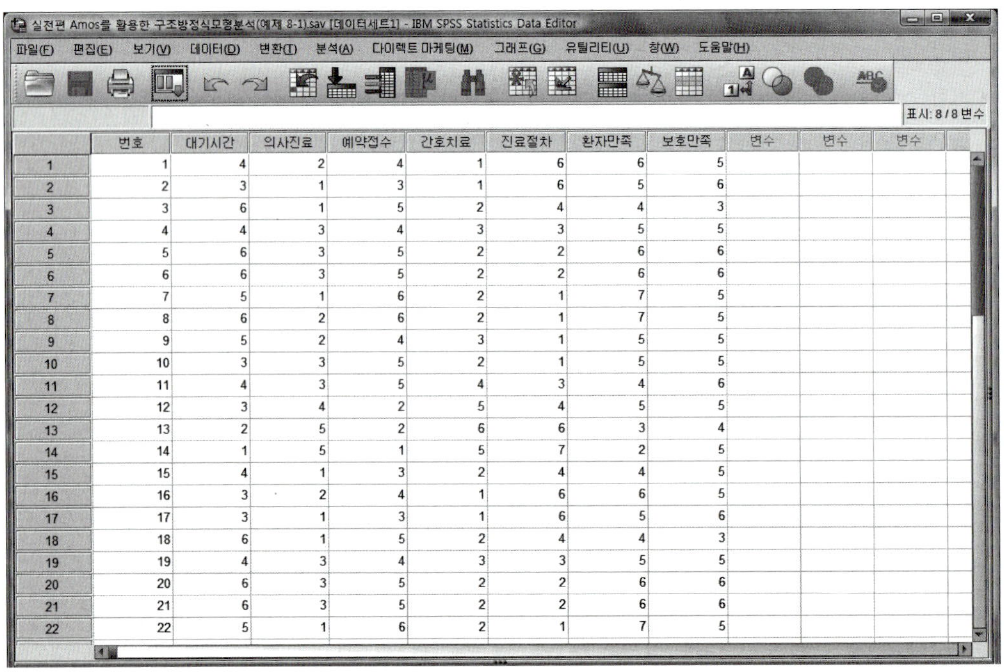

	번호	대기시간	의사진료	예약접수	간호치료	진료절차	환자만족	보호만족
1	1	4	2	4	1	6	6	5
2	2	3	1	3	1	6	5	6
3	3	6	1	5	2	4	4	3
4	4	4	3	4	3	3	5	5
5	5	6	3	5	2	2	6	6
6	6	6	3	5	2	2	6	6
7	7	5	1	6	2	1	7	5
8	8	6	2	6	2	1	7	5
9	9	5	2	4	3	1	5	5
10	10	3	3	5	2	1	5	5
11	11	4	3	5	4	3	4	6
12	12	3	4	2	5	4	5	5
13	13	2	5	2	6	6	3	4
14	14	1	5	1	5	7	2	5
15	15	4	1	3	2	4	4	5
16	16	3	2	4	1	6	6	5
17	17	3	1	3	1	6	5	6
18	18	6	1	5	2	4	4	3
19	19	4	3	4	3	3	5	5
20	20	6	3	5	2	2	6	6
21	21	6	3	5	2	2	6	6
22	22	5	1	6	2	1	7	5

〈순서 2〉 경로도형의 작성

(1) 메뉴에서 [분석]－[IBM SPSS Amos]를 선택하여 클릭한다.

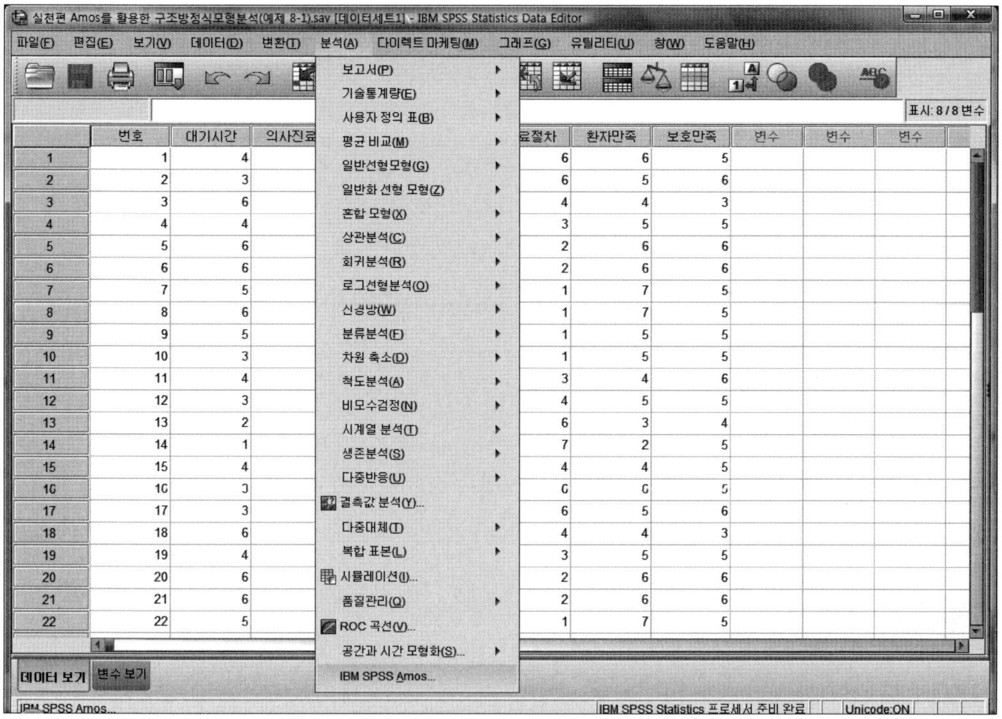

(2) Amos의 초기화면이 나타나면 메뉴에서 [View]－[Interfaces Properties…]를 선택한다. 다음의 화면이 나타나면 [Paper Size]의 'Landscape-Legal'를 선택하고 [Apply] 버튼을 클릭한다.

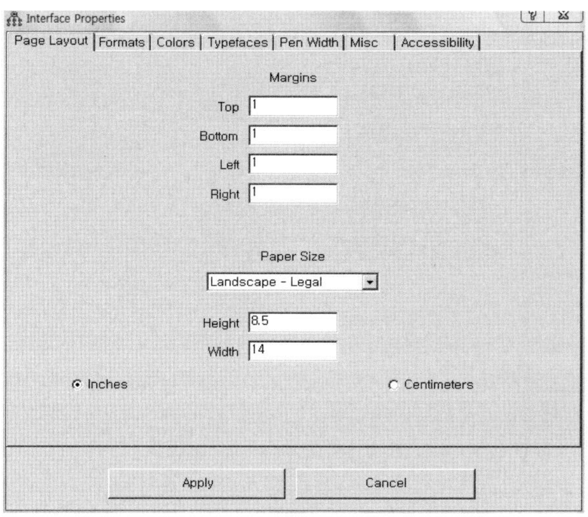

(3) 경로도형을 그릴 수 있는 화면이 크게 확대된다.

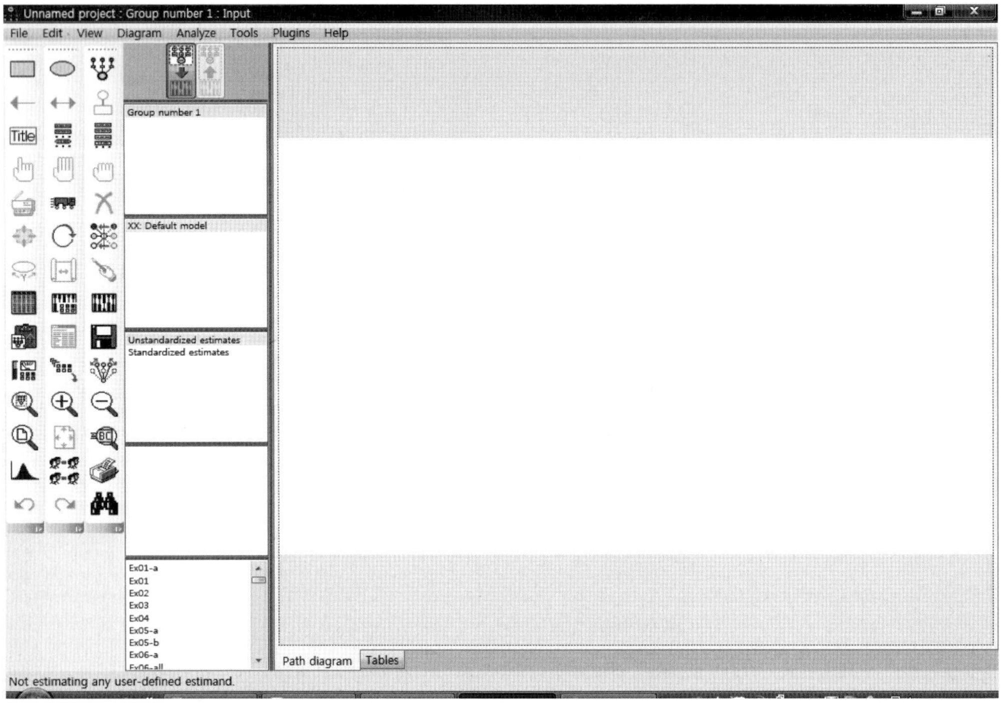

(4) <그림 8−1> 모델 A의 경로도형을 작성한다.

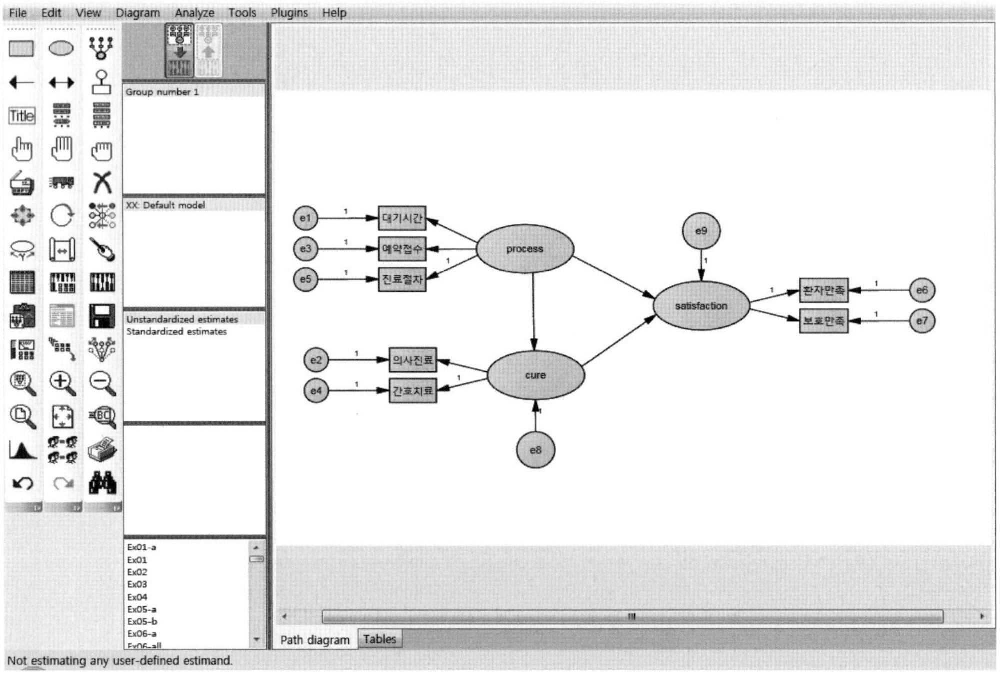

(5) 도구상자의 [Title] 버튼을 선택하여 화면의 빈 여백을 찾아 클릭하면 다음과 같은 대화상자가 나타난다. 화면의 여백에 카이제곱, 자유도, 유의확률, AIC, GFI 등을 출력하기 위해서 [Caption]에 다음과 같이 입력하고 [OK] 버튼을 클릭한다.

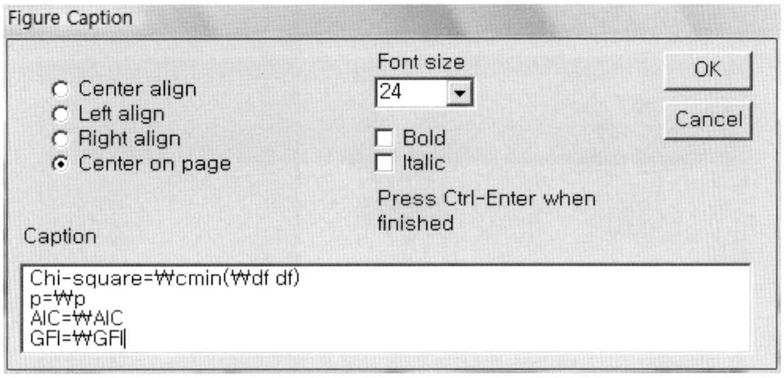

(6) 완성된 화면은 다음과 같다.

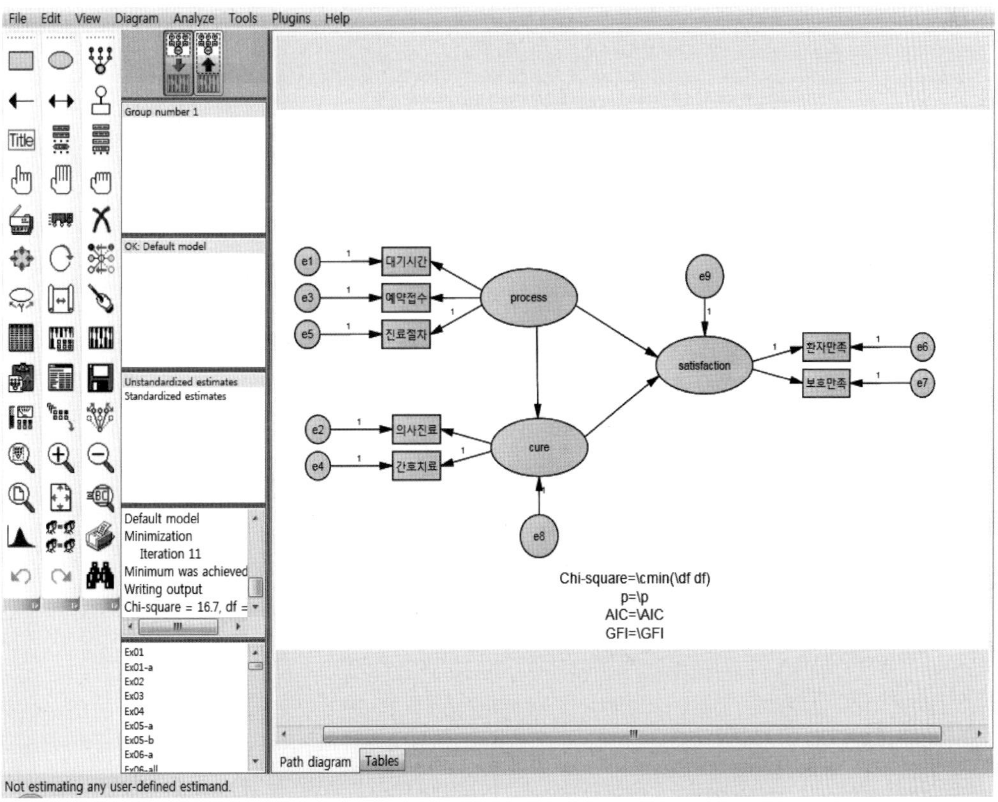

〈순서 3〉 데이터 파일 열기

(1) 메뉴에서 [File]−[Data Files...]−[File Name]을 선택하면 다음과 같은 [열기] 대화상자가 나타난다. 데이터 파일의 위치, 파일 이름, 파일 형식 등을 다음과 같이 입력·지정하고 [열기(O)] 버튼을 클릭한다.

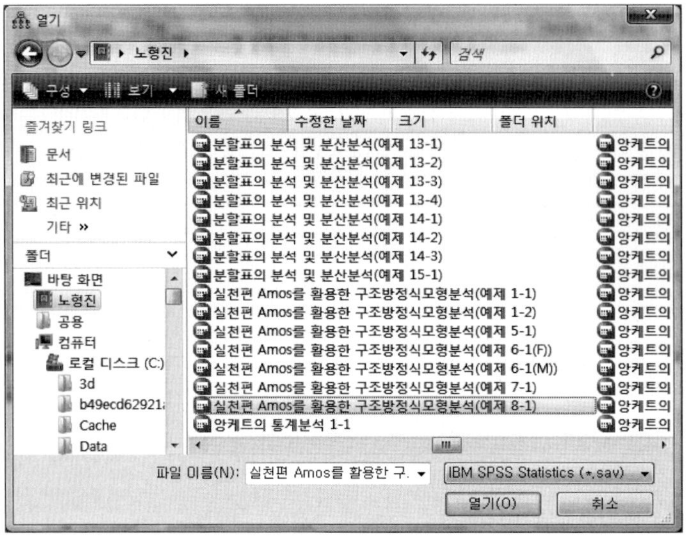

(2) [Data Files] 대화상자가 다음과 같이 되어 있음을 확인할 수 있다. 여기에서 [OK] 버튼을 클릭한다.

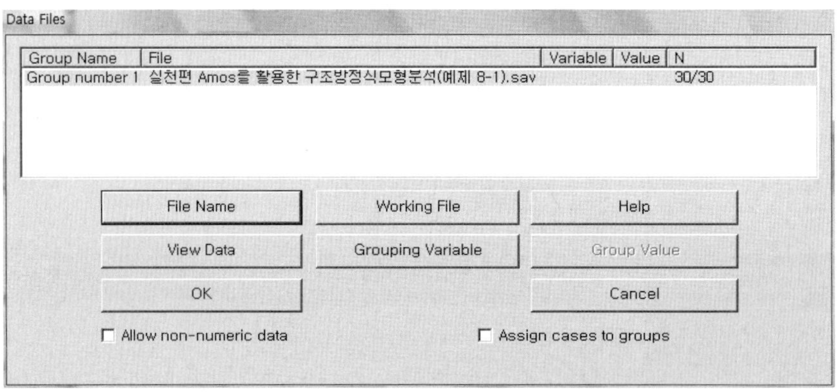

〈순서 4〉 Output 의 설계

메뉴에서 [View]−[Analysis Properties...]−[Output]을 선택한다. [Output] 탭에서 필요한 출력결과를 선택할 수 있다. 여기에서는

Minimization history

Standardized estimates

Squared multiple correlations

Modification indices

Indirect, direct & total effects

Factor score weights

Covariances of estimates

Correlations of estimates

등을 선택하고 대화상자를 닫는다.

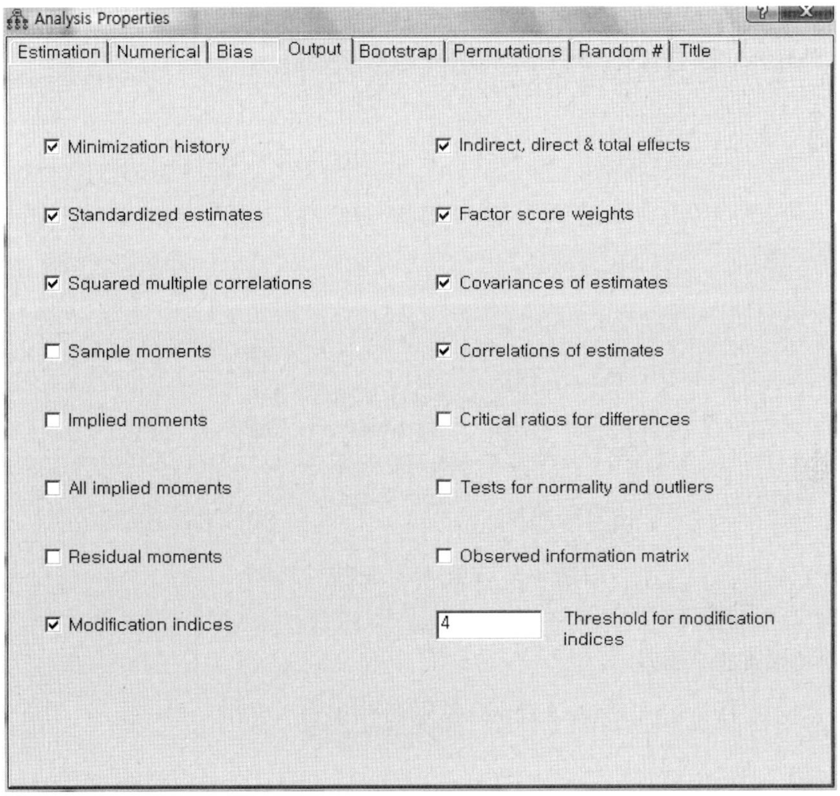

〈순서 5〉 Amos의 실행

실행 버튼을 클릭하면 분석결과를 얻을 수 있다. 메뉴에서 [Analyze]−[Calculate Estimates] 또는 Ctrl+F9 키를 클릭해도 분석결과를 얻을 수 있다.

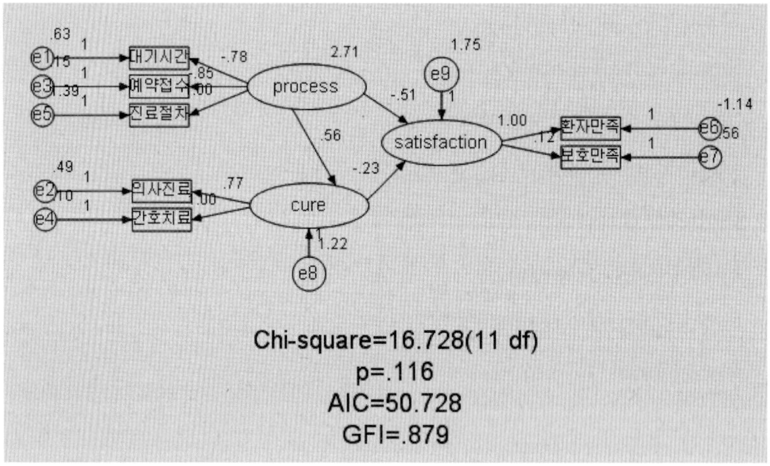

그림 8-2 모델 A의 비표준화 추정치

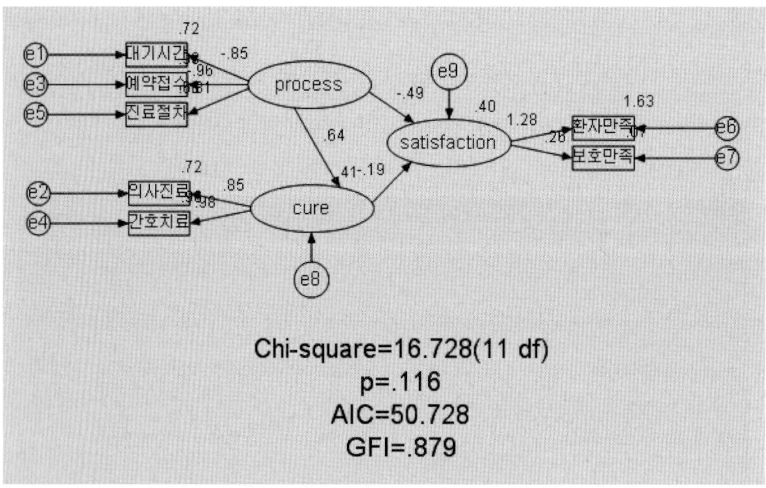

그림 8-3 모델 A의 표준화 추정치

〈순서 6〉 출력결과의 확인

실행이 끝나면 [View]−[Table Output]을 클릭하여 출력결과를 확인할 수 있다.

CMIN

Model	NPAR	CMIN	DF	P	CMIN/DF
Default model	17	16.728	11	.116	1.521
Saturated model	28	.000	0		
Independence model	7	157.059	21	.000	7.479

RMR, GFI

Model	RMR	GFI	AGFI	PGFI
Default model	.139	.879	.692	.345
Saturated model	.000	1.000		
Independence model	1.086	.356	.141	.267

AIC

Model	AIC	BCC	BIC	CAIC
Default model	50.728	63.680	74.548	91.548
Saturated model	56.000	77.333	95.234	123.234
Independence model	171.059	176.392	180.867	187.867

Notes for Model (Group number 1 - Default model)

The following variances are negative. (Group number 1 - Default model)

	e6
	-1.137

■ 결과의 해석방법

Chi-square = 16.728, Degree of freedom = 11, Probability level = 0.116, GFI = 0.879, AIC = 50.728 등으로 출력되고 있다. 그러나 출력결과 중에 위반 추정치, 즉 이론적인 한계를 초과하는 값을 갖고 있어서 해로 허용할 수 없다. 특히

"The following variances are negative. e6 −1.137"

은 헤이우드 케이스(Heywood Case)로서 위반 추정치 중에서 일반적으로 발생하는 것으로 추정 오차의 마이너스 오차 분산이 한계치 이상으로 큰 경우에 해당된다. 여기에서 문제가 되는 변수를 아예 제거한다거나 아주 작은 값으로 제한할 수 있다. 변수를 제거하지 않고 그대로 이용하기 위해서는 일반적으로 0.005와 같이 작은 값으로 고정시킬 수 있다. 오차 분산을 아주 작은 값으로 고정시키는 이유는 적재치를 1보다 작은 값으로 하기 위함이다.

이와 같이 오차 분산을 제한함으로써 모델을 수정할 수 있다. 이렇게 수정된 모델을 모델 B라고 부르기로 한다.

8.2 | 오차 분산의 제한을 통한 모델 수정

모델 A의 분석결과 중 문제가 되는 오차항 e6에 작은 값을 고정시키기 위해서, 경로도형의 오차항 e6에 마우스 포인트를 놓고 오른쪽 버튼을 클릭하여 [Object Properties]를 선택한다.

다음과 같은 화면이 나타나면 [Parameters] 탭의 [Variance] 난에 '0.005'를 입력하고 대화상자를 닫는다. 그렇게 하면 마이너스 오차 분산의 제약이 끝나게 된다.

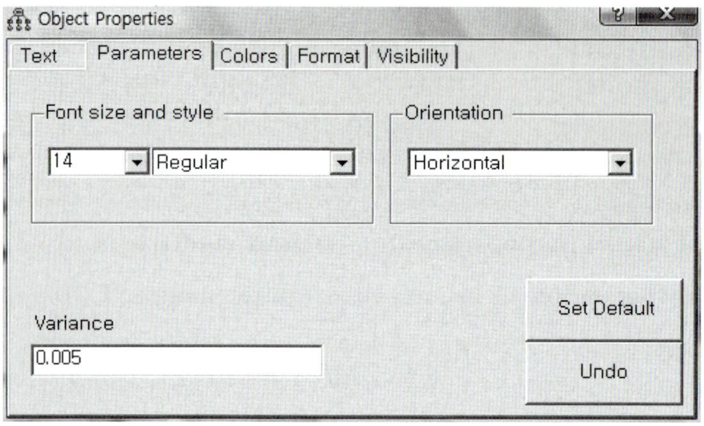

다음의 <그림 8-4>가 이렇게 해서 수정된 모델 B이다. 수정된 모델의 오차항 e6 상단에 오차 분산 0.005가 제약되어 있음을 볼 수 있다.

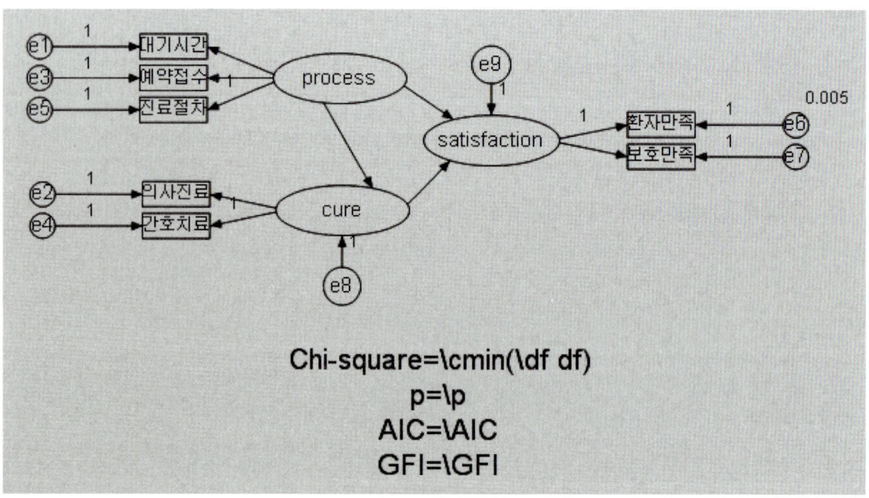

그림 8-4 모델 B

전술한 모델 A에 대한 분석과 같은 방법으로 Amos를 실행시키면 모델 B에 대한 분석결과를 얻을 수 있다.

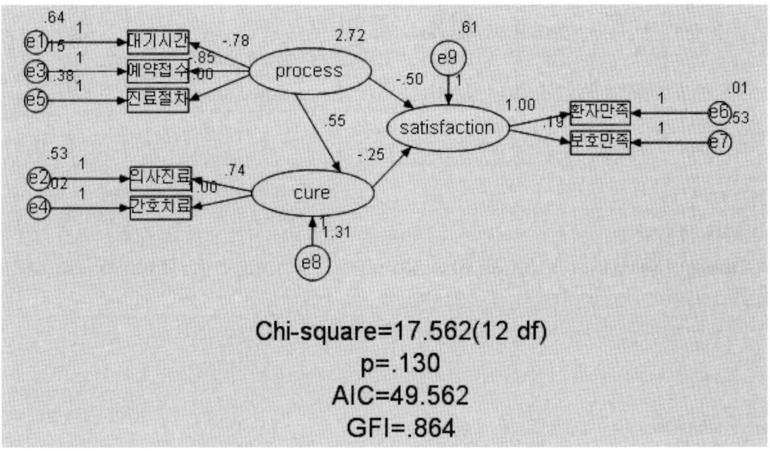

그림 8-5 모델 B의 비표준화 추정치

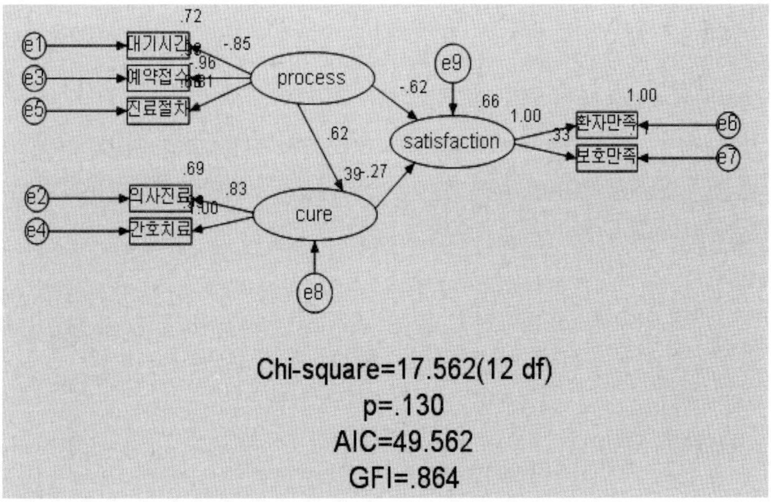

그림 8-6 모델 B의 표준화 추정치

실행이 끝나면 [View]-[Table Output]을 클릭하여 출력결과를 확인할 수 있다.

CMIN

Model	NPAR	CMIN	DF	P	CMIN/DF
Default model	16	17.562	12	.130	1.464
Saturated model	28	.000	0		
Independence model	7	157.059	21	.000	7.479

RMR, GFI

Model	RMR	GFI	AGFI	PGFI
Default model	.145	.864	.683	.370
Saturated model	.000	1.000		
Independence model	1.086	.356	.141	.267

AIC

Model	AIC	BCC	BIC	CAIC
Default model	49.562	61.753	71.981	87.981
Saturated model	56.000	77.333	95.234	123.234
Independence model	171.059	176.392	180.867	187.867

■ 결과의 해석방법

Chi-square = 17.562, Degree of freedom = 12, Probability level = 0.130, AIC = 49.562, GFI = 0.864 등으로 출력되고 있다. 모델 B에 대해서는 다음과 같은 귀무가설을 설정할 수 있다.

H_0 : 모델 B는 모집단 데이터에 적합하다

H_1 : 모델 B는 모집단 데이터에 적합하지 않다

따라서

$$\text{유의확률} = 0.130 > \alpha = 0.05$$

이므로 귀무가설을 채택한다.

그런데 분석결과 중 [Modification Indices]를 보면

Modification Indices (Group number 1 - Default model)

Covariances: (Group number 1 - Default model)

	M.I.	Par Change
e2 <--> e7	4.176	.204
e5 <--> e8	5.457	-.628

와 같이 되어 있다. 여기에서 M.I.는 Modification indices를 가리킨다. 오차항 e7과 e2를 연결시키는 모델의 경우 카이제곱 통계량이 최소한 4.176만큼 감소된다는 의미이다. 따라서 오차항 e7과 e2를 공분산의 관계로 연결하면 카이제곱 통계량이 최소한 17.562−4.176＝13.386으로 감소하게 된다. 이를 선택하는 또 다른 이유는 Par Change의 값이 양수인 것이다. Par Change는 모수의 기대 변화량으로, 이것이 양수인 것은 이 관계가 전체적인 모델에 안정적으로 구성될 수 있다는 것을 의미한다.

8.3 | 공분산의 설정을 통한 모델 수정

오차항 e7과 e2를 연결시키는 새로운 모델을 모델 C라고 부르기로 한다.

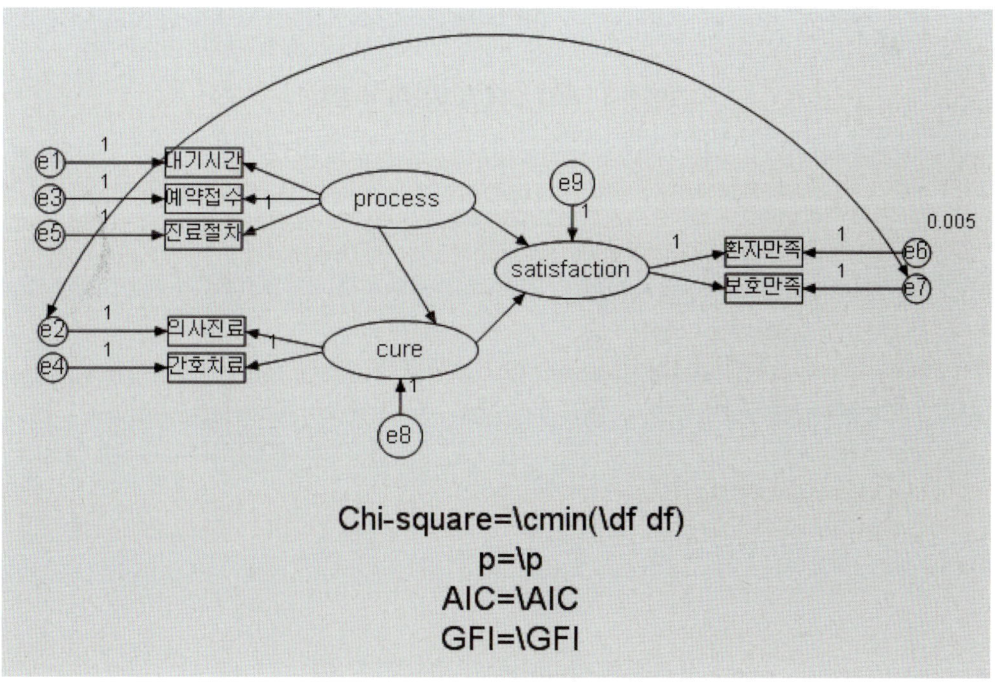

그림 8-7 모델 C

전술한 모델 A와 모델 B에 대한 분석과 같은 방법으로 Amos를 실행시키면 모델 C에 대한 분석결과를 얻을 수 있다.

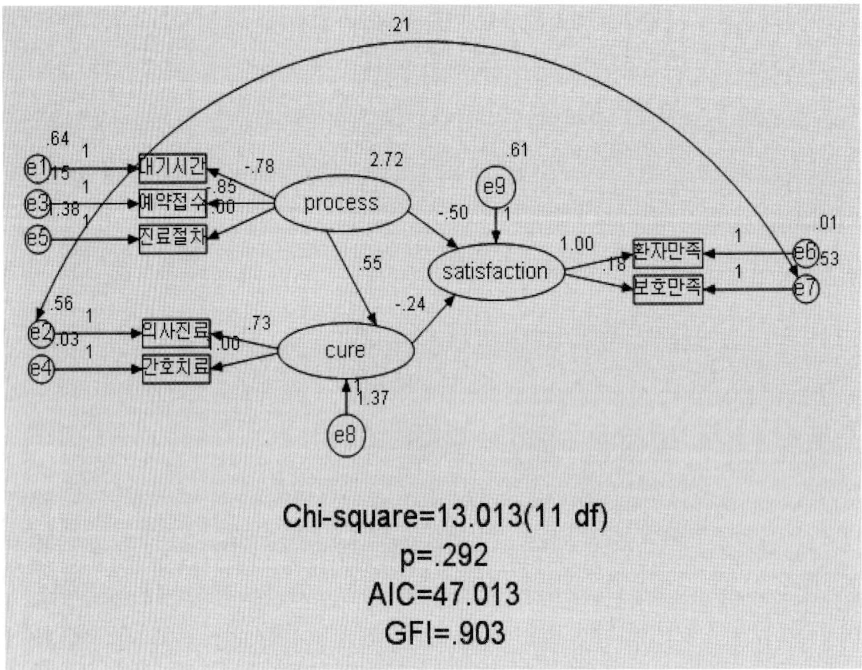

그림 8-8 모델 C의 비표준화 추정치

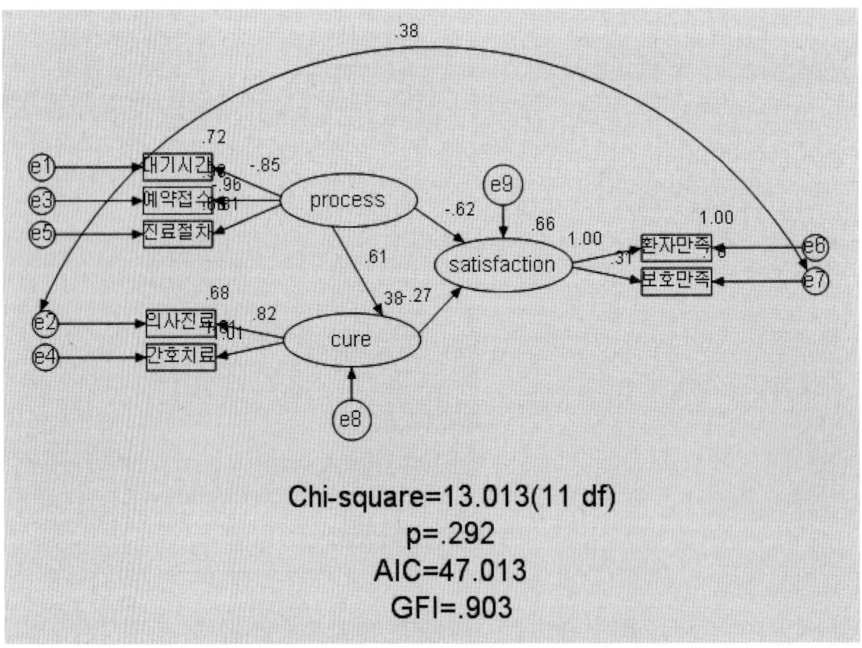

그림 8-9 모델 C의 표준화 추정치

■ 결과의 해석방법

Chi-square = 13.013, Degree of freedom = 11, Probability level = 0.292, AIC = 47.013, GFI = 0.903 등으로 출력되고 있다. 모델 C에 대해서는 다음과 같은 귀무가설을 설정할 수 있다.

H_0 : 모델 C는 모집단 데이터에 적합하다

H_1 : 모델 C는 모집단 데이터에 적합하지 않다

따라서

$$유의확률 = 0.292 > \alpha = 0.05$$

이므로 귀무가설을 채택한다. 그러나 분석결과 중 다음 사항을 고려하면 모델 C도 역시 신뢰할 수 없는 추정치를 구하고 있음을 알 수 있다.

Notes for Model (Group number 1 - Default model)

The following variances are negative. (Group number 1 - Default model)

	e4
	-.028

Modification Indices (Group number 1 - Default model)

Covariances: (Group number 1 - Default model)

	M.I.	Par Change
e5 <--> e8	5.542	-.634
e5 <--> e4	4.070	-.324

Variances: (Group number 1 - Default model)

	M.I.	Par Change

Regression Weights: (Group number 1 - Default model)

	M.I.	Par Change

따라서 전술한 바와 같이 오차항 e4도 0.005의 값으로 고정시키고, 오차항 e5와 e8을 연결시키는 새로운 모델을 모델 D라고 부르기로 한다.

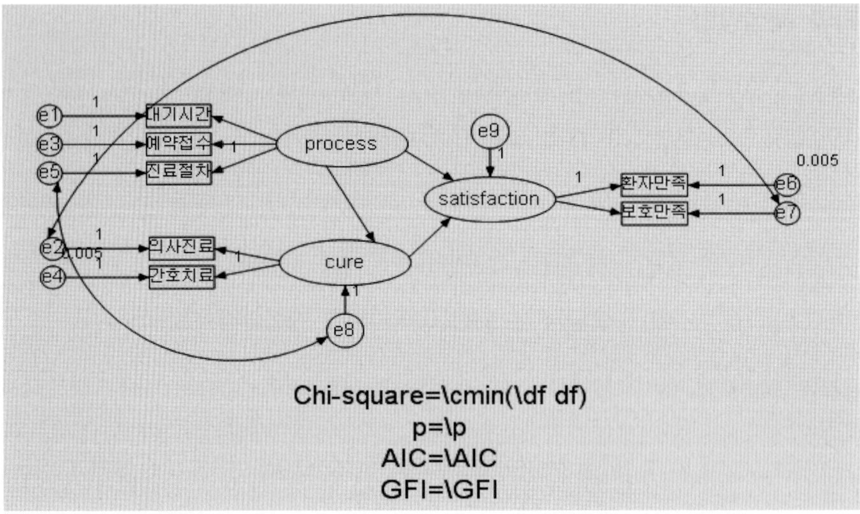

그림 8-10 모델 D

전술한 모델 A, B, C에 대한 분석과 같은 방법으로 Amos를 실행시키면 모델 D에 대한 분석결과를 얻을 수 있다.

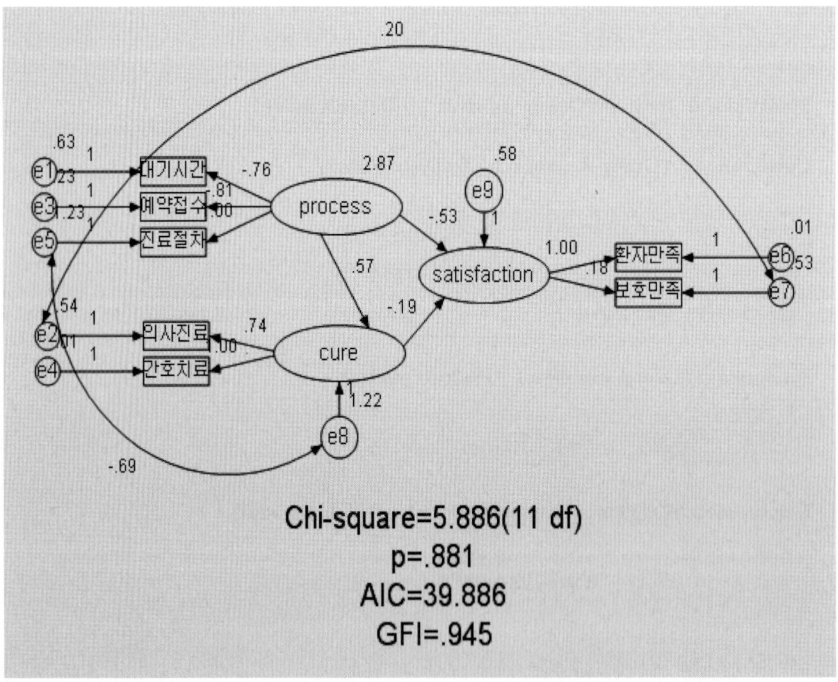

그림 8-11 모델 D의 비표준화 추정치

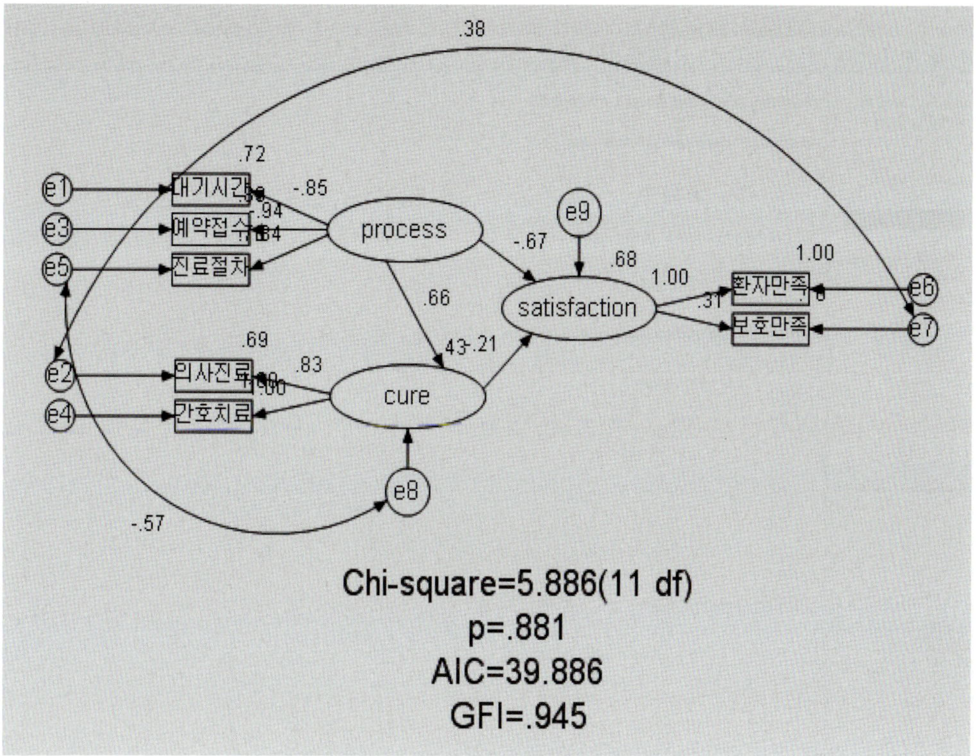

그림 8-12 모델 D의 표준화 추정치

■ 결과의 해석방법

Chi-square = 5.886, Degree of freedom = 11, Probability level = 0.881, AIC = 39.886, GFI = 0.945 등으로 출력되고 있다. 모델 D에 대해서는 다음과 같은 귀무가설을 설정할 수 있다.

H_0 : 모델 D는 모집단 데이터에 적합하다

H_1 : 모델 D는 모집단 데이터에 적합하지 않다

따라서

$$\text{유의확률} = 0.881 > \alpha = 0.05$$

이므로 귀무가설을 채택한다.

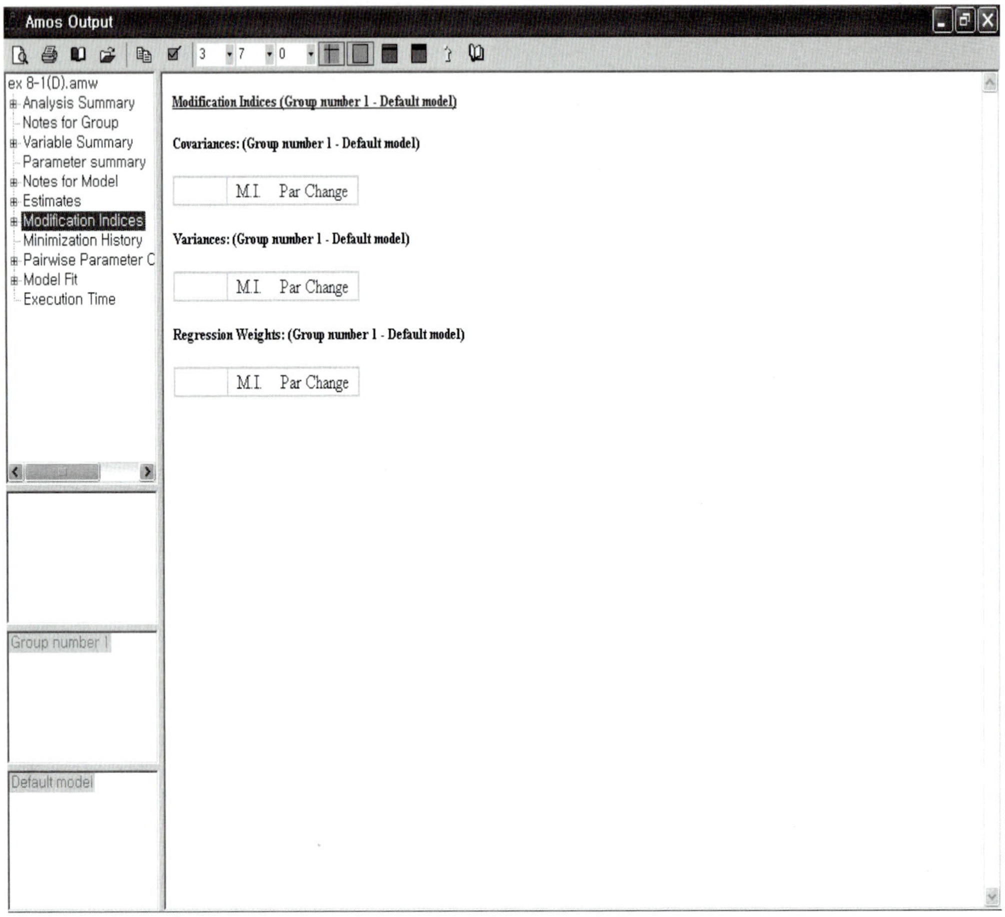

분석결과 중 [Modification Indices]를 보면 더 이상 모델 수정의 여지가 없음을 알 수 있다.

8.4 | 모델의 비교

여기에서 유의해야 할 사항은 처음에 모델을 구축하고 그 모델을 수정할 때에는 반드시 이론적인 근거가 있어야 한다는 것이다. 지금까지 논의되었던 모델 A, 모델 B, 모델 C, 모델 D 등을 비교·평가하기 위해서 다음과 같은 표를 만들어 정리했다.

표 8-3 모델의 적합도 평가

모델	Chi-square	df	유의확률	AIC	GFI	비고
A	16.728	11	0.116	50.728	0.879	부적합
B	17.562	12	0.130	49.562	0.864	
C	13.013	11	0.292	47.013	0.903	부적합
D	5.886	11	0.881	39.886	0.945	

모델 A와 모델 C는 마이너스 오차 분산이 발생해서 적합한 모델로서 허용되지 못했다. 따라서 모델 B와 모델 D를 비교·평가하여 적합한 모델을 채택하게 된다. 모델 B에 비해서 모델 D의 카이제곱 값이 작고 유의확률은 크다. 뿐만 아니라 AIC(작을수록 좋은 모델)는 더 작으며 GFI(1에 가까울수록 적합도가 높다)는 더 크다. 모든 판단기준에서 모델 B보다 모델 D가 더 적합한 모델임을 알 수 있다.

본 예제에서는 대기시간, 예약접수, 진료절차 등의 '절차'가 환자만족, 보호만족 등의 '만족'에 영향을 미칠 뿐만 아니라 의사진료, 간호치료 등의 '치료'에도 영향을 미칠 것이라는 연구가설을 설정하였다. 그리고 '치료'는 '만족'에 영향을 미칠 것이라는 가설도 설정하였다.

그러면 마지막으로 모델 D에 의하여 이들 가설을 검정하기로 한다.

분석결과 중 Regression Weights는 각 파라미터(모수)의 비표준화 인과계수(Estimate), 표준오차(S.E.), 기각비(C.R.)를 구해 주고 있다. 기각비는 인과계수를 표준오차로 나눈 것을 의미한다. 이 값의 절대치가 1.96보다 크면

$$\text{귀무가설 } H_0 : \text{ 그 인과계수는 0이다}$$

를 기각한다. 즉, 이 인과계수는 의미가 있다는 것이다.

Regression Weights: (Group number 1 - Default model)

			Estimate	S.E.	C.R.	P	Label
cure	<---	process	.571	.178	3.208	.001	par_5
satisfaction	<---	cure	-.191	.141	-1.357	.175	par_6
satisfaction	<---	process	-.529	.140	-3.768	***	par_7
진료절차	<---	process	1.000				
예약접수	<---	process	-.813	.121	-6.721	***	par_1
대기시간	<---	process	-.760	.133	-5.720	***	par_2
간호치료	<---	cure	1.000				
의사진료	<---	cure	.741	.089	8.332	***	par_3
환자만족	<---	satisfaction	1.000				
보호만족	<---	satisfaction	.177	.097	1.828	.068	par_4

따라서 process(절차) → cure(치료), process(절차) → satisfaction(만족) 등의 기각비(C.R.)는 모두 그 절대치가 1.96보다 커서 귀무가설이 기각되어 인과계수는 의미가 있게 된다. 다시 말하면 process는 cure와 satisfaction에 영향을 미치며, cure는 satisfaction에 그다지 영향을 미치고 있지 않음을 알 수 있다.

CHAPTER

9

수정지표와 Wald 검정에 의한 모델의 개량

CHAPTER 9

수정지표와 Wald 검정에 의한 모델의 개량

9.1 | 서론

사람이 두 명 이상 모이는 곳에는 반드시 인간관계가 생긴다. 실제로 부모자식 간이나 형제간 등 가정 내의 인간관계로부터 학교나 직장에서의 인간관계 등 실로 다양한 편성 속에서 인간은 생활하고 있는 것이다. 그 관계 속에서 인간관계에 관한 문제도 여러 가지 발생하고 있다. 인간은 출생의 순간부터 사회라고 하는 일정한 틀 속에 좋든 싫든 간에 던져 넣어져, 자신과 타인과의 관계를 의식하면서 생활을 영위하게 된다.

자신과 타인과의 관계에 있어서 자신이 취하는 태도를 대인태도라고 부른다. 이 태도가 인격의 일부로서 형성되는 것이다. Sullivan은 인격을 "인간의 생활을 특징짓는 반복적이고 영속적인 패턴(=대인태도)"이라고 정의하고 있다.[46] 이 대인태도란 주위의 사람들(부모, 형제, 친구, 선생님 등)과의 인간관계를 통해서 형성된다. 그 중에서도 Freud는 부모자식관계, 특히 모자관계는 중요하며 그것이 훗날 인격의 기초를 형성하고 타인과의 관계는 부모자식관계로부터 파생하여 만들어진다고 생각했다.[47] 이것을 도식화한 것이 <그림 9-1>이다.

---

46 Sullivan, H. S. (1953), Interpersonal theory of psychiatry, Norton. (中井久夫 外譯) (1990), 精神醫學は對人關係論である, みすず書房)

47 Freud, S. (1953), Three essays on the theory of sexuality, Standard edition, vol. 7 (Originally published in 1905), Hogarth press.

그림 9-1 Freud의 대인태도 형성 모델

부모자식관계를 생각하는 데 있어서 중요한 개념으로 부모와 자식의 정리(情理, parental bond)와 애착(attachment)이 있다. Bowlby는 "부모와 자식의 정리는 정서적 따뜻함(care giving)과 애착을 포함하는 인연이다"라고 기술하고 있다.[48] 이 중에서 먼저 애착에 대해서 "특정한 타인과의 정서적 연결, 즉 어떤 인간과 특정한 타인과의 사이에 형성되는 정애(情愛)의 인연이며, 게다가 시간과 공간을 초월해서 영속하는 것이다"라고 정의하고 있다. 또한 그는 인생에 있어서 어릴 적의 어머니(혹은 어머니 같은 양육자)와의 계속적인 따뜻한 정서적 관계가 훗날의 건강한 인격 발달에 불가결하다는 것을 기술했다. Fred 등도 종단적 연구로부터 "애착의 안정을 얻고 있는 아이는 불안정한 애착을 얻고 있는 아이보다 문제행동이 적다"고 밀하고 있다.[49]

근년의 애착이론은 인지적 발달, 정시 발달과 관련된 집근이 이루어지고 있으며 Bowlby가 제창한 내적 작업 모델 개념은 발달의 이론적, 실증적 연구뿐만 아니라 임상적으로도 유효한 개념으로서 급속히 발달하고 있다.[50] 이 이론에 의하면 안정적인 모델을 가진 사람(애정을 받고, 부모에 대해서 만족감을 느끼고 있는 사람)은 부모와의 관계를 떠나서도 그 대인세계에 대해서 신뢰를 기울이며 만족감을 느끼고 스스로도 높은 자존심을 가질 수 있다. 그 때문에 새로 만나서 친해질 수 있는 사람에 대해서 안정된 애착행동을 보일 수 있다고 생각된다. 또한 Bowlby는 애착이론 중에서 정리(情理)는 "정서적 연결의 하나로서 건전한 발달의 경과를 따라 가면, 우선은 자식과 부모 사이의 정리가 생기고 훗날에는 성인끼리의 사이에서 정서적 정리가 발달하여 이들 정리는 생애를 통해서 존재한다"고 기술하고 있다.[51] 또한 Klaus 등은 아이에 대한 어머니의 애착은 인간이 갖는 가장 강한 정리이며, 이와 같은 근원적인 모자의 정리야말로 유아(乳兒)에게 계속해서 생기는 애착의 원천이라고 말하고 있다.[52] 그리하여 아이의 일생을 통해서 이 애착의 강도와 질이 장래 다른 사람들과의 사이에 생기는 정리의 질을 결정하게 된다고 한다.

---

48 Bowlby, J. (1969), Attachment and Loss. vol. 1, Attachment, New York : Basic Books.
49 Fred, R., Karen, S. R., Martha, P., & Mona, B. (1995), Early Parent-Child Relationships and Later Problem Behavior : A Longitudinal Study, Merrill Palmer Quarterly, 41, pp. 133~151.
50 Bowlby, op. cit.
51 Bowlby, J. (1988), A Secure Base, New York : Basic Books.
52 Klaus, M. H., & Gover, M. R. (1976/1982), Maternal-infant Bonding, Saint Louis : Mosby.

Parker 등은 정리의 형성과정이나 요인이 "애착행동의 개인차라고 하는 아이의 특성이나 부모의 특성, 부모와 자식의 상호작용 그리고 심리적·문화적 배경 등 여러 가지의 영향을 받는다"고 기술하고 있다.[53] 동시에 그들은 이들 요인 중에서도 특히 부모와 자식의 정리를 형성할 때에는 부모가 공헌하는 요인을 정의하는 중요성을 지적하고, 그 측정방법으로서 PBI(parental bonding instrument)를 작성했다. PBI는 "정서적 따뜻함(care)"과 "과보호(over-protection)"의 두 요인으로 구성되고 있으며, 그 개념을 도식화한 것이 <그림 9-2> 이다.

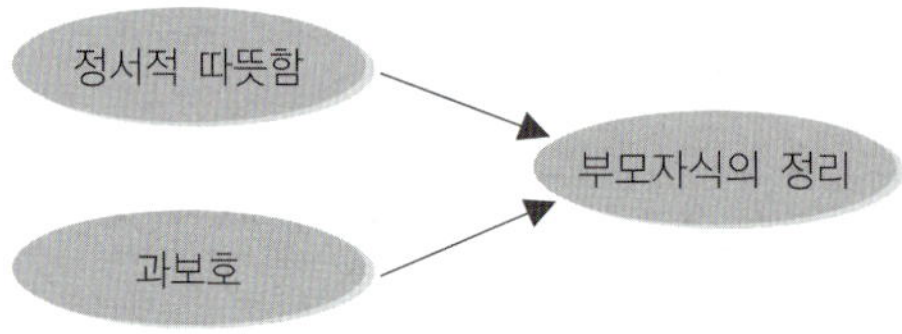

그림 9-2 Parker 등의 부모 자식의 정리에 대한 개념 모델

한편, 대인태도·대인불안의 연구로부터도 부모의 자식에 대한 태도, 응대방식이 아이의 훗날의 대인태도에 미치는 영향에 대해서 많은 연구가 이루어지고 있다. 예를 들면, Leary는 "부모가 권위주의인 경우에 아이는 자기에 대한 신뢰감을 키울 수 없고, 대인적으로 불안을 느끼게 된다"고 기술하고 있다.[54] 또한 Parker가 사회공포증환자를 조사했더니 "그 대부분이 부모의 양육태도에 대해서, 애정이 결핍된 한편으로 과보호라고 하는 인상을 갖고 있다"고 보고하고 있다.[55] 곤도(近藤)는 "부모에게 사랑 받지 못하고 거절당하여 자란 아이는 부정적인 자기개념을 형성하게 되는 한편, 대인 커뮤니케이션을 위협적인 것으로 간주하는 경향을 몸에 지니게 된다"고 생각했다.[56] 그리고 또 "과보호에 의하여 사회로부터 격리되어 자란 경우, 여러 가지 사회적 자극에 순응할 기회가 상실됨으로써 유아기의 특징인 낯선 사람이나 새로운 상황에 대한 공포반응이 장기간에 걸쳐서 계속되게 된다"고 추측하고 있다. 이들 보고로부터 부모의 대응방식이 과보호였다고 느끼고 있는 아이는 대인관계에서 불안감을 갖기 쉽다고 생각할 수 있다.

---

53 Parker, G., Hillary, T., & Brown, L. B. (1979a), A Parental Bonding Instrument, British Journal of Medical Psychology, 52, pp. 1~10.

54 Leary, M. R. (1983), Understanding Social Anxiety, Beverly Hills : Sage.

55 Parker, G. (1979b), Reported Parental Characteristics of Agoraphobics and Social Phobics, British Jouranl of Psychiatry, 135, pp. 555~560.

56 近藤眞治(1996), コミュニケーション不安の形成と治療, ナカニシヤ出版.

그런데 대인관계를 영위하는 데 있어서 중요한 대인태도에 대해서 대인지향성(interpersonal orientation)이라고 하는 개념이 있다. 대인관계에 있어서의 행동의 결정과정은 여러 가지 요인에 의해서 영향을 받는데, 이 대인지향성은 Rubin & Brown이 제창한 개념으로 상호의존관계의 대인측면에 대한 민감성의 연속변량이라고 정의되고 있다.[57] 그들에 의하면 대인지향성이 높은 사람은 다른 사람과의 관계에 있어서 대인적 측면에 민감하게 반응하고, 다른 사람 행동의 결과를 두 사람이 관련되어 있는 특정한 상황보다도 다른 사람의 인격에 귀속하는 경향이 있기 때문에, 다른 사람과 관계하는 모든 측면이 중요한 사상이 된다. 한편, 대인지향성이 낮은 사람은 다른 사람과의 관계에 있어서 대인적 측면에는 민감하게 반응하지 않고, 자기자신의 이익을 최대화하는 데에 관심을 기울이며 다른 사람의 본질을 찾아내는 데에 관심이 없다. 즉, 대인지향성이 낮은 사람은 다른 사람 행동의 결과를 다른 사람의 인격 요인보다는 특정한 상황요인에 귀속하는 경향이 있다.

Swap & Rubin은 대인지향성 척도로서 IO 척도를 작성했다. 이 척도에서는 대인지향성이 "인간관계지향성", "대인적 관심·반응성", "개인주의 경향"의 세 가지 하위척도로 구성된다고 한다. "인간관계지향성" 척도에서는 인간관계를 긍정적으로 파악하고 있는지, 부정적으로 파악하고 있는지가 측정된다. "대인적 관심·반응성" 척도에서는 대인적 측면에 대해서 민감하게 반응하는지, 어떤지가 측정된다. "개인주의 경향" 척도에서는 자기주장으로 행동한다고 하는 개인주의적 경향이 있는지 어떤지가 측정된다. 이 개념을 도식화한 것이 <그림 9-3>이다.

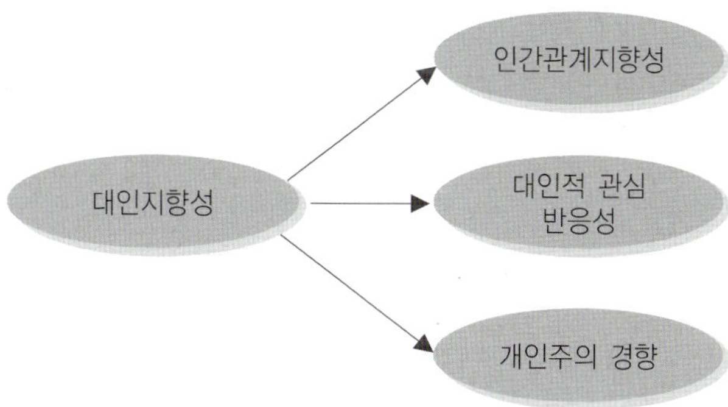

그림 9-3 대인지향성의 개념 모델

57 Rubin, J. Z., & Brown, B. R. (1975), The Social Psychology of Bargaining and Negotiation, New York : Academic Press.

이와 같이 어머니의 양육태도가 청년기의 대인태도에 영향을 미치고 있다는 것은 많은 선행연구에서 밝혀졌지만, 그 영향이 직접적인 것인지, 어느 대인태도에 부모의 양육태도가 크게 영향을 미치는지를 밝힌 연구는 그리 많지 않다. 그래서 본 장에서는 이러한 논의 속에서 취할 수 있는 가설을 중심으로 모델을 구성하고, 유아기의 어머니 양육태도가 청년기의 대인태도에 미치는 영향에 대해서 구조방정식모형분석에 의한 검증을 시도해 본다.

9.2 | 실증적 분석

청년기의 대인태도에 대한 어머니의 양육태도의 영향을 연구하기 위해서 실증적인 데이터 분석이 실시되었다. 조사는 1997년 10월 하순부터 11월 중순에 걸쳐서 일본 관서지방의 K대학 학생 221명(남학생 103명, 여학생 118명)에 대해서 실시되었다.[58] 피험자의 연령은 18세에서 25세까지로 평균연령은 20.1세였다. 피험자에게는 PBI와 대인지향성 척도(IO)로 명명된 두 가지의 질문표를 배포하여 회답을 기술한 후, 직접 회수되었다. 회답누락이나 기입오류를 제외한 207명을 본 연구의 피험자로 했다. 조사에 사용한 두 가지의 질문지는 다음과 같은 것이다.

(1) PBI

PBI는 부모의 양육태도를 측정하는 질문지로 25개 항목으로 이루어졌다. 회답은 "완전히 그렇다"(3점)에서 "전혀 틀리다"(0점)까지의 4점 척도이다. PBI는 원래 양친의 양육태도를 측정하는 것이었는데, 본 조사에서는 어머니의 양육태도의 영향을 조사하는 것을 제1의 목적으로 하고 있으므로 어머니만을 회상해서 회답하게 했다.

(2) IO

IO는 대인지향성을 측정하는 질문지로 17항목으로 이루어진다. 회답은 "완전히 그렇게 생각한다"(5점)에서 "전혀 그렇게 생각하지 않는다"(1점)까지의 5점 척도이다.

구조방정식모형분석을 실시하기 전에 부모의 양육태도를 측정하는 PBI와 대인지향성을 측정하는 IO의 구성개념을 분명히 하기 위해서 먼저 SPSS를 이용하여 탐색적 요인분석을

58 山本嘉一郎·小野寺孝義編著, Amosによる共分散構造分析と解析事例, ナカニシヤ出版, 1999, pp. 111~124.

실시했다. 그 분석결과로부터 본 연구에서 사용할 질문항목을 결정했다.

어머니의 양육태도와 청년기 대인태도의 관계를 구조방정식모형분석을 이용해서 분석하기 위하여, 전술한 요인분석의 결과로부터 특히 높은 부하량을 보이는 항목만을 관측변수로서 사용했다. 그 항목은 다음과 같고 각 항목 간의 상관계수 및 표준편차는 데이터 파일 <예제 9-1>에 수록되어 있다.

Q1	말걸기	Z2	사람사귐
Q6	다정함	Z4	인간기피
Q12	미소짓기	Z10	비판염려
Q15	아이판단	Z11	자의식(과잉)
Q18	대화없음	Z15	자기중심
Q19	부모의존	Z16	자기주장
Z1	인간중시		

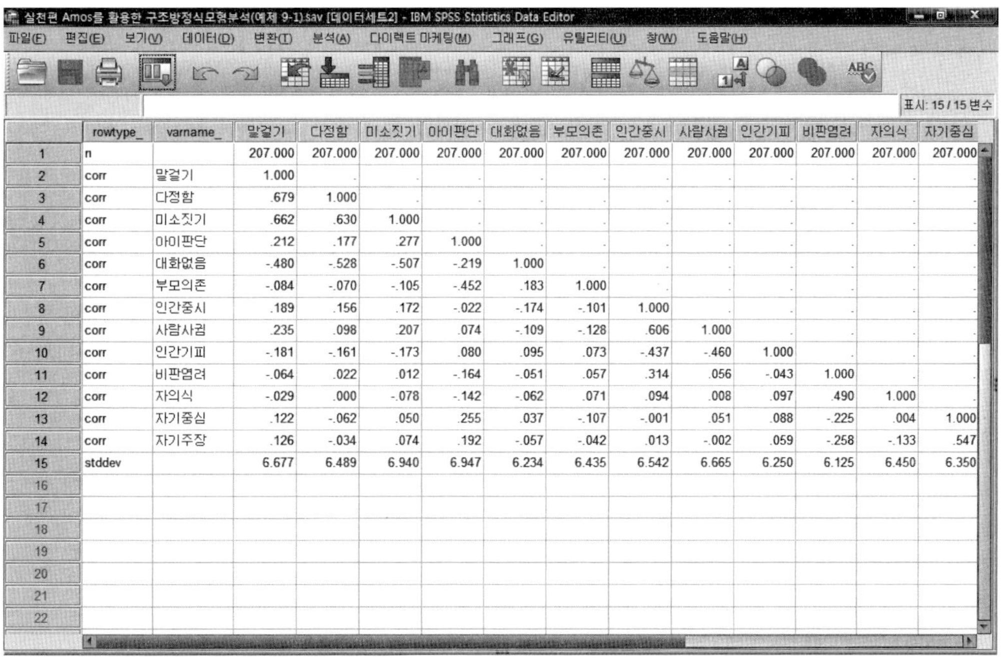

	rowtype_	varname_	말걸기	다정함	미소짓기	아이판단	대화없음	부모의존	인간중시	사람사귐	인간기피	비판염려	자의식	자기중심
1	n		207.000	207.000	207.000	207.000	207.000	207.000	207.000	207.000	207.000	207.000	207.000	207.000
2	corr	말걸기	1.000	.	.	.	.	.	.	.	.	.	.	.
3	corr	다정함	.679	1.000	.	.	.	.	.	.	.	.	.	.
4	corr	미소짓기	.662	.630	1.000	.	.	.	.	.	.	.	.	.
5	corr	아이판단	.212	.177	.277	1.000	.	.	.	.	.	.	.	.
6	corr	대화없음	-.480	-.528	-.507	-.219	1.000	.	.	.	.	.	.	.
7	corr	부모의존	-.084	-.070	-.105	-.452	.183	1.000	.	.	.	.	.	.
8	corr	인간중시	.189	.156	.172	-.022	-.174	-.101	1.000	.	.	.	.	.
9	corr	사람사귐	.235	.098	.207	.074	-.109	-.128	.606	1.000	.	.	.	.
10	corr	인간기피	-.181	-.161	-.173	.080	.095	.073	-.437	-.460	1.000	.	.	.
11	corr	비판염려	-.064	.022	.012	-.164	-.051	.057	.314	.056	-.043	1.000	.	.
12	corr	자의식	-.029	.000	-.078	-.142	-.062	.071	.094	.008	.097	.490	1.000	.
13	corr	자기중심	.122	-.062	.050	.255	.037	-.107	-.001	.051	.088	-.225	.004	1.000
14	corr	자기주장	.126	-.034	.074	.192	-.057	-.042	.013	-.002	.059	-.258	-.133	.547
15	stddev		6.677	6.489	6.940	6.947	6.234	6.435	6.542	6.665	6.250	6.125	6.450	6.350
16														
17														
18														
19														
20														
21														
22														

■ 모델의 구축

어머니의 양육태도와 그 아이의 대인태도의 관계는 두 개의 개념 모델로 생각할 수 있다. 그 하나로 어머니의 양육태도가 직접 대인태도에 영향을 미친다고 생각하여 어머니 양육태도의 '정서적 따뜻함(geniality)'과 '과보호(overcare)'가 청년기의 '인간관계지향성(human relations)', '대인적 관심·반응성(personal relations)', '개인주의 경향(individualism)'에 각각 영향을 미친다고 상정하고 있다(<그림 9－4> 참조). 또 하나의 모델로서는, 어머니의 양육태도가 '부모와 자식의 정리(humanity)'를 형성한다고 생각하고 그것이 청년기의 대인태도에 영향을 미친다고 상정하고 있다(<그림 9－5> 참조).

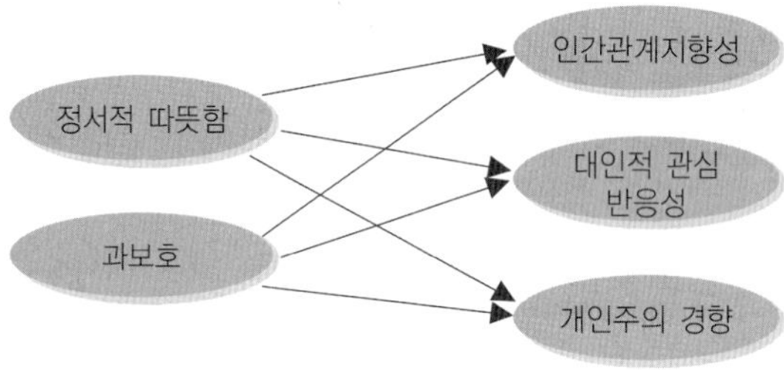

그림 9-4 어머니의 양육태도가 직접 대인태도에 영향을 미친다고 생각하는 개념 모델

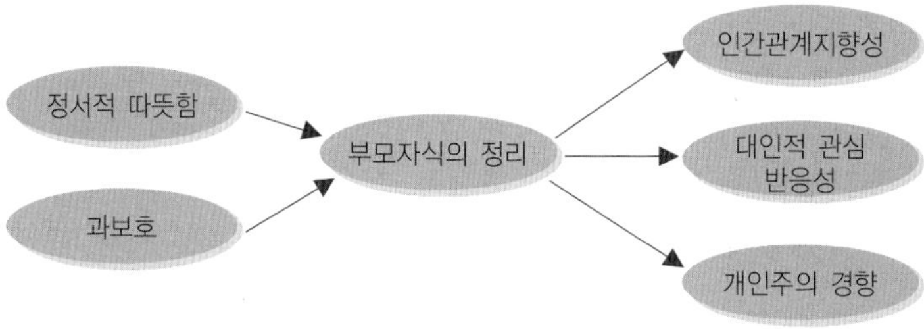

그림 9-5 어머니의 양육태도가 부모와 자식의 정리를 형성하여 대인태도에 영향을 미친다고 생각하는 개념 모델

이들의 개념 모델을 중심으로 본 연구에서는 세 종류의 모델을 설정했다. 분석에 이용한 모델은 다음과 같다.

(1) 모델 A

전술한 Freud(1953)의 대인태도 형성 모델에 Rubin & Brown(1975)의 대인지향성의 개념 모델과 Parker(1979a)의 부모자식 간 정리의 개념 모델을 조합하면 다음과 같은 가설이 성립된다.

먼저 어머니의 양육태도는 PBI의 '정서적 따뜻함'과 '과보호' 등 두 개의 잠재변수로서 간접적으로 측정된다고 가정한다. 또한 대인태도는 IO의 '인간관계지향성', '대인적 관심·반응성', '개인주의 경향' 등 세 개의 잠재변수로서 간접적으로 측정된다고 가정한다. 그리고 시간적으로 선행하는 어머니의 양육태도(두 개의 잠재변수)가 현재의 대인태도(세 개의 잠재변수)에 각각 영향을 미치고 있다고 가정한 것이 모델 A이다(<그림 9-6> 참조).

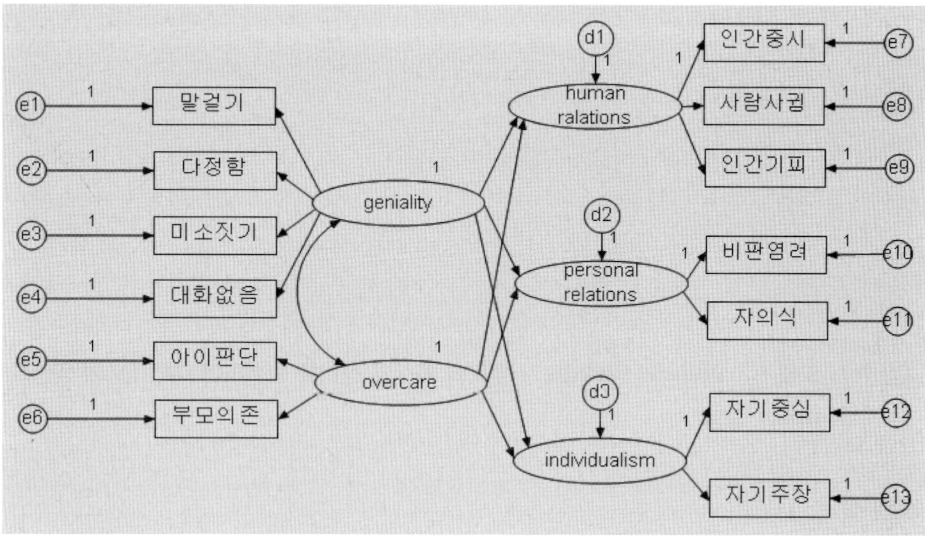

그림 9-6 모델 A : 어머니의 양육태도가 직접 대인태도에 영향을 미치는 모델

PBI의 '정서적 따뜻함'과 '과보호' 등 두 개의 잠재변수가 IO의 '인간관계지향성', '대인적 관심·반응성', '개인주의 경향' 등 세 개의 잠재변수에 각각 영향을 미치고 있다는 것을 가정하고 있다.

(2) 모델 B

다음의 모델 B는 모델 A와 마찬가지로 Freud(1953)의 대인태도 형성 모델에 Rubin & Brown(1975)의 대인지향성의 개념 모델과 Parker(1979a)의 부모자식 간 정서의 개념 모델을 조합한 것인데, 부모자식 간 정서의 개념을 잠재변수로서 모델에 도입한 것이다(<그림 9-7> 참조).

이 모델에서는 '정서적 따뜻함'과 '과보호' 등 두 개의 잠재변수가 '부모자식의 정리(humanity)'라고 하는 잠재변수를 구성하고, 그것이 대인태도에 영향을 미치고 있다는 것을 가정하고 있다.

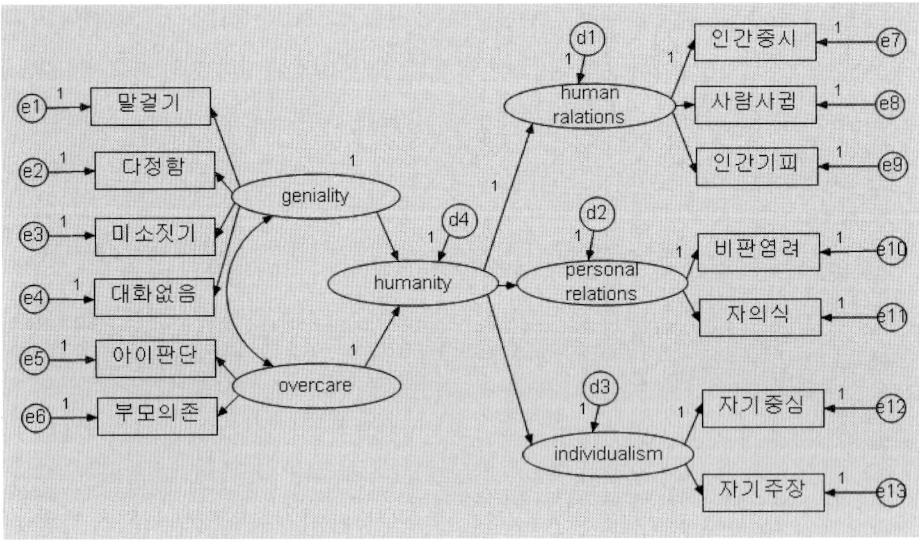

그림 9-7 모델 B : 어머니의 양육태도가 부모와 자식의 정리를 형성하여 대인태도에 영향을 미치는 모델

(3) 모델 C

본 연구에서 이용한 IO의 탐색적 요인분석의 결과를 고찰하면, 인간관계를 긍정적으로 파악하여 적극적으로 다른 사람과 관계하고자 하는 태도나 남은 남이고 나는 나라고 단정적으로 사물을 생각한다거나 하는 경향은 상황에 비교적 좌우되는 바가 적은 개인적인 행동특성이라고 생각된다. 즉, 하위척도인 '인간관계지향성'과 '개인주의경향'은 인격 특성을 측정하고 있다고 생각된다.

이에 비해서 '대인적 관심·반응성'의 항목은 남으로부터의 비판이 마음에 걸리는 등, 상황요인에 의해서 회답이 바뀔 가능성이 있다. 또한 현대 젊은이들의 대인관계에 대한 의식은 대단히 과민하다. 현재 청년기에 있는 젊은이가 유아기에 어떠한 환경 하에서 자랐는지를 생각해 보면, 핵가족화나 소수 자녀의 영향으로 지역사회와의 연결이 희박화되었다고 하는 배경이 있다. 가족과의 연결, 개인주의적 경향은 강했지만 그것 이외의 다른 사람과의 관계가 경험부족 때문에 원만하지 못하다고 하는 젊은이도 많다. 따라서 '대인적 관심·반응성'은 어머니의 양육태도로부터의 영향보다도 생육환경 쪽으로부터 더 영향을 받고 있다고 생각되어, 종래의 모델이 적응될 수 없다고도 생각된다. 그래서 '대인적 관심·반응성'의 잠재변수를 제거한 것이 모델 C이다(<그림 9-8> 참조).

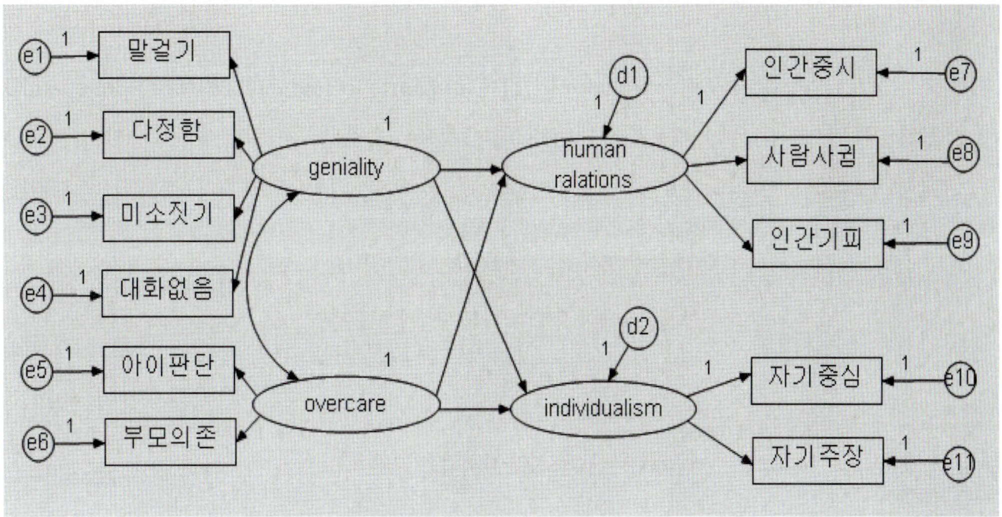

그림 9-8 모델 C : 생육환경에 영향을 받기 쉽다고 생각되는 「대인적 관심 반응성」을 삭제한 모델

■ 분석의 결과

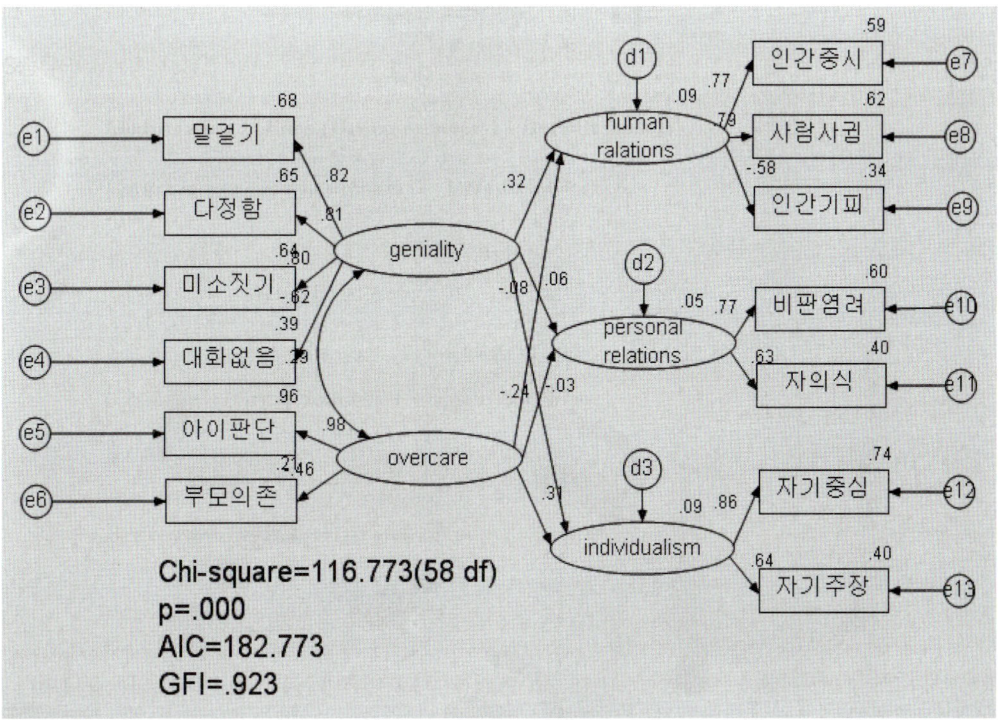

그림 9-9 모델 A의 분석결과

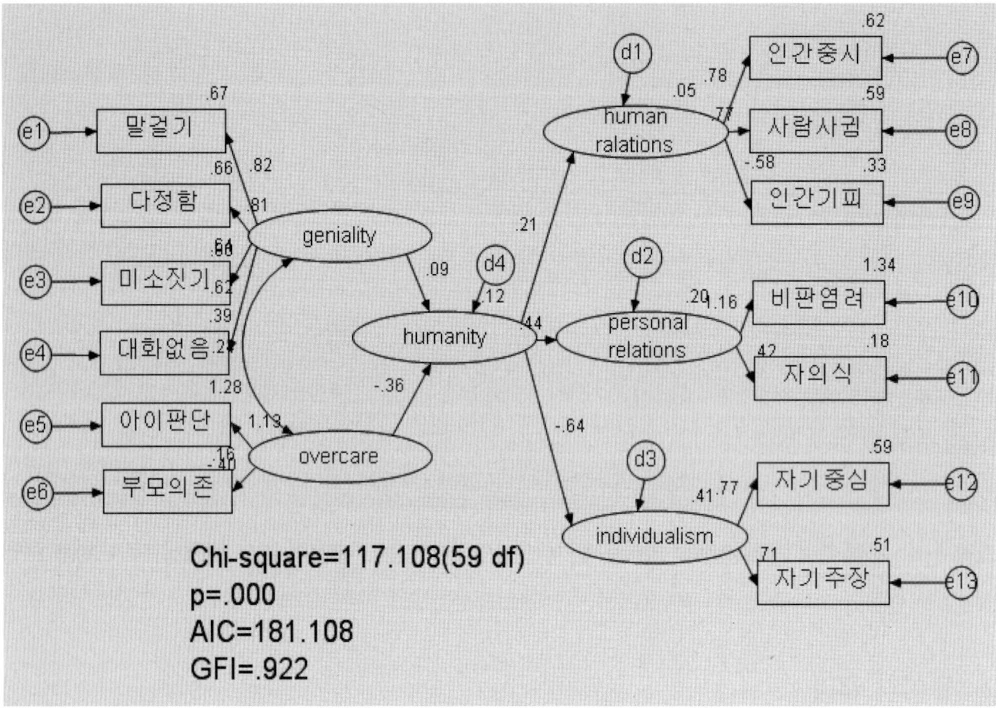

그림 9-10 모델 B의 분석결과

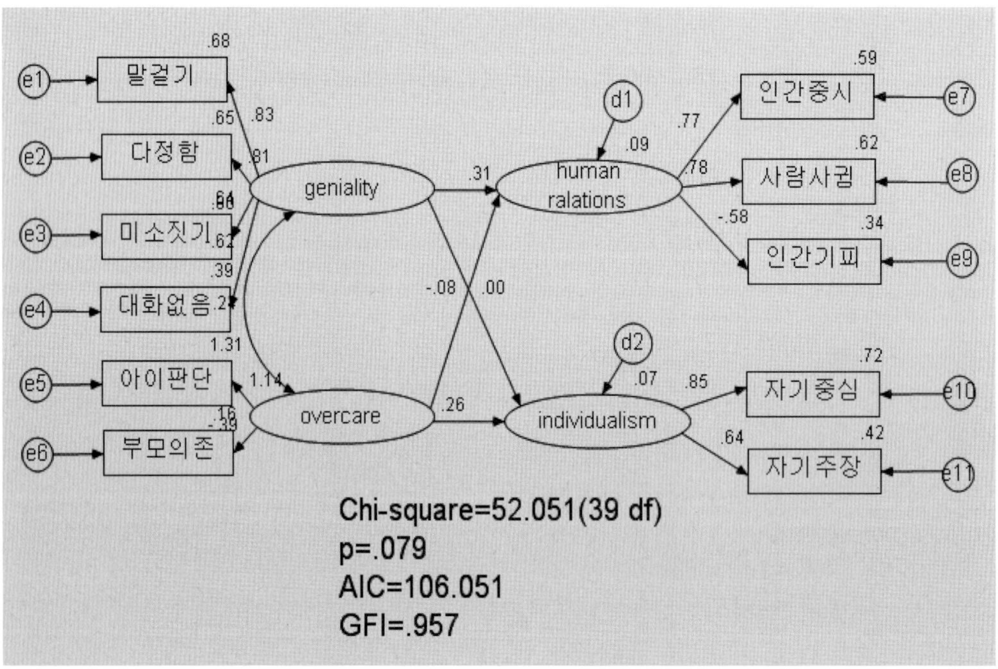

그림 9-11 모델 C의 분석결과

표 9-1 부모자식의 정리가 대인지향성에 미치는 영향에 대한 구조방정식모형분석 결과

모델	카이제곱 검정			GFI	AGFI	AIC	RMSEA
	카이제곱	자유도	유의확률				
A	116.773	58	0.000	0.923	0.879	182.773	0.070
B	117.108	59	0.000	0.922	0.879	181.108	0.069
C	52.051	39	0.079	0.957	0.927	106.051	0.040

모델 A에서 모델 C까지의 분석결과를 정리하면 위의 <표 9-1>과 같다. 모델 A와 모델 B는 카이제곱검정의 결과에 의해서 기각되어 모델 C만이 수용된다. 또한 적합도를 보면 GFI는 모든 모델에서 0.9를 초과하고 있으나 AGFI에서 0.9를 초과한 것은 모델 C뿐이다. 더욱이 모델 C는 AIC나 RMSEA도 다른 것에 비해서 최소이다. 따라서 본 연구의 데이터로부터 모델 C가 보다 적절하다는 것을 알 수 있다. 그래서 모델 C를 청년기의 대인태도에 대한 어머니 양육태도의 영향 모델로서 채택하기로 한다.

<그림 9-11> 모델 C의 분석결과에서는 각 잠재변수로부터 그 관측변수에 이르는 경로계수는 모두 높은 값을 보이고 있고, C.R. 값에 의하면 모두 유의하다. 그러나 잠재변수 간의 경로 중에는 매우 작은 경로계수도 눈에 보인다('정서적 따뜻함' → '개인주의경향' =0.00, '과보호' → '인간관계지향성' = −0.08). 이들의 경로계수는 다음에 기술할 Wald 검정으로부터 유의하지 않다는 것이 지적된다. 그래서 이 모델을 해석하기 전에 보다 적절한 모델로의 수정의 가능성을 고찰할 필요가 있다.

9.3 | 모델의 수정

모델 C를 더 적절한 모델로 개량하기 위해서 수정지표(Modification Index)와 1변량 Wald 검정을 이용하여 수정을 실시한다. 수정지표는 모델에 추가할 것을 고려할 만한 상관이나 경로가 존재하는지 어떤지를 시사하고, Wald 검정은 모델로부터 불필요한 상관이나 경로를 삭제할 가능성을 나타낸다.

1. 수정지표

모델에 상관이나 경로를 더 추가함으로써 그 모델이 보다 적절한 모델로 되는 경우가 있다. 이와 같이 의미가 있는 상관이나 경로를 통계적으로 찾아내기 위해서 일반적으로는 LM 검정(Lagrange Multiplier : 라그랑쥬의 승수 검정)이라고 불리고 있는 것이 이용된다.[59] Amos 에서는 계산시간이 짧고 많은 지표를 검토할 수 있다고 하는 장점으로부터 수정지표를 채택하고 있다. 수정지표는 1변량의 LM 검정과 같은 목적으로 사용된다.[60]

수정지표에서는 상관을 가정하고 있지 않은 변수 간이나 경로를 상정하고 있지 않은 변수 간에 상관이나 경로를 가정한 경우에, 카이제곱 값이 유의하게 감소하는 곳을 보여 준다. 수정지표를 결과에 표시하기 위해서는 메뉴에서 [View]－[Analysis Properties...]－[Output]를 차례로 선택하여 [Analysis Properties] 대화상자가 나타나면 [Modification indices]를 체크하면 된다.

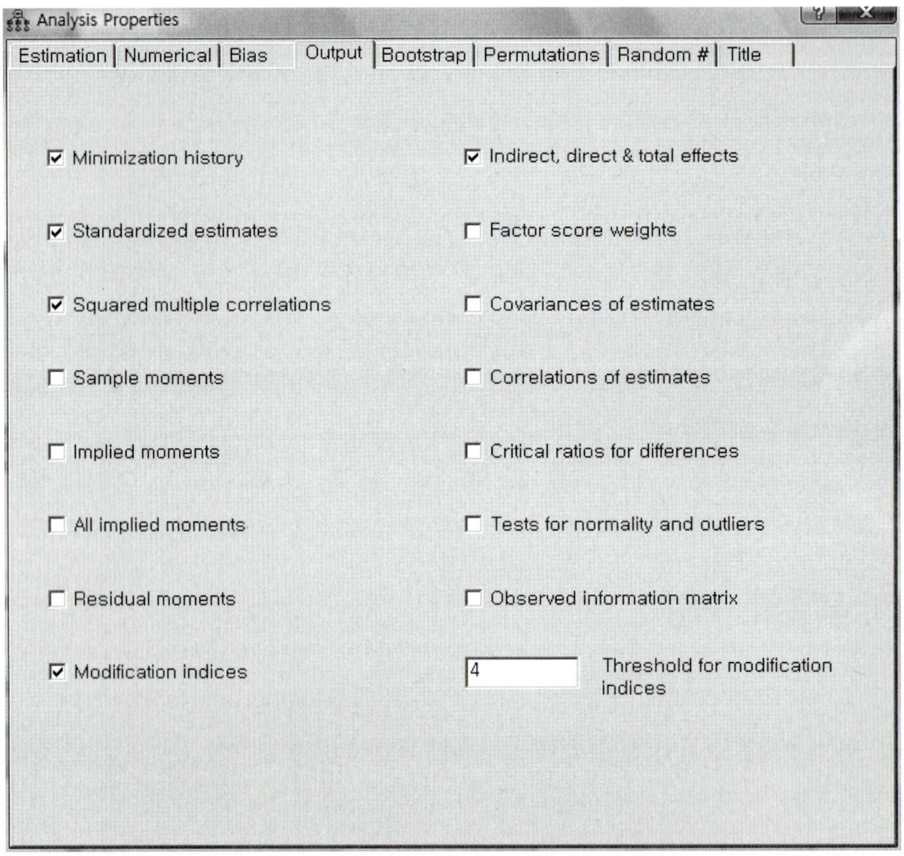

모델 C의 분석결과로부터 수정지표의 출력결과를 보면 다음과 같다.

59　豊田秀樹(1992), SASによる共分散構造分析, 東京大學出版會.

60　狩野裕(1997), グラフィカル多變量解析, 現代數學社.

Modification Indices (Group number 1 - Default model)

Covariances: (Group number 1 - Default model)

			M.I.	Par Change
e8	<-->	overcare	4.056	.597
e2	<-->	d2	6.741	-4.724
e2	<-->	e8	7.326	-4.236
e1	<-->	d2	9.037	5.501
e1	<-->	e10	4.020	3.230

Variances: (Group number 1 - Default model)

	M.I.	Par Change

Regression Weights: (Group number 1 - Default model)

			M.I.	Par Change
대화없음	<---	부모의존	4.045	.111
다정함	<---	individualism	8.483	-.189
다정함	<---	자기주장	6.139	-.122
다정함	<---	자기중심	7.011	-.128
다정함	<---	사람사귐	5.288	-.106
말걸기	<---	individualism	6.976	.173
말걸기	<---	자기주장	4.393	.104
말걸기	<---	자기중심	7.027	.129

이 결과로부터 카이제곱 값이 유의하게 변화하는 공분산이나 경로계수가 몇 개 시사되고 있다. 예를 들면, 공분산(Covariances)의 네 번째 행은 e1과 d2 사이의 공분산을 인정하면 카이제곱 값은 9.037 감소하고 그 공분산의 값은 5.501이 된다는 것을 나타내고 있다. 그리고 경로계수(Regression Weights)의 두 번째 행은 '개인주의 경향(individualism)'으로부터 '다정함'으로의 경로를 그을 경우 카이제곱 값이 8.483 감소하고 그 경로계수가 −0.189라는 것을 보이고 있다. 그러나 계산상에서 가능성을 시사하는 이와 같은 상관이나 경로는 어머니의 양육태도와 청년기 대인태도의 시점이 다른 두 개의 개념 사이를 걸치는 것이며, 이론적으로 채택할 수 있는 것은 아니다. 다른 상관이나 경로에 대해서도 마찬가지이며 따라서 본 연구에서는 모델 C에 새로 상관이나 경로를 추가하지 않기로 한다. 이와 같이 통계상 의미가 있는 상관이나 경로이더라도 이론상 무리가 있는 것은 채택할 수 없는 경우가 있다.

2. Wald 검정

같은 가설이더라도 더 단순한 모델로 개념을 설명하고 싶은 경우, Wald 검정을 이용한다. Wald 검정에서는 모델의 경로나 상관 중에서 유의하지 않은 것을 찾아낼 수 있다. Amos에서는 출력결과의 C.R. 난에 Wald 검정의 결과가 표시된다. 그 값이 표준정규분포의 양측 5% 이내, 즉 절대치가 1.96 이상이면 검정은 유의하게 된다. 모델 C의 경로계수나 상관의 값을 정리하면 다음과 같다.

Regression Weights: (Group number 1 - Default model)

			Estimate	S.E.	C.R.	P	Label
human_ralations	<---	geniality	1.567	.445	3.523	***	
individualism	<---	geniality	-.013	.491	-.027	.978	
human_ralations	<---	overcare	-.414	.362	-1.142	.253	
individualism	<---	overcare	1.406	.557	2.523	.012	
말걸기	<---	geniality	5.501	.404	13.612	***	
다정함	<---	geniality	5.216	.397	13.148	***	
미소짓기	<---	geniality	5.541	.425	13.026	***	
대화없음	<---	geniality	-3.874	.415	-9.337	***	
아이판단	<---	overcare	7.934	1.853	4.281	***	
부모의존	<---	overcare	-2.534	.725	-3.494	***	
인간중시	<---	human_ralations	1.000				
인간기피	<---	human_ralations	-.728	.103	-7.048	***	
사람사귐	<---	human_ralations	1.042	.136	7.666	***	
자기중심	<---	individualism	1.000				
자기주장	<---	individualism	.748	.231	3.232	.001	

Covariances: (Group number 1 - Default model)

			Estimate	S.E.	C.R.	P	Label
geniality	<-->	overcare	.242	.086	2.803	.005	

위의 결과를 보면 "정서적 따뜻함"에서 '개인주의 경향'으로 그은 경로(C.R. = −0.027)와 '과보호'에서 '인간관계지향성'으로 그은 경로(C.R. = −1.142)가 유의하지 않은 것을 알 수 있다. 단순하게 생각하면 이 두 개의 경로를 삭제하면 되겠지만, 실제로 동시에 두 개 이상의 경로를 삭제하는 것은 적절하지 못하다. 왜냐하면 첫 번째의 경로를 삭제한 것만으로 나머지의 경로가 유의하게 될 가능성이 있기 때문이다. 그래서 먼저 C.R.의 값이 가장 작은 경로를 하나 삭제하고 분석을 실행한다. 그 결과에서 유의하지 않은 경로가 아직 있는 경우는 그 중에서 C.R.이 가장 작은 경로를 하나 삭제하고 실행한다. 유의하지 않은 경로가 없어질 때까지 이 작업을 반복하게 된다.

먼저 '정서적 따뜻함'에서 "개인주의 경향"으로 그은 경로만을 삭제한 것을 모델 C1이라 부르고, '과보호'에서 '인간관계지향성'으로 그은 경로만을 삭제한 것을 모델 C2라 부르며 두 경로를 모두 삭제한 것을 모델 C3라고 부르기로 한다. 다음의 <그림 9−12>, <그림 9−13>, <그림 9−14>는 각각 이들 세 모델의 분석결과이다.

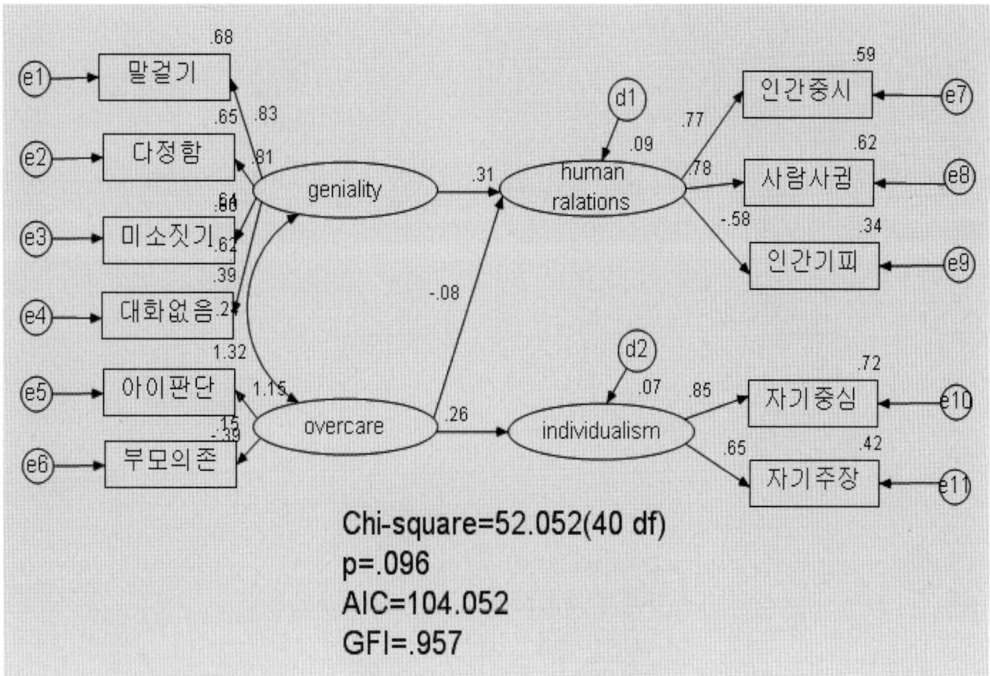

그림 9-12 모델 C1의 분석결과

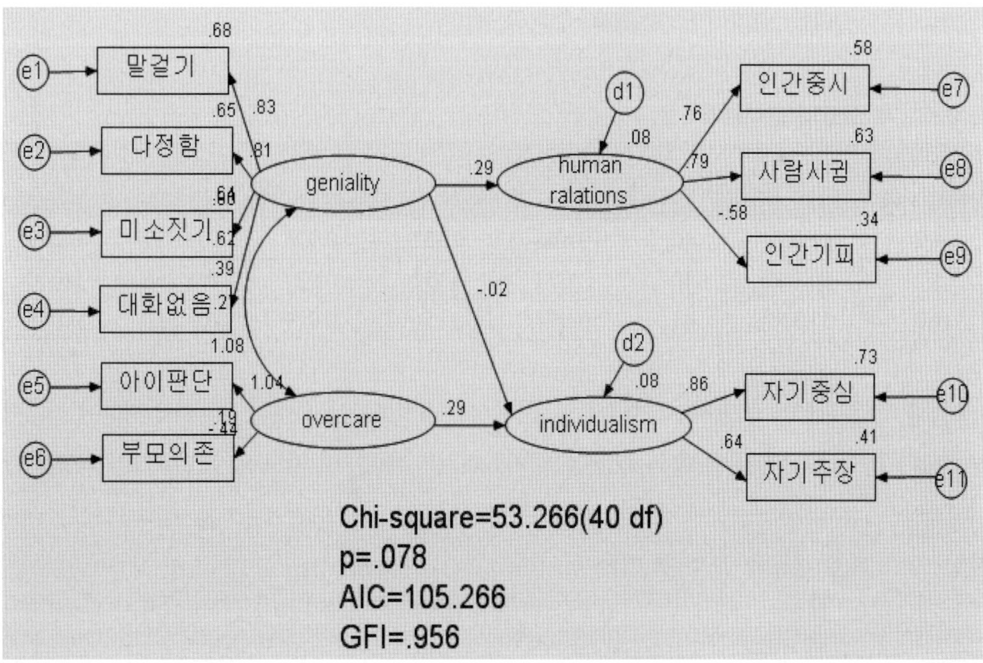

그림 9-13 모델 C2의 분석결과

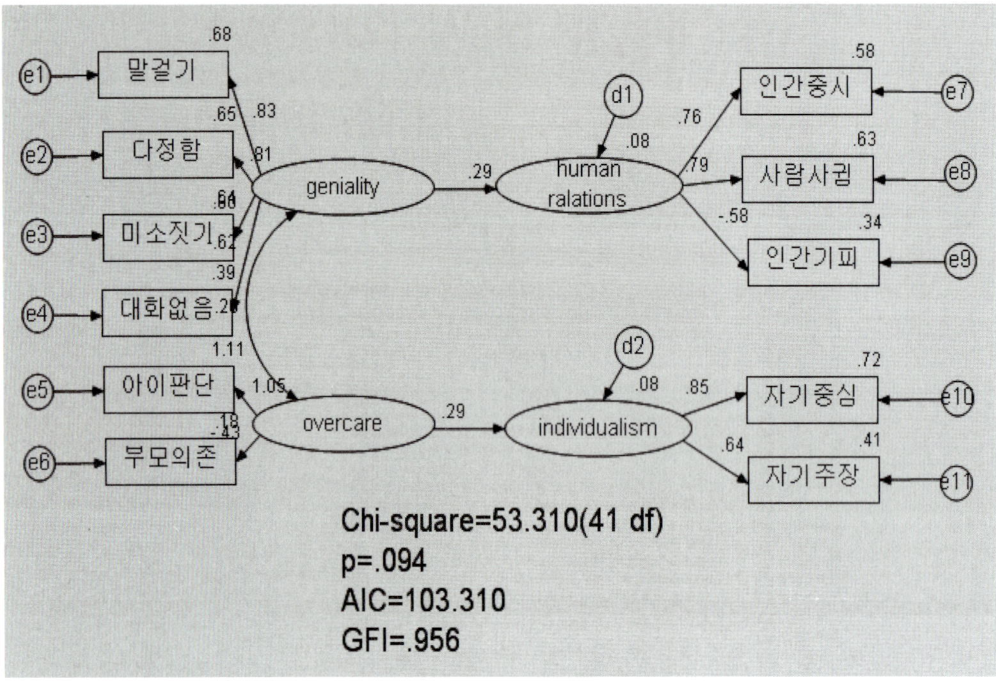

그림 9-14 모델 C3의 분석결과

이들 분석결과를 정리하면 <표 9-2>와 같다.

표 9-2 세 모델의 분석결과

모델	카이제곱 검정			GFI	AGFI	AIC	RMSEA
	카이제곱	자유도	유의확률				
C1	52.050	40	0.096	0.957	0.928	104.052	0.038
C2	52.266	40	0.078	0.956	0.927	105.266	0.040
C3	53.310	41	0.094	0.956	0.929	103.310	0.038

이 세 개의 모델을 비교하면 거의 같은 타당성을 보이고 있는 것을 알 수 있다. 이 경우에 "AGFI가 높고 AIC가 낮은 쪽의 모델을 채택한다"는 기준[61]에 따르면, 모델 C3가 채택된다. 이 모델은 '정서적 따뜻함'에서 '개인주의 경향'으로 그은 경로와 '과보호'에서 '인간관계지향성'으로 그은 경로를 모두 삭제한 것이다.

61 豊田秀樹, 前掲書.

9.4 | 고찰

본 연구에서 최종적으로 채택한 모델로부터, 유아기에 어머니의 태도로부터 정서적 따뜻함을 느낀 아이는 인간관계를 긍정적으로 파악하고 적극적으로 다른 사람과 관계하고자 하는 태도를 취한다는 것을 간파할 수 있다. 한편, 유아기에 어머니의 태도를 과보호로 간섭을 받았다고 느낀 아이는 남은 남이고 나는 나라고 단정적으로 사물을 보고 자기주장으로 행동한다고 하는 것을 알 수 있다. 이 결과로부터 어머니의 양육태도가 과보호이면 자기중심적이 되어 개인주의경향이 강해진다는 것을 알았다.

본 연구에서는 어머니의 양육태도를 회상하고 회답하게 한 것으로 어머니의 양육태도를 측정했고, 현재의 대인태도를 대인적 지향성의 관점에서 고찰했다. 무릇 청년기 후기의 대인태도는 유아기의 부모자식관계 이외의 여러 가지 요인에 의해서 형성되고 있다고 생각하는 것이 타당할 것이다. 가령 친구관계에 대해서 생각해 보면 동료는 때로 기본적 인격형성에 영향을 미치는 경우조차 있으며, 청년기가 자아동일성(自我同一性)을 획득하기까지의 자아의 혼란·동요기(動搖期)인 만큼 그 인격형성에 친구가 중요한 요인이 되는 것은 부정할 수 없을 것이다. 그러나 본 연구의 결과는, 유아기의 부모자식관계는 인간관계의 기초이며 성장 후 다른 사람과의 관계에 있어서 크게 영향을 미칠 수 있다는 것을 시사하고 있다고 말할 수 있다.

CHAPTER

10

다중지표 모델의 분석사례

CHAPTER 10 다중지표 모델의 분석사례

10.1 | 연구의 목적

원자력발전에 의한 전력공급은 최근에 이르러 주요 전력공급원이 되고 있다. 그러나 원자력발전은 모든 사람들에게 수용되고 있는 것이 아니고 찬성을 주장하여 원자력발전소의 건설을 용인하는 사람도 있는가 하면, 반대를 주장하여 건설에 이의를 제기하는 사람도 있다. 이와 같은 원자력발전에 대한 수용도가 국가의 원자력정책에 직접적으로 영향을 미친다는 사실로부터 수용도가 극히 중요한 인식이라고 생각된다. 이것에 따르면, 어떠한 요인에 의해서 수용도가 결정되는지를 검토하는 것이 큰 의미가 있다.

그래서 수용도 이외의 원자력발전에 대한 어떠한 인식이 수용도를 결정하고 있는지 검토한다. 예를 들면 "원자력발전에 의한 방사능의 영향이 염려된다", "원자력발전은 경제적인 발전방법이다"라고 하는 원자력발전에 대한 평가를 포함하는 인식은 원자력발전에 대한 수용도에 적잖이 영향을 미칠 것이다. 이와 같은 원자력발전에 대한 여러 가지 인식 중에서도 평가를 포함하는 것을 원자력발전에 대한 태도라고 부르기로 한다. 이에 비해서 "고리에는 원자력발전소가 있다", "원자력발전의 연료는 우라늄이다"라고 하는 인식은 원자력발전의 장소나 연료에 관한 객관적인 사실로서 주관적인 평가가 들어갈 여지가 없는 인식이다. 따라서 이들 인식은 태도가 아니고 원자력발전에 대한 수용도에 영향을 미치는 일도 없을 것이다. 그런데 원자력발전에 대한 수용도도 이에 대한 직접적인 평가이며 태도인 것이다. 그러나 여기에서는, 수용도는 그것 이외의 태도와는 분리해서 생각하기로 한다.

또한 본 연구에서는 원자력발전 관련의 사고보도에 관한 반응에 주목해 본다. 우리나라에서는 지금까지 환경에 심각한 영향을 미친 큰 원자력발전 사고는 일어나지 않았다. 그러나 작은 사고가 일어나고 있는 것은 지금까지 각종 매스컴에서 보도된 바 있다. 이 사고보도에 대한 반응은 사람마다 제각각일 것이다. 즉, 극히 작은 사고에 대한 보도에 대해서 그대로 작은 사고였다고 느끼는 사람도 있는가 하면, 큰 사고가 있었다고 느끼는 사람도 있다고 생각된다. 특히 원자력발전에 별로 관심이 없다는 등의 이유로 힐끗 기사의 표제를 본다거나 다른 데에 주의를 기울이고 있는 상태에서 아나운서의 목소리를 듣는 경우에는, 개인의 주관이 판단에 들어갈 가능성이 커지기 때문에 반응에는 커다란 개인차가 생길 것이다. 본 연구에서는 사고보도에 접했을 때 사고의 중대성에 대한 인식의 정도를 사고보도에 대한 과민성이라고 부르기로 한다. '과민성'은 원자력발전에 대한 태도의 하나로서 추출될 것으로 예측되는 사고나 환경오염에 대한 불안이라고 하는 구성개념에 영향을 미친다고 생각된다. 왜냐하면 원자력발전에 대한 인식은 개인적인 경험보다도 매스컴에 의한 보도를 통해서 형성되는 경우가 많다고 생각되기 때문이다. 사실 사람들은 '사고'에 대한 정보를 개인의 직접적인 경험에 의해 입수하는 경우는 거의 없고 그 대부분을 매스컴의 보도를 통해서 입수하고 있다.

이상으로부터 본 연구에서는 먼저 원자력발전에 대한 태도나 사고보도에 대한 과민성이 어떠한 잠재변수로 형성되고 있다고 생각하는 것이 타당한지를 탐색적 요인분석을 실시해서 검토한다. 그리고 탐색적 요인분석에 의해 그 존재가 추측되는 잠재변수와 수용도 사이에 어떠한 영향관계가 존재하는지에 대해서 모델을 구성하여 분석해 본다.

이와 같은 검토를 위해서는 복수의 잠재변수 사이의 관계를 분명히 할 수 있는 구조방정식모형분석이 적합하다. 원자력발전에 대한 수용도나 탐색적 요인분석에 의해서 얻어지는 요인은 직접 관측할 수 있는 변수의 배후에 있는 변수, 즉 잠재변수이다. Amos에 의한 구조방정식모형분석은 이들 변수 간의 영향과정을 검토할 수 있다.

10.2 | 조사방법 및 조사결과

원자력발전에 대한 태도를 측정하는 항목을 선정하기 위해서 먼저 2단계의 예비조사를 실시하여, 원자력발전에 대한 태도를 측정할 항목을 작성했다. 다음에 예비조사에서 얻어진 원자력발전에 대한 태도를 측정할 항목, 사고보도에 대한 과민성을 측정할 항목, 그리고 수용도를 측정할 항목을 이용해서 본 조사를 실시했다.

결국 본 조사는 2000년 10월부터 2001년 2월에 걸쳐서 실시되었으며, 새로운 원자력발전소가 설립될 예정지인 경상남도 K군 일대의 주민 820명을 대상으로 설문조사가 이루어졌다. 그 중 회답이 불충분한 것을 제거하고 최종적으로 756명을 분석대상으로 했다.

우선 측정한 항목이 구조방정식모형분석에 이용할 수 있는지를 판정하기 위해서 측정항목의 평균치, 표준편차, 왜도, 첨도 등을 산출했다. 다음에 원자력발전 사고에 대한 과민성과 원자력발전에 대한 태도의 탐색적 요인분석을 실시했다. 더욱이 그 결과 얻어진 잠재변수 간의 요인 모델을 작성하여 그 적합도를 구조방정식모형분석을 이용하여 검토했다.

원자력발전 사고에 대한 과민성을 측정하는 항목에 대해서는 "중대하지 않다"를 1점, "중대하다"를 5점으로 하는 평가를 실시했다. 원자력발전에 대한 태도를 측정하는 항목에 대해서는 "그렇게 생각하지 않는다"를 1점, "그렇게 생각한다"를 5점으로 하는 평가를 실시했다. 그리고 원자력발전에 대한 찬반을 묻는 항목에 대해서는 "반대"를 1점, "찬성"을 5점으로 하는 평가를 실시했다. 원자력발전소가 신변 가까이에 만들어지는 것에 대한 용인을 묻는 항목은 "그렇게 생각한다"를 1점, "그렇게 생각하지 않는다"를 5점으로 하는 평가를 실시했다. 마지막으로 원자력발전소의 건설에 대한 용인에 대해서 묻는 항목은 "너무 많다"를 1점, "너무 적다"를 5점으로 하는 평가를 실시했다.

이상의 평가에 의해 산출한 측정항목의 평균치, 표준편차, 왜도, 첨도 등을 보고 구조방정식모형분석의 이용가능성을 판정할 수 있다. 특히 왜도와 첨도를 보고 극단적으로 분포가 치우쳐 있는 항목이 없다면 모든 항목을 구조방정식모형분석에 의해서 분석할 수 있다고 판정한다.

먼저 사고보도에 관한 과민성에 대하여 756명의 회답결과를 이용해서 요인분석을 실시했다. 고유값이 1 이상을 보이는 요인은 하나밖에 얻어지지 않았다. 그래서 원자력발전에 대한 과민성은 1요인 구조로 간주하기로 했다. 따라서 과민성을 하나의 잠재변수로 간주할 수 있을 것이다. 그리고 9항목 중 요인에 높게 부하가 걸리는 항목을 위에서 3항목을 선정하여 그것들을 사고보도에의 과민성을 측정하는 관측변수로 했다.

다음에 원자력발전에 대한 태도의 탐색적 요인분석 결과를 살펴보도록 하자. 분석결과 해석가능한 4개의 요인을 추출했다. 요인 1로 추출된 항목을 보면, 원자력발전에 의한 환경이나 인체에의 악영향에 대한 불안을 나타내는 항목에 높게 부하량이 걸리고 있다. 따라서 이 요인을 "불안 요인"으로 해석했다. 요인 2의 항목으로서는 원자력발전에 의한 전력공급의 안정성이나 경제성을 나타내는 항목에 높은 부하량이 걸리고 있다. 따라서 "유용성 요인"이라고 해석했다. 요인 3은 원자력발전의 운영에 대한 신뢰성을 나타내는 항목들로 구성되어 있으므로 "신뢰성 요인"이라고 해석했다. 요인 4는 원자력발전의 필요성에 관한 항목으로 구성되어 있어 "필요성 요인"으로 해석했다.

이들 결과로부터 원자력발전에 대한 태도는 크고 작은 사고로 생기는 환경이나 인체에의 악영향에 대한 불안, 원자력발전의 안정성이나 경제성이라고 하는 유용성, 원자력발전의 운영에 대한 신뢰성, 그리고 원자력발전의 필요성 등 4개의 잠재요인으로 구성된다고 할 수 있을 것이다. 그래서 4개의 요인 각각에 높게 부하량이 걸리는 항목을 위에서 3항목씩 선정하여 이것을 4개의 잠재변수를 측정하는 관측변수로 했다.

표 10-1 구조방정식모형분석에 이용할 잠재변수와 그 관측변수

잠재변수	관측변수		관측변수의 변수명
사고보도에 대한 과민성	*X*01	원자로의 냉각장치 고장으로 냉각수 누수	냉각누수
	*X*02	출력상승 중에 자동정지 보호회로에 접속미스	접속미스
	*X*03	"안전신화"에의 충격을 알아채지 못한 이상	안전신화
신뢰성	*X*04	원자력발전소에서의 안전한 설비나 대책	안전설비
	*X*05	환경을 배려한 원자력발전의 운전	환경배려
	*X*06	주민을 배려한 원자력발전소의 설치계획	주민배려
불안	*X*07	원자력발전이 일으키는 환경오염의 위험성	환경오염
	*X*08	원자력발전의 폐기물 처리 곤란성	폐기처리
	*X*09	원자력발전소 근처의 방사능 영향의 염려	방사능해
유용성	*X*10	원자력발전에 의한 전력공급의 안정	전력공급
	*X*11	원자력발전에 의한 값싼 전기의 이용	값싼전기
	*X*12	원자력발전의 발전방법의 경제성	경 제 성
필요성	*X*13	원자력발전의 쇠퇴성	원전쇠퇴
	*X*14	원자력발전의 필요성	원전불요
수용도	*X*15	원자력발전에 대한 찬반 의견	찬 반
	*X*16	원자력발전소의 신변 건설에 대한 의견	신변건설
	*X*17	원자로수에 대한 의견	원자로수

이상으로부터 구조방정식모형분석에 이용할 잠재변수와 그 관측변수를 정리하면 위의 <표 10－1>과 같다.

사고보도에 대한 과민성에 관해서는 그 관측변수의 득점이 높을수록 과민성이 높고 큰 사고라고 생각하고 있음을 나타낸다. 원자력발전에 대한 태도에 관해서는, 신뢰성은 득점이 높을수록 신뢰하고 있지 않음을 의미하고, 불안은 득점이 높을수록 불안하다는 것을 의미한다. 또한 유용성은 득점이 높을수록 원자력발전이 유용하다고 생각하고 있음을 나타내고, 필요성은 득점이 높을수록 필요성을 느끼지 않음을 나타낸다. 마지막으로 원자력발전에 대한 수용도에 관해서는 득점이 높을수록 원자력발전을 수용하고 있음을 나타내고 있다.

구조방정식모형분석에 이용할 관측변수 간의 상관계수 및 표준편차를 구해서 정리하면 다음과 같다. 이 데이터는 지필미디어 홈페이지 데이터 파일 <예제 10－1>에 수록되어 있다.

실천편 Amos를 활용한 구조방정식모형분석(예제 10-1).sav [데이터세트3] - IBM SPSS Statistics Data Editor

표시: 19 / 19 변수

	rowtype_	varname_	냉각누수	접속미스	안전신화	안전설비	환경배려	주민배려	환경오염	폐기처리	방사능해	전력공급	값싼전기	경제성
1	n		756.000	756.000	756.000	756.000	756.000	756.000	756.000	756.000	756.000	756.000	756.000	756.000
2	corr	냉각누수	1.000	.	.	.	.	.	.	.	.	.	.	.
3	corr	접속미스	.612	1.000	.	.	.	.	.	.	.	.	.	.
4	corr	안전신화	.477	.533	1.000	.	.	.	.	.	.	.	.	.
5	corr	안전설비	.163	.208	.189	1.000	.	.	.	.	.	.	.	.
6	corr	환경배려	.184	.242	.232	.541	1.000	.	.	.	.	.	.	.
7	corr	주민배려	.141	.146	.191	.381	.493	1.000	.	.	.	.	.	.
8	corr	환경오염	.241	.203	.264	.290	.394	.326	1.000	.	.	.	.	.
9	corr	폐기처리	.219	.208	.253	.202	.321	.221	.572	1.000	.	.	.	.
10	corr	방사능해	.304	.300	.328	.312	.415	.310	.567	.394	1.000	.	.	.
11	corr	전력공급	-.039	-.078	-.050	-.198	-.189	-.150	-.094	-.013	-.062	1.000	.	.
12	corr	값싼전기	-.092	-.073	-.059	-.162	-.159	-.191	-.113	-.120	-.071	.519	1.000	.
13	corr	경제성	-.091	-.070	-.077	-.254	-.213	-.211	-.123	-.083	-.097	.443	.545	1.000
14	corr	원발쇠퇴	.088	.096	.093	.221	.255	.211	.149	.076	.122	-.299	-.234	-.272
15	corr	원발불요	.101	.121	.160	.321	.247	.165	.137	.050	.163	-.354	-.314	-.333
16	corr	찬반	-.279	-.276	-.265	-.424	-.501	-.380	-.389	-.305	-.412	.346	.302	.354
17	corr	신변건설	-.226	-.223	-.272	-.292	-.414	-.373	-.422	-.331	-.494	.041	.078	.154
18	corr	원자로수	-.232	-.164	-.248	-.210	-.280	-.302	-.347	-.269	-.306	.127	.168	.176
19	stddev		1.213	1.489	1.940	1.785	1.234	1.435	1.542	1.665	1.250	1.125	1.450	1.350
20														
21														
22														

데이터 보기 변수 보기

10.3 | 모델의 작성과 분석

1. 모델의 작성 및 수정

원자력발전에 대한 태도의 탐색적 요인분석 결과로부터 원자력발전에 대한 태도는 신뢰성, 불안, 유용성, 필요성 등 4개의 요인으로 구성되고 있다. 이 4개의 요인 간 및 수용도와의 관계를 생각하면 다음과 같은 인과관계를 추론할 수 있다. 신뢰성이 불안에 영향을 미치고 유용성은 필요성에 영향을 미친다. 그리고 불안과 필요성은 수용도에 영향을 미친다.

또한 전술한 바와 같이 사고보도에의 과민성은 불안에 영향을 미친다고 생각되지만, 또한 과민하게 반응하기 때문에 운영에 대한 신뢰성이 내려간다고 하는 인과관계도 상정할 수 있다. 이상으로부터 추정된 원자력발전에 대한 수용도에 영향을 미치는 요인 간의 인과 모델을 구성하여 이것을 경로도형를 이용해서 표현하면 <그림 10−1>과 같이 되는데 이것을 모델 A라고 부르기로 한다.

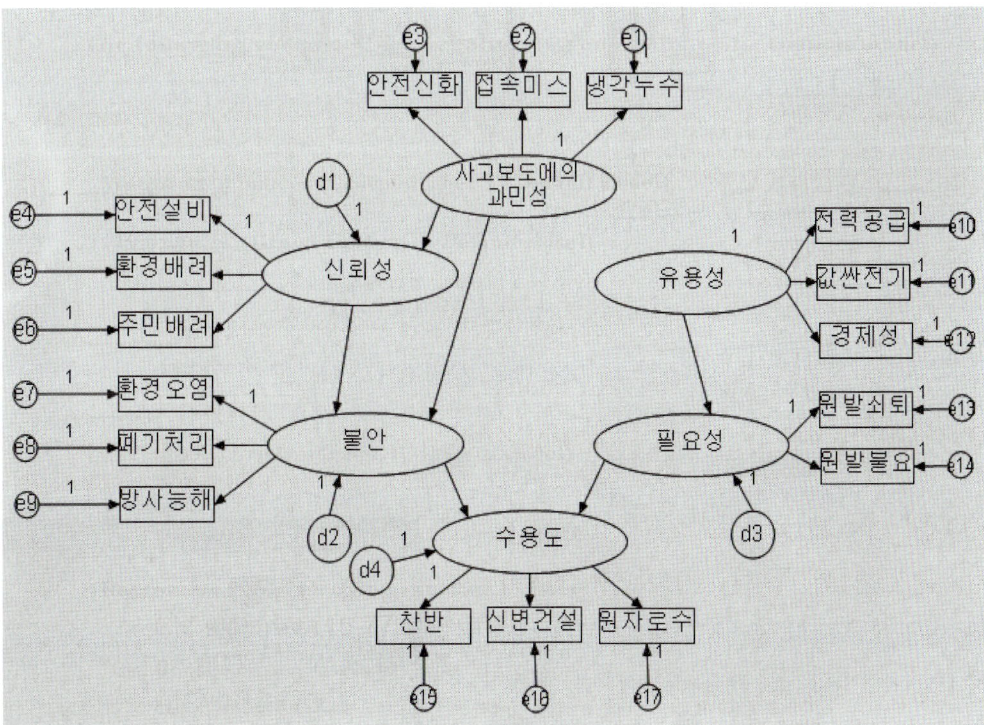

그림 10-1 모델 A

다만 또 하나의 가능성으로서, 신뢰성과 유용성으로부터 직접적으로 수용도에 영향을 미칠지도 모른다. 그래서 모델 A에 신뢰성과 유용성으로부터 수용도에 이르는 경로를 추가한 것을 모델 B라고 부르기로 한다(<그림 10－2> 참조).

이들 두 개의 모델에 대해서 구조방정식모형분석을 실시한다.

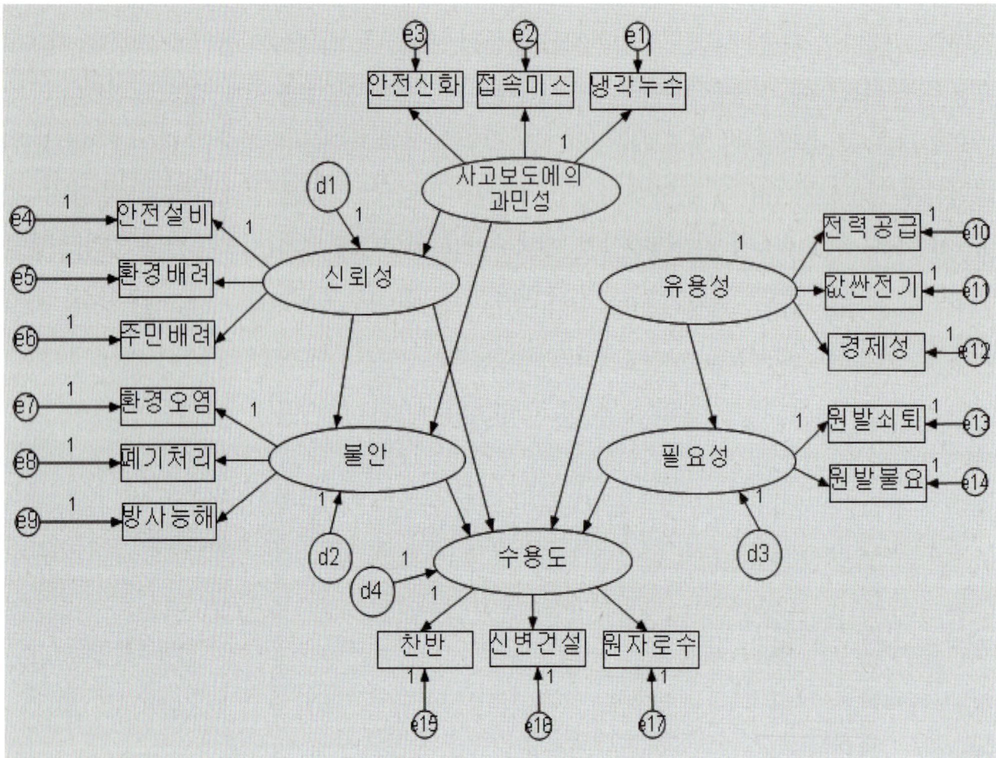

그림 10-2 모델 B

2. 구조방정식모형분석에 의한 모델의 분석

Amos를 실행시키면 다음과 같은 경고 메시지가 나타난다. 본 연구에서는 '사고보도에의 과민성'과 '유용성' 사이의 상관은 고려하고 있지 않으므로 [Proceed with the analysis] 버튼을 클릭한다.

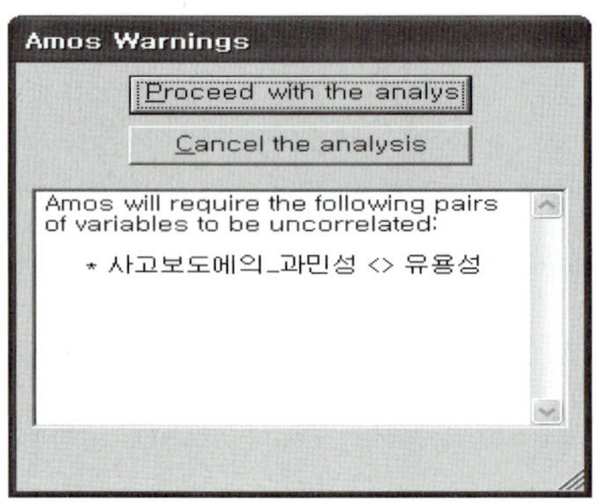

앞의 상관행렬을 기초로 모델 A와 모델 B에 대해서 최우법(maximum likelihood method)에 의한 구조방정식모형분석을 실시하면 다음과 같다.

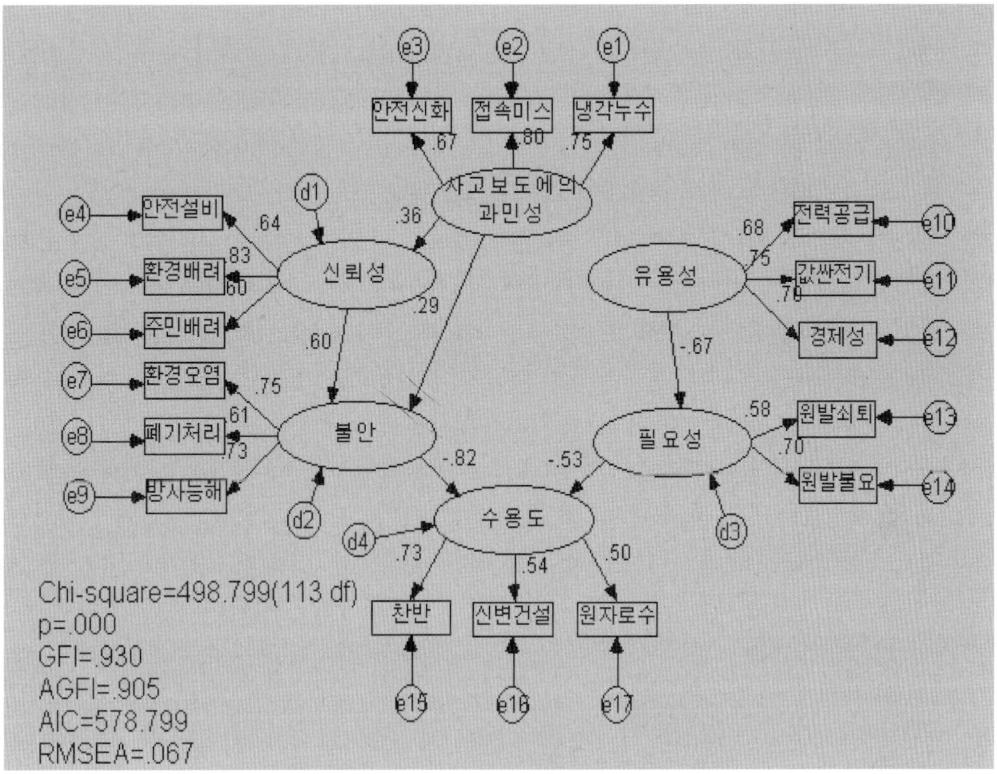

그림 10-3 모델 A의 분석결과(표준화해)

<그림 10-1> 및 <그림 10-2>에서 보는 바와 같이 모델을 분석할 때에는 17개의 항목을 관측변수로서 이용했다. 그리고 잠재변수 중에서 외생변수인 과민성과 유용성의 분산은 1로 했다. 또한 내생변수인 신뢰성, 불안, 필요성, 수용도에서 관측변수로의 경로계수 중 각각의 하나를 1로 했다. 더욱이 내생변수인 잠재변수에는 교란변수를 붙여서 교란변수에서 잠재변수로의 경로계수를 1로 하고, 내생변수인 관측변수에는 오차변수를 붙여서 오차변수에서 관측변수로의 경로계수를 1로 했다.

그런데 카이제곱 검정으로부터 살펴보면 두 모델은 모두 유의확률 $= 0.000 < \alpha = 0.05$이므로 기각되고 만다. 그러나 표본 수가 수백 정도이면 카이제곱 검정, 1000 전후 이상이면 GFI 등 다른 지표를 적합성의 검정으로 이용하는 것이 타당하다고 한다.[62] 본 연구의 분석대

62 狩野 裕(1997), AMOS, EQS, LISRELによるグラフカル 多變量解析, 現代數學社.

상은 756명으로 1000 전후 이상에 가깝다고 생각할 수 있다. 그래서 그 밖의 지표에 주의를 기울여 보면, 두 모델 모두 GFI는 0.9보다 큰 값이라는 사실로부터 타당성을 갖춘 모델이라고 할 수 있다.

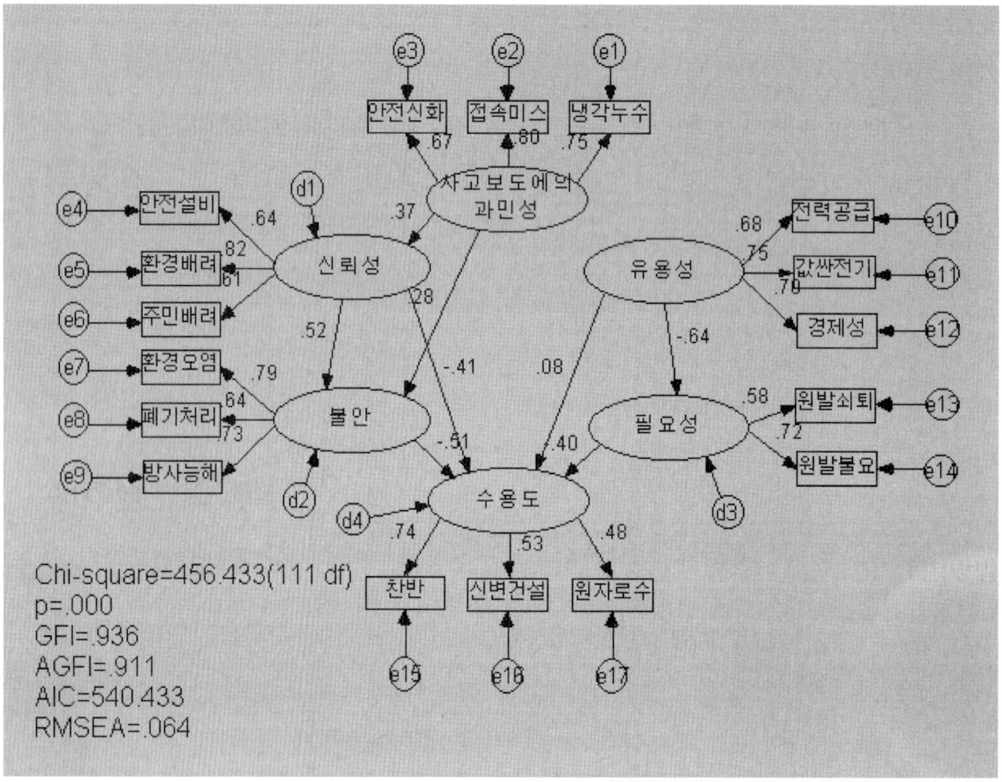

그림 10-4 모델 B의 분석결과(표준화해)

양자를 적합도의 관점에서 비교하면, 모델 B 쪽이 조금 GFI의 값이 크고 또한 AIC의 값도 작다. 따라서 모델 B 쪽이 타당성이 있는 모델이다. 그러나 모델 B에서는 유용성에서 수용도에 이르는 경로계수의 값이 유의하지 않다(C.R. = 1.251). 그래서 모델 B에서 유용성 →수용도에 이르는 경로를 삭제한 모델 C를 새로 작성했다(<그림 10-5> 참조).

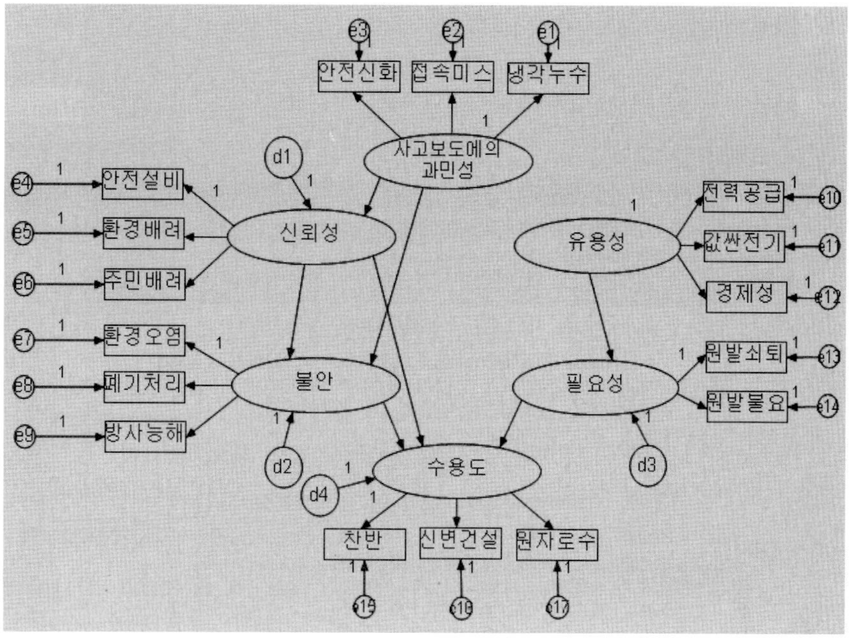

그림 10-5 모델 C

이 모델 C를 구조방정식모형분석에 의해서 분석하면 다음과 같다.

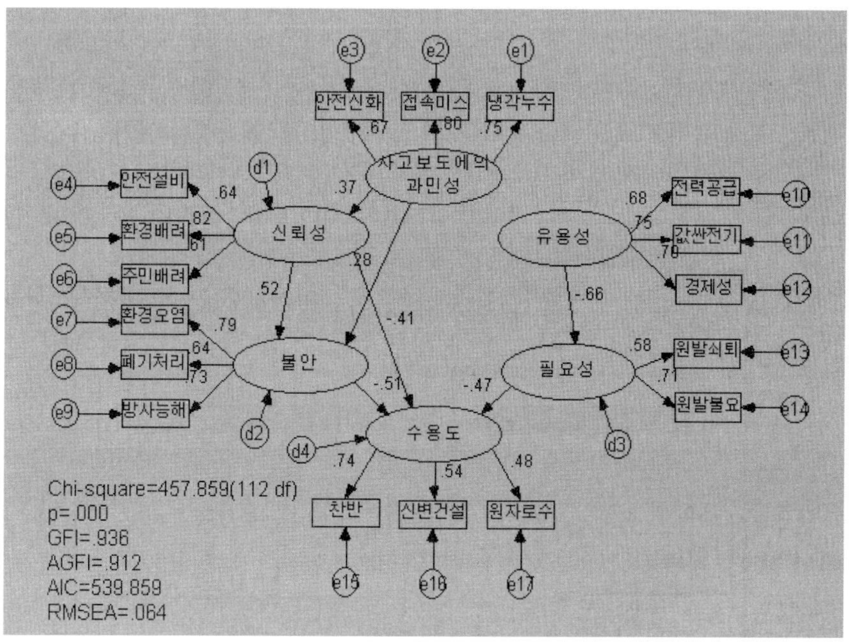

그림 10-6 모델 C의 분석결과(표준화해)

모델 C에서는 모든 경로계수가 유의하게 되었다. 이들 분석결과를 정리하면 <표 10－2>와 같다.

표 20-2 세 모델의 분석결과

모델	카이제곱 검정			GFI	AGFI	AIC	RMSEA
	카이제곱	자유도	유의확률				
A	498.799	113	0.000	0.930	0.905	578.799	0.067
B	456.443	111	0.000	0.936	0.911	540.433	0.064
C	457.859	112	0.000	0.936	0.912	539.859	0.064

위의 결과를 보면 모델 C의 GFI는 모델 A보다 크고 또한 모델 B와 같은 값이다. 다음에 AIC의 값을 보면 모델 C의 값이 가장 작다. 이상으로부터 모델 C가 가장 적절한 모델이라고 간주할 수 있다.

10.4 | 고찰

세 개의 모델에 대해서 Amos를 이용한 구조방정식모형분석을 실시했는데, 적합도지표와 경로계수의 값으로부터 판단하여 모델 C가 적절한 모델임을 알았다.

모델 A도 어느 정도 타당성을 갖춘 모델이라고 할 수 있지만, 모델 B에서 모델 C로의 분석과정은 다음의 사실을 보여 주고 있다. 먼저 유용성은 수용도에 직접적으로 영향을 미치는 것이 아니라, 그것이 필요성의 인식을 생기게 하지 않으면 수용도에는 영향을 미치지 않는다. 또한 신뢰성은 불안에 영향을 미칠 뿐만 아니라 직접 수용도에 영향을 미친다는 것을 알았다. 그리고 원자력발전 사고의 보도에 대한 과민성은 유의하게 신뢰성과 불안에 영향을 미친다는 사실을 발견했다. 따라서 간접적이기는 하지만 수용도에 영향을 미치는 중요한 요인이라고 할 수 있다. 이 결과는 왜 과민하게 반응하는지, 어떠한 사람이 혹은 어떠한 기사에 대해서 사람들이 민감하게 반응하는지를 검토할 필요성을 느끼게 한다.

본 연구결과로부터 다음과 같은 사실을 지적할 수 있다. 구조방정식모형분석은 미리 설정된 가설을 검정하기 위한 분석방법이다. 따라서 과거의 연구 등으로부터 특정의 잠재변수를 미리 가정하고, 그들 잠재변수 간의 관계에 관한 가설을 세운 다음 그 검정을 위한 조사를 실시해야 할 것이다.

CHAPTER

11

MIMIC 모델과 다중지표 모델에 의한 구조방정식모형분석

CHAPTER 11

MIMIC 모델과 다중지표 모델에 의한 구조방정식모형분석

11.1 | 서론

소위 정보화사회에 살고 있는 젊은이들에게 있어서 방대한 정보 속에서 필요한 정보를 취사 선택하여 분석하고 활용하기 위해서 컴퓨터를 사용하는 것은 이미 당연한 것으로 되어 있다. 컴퓨터가 영어환경 하에서만 가동되던 시대는 별로 없었지만, 한글환경이 정비된 이래 사무실에서나 교육현장에 컴퓨터의 활용은 급속히 빠른 속도로 보급되고 있다. 또한 컴퓨터가 전자계산기라고 불려 고도의 계산을 하는 것이 중심적인 역할로 되어 있던 시대와 비교해서 한글처리를 중심으로 한 워드프로세서로서의 역할이 발달했다. 1980년대 후반 워드프로세서가 등장했을 무렵에 비하면 가정에 워드프로세서 전용기, 개인용 컴퓨터(PC)가 보급되어 워드프로세서를 사용할 수 있는 사람의 수는 급격히 증가하고 있다.

이와 같은 시대에 워드프로세서를 충분히 구사하여 사무처리를 효율적으로 행할 수 있는 사람을 육성하는 것은 우리 사회에 있어서 중요한 과제의 하나이며, 직장연수나 학교교육 등 다방면에서 워드프로세서 기능교육은 거의 필수로 되어 있다. 그리고 일정한 기능을 인정하기 위해서 한글 워드프로세서 검정시험과 컴퓨터 활용능력 검정시험 등이 전문기관에서 실시되고 있다. 이 자격을 취득하면 취업에 유리할 것으로 생각되어 많은 학생들이 자격취득을 희망하고 있다.

실제로 P대학 정보관리과에서는 정보나 컴퓨터를 비즈니스·일상생활에 활용할 수 있는 능력을 육성하는 것을 목표로 해서 커리큘럼을 짜고 있다. 이 학과에서는 워드프로세서를 충분히 구사하여 사무처리를 효율적으로 행할 수 있는 사람을 육성하는 것이 중요한 과제 중 하나로 되어 있다. 워드프로세서 검정시험의 자격취득은 목표의 하나이며, 수업시간에는 워드프로세서 검정시험에 필요한 실력을 양성하기 위해서 이를 실천하고 있다.

본 장에서는 워드프로세서 검정시험의 자격취득을 위한 교육방법의 개선을 목적으로 해서 두 가지의 분석을 실시하기로 한다. 분석 1은 워드프로세서 검정시험에 필요한 실력의 분석과 수업 성적과의 관계를 분석한다. 그리고 분석 2는 워드프로세서 검정시험의 자격취득에 영향을 미친다고 생각되는 자격취득의욕의 형성과정을 분석한다.

더 많은 학생들을 워드프로세서 검정시험의 자격취득에 유도하기 위해서는 시험과목의 각 과목에서 일정 수준 이상의 실력을 쌓게 할 필요가 있다. 그래서 워드프로세서 검정시험에 필요한 실력은 어떠한 것이며 어떠한 교육이 유효한지를 확인하고, 교육방법의 개선을 실시할 것을 목적으로 분석 1을 실시한다.

한편, 한 번의 시험으로 자격을 취득할 수 없었던 학생은 재시험을 단념한다거나 별로 공부하지 않고 계속 시험을 본다거나 해서 결국 자격을 취득하지 못하는 경우가 많다. 이러한 사실은 학생측의 노력이나 자격을 취득하고 싶다고 하는 의욕이 낮기 때문에 일어난다고 생각된다. 그래서 자격에 대한 학생의 의식을 조사하여 자격취득의욕의 구조를 밝힘으로써 효과적인 교육방법을 고찰할 것을 목적으로 분석 2를 실시한다.

11.2 | 분석 1 : 수업 성적과 워드프로세서 검정시험의 성적에 관한 분석

워드프로세서 검정시험과 관련이 있을 것으로 생각되는 수업의 성적이 워드프로세서 검정시험의 시험과목과 어떻게 관련되며 어느 수업과목이 어느 정도 워드프로세서 검정시험에 효과적인가를 구조방정식모형분석에 의해 분석한다. 가설을 기본적인 모델로 한 것이 <그림 11－1>이다.

그림 11-1 수업 성적과 워드프로세서 검정시험의 성적에 관한 개념 모델

본 연구에서는 워드프로세서 검정시험의 시험과목을 내용별로 분류하여 다음의 <표 11-1>과 같이 세 과목의 성적(각 과목 100점 만점)을 관측변수로 해서 분석에 이용한다.

표 11-1 분석 1에서 이용한 변수(워드프로세서 검정시험의 성적)

변수	내용
문서처리기술 상식과목 (문서처리)	문서처리에 관한 지식 및 워드프로세서에 관한 기초적인 실무지식을 묻는 필기시험
문서작성·기교과목 (문서작성)	메모 작성 원고로부터 도표를 포함하는 초보적인 비즈니스 문서 등을 작성하고, 문서처리에 관한 기본기능을 묻는 실기시험
입력과목	일정한 입력능력과 그 정확성을 판정하는 실기시험

그리고 <표 11-1>의 워드프로세서 검정시험의 시험과목과 관련이 있는 수업에서의 성적(각 과목 100점 만점)을 열거하면 <표 11-2>와 같다.

표 11-2 분석 1에서 이용한 변수(수업에서의 성적)

변수	내용
한글워드의 성적	한글타자연습으로 측정한 타이핑의 성적
컴퓨터 연습의 성적	컴퓨터에 관한 지식의 성적(필기시험)
전산기초의 성적	여러 가지 수식 및 전산기초에 관한 성적
프로그래밍 연습의 성적	Visual Basic을 사용한 프로그래밍 지식의 성적(필기시험)

분석에 사용한 관측변수 간의 상관계수 및 각 변수의 표준편차는 다음과 같다(표본수=72).

	rowtype_	varname_	한글워드	컴퓨터	전산기초	프로그램	입력과목	문서작성	문서처리
1	n		72.000	72.000	72.000	72.000	72.000	72.000	72.000
2	corr	한글워드	1.000	.	.	.	.	.	.
3	corr	컴퓨터	.228	1.000	.	.	.	.	.
4	corr	전산기초	.126	.192	1.000	.	.	.	.
5	corr	프로그램	.049	.297	.442	1.000	.	.	.
6	corr	입력과목	.257	.391	.156	.287	1.000	.	.
7	corr	문서작성	.247	.230	.423	.387	.611	1.000	.
8	corr	문서처리	.084	.088	.373	.270	.085	.276	1.000
9	stddev		4.213	4.489	4.940	4.785	4.234	4.435	4.542

위의 데이터는 데이터 파일 <예제 11-1>에 수록되어 있다.

■ 모델의 구축 및 수정

워드프로세서 검정시험의 각 성적을 지배하는 잠재변수로서 '기능(skill)'과 '지식(knowledge)'을 가정했다. 그리하여 '한글워드'와 '컴퓨터'가 '기능'을 형성하고, '전산기초'와 '프로그램'이 '지식'을 형성한다고 가정했다. '한글워드'와 '컴퓨터', '전산기초'와 '프로그램'은 각각 내용이 중복되는 부분이 있기 때문에 상관을 가정했다.

워드프로세서 검정시험의 성적에 관해서는 '기능'이 실기시험에, '지식'이 필기시험에 영향을 미치고 있다고 생각하는 것이 타당할 것이다. 그래서 잠재변수 '기능'에서 '입력과목'과 '문서작성'으로 경로를 긋고, 잠재변수 '지식'에서 '문서처리'로 경로를 그었다. 또한 '문서작성'은 타이핑이나 워드프로세서 소프트웨어의 조작이 가능할 뿐만 아니라 비즈니스 문서를 작성하는 실무적인 지식이 필요하기 때문에 '문서작성'에는 잠재변수 '지식'으로부터도 경로를 그었다.

수업과목의 성적과 워드프로세서 검정시험의 성적에 대한 모델을 작성하면 다음의 <그림 11−2>와 같다. 이것을 모델 11−1(A)라고 부르기로 한다. 여기에서 설정하는 모델은 MIMIC(Multiple Indicator Multiple Cause ; 다중지표 다중원인) 모델이다.

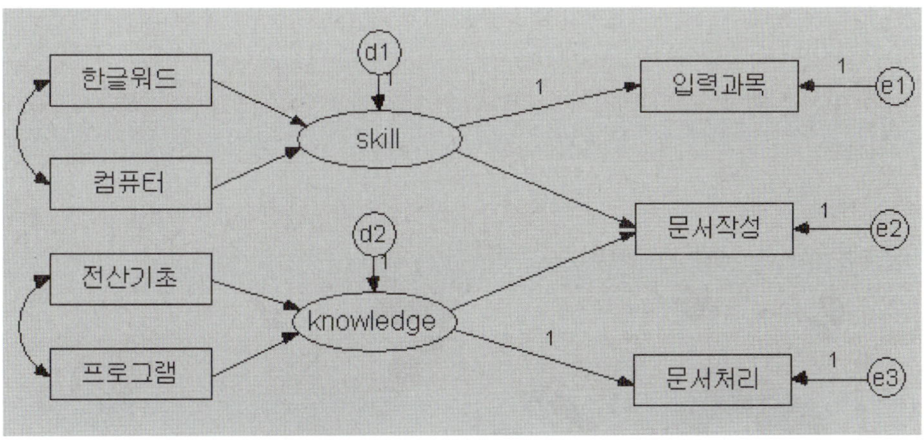

그림 11-2　모델 11−1(A)

종속변수가 되는 변수에는 오차변수를 붙였다. 잠재변수인 '기능'과 '지식'에는 각각 교란변수(d1, d2)를 붙이고 관측변수인 '입력과목', '문서작성', '문서처리'에는 각각 오차변수(e1, e2, e3)를 붙였다. 교란변수, 오차변수로부터의 경로계수는 모두 1로 고정시켰다.

모델 11−1(A)를 Amos에 의해서 분석을 실시하면 다음과 같은 결과를 얻는다.

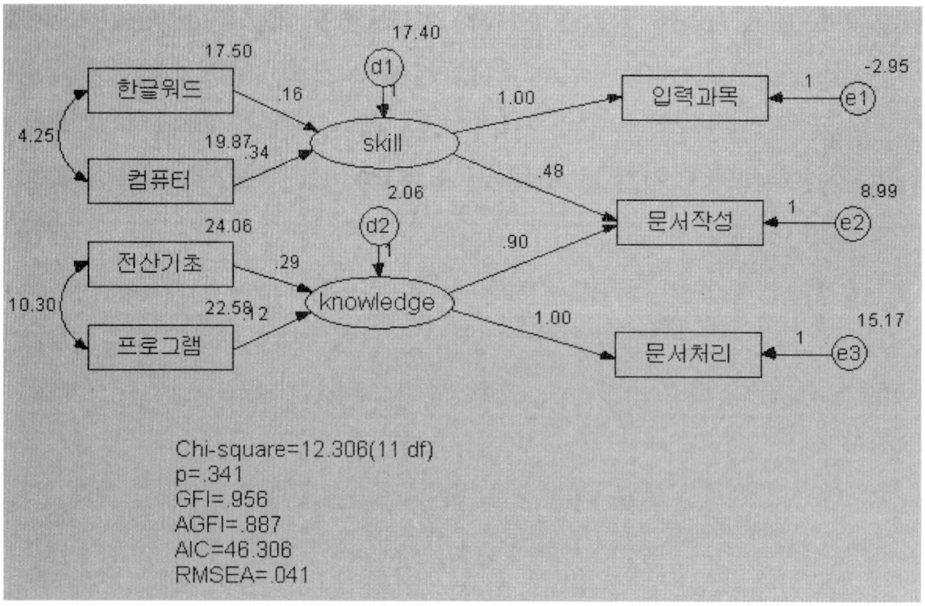

그림 11-3 모델 11-1(A)의 분석결과(비표준화해)

그런데 <그림 11-3>에서 보는 바와 같이 분석의 결과 e1의 분산 추정치가 마이너스 값이 되어(헤이우드 케이스), '기능'에서 '입력과목'으로의 경로계수가 1을 초과하는 결과가 되었다. 그렇기 때문에 관측변수 "입력과목"의 오차변수 e1의 분산 값을 0으로 고정하기로 한다. e1의 분산은 마이너스가 되었지만 관측변수 '입력과목'의 분산 값과 비교해서 그다지 큰 값은 아니었다는 사실, e1을 고정하기 전의 '입력과목'으로의 경로계수 값이 1에 가까운 값(1.08 ; 표준화 해)이라고 하는 사실로부터 e1의 분산을 0으로 고정했다.

이 수정 모델을 모델 11-1(B)라고 부르기로 한다.

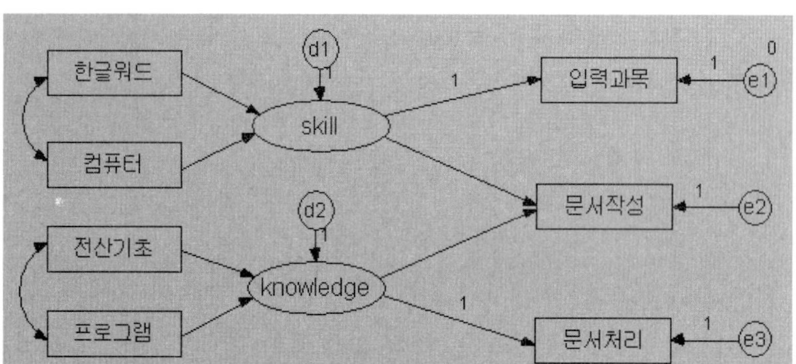

그림 11-4 모델 11-1(B)

모델 11－1(B)를 Amos에 의해서 분석을 실시하면 다음과 같은 결과를 얻는다.

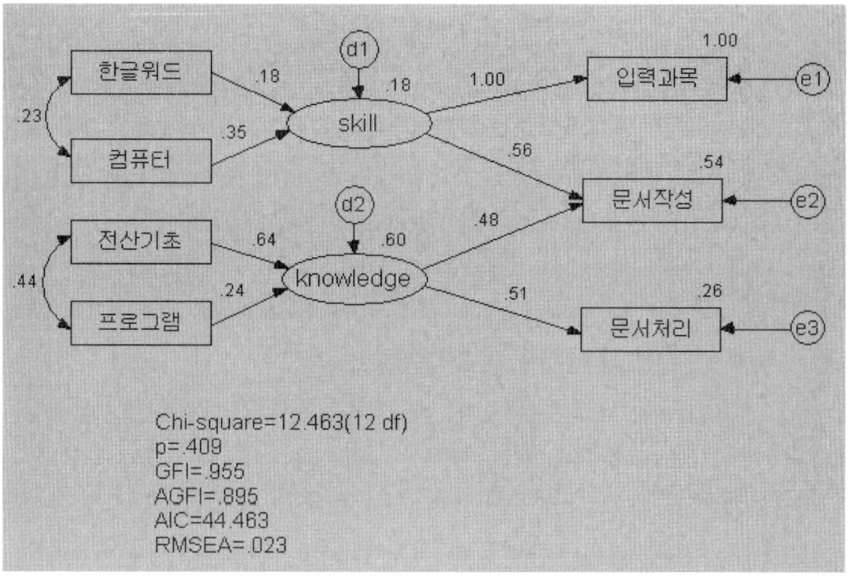

그림 11-5 모델 11−1(B)의 분석결과(표준화해)

모델 11－1(B)의 분석결과 중 수정지표를 보면 '컴퓨터'와 '프로그램' 사이의 공분산을 가정함으로써 모델을 개량할 수 있음을 알 수 있다.

Modification Indices (Group number 1 - Default model)

Covariances: (Group number 1 - Default model)

	M.I.	Par Change
컴퓨터 <--> 프로그램	4.249	4.526

Variances: (Group number 1 - Default model)

	M.I.	Par Change

Regression Weights: (Group number 1 - Default model)

	M.I.	Par Change

모델 11－1(B)에서 '컴퓨터'와 '프로그램' 사이의 공분산을 가정하여 양쪽 화살로 연결한 새로운 모델을 모델 11－1(C)라고 부르기로 한다.

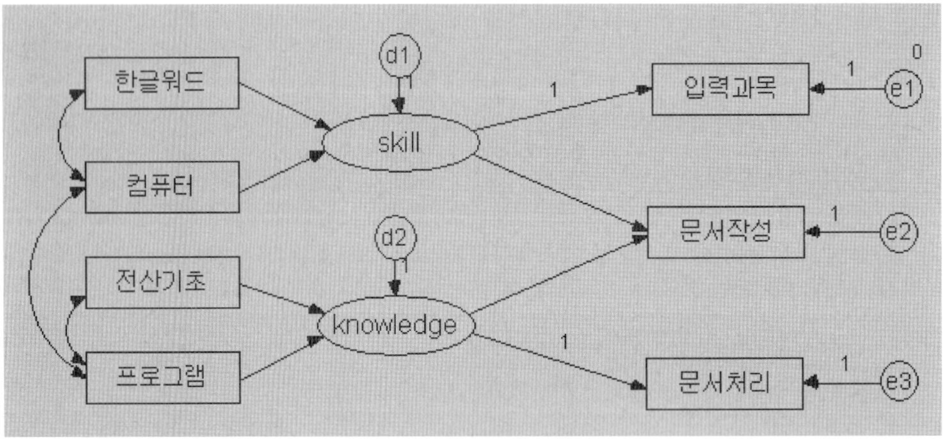

그림 11-6　모델 11−1(C)

모델 11−1(C)를 Amos에 의해서 분석을 실시하면 다음과 같은 결과를 얻는다.

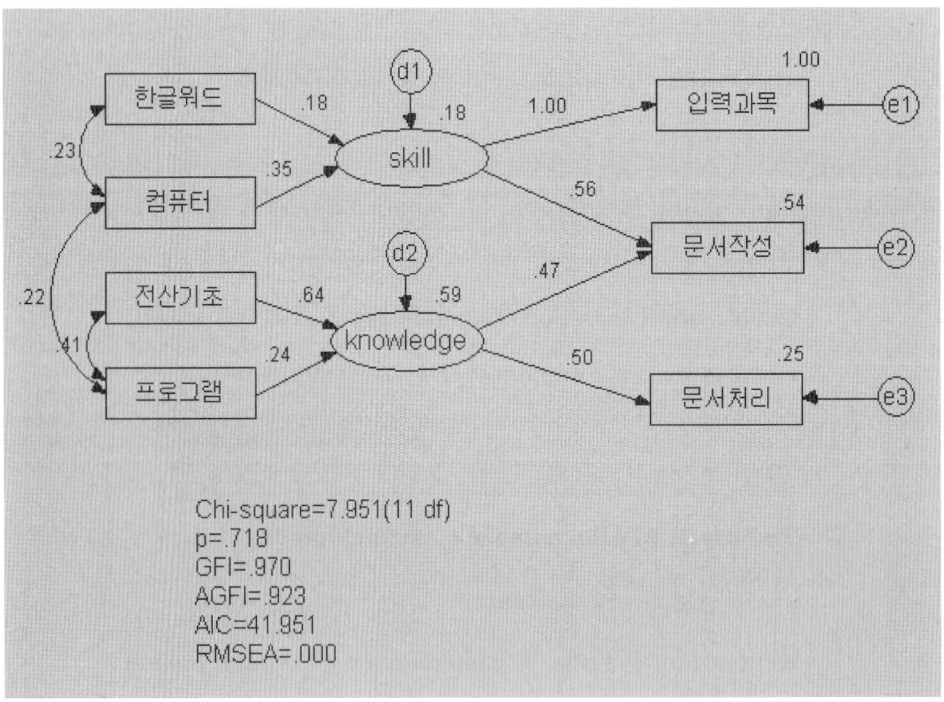

그림 11-7　모델 11−1(C)의 분석결과(표준화해)

이상으로 세 개의 모델에 대한 분석결과를 비교하기 위해서 정리하면 다음의 <표 11−3>과 같다.

표 11-3 각 모델에 대한 구조방정식모형분석의 결과(적합도지표)

모델	카이제곱 검정			GFI	AGFI	AIC	RMSEA
	카이제곱	자유도	유의확률				
21-1(A)	12.306	11	0.341	0.956	0.887	46.306	0.041
21-1(B)	12.463	12	0.409	0.955	0.895	44.463	0.023
21-1(C)	7.951	11	0.718	0.970	0.923	41.951	0.000

이 세 개의 모델 중 모델 21－1(A)는 적합하지 못하며, 모델 11－1(B)와 모델 11－1(C)를 비교하면 카이제곱검정이나 적합도지표 등에서 모델 11－1(C)가 더 우수하다는 것을 알 수 있다.

다음에는 경로계수와 결정계수(SMC)에 주목해서 모델 11－1(C)의 분석결과를 살펴보도록 한다. 종속변수의 결정계수는 다음과 같다. 이들 결정계수를 보면 'skill' 이외는 충분히 설명되고 있다고 말할 수 있다.

Squared Multiple Correlations: (Group number 1 - Default model)

	Estimate
knowledge	.591
skill	.183
문서처리	.253
문서작성	.540
입력과목	1.000

그리고 경로계수 중 '한글워드'에서 'skill'로의 경로계수(C.R. ＝ 1.606)와 '프로그램'에서 'knowledge'로의 경로계수(C.R. ＝ 1.376)가 5% 수준에서는 유의하지 않다. 즉, 이 두 경로계수는 의미가 없다.

Maximum Likelihood Estimates

Regression Weights: (Group number 1 - Default model)

			Estimate	S.E.	C.R.	P	Label
skill	<---	한글워드	.178	.111	1.606	.108	par_1
skill	<---	컴퓨터	.331	.104	3.182	.001	par_2
knowledge	<---	전산기초	.296	.097	3.036	.002	par_3
knowledge	<---	프로그램	.115	.084	1.376	.169	par_4
입력과목	<---	skill	1.000				
문서작성	<---	skill	.560	.088	6.366	***	par_5
문서작성	<---	knowledge	.880	.304	2.892	.004	par_6
문서처리	<---	knowledge	1.000				

11.3 | 분석 2 : 자격취득의욕의 형성과정에 관한 분석

분석 2는 자격에 대한 의식의 앙케트 조사에 의거해서, 자격에 대한 인식, 자격에 대한 관심, 자격취득의욕 사이의 인과 관계를 구조방정식모형분석에 의해서 밝힌다. 그리하여 자격취득의욕을 높이는 효과적인 방법에 대해서 고찰한다. 그 중에서 자격취득의욕의 형성과정으로서 "자격에 대한 인식과 관심이 높아진 결과로서 의욕이 형성된다"고 하는 모델과 "인식이 높아진 결과로서 관심이 높아지며 더욱이 그 결과로서 의욕이 형성된다"고 하는 모델에 대해서 비교·검토한다.

P대학 정보관리과 전체 학생 214명에 대해서 앙케트 조사를 실시했다. 최종 유효 회답수는 174였다.

표 11-4 자격에 관한 앙케트의 질문항목

항목명	항목내용
q1	주위 사람이 가지고 있지 않은 자격을 따고 싶다
q2	모두가 갖고 있는 자격 정도는 따놓고 싶다
q3	자격을 따는 것은 자신의 이미지 업이 된다
q4	자격을 땀으로써 교양이 높아진다
q5	자격을 따면 사회적 지위가 높아진다
q6	자격을 따놓으면 언젠가 도움이 된다
q7	자격을 따놓으면 후회하는 일이 적다
q8	자격을 갖고 있으면 취직에 유리하다
q9	자격을 갖고 있느냐 어떠냐는 취직과는 무관하다
q10	어떤 자격이라도 갖고 있지 않은 것보다는 갖고 있는 편이 좋다
q11	자격은 아무리 갖고 있더라도 손해는 없다
q12	자격을 따기 위해서 여분의 공부는 하고 싶지 않다
q13	그다지 공부하지 않더라도 딸 수 있는 자격이라면 따고 싶다
q14	자격을 따기 위해서라면 다소 돈이 들어도 상관없다
q15	여분의 돈을 들여서까지 자격을 따고 싶지 않다
q16	자격에는 강한 관심이 있다
q17	자격에 연연하는 것은 몹시 어리석다
q18	자격에 대해서 잘 알고 있다
q19	자격에 대한 정보를 책이나 잡지에서 보는 것을 좋아한다
q20	가능한 한 많은 자격을 따고 싶다
q21	조금 무리하더라도 자격을 따고 싶다
q22	다른 것을 희생하면서까지 자격을 따고 싶지 않다
q23	자격과는 인연이 없다
q24	자격을 따는 데에 저항감이 있다

이 분석에서는 자격에 대한 의식을 측정하는 앙케트를 작성·실시하고, 수집한 데이터를 변수로서 분석에 이용했다. 앙케트의 항목은 <표 11－4>와 같다. 앙케트는 모두 24항목으로 구성되며 '1. 그렇다'에서 '5. 그렇지 않다'까지의 5점 척도로 회답을 구했다. 본 연구에서는 미리 상정한 '자격에 대한 인식', '자격에 대한 관심', '자격취득의욕' 이외의 항목이나 부적절한 질문항목, 회답이 극단적으로 치우친 질문항목을 제거하고 7항목을 분석에 이용했다.

분석 2에서는 자격을 워드프로세서 검정에 한정하지 않고 자격일반에 대한 학생들의 의식을 조사했다. 이 조사표는 '자격에 대한 인식', '자격에 대한 관심', '자격취득의욕'이라고 하는 세 개의 잠재변수를 미리 상정하고 질문항목을 선택했다(<표 11－5> 참조). 이 분석에서는 각 질문항목에 대해서 '1. 그렇다'에서 '5. 그렇지 않다'까지의 5점 척도로 구한 회답을 '1. 그렇다'를 5점, '5. 그렇지 않다'를 1점으로 역전시켜서 관측변수로서 이용했다.

표 11-5 분석 2에서 이용한 변수(자격에 대한 의식)

잠재변수	관측변수	내용
자격에 대한 인식 (cognition)	q6	자격을 따놓으면 언젠가 도움이 된다.
	q8	자격을 갖고 있으면 취직에 유리하다.
	q11	자격은 아무리 갖고 있더라도 손해는 없다.
자격에 대한 관심 (interest)	q20	가능한 한 많은 자격을 따고 싶다.
	q16	자격에는 강한 관심이 있다.
자격취득의욕 (intention)	q14	자격을 따기 위해서라면 다소 돈이 들어도 상관없다.
	q21	조금 무리하더라도 자격을 따고 싶다.

그리고 분석에 이용한 관측변수 간의 상관계수와 각 변수의 표준편차는 다음과 같다. 데이터는 데이터 파일 <예제 11－2>에 수록되어 있다.

	rowtype_	varname_	q6	q8	q11	q14	q16	q20	q21
1	n		174.00	174.00	174.00	174.00	174.00	174.00	174.00
2	corr	q6	1.000	.	.	.	.	.	.
3	corr	q8	.577	1.000	.	.	.	.	.
4	corr	q11	.545	.423	1.000	.	.	.	.
5	corr	q14	.336	.269	.356	1.000	.	.	.
6	corr	q16	.364	.348	.454	.444	1.000	.	.
7	corr	q20	.513	.470	.541	.479	.701	1.000	.
8	corr	q21	.362	.358	.334	.568	.657	.652	1.000
9	stddev		1.313	1.589	.941	1.785	1.234	1.235	.642

■ 모델의 구축 및 수정

학습의욕이나 학습행동에 관련된 제 요인으로서 흔히 흥미와 관심을 들고 있다.[63] 학생에 대해서 수업 중에 학습의욕을 환기하여, 적극적이고 자주적인 학습행동을 유발하는 데에는, 그 전후의 교사의 역할에 나름대로의 배려가 필요하다. 그래서 교사 측의 역할에 '자극→ 행동→결과'의 단계설을 상정하고 있다. 즉, 먼저 자극을 주는 학습내용을 설계하고 다음의 단계로서 자주적인 학습행동을 촉진하는 수업을 실천한다. 다음의 단계에서는 자주적인 학습행동에 대해서 평가를 하여 자주적인 학습행동에 플러스의 강화를 한다. 흥미와 관심은 초기단계의 '자극'에 해당한다. 자격취득의욕에 대해서도 이 학습의욕의 설이 어느 정도 들어맞는다고 생각해서, 본 연구에서는 두 개의 모델을 상정했다. 이들 모델은 다중지표 모델이라고 불리는 것이다.

첫 번째 모델은 '자격에 대한 인식'과 '자격에 대한 관심'이 높아진 결과로서 '자격취득의욕'이 형성된다고 하는 것으로, 이것을 모델 11-2(A)로 했다. 특히 여기에서는 '자격에 대한 인식'과 '자격에 대한 관심' 사이에 상관이 있다고 상정해서 이 두 변수 간에 경로를 그었다. 그리고 'q16'은 '자격에는 강한 관심이 있다'고 하는 항목인데 'q21'과 높은 상관이 있으므로 이 두 변수 사이에 오차상관을 상정했다. 그리고 잠재변수 '자격취득의욕'에 교란변수 (d)를 붙였다. 나머지 사항은 앞에서 다루었던 모델과 마찬가지로 오차변수, 초기값 등을 설정하면 된다.

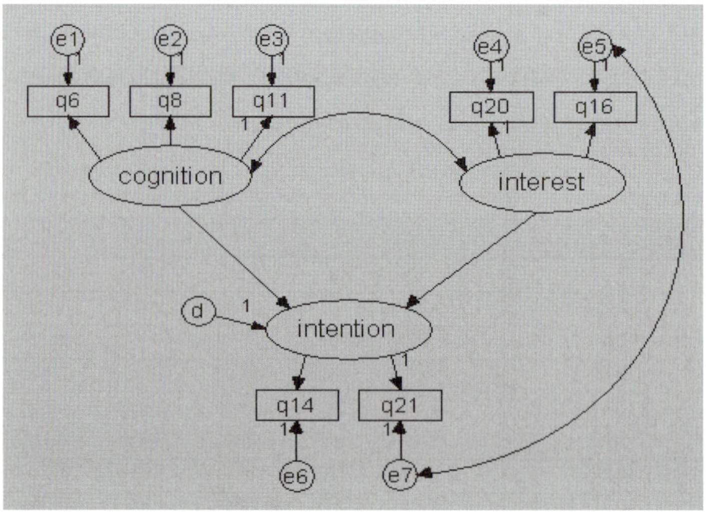

그림 11-8 모델 11-1(A)

63 河合伊六 外(1983) 現代教育心理學の展開－研究トピックスとその動向－, 川島書店.

두 번째 모델은 '자격에 대한 인식'과 '자격에 대한 관심'에도 인과관계를 상정하고, '자격에 대한 인식'이 높아진 결과로서 '자격에 대한 관심'이 높아지며 더욱이 그 결과로서 '자격취득의욕'이 형성된다고 하는 것으로, 이것을 모델 11－2(B)로 했다. 앞의 모델 11－2(A)에서와 마찬가지로 'q16'은 '자격에는 강한 관심이 있다'고 하는 항목인데 'q21'과 높은 상관이 있으므로 이 모델에서도 두 변수 사이에 오차상관을 상정했다. 종속변수가 되는 잠재변수 '자격에 대한 관심'과 '자격취득의욕'에는 각각 교란변수(d1, d2)를 붙였다.

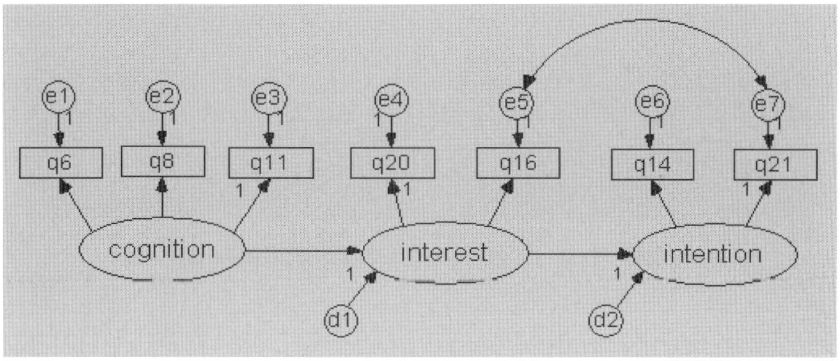

그림 11-9 모델 11–2(B)

모델 11－2(A)와 모델 11－2(B)를 Amos에 의해서 분석을 실시하면 각각 다음과 같은 결과를 얻는다.

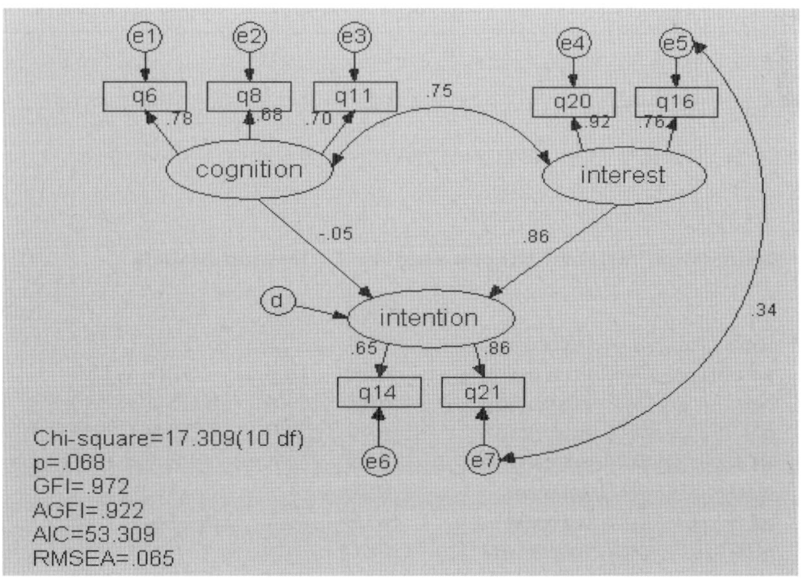

그림 11-10 모델 11–2(A)의 분석결과(표준화해)

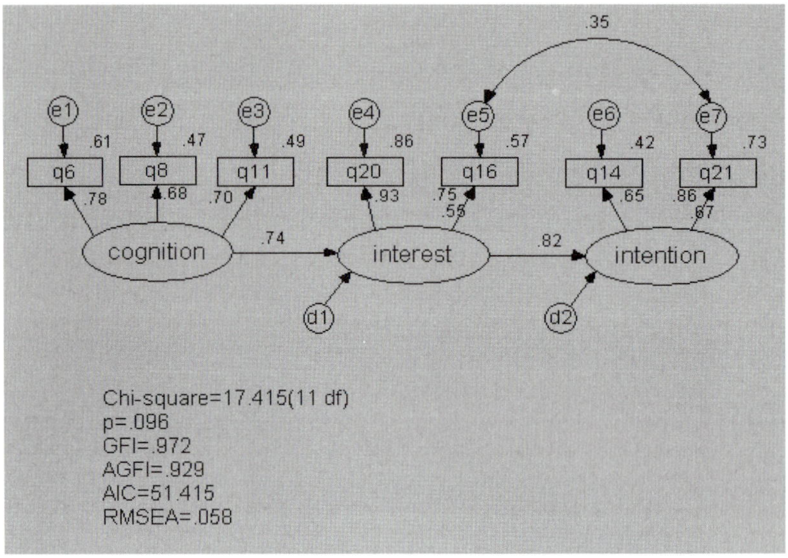

그림 11-11 모델 11-2(B)의 분석결과(표준화해)

두 개의 모델에 대한 분석결과를 비교하기 위해서 정리하면 다음의 <표 11-6>과 같다.

표 11-6 각 모델에 대한 구조방정식모형분석의 결과(적합도지표)

모델	카이제곱 검정			GFI	AGFI	AIC	RMSEA
	카이제곱	자유도	유의확률				
11-2(A)	17.307	10	0.068	0.972	0.922	53.309	0.065
11-2(B)	17.415	11	0.096	0.972	0.929	51.415	0.058

분석결과를 보면 양쪽 모델 모두 모델로서의 적합도는 충분히 높다고 할 수 있다. 경로계수에 주목하면, 먼저 모델 11-2(A)의 분석결과는 다음과 같다.

Regression Weights: (Group number 1 - Default model)

			Estimate	S.E.	C.R.	P	Label
intention	<---	interest	.413	.078	5.320	***	
intention	<---	cognition	-.038	.115	-.326	.745	
q6	<---	cognition	1.553	.189	8.234	***	
q8	<---	cognition	1.640	.217	7.556	***	
q11	<---	cognition	1.000				
q20	<---	interest	1.000				
q16	<---	interest	.818	.081	10.116	***	
q21	<---	intention	1.000				
q14	<---	intention	2.113	.274	7.724	***	

그리고 모델 11－2(B)의 경로계수에 대한 분석결과는 다음과 같다.

Regression Weights: (Group number 1 - Default model)

			Estimate	S.E.	C.R.	P	Label
interest	<---	cognition	1.289	.170	7.602	***	par_5
intention	<---	interest	.392	.041	9.514	***	par_6
q6	<---	cognition	1.559	.189	8.226	***	par_1
q8	<---	cognition	1.646	.218	7.553	***	par_2
q11	<---	cognition	1.000				
q20	<---	interest	1.000				
q14	<---	intention	2.121	.274	7.729	***	par_4
q21	<---	intention	1.000				
q16	<---	interest	.811	.078	10.403	***	par_7

모델 11－2(A)와 모델 11－2(B)의 경로계수 중 모델 11－2(A)의 '자격에 대한 인식'에서 '자격취득의욕'으로의 경로가 유의하지 않았다(C.R.＝－0.326). 그 밖의 경로계수는 5% 수준에서 모두 유의했다.

모델 11－2(A)에 대해서 살펴보면 '자격에 대한 인식'과 '자격에 대한 관심' 사이에 높은 상관(0.75)이 있다. 그럼에도 불구하고 '자격에 대한 관심'에서 '자격취득의욕'으로의 경로계수는 0.86인데 비해서, '자격에 대한 인식'에서 '자격취득의욕'으로의 경로계수는 －0.05로 마이너스 값으로 되어 있으며 또한 유의하지 않다. 이론적으로 '자격에 대한 인식'이 낮은데 '자격취득의욕'이 높다는 것은 생각할 수 없다. 이러한 사실로부터 '자격에 대한 인식'과 '자격에 대한 관심'의 관계는 쌍방향으로 서로 영향을 미치는 것이 아니라, '자격에 대한 인식'에서 '자격에 대한 관심'으로의 한 방향의 영향이라고 생각된다. 또한 적합도의 모든 항목에서 모델 11－2(B)가 상회하고 있다. 따라서 '자격에 대한 인식'이 높아진 결과 '자격에 대한 관심'이 높아지고, 더욱이 그 결과로서 "'자격취득의욕'이 형성된다고 하는 모델 11－2(B)를 채택하는 것이 적당하다고 생각된다.

다음은 모델 11－2(B)의 종속변수에 대한 결정계수를 나타내고 있다. 이것에 의하면 '자격에 대한 관심'이나 '자격취득의욕' 중 어느 쪽 변수도 비교적 충분히 설명되고 있다. 이와 같이 분석 2에서는 자격에 대한 의식에는 먼저 자격에 대한 지식이나 유용하다는 인식을 가짐으로써 자격취득에 대한 관심이 높아지고, 그 결과 실제로 취득하고자 하는 의욕이 싹튼다고 하는 단계가 있다는 것이 확인되었다.

Squared Multiple Correlations: (Group number 1 - Default model)

	Estimate
interest	.549
intention	.672

11.4 종합적 고찰

본 사례에서는 워드프로세서 검정시험 자격취득을 위한 교육방법의 개선을 목적으로 해서, 워드프로세서 검정시험에 필요한 실력의 분석과 수업과목 성적과의 관계를 분석했다. 그리하여 더 효과적인 교육방법을 목표로 해서 워드프로세서 검정시험 자격취득에 영향을 미친다고 생각되는 자격취득의욕의 형성과정을 분석했다.

분석 1의 결과로부터, 워드프로세서 검정시험의 '입력과목', '문서작성', '문서처리'에 필요한 실력은 여기에서 이용한 수업에서의 과제나 성적과 관련이 강한 것과 그렇지 않은 것이 있다는 것을 알았다. 분석 2의 결과로부터는, 학생의 자격취득의욕을 높이려면 먼저 자격에 대한 인식을 높이도록 정보를 전하는 것이 적당하다고 생각된다는 것을 알았다.

워드프로세서 검정시험의 각 과목에 대한 실력을 늘리는 것을 상정한 과제나 수업의 성적에서, 충분히 그 효과를 올리고 있지 못하는 것에 대해서는 과제 그 자체의 검토와 과제 평가 방법의 검토가 필요할 것이다. 또한 두 가지 조사의 실시시기가 다르기 때문에 두 가지의 분석을 종합적으로 고찰하는 것은 불가능했다. 앞으로의 과제로서 분석 1과 분석 2를 일체(一體)로 한 수업과목에서의 성적에 자격취득의욕을 추가한 모델을 구축하여, 워드프로세서 검정시험 자격취득과의 관계를 검증하는 것이 필요하다.

CHAPTER

12

복잡한 모형의 분석

CHAPTER 12 # 복잡한 모형의 분석

12.1 | 요인분석 · 다중회귀분석의 편성

제12장에서는 요인분석과 다중회귀분석을 편성한 보다 복잡한 모형을 분석해 보기로 한다. 복잡해 보이는 모형이더라도 기본적으로는 지금까지 다루었던 모형의 편성이다. 따라서 복잡해 보이는 경로도형을 봤을 때는, 당황하지 말고 하나씩 하나씩 각 부분에 주목해서 의미를 이해하면 된다.

여기에서는 다음과 같은 가설을 분석해 보고자 한다.

다른 사람과 사이좋게 잘 해 나가는 것은 교사나 친구에게 긍정적으로 평가 받는다. 그와 같이 다른 사람의 긍정적 평가를 인식하는 것은 자존심을 높이고, 자존심의 향상이 불안을 억제하는 효과를 가질 것이다.

이 관계를 그림으로 나타내면 다음과 같이 된다.

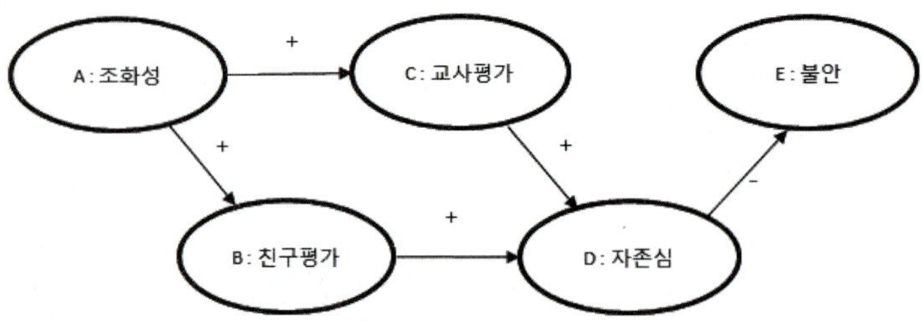

다른 사람과 사이좋게 잘 해 나가는 성격 경향으로서 '조화성'을 든다. 이 조화성(調和性)이 높을수록 교사로부터는 모범적인 학생이라고 평가 받을 것이다. 마찬가지로 친구로부터도 좋은 평가를 받을 것으로 예상된다.

이와 같이 다른 사람으로부터의 평가를 인식하는 것은, 자기자신에 대한 긍정적 평가인 자존심을 높이는 것으로 이어지고, 자존심이 높아짐으로써 학교에 대한 불안이 저감할 것이다.

가설에 표현되는 각각의 개념은 '잠재변수'이며, 경로도형에서는 타원으로 표현되는 부분이다. 이것들은 실제로는 더 구체적인 항목에 반영한다.

조화성 : 다음의 네 가지 말이 자기자신에 적합한 정도를 5단계로 물었다. 점수가 높을수 록 조화적이라는 것을 의미한다.

A1 : 다정하다

A2 : 온화하다

A3 : 따뜻하다

A4 : 관대하다

친구평가 : 대상이 되는 학생의 친구가 다음의 두 항목을 5단계로 회답했다.

B1 : 모든 사람이 좋아하고 있다

B2 : 의지하고 있다

교사평가 : 대상이 되는 학생에 관해서 담임교사가 다음의 두 항목을 5단계로 회답했다.

C1 : 모두의 모범이 되는 학생이다

C2 : 바람직한 학생이다.

자존심 : 다음의 네 개의 질문항목이 자기자신에 적합한 정도를 6단계로 물었다.

D1 : 나는 자신에게 만족하고 있다

D2 : 나는 자신에게는 좋은 점이 있다고 생각하고 있다

D3 : 나에게는 우수한 점이 있다고 생각한다

D4 : 나는 가치가 있는 인간이라고 생각한다

불안 : 다음의 네 개의 질문항목이 자기자신에게 적합한 정도를 6단계로 물었다.

E1 : 불안하게 생각하는 경우가 많다

E2 : 자신의 장래는 어떻게 될 것인가라고 생각하는 경우가 많다

E3 : 어떻게 하면 좋을까 알 수 없다고 생각하는 경우가 많다

E4 : 잘 안 되는 것은 아닌가라고 생각하는 경우가 많다

이것들이 관측변수이고, **A**부터 **E**까지의 다섯 가지 구성개념이 이들 관측변수에 영향을 미치는 것을 가정한다.

중학생 250명에 대해서 조사를 실시하여, <표 12-1>과 같은 데이터를 얻었다(가공 데이터). 친구평가에 대해서는 각 학생의 가장 친한 동성(同性)의 친구에게, 교사평가에 대해서는 담임교사에게 회답을 구하여, 데이터를 조회했다.

힌트

조화성(調和性)이란 조화를 이루는 성질을 말한다. 조화란 알맞게 어울림을 가리키는 것으로 사람의 사회성을 평가하는 요인이라고 볼 수 있다.

표 12-1 조사 데이터

No	A1	A2	A3	A4	B1	B2	C1	C2	D1	D2	D3	D4	E1	E2	E3	E4
1	1	2	2	1	2	4	2	1	4	3	2	1	6	6	6	6
2	3	1	4	4	3	2	4	2	5	5	5	5	6	6	6	4
3	1	2	2	1	2	4	4	2	5	5	5	4	6	5	5	4
4	1	1	1	1	3	2	3	4	5	5	5	4	5	3	3	3
5	1	2	1	4	3	3	3	4	4	4	4	5	6	6	6	5
6	2	3	1	4	2	1	3	4	5	3	3	2	4	6	5	5
7	1	1	1	4	2	2	2	2	3	3	3	4	3	4	3	3
8	1	1	1	1	3	2	3	2	3	5	3	3	6	6	6	5
9	1	1	1	2	3	4	5	5	5	4	4	3	5	4	4	4
10	2	1	1	1	3	3	3	3	3	5	3	4	6	6	6	5
11	1	1	1	1	2	2	4	4	1	1	1	1	6	6	5	6
12	2	1	2	3	2	2	3	3	3	3	1	2	5	5	5	5
13	1	1	1	1	1	1	1	1	4	2	1	3	6	3	6	6
14	1	1	2	1	3	3	5	3	4	3	3	3	6	4	6	6
15	3	1	1	1	1	1	5	5	3	4	2	3	6	6	5	5
16	5	5	2	4	3	5	3	5	5	2	4	5	4	6	6	3
17	2	2	2	3	2	2	4	4	5	5	4	3	5	6	6	5
18	1	2	2	3	3	3	3	3	5	5	4	4	6	5	5	5
⋮	⋮	⋮	⋮	⋮	⋮	⋮	⋮	⋮	⋮	⋮	⋮	⋮	⋮	⋮	⋮	⋮
244	2	2	2	1	3	3	1	3	5	5	4	4	5	3	5	5
245	2	1	1	3	1	2	2	4	4	4	2	3	6	5	5	5
246	2	1	1	1	2	2	2	2	4	4	3	3	5	5	5	5
247	2	1	2	1	3	2	1	1	2	2	1	2	6	6	6	6
248	3	3	2	3	4	4	4	3	5	4	4	3	6	4	5	5
249	2	2	1	2	2	2	1	1	4	4	4	5	6	6	6	6
250	1	1	1	1	2	4	1	1	5	2	1	2	5	6	6	5

(주) 데이터는 지필미디어 홈페이지 데이터 파일 <예제 12-1>에 수록되어 있음

12.2 | 잠재변수 사이의 인과관계

1. 경로도형 작성

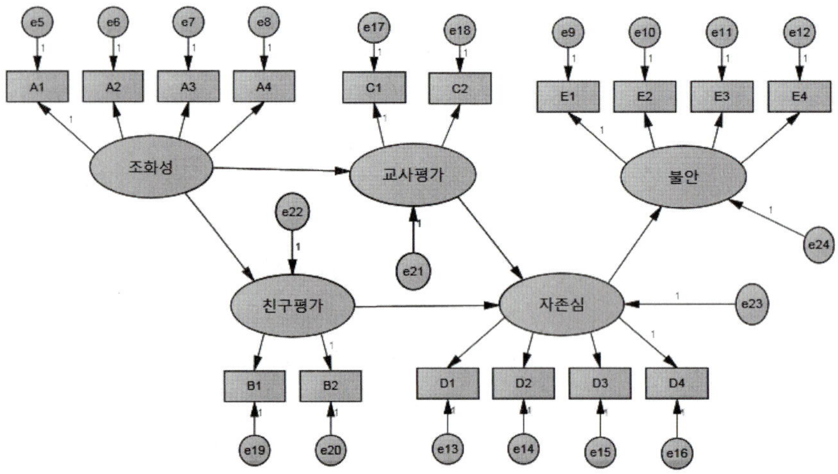

여기에서는 위와 같은 모형을 상정하고 있다.

■ Amos에 의한 해법

〈순서 1〉 데이터의 입력

(1) SPSS에 입력하는 경우에 화면 아래쪽의 [변수 보기(V)]를 열고, 변수명을 입력한다.

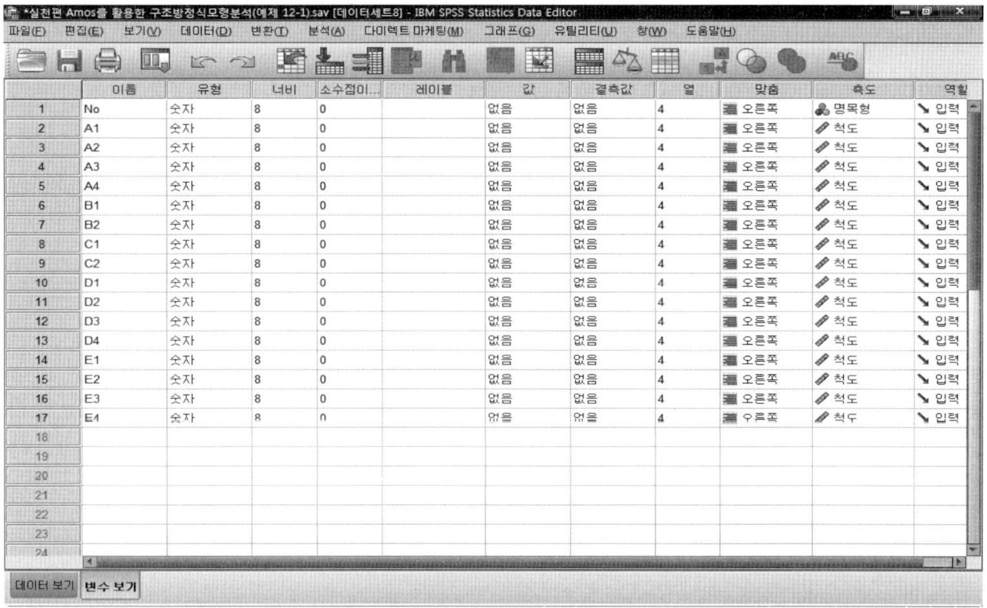

	이름	유형	너비	소수점이...	레이블	값	결측값	열	맞춤	측도	역할
1	No	숫자	8	0		없음	없음	4	오른쪽	명목형	입력
2	A1	숫자	8	0		없음	없음	4	오른쪽	척도	입력
3	A2	숫자	8	0		없음	없음	4	오른쪽	척도	입력
4	A3	숫자	8	0		없음	없음	4	오른쪽	척도	입력
5	A4	숫자	8	0		없음	없음	4	오른쪽	척도	입력
6	B1	숫자	8	0		없음	없음	4	오른쪽	척도	입력
7	B2	숫자	8	0		없음	없음	4	오른쪽	척도	입력
8	C1	숫자	8	0		없음	없음	4	오른쪽	척도	입력
9	C2	숫자	8	0		없음	없음	4	오른쪽	척도	입력
10	D1	숫자	8	0		없음	없음	4	오른쪽	척도	입력
11	D2	숫자	8	0		없음	없음	4	오른쪽	척도	입력
12	D3	숫자	8	0		없음	없음	4	오른쪽	척도	입력
13	D4	숫자	8	0		없음	없음	4	오른쪽	척도	입력
14	E1	숫자	8	0		없음	없음	4	오른쪽	척도	입력
15	E2	숫자	8	0		없음	없음	4	오른쪽	척도	입력
16	E3	숫자	8	0		없음	없음	4	오른쪽	척도	입력
17	E4	숫자	8	0		없음	없음	4	오른쪽	척도	입력

(2) 다음에 [데이터 보기(D)]를 열고, 데이터를 입력한다.

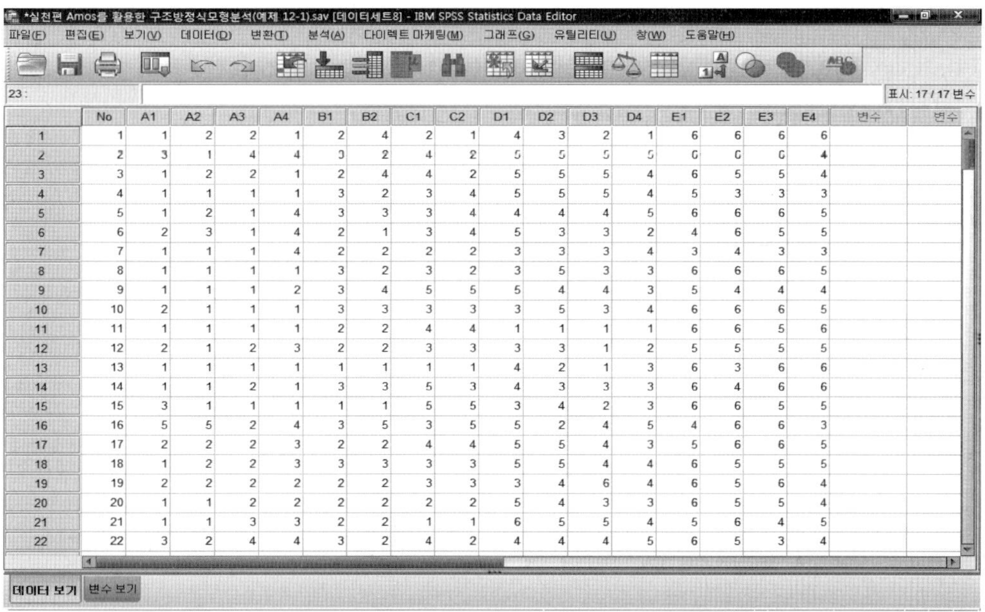

	No	A1	A2	A3	A4	B1	B2	C1	C2	D1	D2	D3	D4	E1	E2	E3	E4
1	1	1	2	2	1	2	4	2	1	4	3	2	1	6	6	6	6
2	2	3	1	4	4	3	2	4	2	5	5	5	5	6	6	6	4
3	3	1	2	2	1	2	4	4	2	5	5	5	4	6	5	5	4
4	4	1	1	1	1	3	2	3	4	5	5	5	4	5	3	3	3
5	5	1	2	1	4	3	3	3	4	4	4	4	5	6	6	6	5
6	6	2	3	1	4	2	1	3	4	5	3	3	2	4	6	5	5
7	7	1	1	1	4	2	2	2	2	3	3	3	4	3	4	3	3
8	8	1	1	1	1	3	2	3	2	3	5	3	3	6	6	6	5
9	9	1	1	1	2	3	4	5	5	5	4	4	3	5	4	4	4
10	10	2	1	1	1	3	3	3	3	3	5	3	4	6	6	6	5
11	11	1	1	1	1	2	2	4	4	1	1	1	1	6	6	5	6
12	12	2	1	2	3	2	2	3	3	3	3	1	2	5	5	5	5
13	13	1	1	1	1	1	1	1	1	4	2	1	3	6	3	6	6
14	14	1	1	2	1	3	3	5	3	4	3	3	3	6	4	6	6
15	15	3	1	1	1	1	1	5	5	3	4	2	3	6	6	5	5
16	16	5	5	2	4	3	5	3	5	5	2	4	5	4	6	6	3
17	17	2	2	2	3	2	2	4	4	5	5	4	3	5	6	6	5
18	18	1	2	2	3	3	3	3	3	5	5	4	4	6	5	5	5
19	19	2	2	2	2	2	2	3	3	3	4	6	4	6	5	6	4
20	20	1	1	2	2	2	2	2	2	5	4	3	3	6	5	5	4
21	21	1	1	3	3	2	2	1	1	6	5	5	4	5	6	4	5
22	22	3	2	4	4	3	2	4	2	4	4	4	5	6	5	3	4

〈순서 2〉 Amos에 데이터를 읽어 들인다

(1) 데이터가 입력되어 있는 SPSS 화면에서 Amos를 선택한다.

(2) Amos 화면에서 [File]-[Data Files]를 선택한다.

(3) [Data Files] 윈도우가 나타난다.

(4) [File Name]을 클릭하여 [예제 12-1] 데이터가 입력되어 있는 곳을 찾아 선택한 다음, [열기(O)]를 클릭한다.

(5) [Data Files] 윈도우에 다음과 같이 데이터가 읽어 들여진 것을 알 수 있다.

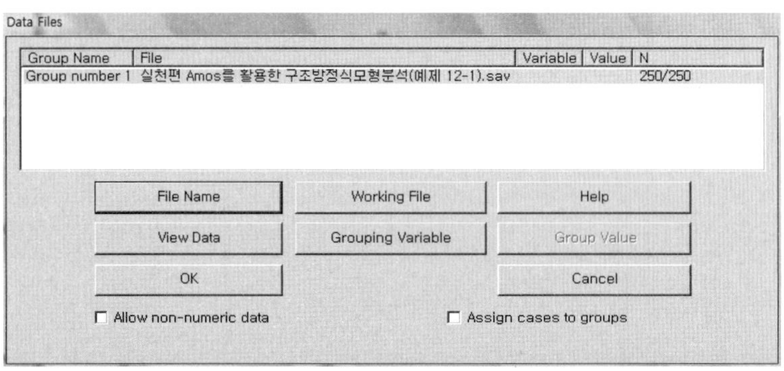

(6) 데이터가 잘 읽어 들여진 것을 확인하면, 앞의 [Data Files] 윈도우에서 [OK]를 클릭한다.

〈순서 3〉 잠재변수 부분의 작성

(1) 'Draw a latent variable or add an indicator to a latent variable' 아이콘( )을 사용해서 '조화성'의 부분에 상당하는 타원을 그린다. 그리고 관측변수가 네 개 있으므로, 타원 안에서 4회 클릭한다. 다음과 같은 도형이 그려진다.

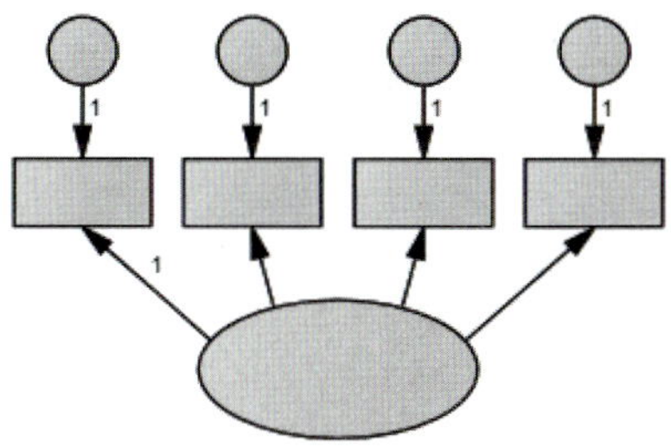

(2) 이 기본 형태를 복사한다거나 새로 그린다거나 해서 다음과 같은 그림을 그린다.

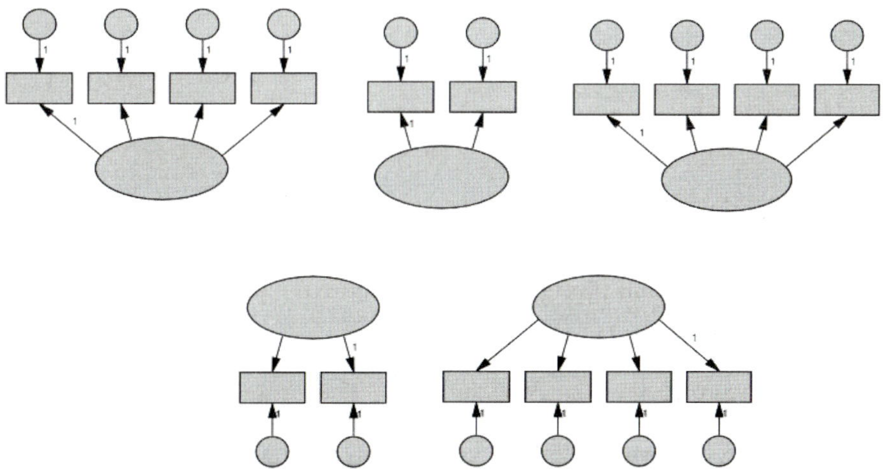

〈순서 4〉 관측변수와 잠재변수의 이름 지정

(1) 관측변수의 변수 이름을 지정한다. 'List variables in data set' 아이콘( )을 클릭하고, 각 사각형 안에 데이터 내의 변수 이름을 지정한다.

> **힌트**
>
> 물론 사전에 데이터 파일을 지정해 놓는 것을 잊어서는 안 된다!!

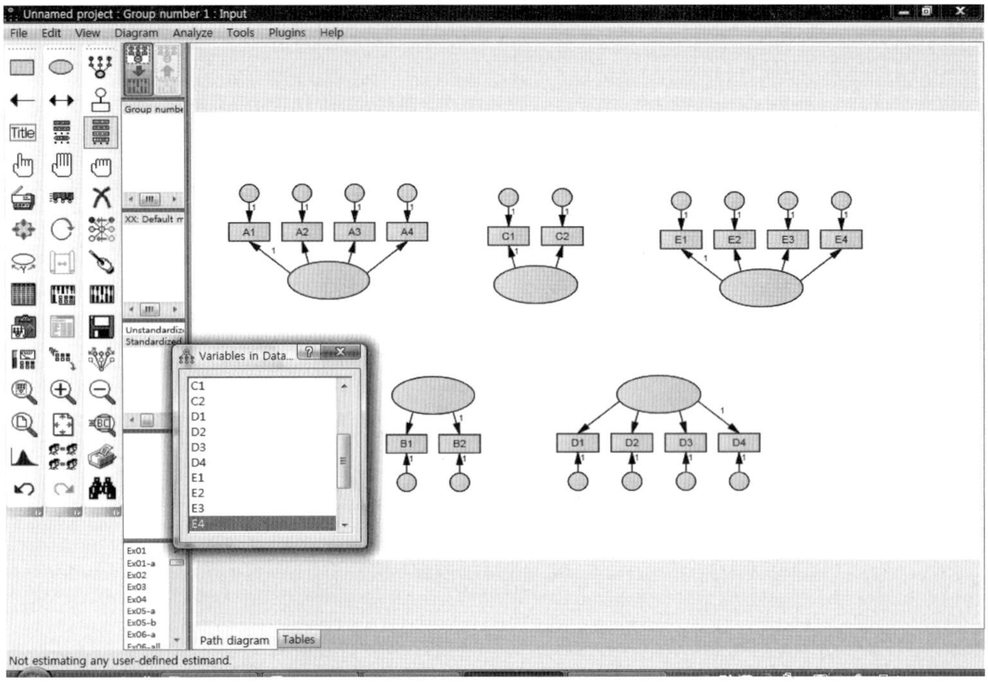

(2) 잠재변수 및 오차변수 이름을 붙인다. 화살표를 연결한다.

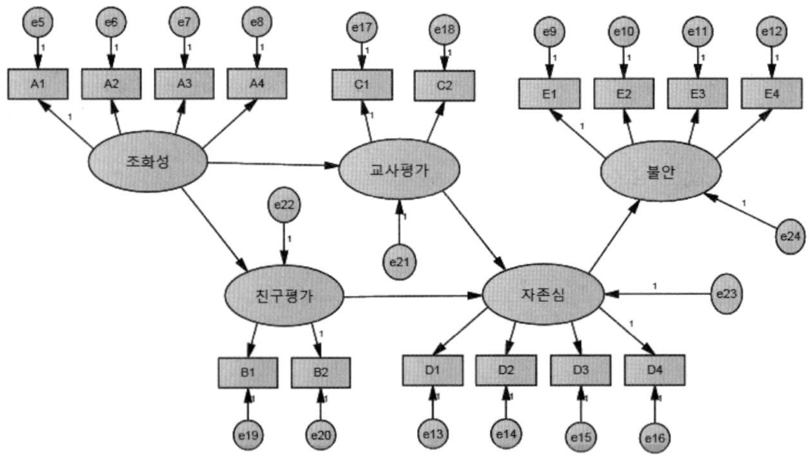

완성된 경로도형은 위와 같다. 그러면 분석을 실행해 보기로 한다.

〈순서 5〉 분석의 실행

(1) 분석을 실시하기 전에 먼저 'Analysis properties' 아이콘 ( )을 클릭하거나 혹은 [View]-[Analysis properties]를 선택한다.

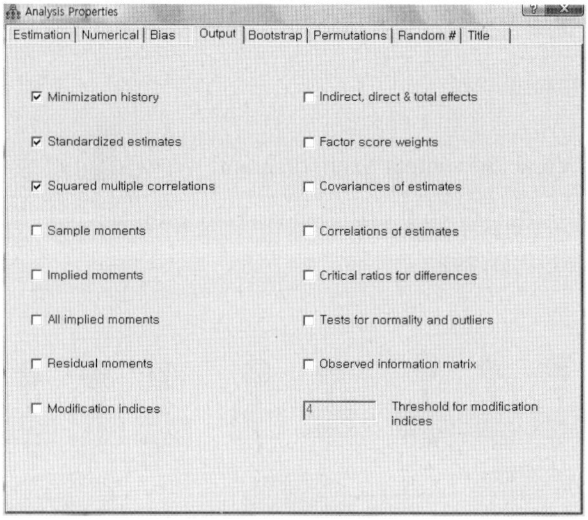

[Output] 탭을 클릭하고, [Standardized estimates(표준화 추정치)], [Squared multiple correlations(중상관계수의 평방)]에 체크하고 윈도우를 닫는다.

(2) 그러면 분석을 실행하기 위해서 'Calculate estimates' 아이콘( )을 클릭하거나 혹은 [Analyze]-[Calculate Estimates]을 선택한다. 그러면 파일을 보존하도록 윈도우가 표시되므로, 적당한 장소에 이름을 붙여 보존한다. '실천편 예제 12-1'이라는 파일 이름을 입력하고 [저장(S)] 버튼을 클릭한다.

(3) 중앙의 '정보 영역'에 'Minimum was achieved', 'Writing output' 등이 표시되면, 분석은 성공이다.

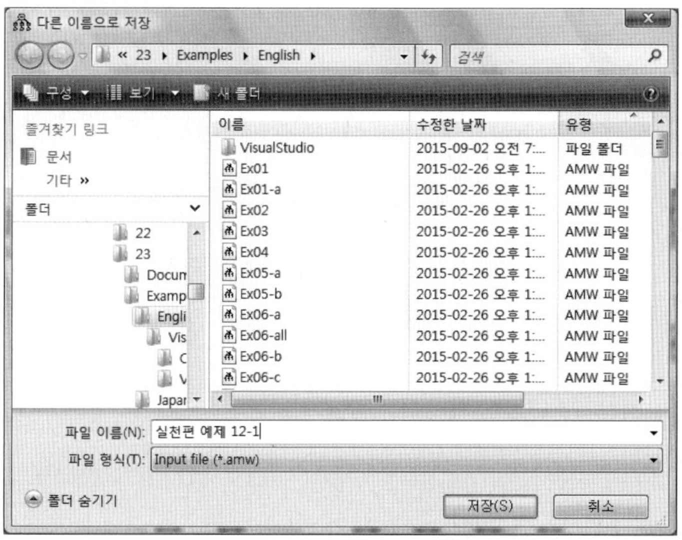

2. 잠재변수 사이의 인과관계 판단

〈순서 1〉 출력 경로도형의 관찰

(1) 중앙 상부의 'View the output path diagram' 아이콘( )을 클릭한다. [Parameter Formats] 난의 [비표준화 추정치(Unstandardized estimates)]를 클릭하면, 경로도형에 비표준화 추정치가 출력된다.

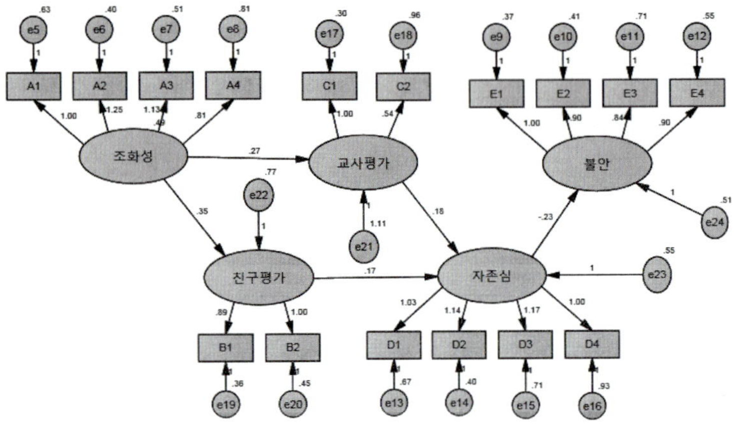

(2) [Parameter Formats] 난의 [표준화 추정치(Standardized estimates)]를 클릭한다. 경로도형에 표준화 추정치가 출력된다.

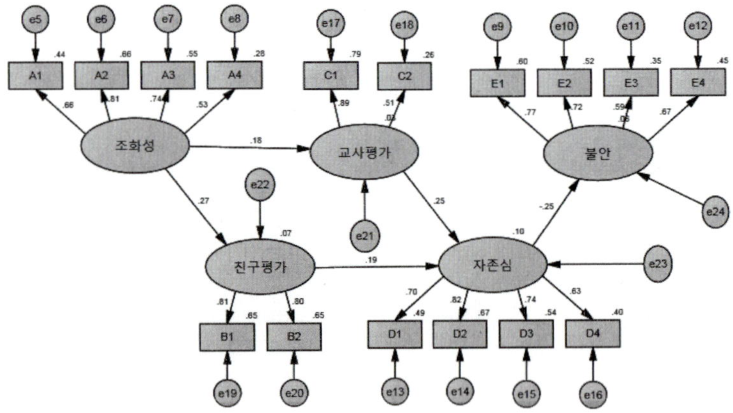

조화성으로부터 친구평가에 이르는 경로계수는 0.27, 교사평가에 이르는 경로계수는 0.18이다. 친구평가로부터 자존심에 이르는 경로계수는 0.19, 교사평가로부터는 0.25이다. 자존심으로부터 불안에 이르는 경로계수는 -0.25로 되어 있다.

〈순서 2〉 'View Text' 출력의 관찰

(1) 다음에 'View Text' 아이콘 ( )을 클릭하거나 혹은 [View]-[Text Output]을 선택한다. [Notes for Model]을 보면 자유도가 99인 것을 알 수 있다.

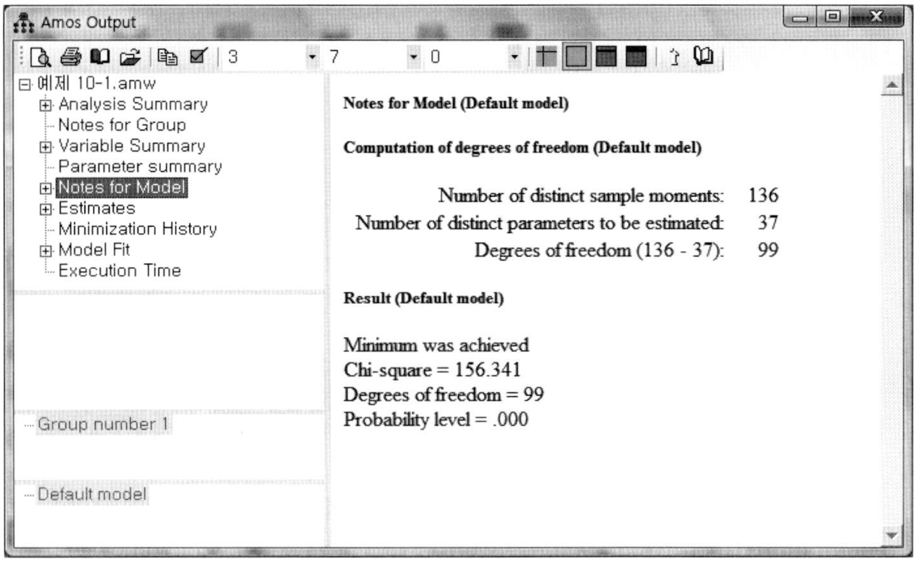

(2) 다음에 [Estimates(추정치)]를 보도록 하자.

Regression Weights: (Group number 1 - Default model)

			Estimate	S.E.	C.R.	P	Label
교사평가	<---	조화성	.270	.120	2.249	.025	
친구평가	<---	조화성	.346	.111	3.126	.002	
자존심	<---	친구평가	.168	.070	2.411	.016	
자존심	<---	교사평가	.182	.086	2.121	.034	
불안	<---	자존심	-.233	.076	-3.079	.002	
A1	<---	조화성	1.000				
A2	<---	조화성	1.250	.132	9.475	***	
A3	<---	조화성	1.133	.123	9.215	***	
A4	<---	조화성	.810	.114	7.116	***	
C1	<---	교사평가	1.000				
C2	<---	교사평가	.541	.216	2.505	.012	
B2	<---	친구평가	1.000				
B1	<---	친구평가	.894	.200	4.482	***	
E1	<---	불안	1.000				
E2	<---	불안	.896	.094	9.519	***	
E3	<---	불안	.836	.103	8.154	***	
E4	<---	불안	.902	.100	9.060	***	
D4	<---	자존심	1.000				
D3	<---	자존심	1.172	.131	8.970	***	
D2	<---	자존심	1.135	.121	9.415	***	
D1	<---	자존심	1.035	.119	8.688	***	

Standardized Regression Weights: (Group number 1 - Default model)

			Estimate
교사평가	<---	조화성	.177
친구평가	<---	조화성	.267
자존심	<---	친구평가	.195
자존심	<---	교사평가	.249
불안	<---	자존심	-.247
A1	<---	조화성	.663
A2	<---	조화성	.812
A3	<---	조화성	.743
A4	<---	조화성	.533
C1	<---	교사평가	.891
C2	<---	교사평가	.509
B2	<---	친구평가	.804
B1	<---	친구평가	.806
E1	<---	불안	.773
E2	<---	불안	.719
E3	<---	불안	.591
E4	<---	불안	.668
D4	<---	자존심	.631
D3	<---	자존심	.737
D2	<---	자존심	.816
D1	<---	자존심	.702

추정치를 보면 잠재변수 사이의 경로는 낮은 값이기는 하지만, 모두 5% 수준 혹은 1% 수준에서 유의한 값을 보이고 있는 것을 알 수 있다.

(3) [Model Fit]를 살펴보도록 하자.

CMIN

Model	NPAR	CMIN	DF	P	CMIN/DF
Default model	37	156.341	99	.000	1.579
Saturated model	136	.000	0		
Independence model	16	1267.794	120	.000	10.565

RMR, GFI

Model	RMR	GFI	AGFI	PGFI
Default model	.076	.927	.899	.674
Saturated model	.000	1.000		
Independence model	.263	.551	.491	.486

▶ $\chi^2 = 156.341$, 자유도 99, 0.1% 수준에서 유의하다.

GFI=0.927, AGFI=0.899이다. GFI는 0.9를 초과하고 있으나, AGFI는 약간 밑돌고 있다.

힌트 : GFI(goodness of fit index)

간단하고 확실한 모형 선택의 방법으로서 GFI와 AIC의 편성이 소개된 이래 잘 알려져 있는 기준이다. 그것에 의하면 GFI가 0.9 이하인 모형은 버리고, 남은 모형에 대해서 비교하여 AIC의 값이 최소인 것을 최종 모형으로서 채택한다고 한다. GFI의 값은 0에서 1까지 취하고, 1인 경우에는 모형이 완전히 적합해 있다는 것을 의미한다. 100배함으로써 모형의 관측 데이터에 대한 설명률을 나타낸다. RMR과 마찬가지로 파라미터에 대한 구속의 수에 영향을 받는 결점이 있다.

AGFI(adjusted goodness of fit index)

파라미터에 대한 구속의 수에 영향을 받는 GFI의 결점을 수정한 기준이다. 파라미터가 많고 복잡한 모형에 대해서 페널티를 가한다. GFI와 마찬가지로 값은 0에서 1까지 취하며, 1인 경우에는 모형이 완전히 적합해 있다는 것을 의미한다. 카리노(狩野, 1997)는 "회귀분석의 용어로 말하자면 GFI는 중상관계수에, AGFI는 수정된 중상관계수에 대응"한다고 비유하고 있다. AGFI≦GFI의 관계가 성립한다.

Baseline Comparisons

Model	NFI Delta1	RFI rho1	IFI Delta2	TLI rho2	CFI
Default model	.877	.851	.951	.939	.950
Saturated model	1.000		1.000		1.000
Independence model	.000	.000	.000	.000	.000

▶ NFI=0.877, CFI=0.950이다. CFI는 0.9를 초과하고 있어 충분한 값이라고 할 수 있다.

힌트 : NFI(Bentler-Bonett normed fit index)

독립 모형은 구속이 엄하여 있을 것 같지 않은 모형이므로, 관측 데이터와의 적합도는 대단히 낮아진다. 바꾸어 말하면 관측 데이터와 모형의 차에 대한 최소화 기준값은 상당히 큰 값이 된다. NFI는 그 독립 모형을 비교대상으로 해서 모형을 평가한 값이 된다.

$$\text{NFI} = 1 - \frac{\text{모형의 } Amos \text{ 최소화 기준값}(CMIN)}{\text{독립 모형의 } Amos \text{ 최소화 기준값}(CMIN)}$$

모형이 완전한 적합을 보이면 분자인 모형의 최소화 기준값은 0이 되므로, 1만이 남아 NFI는 1이 된다. 한편, 모형이 독립 모형과 완전히 같은 적합도를 보이면 비율 부분의 값은 1이 되므로 1 − 1 = 0으로 NFI는 0이 된다.

힌트 : CFI(comparative fit index)

Bentler(1990)가 NFI의 결점과 TLI의 결점을 보완해서 제창한 기준이다. RNI(McDonald and Marsh's relative fit index)와 같은 것이다.

$$\text{CFI} = 1 - \frac{\text{모델의 } Amos \text{ 최소화 기준값}(CMIN) - \text{모델의 자유도}}{\text{독립 모델의 } Amos \text{ 최소화 기준값}(CMIN) - \text{독립 모델의 자유도}}$$

TLI 와 달리 0에서 1까지의 값을 취한다. 또한 NFI와 달리 케이스 수가 적은 경우에는 적합을 과소평가하는 수도 있다. 1에 가까울수록 적합성이 좋다는 것을 의미한다.

TLI(Tucker-Lewis index)

NNFI(Bentler-Bonnet non-normed fit index)로서도 알려져 있는 기준이다. 1에 가까울수록 적합성이 좋다는 것을 의미한다. 단, TLI는 흔히 어떤 0에서 1까지의 값을 취하는 기준과 달리 0에서 1까지의 범위에 값이 한정되지 않는다.

RMSEA

Model	RMSEA	LO 90	HI 90	PCLOSE
Default model	.048	.033	.062	.565
Independence model	.196	.186	.206	.000

AIC

Model	AIC	BCC	BIC	CAIC
Default model	230.341	235.764	360.635	397.635
Saturated model	272.000	291.931	750.919	886.919
Independence model	1299.794	1302.139	1356.138	1372.138

▶ RMSEA=0.048이다. 0.05를 밑돌고 있어 충분한 값이라고는 할 수 없다.
AIC나 CAIC의 값은 모형을 개량해 갈 때에 사용한다. 더 작은 값이 얻어지면, 더욱 적합한 모형이 된다.

힌트 : RMSEA(root mean square error of approximation)

파라미터에 대한 구속의 수에 영향을 받는 F0의 결점을 수정한 기준이다. 많은 파라미터를 포함하는 복잡한 모형에 대해서는 페널티를 고려하고 있다. F0를 모형의 자유도로 나누고 제곱근을 구한 값이다. 즉, 다음과 같이 된다.

$$\text{RMSEA} = \sqrt{\frac{\text{F0}}{(\text{모형의 자유도})}}$$

힌트 : F0(모형과 진짜 모집단의 최소화 기준값)

통상의 최소화 기준은 관측 데이터와 모델의 차를 최소화하는 것을 생각하고 있다. 그러나 여기에서의 관측 데이터란 표본에 지나지 않는다. 그래서 표본이 아니라 진짜 모집단과 모형 사이의 최소화 기준을 생각한다. 이 최소화 기준이 F0이다.

힌트 : AIC(아카이께의 정보량기준 : Akaike information criterion)

AIC는 일본인 아카이께(赤池)가 제창한 것으로 Kullback-Leibler 정보량의 생각을 기초로 한 것이다. 그 기본 생각을 대강 제시하면 진짜 모형과 그 모형의 근사함, 즉 (진짜 모형-모형)의 값을 생각한다. 차가 크면 클수록 좋지 않은 모형이고, 차가 작으면 좋은 모형이라고 할 수 있다. 그러나 실제로는 진짜 모형은 알 수가 없다. 그래서 진짜 모형을 무시하고 마이너스가 붙은 모형 쪽만 생각해 본다. 그렇게 하면 모형의 절대값이 크면 클수록 큰 마이너스의 값이 되고, 그만큼 진짜 모형에 가까워지고 있다고 간주할 수 있다. 이때에 모형의 값이라고 말하고 있는 것은 평균대수우도(平均對數尤度)가 된다. 그 불편추정량이 바로 AIC=-2(최대 대수우도-자유 파라미터 수)가 된다. 자유 파라미터 수를 뺌으로써 파라미터가 많은 모형에 대한 페널티를 고려하고 있는 기준이다. Amos가 출력하는 AIC는 최소기준값(CMIN)에 독립적인 파라미터 수의 2배를 더한 값이 된다. 즉, 다음과 같이 된다.

$$AIC = CMIN + 2 \times NPAR$$

Amos의 AIC 값과 달리 다음 식의 값이 표시되는 소프트웨어도 있다.

$$AIC = CMIN - 2 \times (\text{자유도 } DF)$$

또한 다음과 같은 식으로 되어 있는 경우도 있다.

$$AIC = CMIN / 2 - NPAR$$

어쨌든 진짜 모형은 불분명하므로 AIC의 값에 절대적인 의미는 없고, 복수의 모형 간 비교를 할 때에만 유효하게 된다. AIC의 값이 작은 모형일수록 우수하다고 판단한다.

힌트 : CAIC(consistent AIC)

Bozdogan(1987)이 제창한 AIC의 수정판 기준이다.[64] AIC보다도 모형의 복잡함에 대한 페널티가 크다.

---

64 Bozdogan, K. A., & Stine, R. A. (1992), "Bootstrapping Goodness-of-Fit Measures in Structural Equation Models," *Sociological Methods & Research*, 21(2), pp. 205~229.

분석결과의 해석방법

이상의 결과로부터 가설대로의 경로가 얻어졌다. 약간 계수가 작은 점이 염려가 되지만, 적합도는 충분하다고 할 수 있을 것이다.

3. 분석결과의 해석

복잡한 모형을 어떻게 파악할 것인가?

예를 들면 조화성과 네 개의 관측변수, 오차 부분을 살펴보도록 하자.

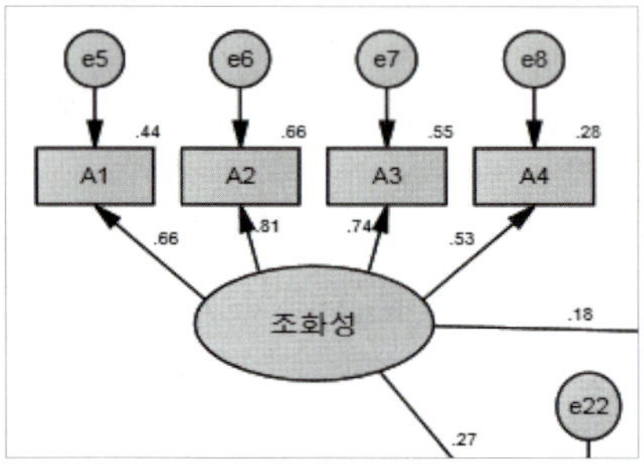

이것은 일반적으로 1요인의 요인분석 모형이라는 것을 알 수 있다.

조화성이라고 하는 잠재변수로부터 네 개의 관측변수에 대해서 경로가 이어지고, 네 개의 관측변수에는 각각 오차도 영향을 미치고 있다.

요인분석에서 말하자면 조화성이 '공통요인', 조화성으로부터 관측변수에 이르는 하나하나의 경로가 '요인부하량', 관측변수에 영향을 미치는 오차가 '독자요인', 그 영향력이 '독자성'에 상당하는 것이다.

다음에 조화성이 친구평가와 교사평가에 영향을 미친다고 하는 부분에 주목해 보자.

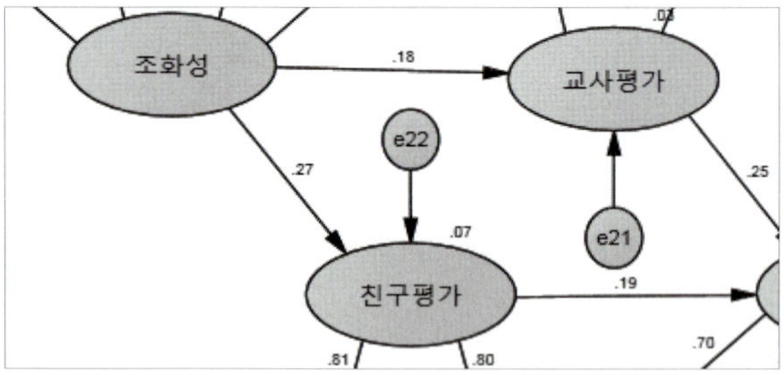

이 부분은 잠재변수와 관측변수라고 하는 차이가 있기는 하지만, 인과관계의 모형에 상당한다. 조화성이 교사평가에 영향을 미치면, 영향을 받은 교사평가에는 오차도 영향을 준다.

이와 같이 복잡해 보이는 모형이더라도 경로도형을 세세한 요소로 분해해서 보면, 요인분석이나 다중회귀분석의 모형이 편성되어 구성되어 있는 것을 알 수 있다.

12.3 | SPSS에 의한 잠재변수 사이의 인과관계 분석

질문지 조사의 분석에서 자주 사용되는 SPSS에 의한 분석 프로세스(요인분석 → 신뢰성 검토 → 척도 점수의 산출 → 상관계수의 산출 → 다중회귀분석 등)는, 여기에서 그려지는 경로도형을 단계를 밟아 간이적(簡易的)으로 분석하는 것이라고 할 수 있다.

단, 간이적이라고 해서 SPSS에 의한 분석 쪽이 더 못하다고 하는 것은 아니다. 많은 질문항목으로부터 사용할 만한 항목을 탐색적으로 골라낸다거나, 많은 변수에서 탐색적으로 분석하여 새로운 발견을 이끌어낸다거나 할 때에는, SPSS로 분석하는 쪽이 효율적인 경우도 많다.

그리고 신뢰성과 타당성을 견실하게 검토해서 척도 작성을 실시한다거나, 확실한 조사계획 하에서 데이터를 수집한다거나 하면, Amos로 분석하거나 SPSS로 분석하거나 거의 같은 결론에 도달할 수 있을 것이다.

그러면 제12장의 결말로서 통상 자주 사용되는 수법을 이용해서 앞에서와 같은 분석을 SPSS로 분석해 보기로 한다.

1. 분석의 순서

분석 순서는 다음과 같다.

〈순서 1〉 요인분석의 실시

모든 질문항목을 한 번에 분석하는 경우도 있고, 개념마다 실시하는 경우도, 조사대상자 마다(자기평가 · 타자평가) 실시하는 경우도 있다.

SPSS의 경우 복수의 요인을 추출함으로써 질문항목의 통합과 변별성(辨別性)을 보일 수 있다. 예를 들면, 항목 A가 확실히 제1요인으로부터만 큰 영향을 받고 그 이외의 요인으로부터는 작은 영향밖에 받지 않는다는 것, 그리고 그 점에서 B와는 다른 그룹의 통합을 형성하는 것을 보인다.

본 예제는 자기평가의 항목 모두에서 요인분석을 실시하기로 하자. 친구평가, 교사평가는 평가의 방향성이 다르므로, 순서2에서 신뢰성을 확인하는 것으로 그친다.

〈순서 2〉 신뢰성계수의 산출

각각의 척도에 대한 통합마다 α계수를 산출한다. 단, 두 항목에서 α계수를 산출하는 것은 그다지 바람직하지 않다. 상관계수를 산출해 놓으면 좋을 것이다.

〈순서 3〉 척도 점수의 산출

각각의 척도에 속하는 항목의 합계치 혹은 합계치를 항목 수로 나눈 값을 산출한다. 여기에서는 합계치를 산출해 놓는다.

〈순서 4〉 척도 점수 사이의 상관계수 산출

점수의 영향관계를 검토할 때, 상관계수와 다중회귀분석의 결과를 비교함으로써 중요한 식견을 얻는 경우도 있다.

〈순서 5〉 다중회귀분석의 반복 실시

종속변수(경로도형에서 화살표가 도착하고 있는 변수)의 수만큼 다중회귀분석을 반복해서 실시한다.

친구평가를 종속변수, 조화성을 독립변수
교사평가를 종속변수, 조화성을 독립변수
자존심을 종속변수, 조화성 · 친구평가 · 교사평가를 독립변수
불안을 종속변수, 조화성 · 친구평가 · 교사평가 · 자존심을 독립변수

2. 요인분석의 실시

〈순서 1〉 요인분석을 위한 변수 지정

메뉴에서 [분석(A)]-[차원 축소(D)]-[요인분석(F)]을 선택한다. [변수(V)]에 A1～A4, D1～D4, E1～E4의 변수를 지정한다. [요인추출(E)]을 클릭한다.

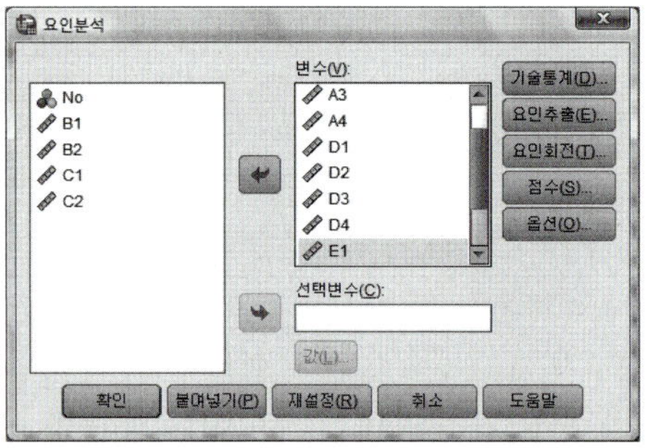

〈순서 2〉 요인추출 방법 지정

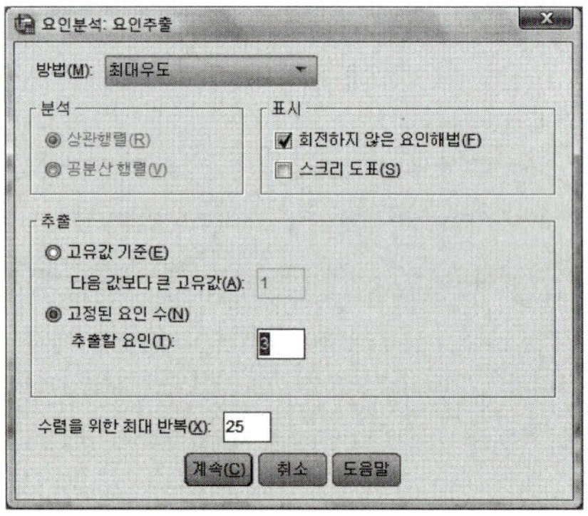

[방법(M)]을 '최대우도'를 선택한다. 추출 기준으로서 [고정된 요인 수(N)]의 [추출할 요인(T)]을 '3'으로 한다. [계속]을 클릭한다. [요인회전(T)]을 클릭한다.

〈순서 3〉 요인회전 방법 지정

[방법]의 [프로멕스(P)]를 선택한다.

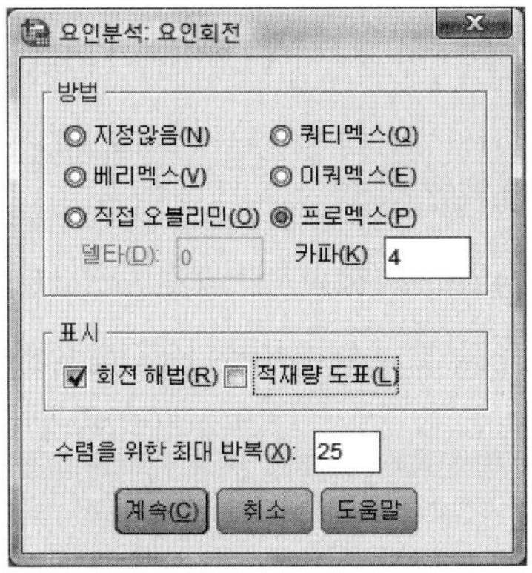

[계속]을 클릭한다. [확인]을 클릭한다.

▶ 출력결과를 본다.

공통성이 출력된다. 이것은 모든 공통요인으로부터 하나하나의 관측변수에 대한 종합적인 영향력이다.

공통성

	초기	추출
A1	.360	.445
A2	.498	.675
A3	.441	.553
A4	.246	.281
D1	.433	.525
D2	.517	.675
D3	.470	.544
D4	.355	.407
E1	.469	.615
E2	.425	.529
E3	.332	.365
E4	.373	.451

추출 방법: 최대우도.

▶ 설명된 총분산을 본다. 이것은 하나하나의 공통요인(여기에서는 세 개 추출하도록 지정하고 있다)이 모든 관측변수에 대해서 어느 정도 영향을 미치고 있느냐라고 하는 지표가 된다. 숫자가 클수록 그 요인이 관측변수에 미치는 영향력은 크다.

설명된 총분산

요인	초기 고유값			추출 제곱합 적재량			회전 제곱합 적재량[a]
	전체	% 분산	누적 %	전체	% 분산	누적 %	전체
1	3.220	26.833	26.833	2.729	22.745	22.745	2.291
2	2.289	19.071	45.904	1.824	15.203	37.948	2.026
3	1.981	16.505	62.410	1.512	12.601	50.549	2.128
4	.739	6.162	68.571				
5	.659	5.492	74.063				
6	.577	4.805	78.868				
7	.552	4.603	83.472				
8	.500	4.166	87.638				
9	.422	3.516	91.154				
10	.394	3.282	94.435				
11	.375	3.129	97.564				
12	.292	2.436	100.000				

추출 방법: 최대우도.

a. 요인이 상관된 경우 전체 분산을 구할 때 제곱합 적재량이 추가될 수 없습니다.

▶ 패턴 행렬을 본다. 이것이 잠재변수로부터 관측변수에 이르는 경로계수에 상당한다.

패턴 행렬[a]

	요인		
	1	2	3
A1	-.070	.662	-.047
A2	.005	.818	-.019
A3	.013	.749	.059
A4	.080	.522	.030
D1	.744	-.025	.102
D2	.822	-.059	-.010
D3	.704	.035	-.096
D4	.615	.085	-.034
E1	.076	-.032	.793
E2	.081	.042	.748
E3	-.110	.043	.574
E4	-.101	-.030	.634

요인추출 방법: 최대 우도.
회전 방법: Kaiser 정규화가 있는 프로멕스.

a. 4 반복계산에서 요인회전이 수렴되었습니다.

제1요인은 D1~D4(자존심), 제2요인은 A1~A4(조화성), 제3요인은 E1~E4(불안)에 비교적 큰 부하량을 보이고 있는 것을 알 수 있다. 자기평가의 모든 항목이 각각에 통합되는것이 명백해졌다.

▶ 요인 상관행렬이 출력된다. 이것은 요인(잠재변수)끼리의 상관계수이다.

요인 상관행렬

요인	1	2	3
1	1.000	.093	-.239
2	.093	1.000	-.160
3	-.239	-.160	1.000

요인추출 방법: 최대 우도.
회전 방법: Kaiser 정규화가 있는 프로멕스.

3. 신뢰성계수 산출

조화성의 인자에 대한 α계수를 산출한다.

〈순서 1〉 신뢰도분석 도구 선택

메뉴에서 [분석(A)]-[척도분석(A)]-[신뢰도분석(R)]을 선택한다.

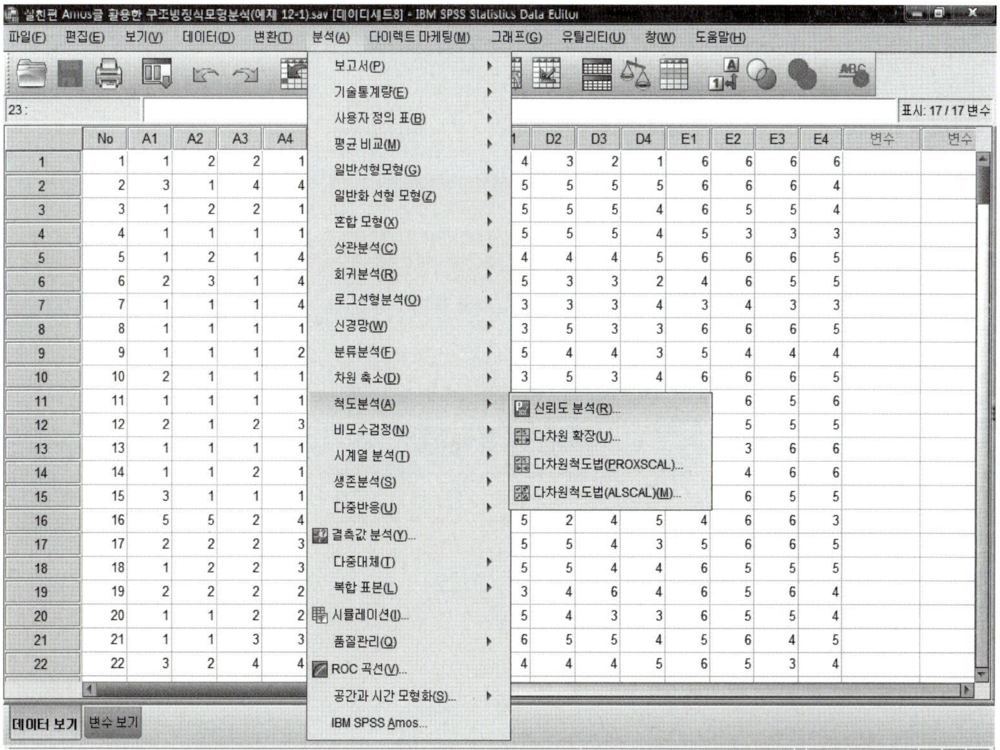

〈순서 2〉 변수의 선택

[항목(I)]에 A1～A4의 4항목을 지정한다.

[통계량(S)]를 클릭한다.

〈순서 3〉 통계량 선택

[다음에 대한 기술통계]의 [항목 제거시 척도(A)]를 체크한다.

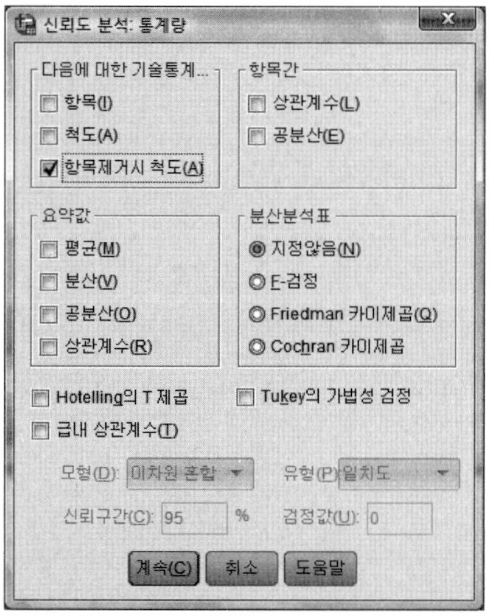

[계속]을 클릭한다.

[확인]을 클릭한다.

▶ 결과가 출력된다.

[신뢰도 통계량]에 Cronbach의 α계수가 표시된다. 조화성의 α계수는 0.778로 낮은 값인데, 4항목으로 구성된다는 것을 생각하면 적당한 값일지도 모른다.

[항목 총계 통계량]에는 [항목 제거시 척도(A)]에 체크함으로써 몇 개의 지표가 추가된다. [수정된 항목-전체 상관관계]는 그 항목과 그 항목 이외의 합계치와의 상관이다. 또 [항목이 삭제된 경우 Cronbach 알파]는 만일 그 항목이 없었다면 나머지 항목에서 α계수가 얼마가 되는가를 나타낸다.

신뢰도 통계량

Cronbach의 알파	항목 수
.778	4

항목 총계 통계량

	항목이 삭제된 경우 척도 평균	항목이 삭제된 경우 척도 분산	수정된 항목-전체 상관관계	항목이 삭제된 경우 Cronbach 알파
A1	5.94	6.751	.571	.729
A2	6.04	6.187	.680	.671
A3	6.03	6.469	.624	.702
A4	5.65	7.240	.460	.785

〈순서 4〉 다른 질문항목군에서의 α계수 산출

▶ 자존심(D1 ~D4)은 다음과 같다.

신뢰도 통계량

Cronbach의 알파	항목 수
.809	4

항목 총계 통계량

	항목이 삭제된 경우 척도 평균	항목이 삭제된 경우 척도 분산	수정된 항목-전체 상관관계	항목이 삭제된 경우 Cronbach 알파
D1	10.76	8.747	.625	.761
D2	11.21	8.639	.705	.727
D3	11.65	8.260	.633	.757
D4	11.59	8.741	.553	.797

▶ 불안(E1 ~E4)에서는 다음과 같다.

신뢰도 통계량

Cronbach의 알파	항목 수
.778	4

항목 총계 통계량

	항목이 삭제된 경우 척도 평균	항목이 삭제된 경우 척도 분산	수정된 항목-전체 상관관계	항목이 삭제된 경우 Cronbach 알파
E1	15.32	5.513	.635	.698
E2	15.39	5.748	.608	.713
E3	15.58	5.603	.522	.759
E4	15.81	5.575	.575	.729

〈순서 5〉 2항목에서의 α계수 산출

2항목에서 α계수를 산출하면 어떻게 될까. 친구평가(B1, B2)에서 산출해 보기로 한다.

신뢰도 통계량

Cronbach의 알파	항목 수
.783	2

항목 총계 통계량

	항목이 삭제된 경우 척도 평균	항목이 삭제된 경우 척도 분산	수정된 항목-전체 상관관계	항목이 삭제된 경우 Cronbach 알파
B1	2.76	1.284	.648	.[a]
B2	2.68	1.022	.648	.[a]

a. 항목 간 평균 공분산이 음수이기 때문에 이 값도 음수입니다. 이것은 신뢰도 모형 가정에 위배됩니다. 항목 코딩을 확인할 수 있습니다.

[수정된 항목-전체 상관관계]를 보면 알 수 있는데, B1과 B2의 상관계수는 0.648이다. 물론 2항목에서도 α계수는 산출되는데, 2항목의 상관계수가 0.67이면 α계수는 0.8을 초과한다. 항목끼리의 상관계수가 크다는 것은 그 2항목이 거의 같은 의미라는 것도 나타내므로, α계수가 단순히 높으면 좋다고 하는 것은 아니다라는 것도 생각할 필요가 있다.

4. 척도 점수의 산출

〈순서 1〉 메뉴에서 [변환(T)]-[변수 계산(C)]를 선택한다.

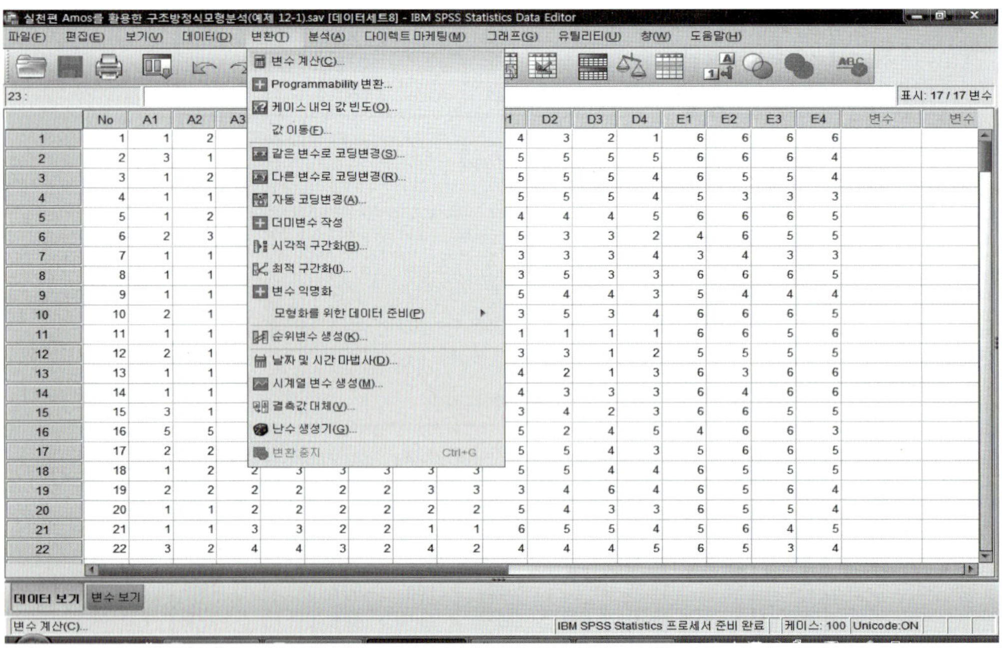

〈순서 2〉 수식 입력

[목표변수(T)] 난에 '조화성'이라고 입력한다.

[숫자표현식(E)] 난에 'A1+A2+A3+A4'라고 입력한다.

[확인]을 클릭한다.

〈순서 3〉 계산 결과 출력

새로운 변수가 추가된다.

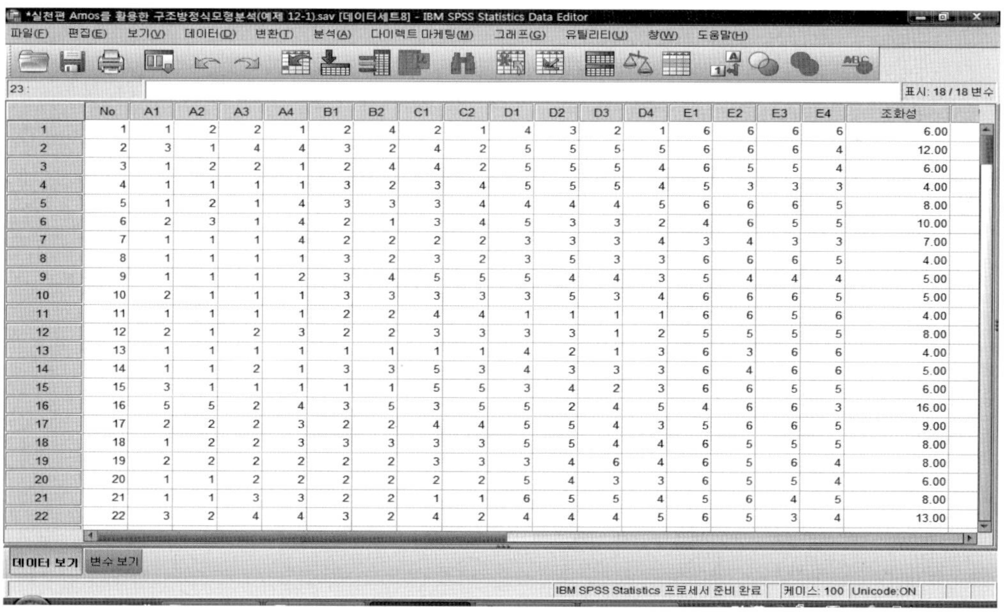

	No	A1	A2	A3	A4	B1	B2	C1	C2	D1	D2	D3	D4	E1	E2	E3	E4	조화성
1	1	1	2	2	1	2	4	2	1	4	3	2	1	6	6	6	6	6.00
2	2	3	1	4	4	3	2	4	2	5	5	5	5	6	6	6	4	12.00
3	3	1	2	2	1	2	4	4	2	5	5	5	4	6	5	5	4	6.00
4	4	1	1	1	1	3	2	3	4	5	5	5	4	5	3	3	3	4.00
5	5	1	2	1	4	3	3	3	4	4	4	4	5	6	6	6	5	8.00
6	6	2	3	1	4	2	1	3	4	5	3	3	2	4	6	5	5	10.00
7	7	1	1	1	4	2	2	2	2	3	3	3	4	3	4	3	3	7.00
8	8	1	1	1	1	3	2	3	2	3	5	3	3	6	6	6	5	4.00
9	9	1	1	1	2	3	4	5	5	5	4	4	3	5	4	4	4	5.00
10	10	2	1	1	1	3	3	3	3	3	5	3	4	6	6	6	5	5.00
11	11	1	1	1	1	2	2	4	4	1	1	1	1	6	6	5	6	4.00
12	12	2	1	2	3	2	2	3	3	3	3	1	2	5	5	5	5	8.00
13	13	1	1	1	1	1	1	1	1	4	2	1	3	6	3	6	6	4.00
14	14	1	1	2	1	3	3	5	3	4	3	3	3	6	4	6	6	5.00
15	15	3	1	1	1	1	1	5	5	3	4	2	3	6	6	5	5	6.00
16	16	5	5	2	4	3	5	3	5	5	2	4	5	4	6	6	3	16.00
17	17	2	2	2	3	2	2	4	4	5	5	4	3	5	6	6	5	9.00
18	18	1	2	2	3	3	3	3	3	5	5	4	4	6	5	5	5	8.00
19	19	2	2	2	2	2	2	3	3	3	4	6	4	6	5	6	4	8.00
20	20	1	1	2	2	2	2	2	2	5	4	3	3	6	5	5	4	6.00
21	21	1	1	3	3	2	2	1	1	6	5	5	4	5	6	4	5	8.00
22	22	3	2	4	4	3	2	4	2	4	4	4	5	6	5	3	4	13.00

〈순서 4〉 같은 방법으로 다음의 합계치를 산출한다.

친구평가 : B1+B2

교사평가 : C1+C2

자존심 : D1+D2+D3+D4

불안 : E1+E2+E3+E4

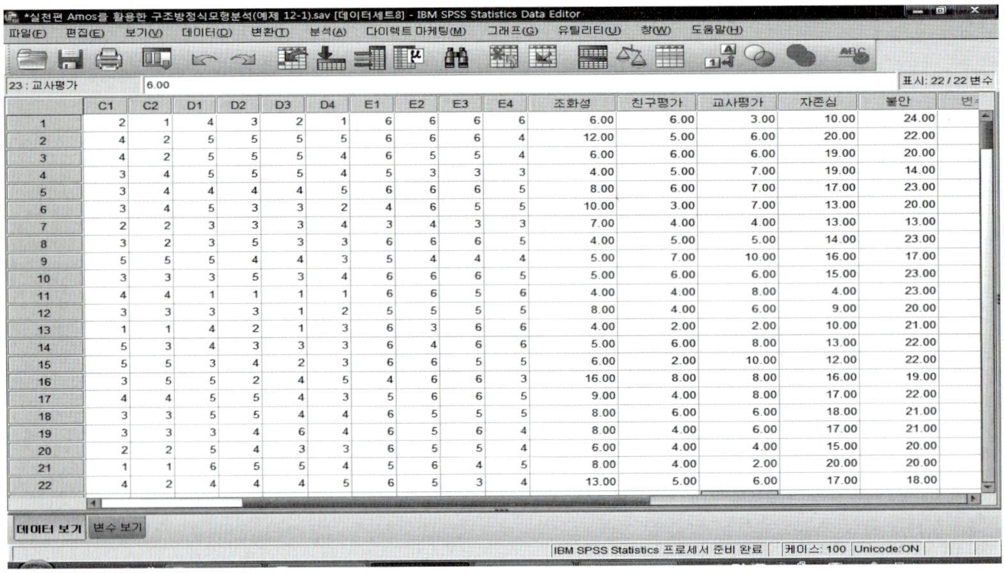

	C1	C2	D1	D2	D3	D4	E1	E2	E3	E4	조화성	친구평가	교사평가	자존심	불안
1	2	1	4	3	2	1	6	6	6	6	6.00	6.00	3.00	10.00	24.00
2	4	2	5	5	5	5	6	6	6	4	12.00	5.00	6.00	20.00	22.00
3	4	2	5	5	5	4	6	5	5	4	6.00	6.00	6.00	19.00	20.00
4	3	4	5	5	5	4	5	3	3	3	4.00	5.00	7.00	19.00	14.00
5	3	4	4	4	4	5	6	6	6	5	8.00	6.00	7.00	17.00	23.00
6	3	4	5	3	3	2	4	6	5	5	10.00	3.00	7.00	13.00	20.00
7	2	2	3	3	3	4	3	4	3	3	7.00	4.00	4.00	13.00	13.00
8	3	2	3	5	3	3	6	6	6	5	4.00	5.00	5.00	14.00	23.00
9	5	5	5	4	4	3	5	4	4	4	5.00	7.00	10.00	16.00	17.00
10	3	3	3	5	3	4	6	6	6	5	5.00	6.00	6.00	15.00	23.00
11	4	4	1	1	1	1	6	6	5	6	4.00	4.00	8.00	4.00	23.00
12	3	3	3	3	1	2	5	5	5	5	8.00	4.00	6.00	9.00	20.00
13	1	1	4	2	1	3	6	3	6	6	4.00	2.00	2.00	10.00	21.00
14	5	3	4	3	3	3	6	4	6	6	5.00	6.00	8.00	13.00	22.00
15	5	5	3	4	2	3	6	6	5	5	6.00	2.00	10.00	12.00	22.00
16	3	5	5	2	4	5	4	6	6	3	16.00	8.00	8.00	16.00	19.00
17	4	4	5	5	4	3	5	6	6	5	9.00	4.00	8.00	17.00	22.00
18	3	3	5	5	4	4	6	5	5	5	8.00	6.00	6.00	18.00	21.00
19	3	3	3	4	6	4	6	5	6	4	8.00	4.00	6.00	17.00	21.00
20	2	2	5	4	3	3	6	5	5	4	6.00	4.00	4.00	15.00	20.00
21	1	1	6	5	5	4	5	6	4	5	8.00	4.00	2.00	20.00	20.00
22	4	2	4	4	4	5	6	5	3	4	13.00	5.00	6.00	17.00	18.00

[데이터 보기(D)]에 새로운 변수 '친구평가 · 교사평가 · 자존심 · 불안'이 추가되어 있음을 확인할 수 있다.

5. 상관계수의 산출

〈순서 1〉 메뉴에서 [분석(A)]–[상관분석(C)]–[이변량 상관(B)]을 선택한다.

〈순서 2〉 변수의 선택

[변수(V)] 난에 '조화성 · 친구평가 · 교사평가 · 자존심 · 불안'을 지정한다.

[옵션(O)]을 클릭한다.

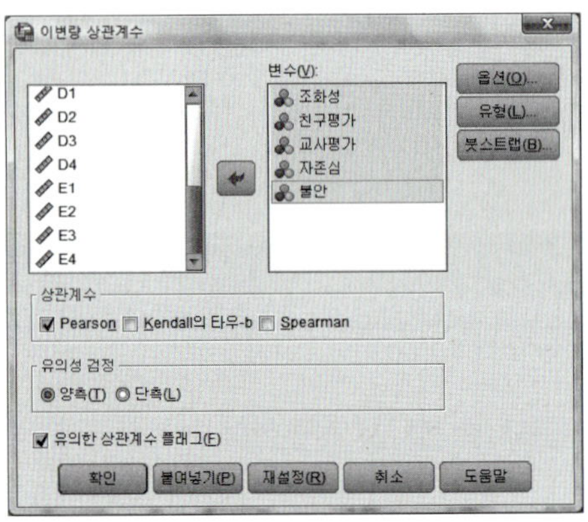

〈순서 3〉 옵션의 선택

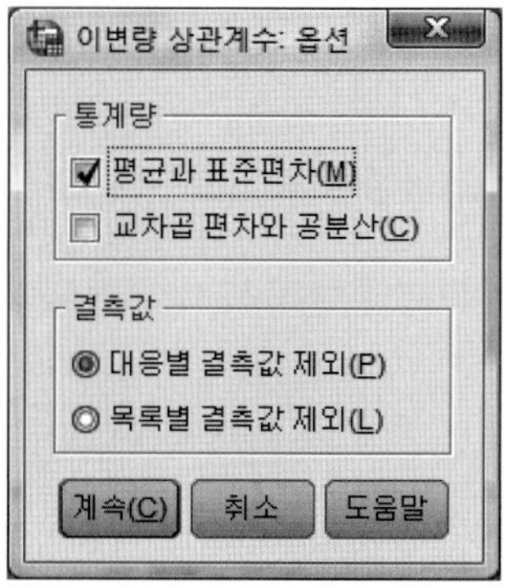

[통계량]의 [평균과 표준편차(M)]를 체크하고 [계속]을 클릭한다.
[확인]을 클릭한다.

▶ 분석결과는 다음과 같다.

기술통계량

	평균	표준편차	N
조화성	7.8840	3.32064	250
친구평가	5.4400	1.94668	250
교사평가	5.5680	1.99934	250
자존심	15.0680	3.79063	250
불안	20.7000	3.04748	250

상관관계

		조화성	친구평가	교사평가	자존심	불안
조화성	Pearson 상관	1	.228**	.221**	.099	-.115
	유의확률 (양측)		.000	.000	.119	.069
	N	250	250	250	250	250
친구평가	Pearson 상관	.228**	1	.142*	.183**	-.114
	유의확률 (양측)	.000		.025	.004	.071
	N	250	250	250	250	250
교사평가	Pearson 상관	.221**	.142*	1	.172**	-.077
	유의확률 (양측)	.000	.025		.006	.223
	N	250	250	250	250	250
자존심	Pearson 상관	.099	.183**	.172**	1	-.225**
	유의확률 (양측)	.119	.004	.006		.000
	N	250	250	250	250	250
불안	Pearson 상관	-.115	-.114	-.077	-.225**	1
	유의확률 (양측)	.069	.071	.223	.000	
	N	250	250	250	250	250

**. 상관관계가 0.01 수준에서 유의합니다(양측).

*. 상관관계가 0.05 수준에서 유의합니다(양측).

6. 다중회귀분석의 실시

전술한 바와 같이 여기에서는 다중회귀분석을 4회 반복한다.

〈순서 1〉 친구평가를 종속변수, 조화성을 독립변수로 한다.

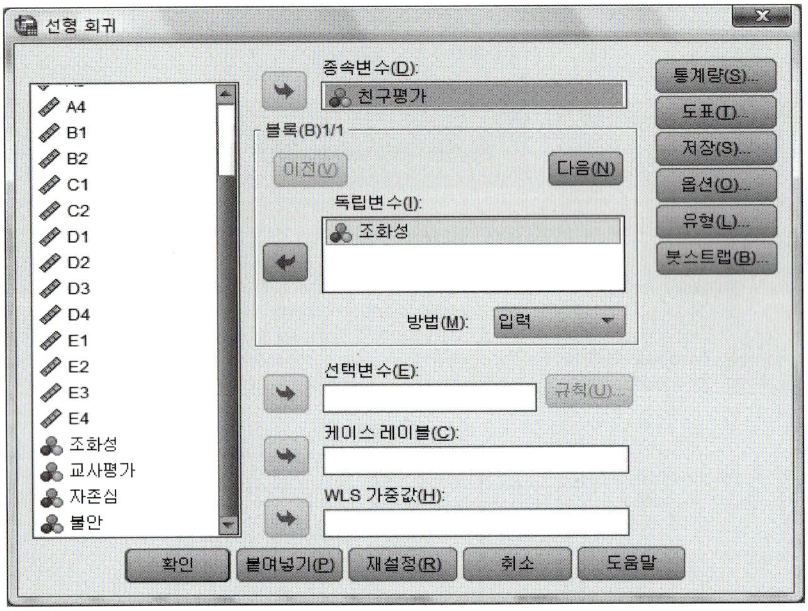

[확인]을 클릭한다.

▶ 분석결과는 다음과 같다.

모형 요약

모형	R	R 제곱	수정된 R 제곱	추정값의 표준오차
1	.228[a]	.052	.048	1.89900

a. 예측값: (상수), 조화성

ANOVA[a]

모형		제곱합	자유도	평균제곱	F	유의확률
1	회귀	49.259	1	49.259	13.659	.000[b]
	잔차	894.341	248	3.606		
	전체	943.600	249			

a. 종속변수: 친구평가

b. 예측자: (상수), 조화성

계수[a]

모형		비표준화 계수		표준화 계수		
		B	표준오차	베타	t	유의확률
1	(상수)	4.384	.310		14.145	.000
	조화성	.134	.036	.228	3.696	.000

a. 종속변수: 친구평가

표준화 경로계수에 상당하는 것은, 표준편회귀계수(β)이다.

조화성으로부터 친구평가에의 β는 0.228로 되어 있고, 0.1% 수준에서 유의하다.

〈순서 2〉 교사평가를 종속변수, 조화성을 독립변수로 한다.

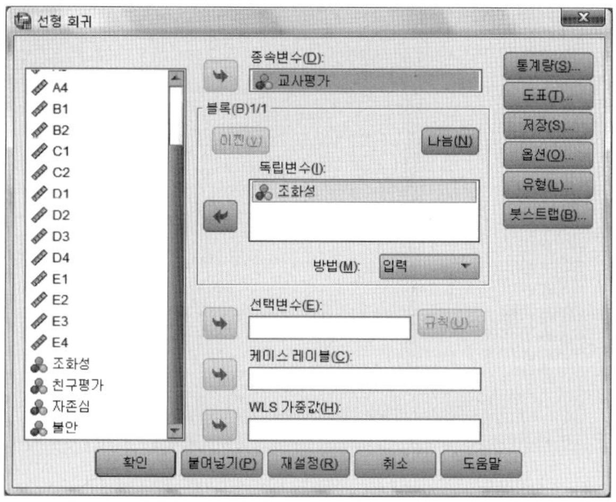

[확인]을 클릭한다.

▶ 분석결과는 다음과 같다.

모형 요약

모형	R	R 제곱	수정된 R 제곱	추정값의 표준오차
1	.221[a]	.049	.045	1.95380

a. 예측값: (상수), 조화성

ANOVA[a]

모형		제곱합	자유도	평균제곱	F	유의확률
1	회귀	48.648	1	48.648	12.744	.000[b]
	잔차	946.696	248	3.817		
	전체	995.344	249			

a. 종속변수: 교사평가

b. 예측자: (상수), 조화성

계수[a]

모형		비표준화 계수 B	비표준화 계수 표준오차	표준화 계수 베타	t	유의확률
1	(상수)	4.519	.319		14.170	.000
	조화성	.133	.037	.221	3.570	.000

a. 종속변수: 교사평가

조화성으로부터 교사평가에의 β는 0.221이며 0.1% 수준에서 유의하다.

〈순서 3〉 자존심을 종속변수, 조화성 · 친구평가 · 교사평가를 독립변수로 한다.

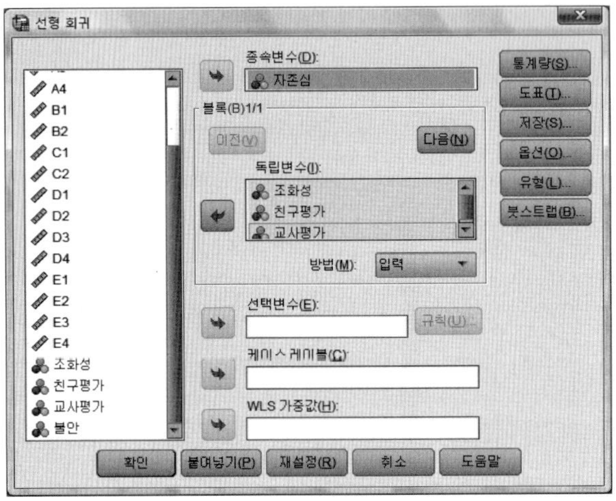

[확인]을 클릭한다.

▶ 분석결과는 다음과 같다.

모형 요약

모형	R	R 제곱	수정된 R 제곱	추정값의 표준오차
1	.237[a]	.056	.045	3.70532

a. 예측값: (상수), 교사평가, 친구평가, 조화성

ANOVA[a]

모형		제곱합	자유도	평균제곱	F	유의확률
1	회귀	200.412	3	66.804	4.866	.003[b]
	잔차	3377.432	246	13.729		
	전체	3577.844	249			

a. 종속변수: 자존심

b. 예측자: (상수), 교사평가, 친구평가, 조화성

계수[a]

모형		비표준화 계수		표준화 계수	t	유의확률
		B	표준오차	베타		
1	(상수)	11.631	.951		12.226	.000
	조화성	.036	.074	.032	.492	.623
	친구평가	.302	.124	.155	2.425	.016
	교사평가	.271	.121	.143	2.238	.026

a. 종속변수: 자존심

조화성으로부터 자존심에 이르는 β는 0.032이다.

친구평가로부터 자존심에 이르는 β는 0.155이다.

교사평가로부터 자존심에 이르는 β는 0.143이다.

〈순서 4〉 불안을 종속변수, 조화성 · 친구평가 · 교사평가 · 자존심을 독립변수로 한다.

▶ 분석결과는 다음과 같다.

모형 요약

모형	R	R 제곱	수정된 R 제곱	추정값의 표준오차
1	.250[a]	.063	.047	2.97437

a. 예측값: (상수), 자존심, 조화성, 교사평가, 친구평가

ANOVA[a]

모형		제곱합	자유도	평균제곱	F	유의확률
1	회귀	145.022	4	36.255	4.098	.003[b]
	잔차	2167.478	245	8.847		
	전체	2312.500	249			

a. 종속변수: 불안

b. 예측자: (상수), 자존심, 조화성, 교사평가, 친구평가

계수[a]

모형		비표준화 계수		표준화 계수	t	유의확률
		B	표준오차	베타		
1	(상수)	24.365	.968		25.164	.000
	조화성	-.072	.059	-.078	-1.211	.227
	친구평가	-.089	.101	-.057	-.880	.380
	교사평가	-.026	.098	-.017	-.263	.793
	자존심	-.164	.051	-.204	-3.202	.002

a. 종속변수: 불안

조화성・친구평가・교사평가로부터 불안에 이르는 β는 모두 0에 가깝고 유의하지 않다. 자존심으로부터 불안에 이르는 β만 −0.204로 마이너스 값이며, 1% 수준에서 유의하다.

이와 같이 다중회귀분석을 반복해서 실시한 경우에는, 말하자면 모든 영향관계에 대해서 순차 검토해 가게 된다. 그리하여 유의한 β가 얻어진 곳을 해석해 가는 것이다.

7. 분석결과의 경로도형 작성

지금까지의 다중회귀분석 결과를 경로도형에 나타내면, 다음과 같이 된다.

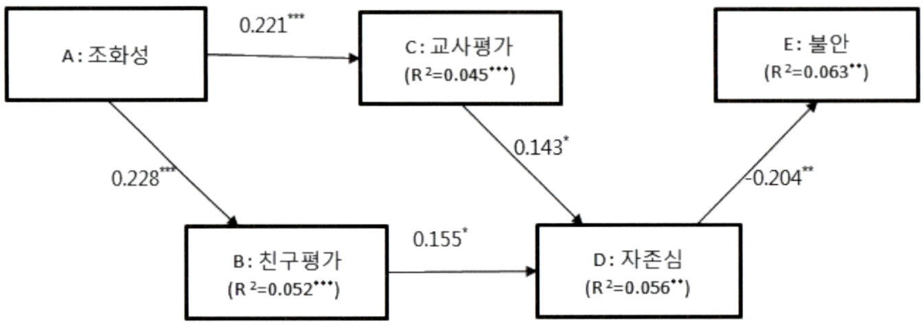

* $p < 0.05$, ** $p < 0.01$ *** $p < 0.001$

각각의 다중회귀분석 결과로부터, 유의한 것을 끄집어내어 표기하고 있는 것을 알 수 있다. 또한 각각의 변수는 합계 점수이기 때문에, 관측변수로 간주하고 사각형으로 그리고 있다. Amos로 분석한 결과와 다소 수치는 다르지만, 거의 같은 결과라고 할 수 있을 것이다.

Amos로 분석한 결과를 다시 보이면 다음과 같다.

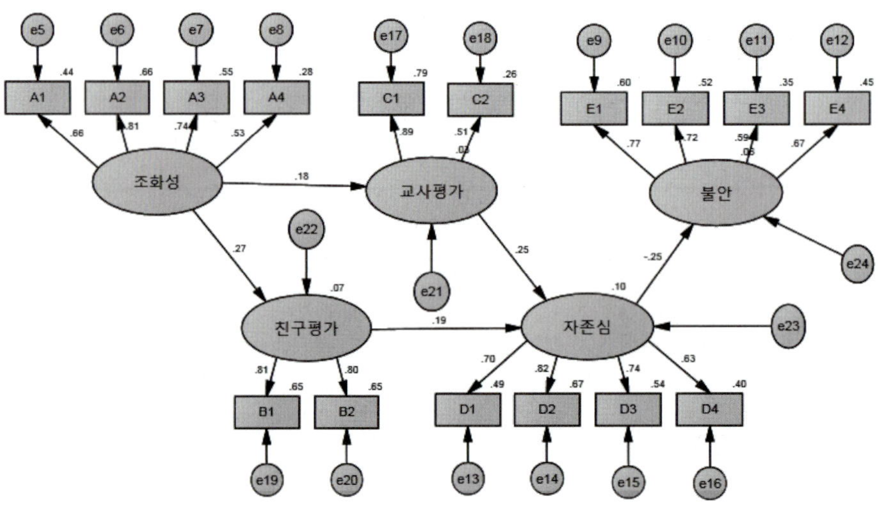

CHAPTER

13

분석사례(1) 인터넷 쇼핑몰의 품질전략에 관한 실증적 연구

CHAPTER 13 분석사례(1) 인터넷 쇼핑몰의 품질전략에 관한 실증적 연구

13.1 서론

오늘날 산업사회에서 정보화사회로 산업구조를 크게 이동시킨 중요한 요소는 인터넷의 대중화와 더불어 정보통신기술의 발전이라 할 수 있다. 특히 인터넷의 급속한 확산과 성장은 전 세계를 하나의 경제 단위로 연결하게 하였으며, 정보의 탄력적인 공유와 적은 거래비용 등의 고유한 특성에 따라 기업의 경영환경을 혁신적으로 변화시키고 있다. 또한 전자상거래 분야가 기업의 경쟁력을 좌우하는 중요한 요소로서 인식됨에 따라 기업들은 전략적으로 상거래 방식을 전자상거래로 전환하기 위해 심혈을 기울이고 있다. 시간과 공간을 초월하는 연결성, 유연한 정보공유, 적은 거래비용이라는 인터넷 고유의 특성을 활용할 경우 종래의 상거래 방식에 비해 중간 유통과정을 단축시킬 수 있다. 따라서 기업과 고객을 직접 연결시켜 거래비용을 절감할 수 있고 쌍방향 통신을 통한 대 고객 서비스품질 및 대 고객 서비스 제공속도의 향상을 효과적으로 달성할 수 있다.

이러한 시대변화에 따라 인터넷 쇼핑몰에 대한 연구가 상당히 이루어져 왔으나 다음과 같은 몇 가지 문제점으로 인하여 본격적으로 진척되지는 못했다. 첫째, 성장은 예상되나 기존 시장거래에 비해 거래규모가 작기 때문에 시장으로서의 관심을 끌지 못했다. 둘째, 소비자나 기업들의 전자상거래 수용의식이 본격화되고 있지 않다. 셋째, 전자상거래 대상품목의 경우 기존 시장거래에 비해 일부품목으로 한정되기 때문에 기업의 고객지원 업무가 상품구매와 관련하여 피동적인 부문에 치중되어 있다.

이러한 문제점들로 인하여 종래의 연구들은 고객의 이용 환경적인 측면을 고려하지 않고 통합적인 서비스품질에만 초점을 두어 왔다. 그러나 인터넷 쇼핑몰은 기존의 서비스산업과 달리 유· 무형의 서비스를 제공하고 있기 때문에 서비스품질 측정도구를 인터넷 쇼핑몰의 품질 측정도구로 도입하기에는 한계가 있다. 그러나 인터넷 쇼핑몰에 대한 품질 측정도구의 선행연구 자료가 미비하기 때문에 대다수의 연구들은 기존의 서비스품질 측정도구를 인터넷 쇼핑몰에 그대로 적용하고 있는 실정이다. 인터넷 쇼핑몰의 환경을 살펴보면 서비스의 수행 또는 소비를 용이하게 하여 고객이 상품에 쉽게 접근할 수 있도록 쇼핑에 간접적인 영향을 미치는 컴퓨터시스템과 관련된 시스템품질 요인의 신뢰성·편리성·제공성과 같은 품질요인과 상품구매와 직접적인 관련이 있는 사후 서비스, 상품의 차별화, 배달의 신속성과 관련이 있는 서비스 요인과 관련된 품질요인을 구분할 필요성이 있다.

본 연구에서는 국내 인터넷 쇼핑몰의 품질요인을 상품구매에 간접적인 영향을 미치는 이용환경과 관련된 시스템품질 요인과 상품구매와 직접적인 관련이 있는 서비스품질 요인으로 구분하여 다음과 같은 단계로 진행된다. ① 시스템품질과 서비스품질 중 어느 품질요인이 고객만족에 더 많은 영향을 미치는지를 살펴보고, ② 시스템품질 요인과 서비스품질 요인이 어떻게 고객만족 요인에 영향을 미치며 그 결과로서 타인에게 적극적으로 쇼핑몰을 추천하는 애호도와 다른 시장으로의 구매변경을 도모하는 전환성과 어떤 관계가 있는지를 살펴보고, ③ 이에 따라 다양한 고객의 욕구를 충족시키는 데 필요한 품질전략을 제시하는 데 연구의 목적이 있다.

13.2 | 연구설계

인터넷 쇼핑몰의 시스템품질과 관련된 선행연구는 매우 드문 상태이다. 따라서 본 연구에서는 정보시스템 분야의 시스템품질과 기존 상거래의 환경적 요인과 관련된 물리적 품질에 대한 기초적 문헌연구를 실시하였다. 그 결과 시스템품질 및 서비스환경 변수들은 서비스품질 지각뿐만 아니라 서비스 만족과 만족 후 재방문 및 재구매 의도를 갖게 하는 데 긍정적인 영향을 미친다는 것을 밝혀냈다.

이상의 선행연구들을 종합해 볼 때, 서비스환경과 시스템을 통해 고객들은 서비스품질을 지각하게 되고, 그 결과 서비스 만족과 구매 후 평가도 영향을 받는다는 것을 알 수 있다.

1. 표본설계 및 연구모형

본 연구에서는 기본적인 자료수집방법으로 웹사이트[65]를 통해 Morning Web 사이트에서 제작하여 무료로 배포 중인 PHP용 폼메일[66]의 소스를 소스 제작자의 동의를 얻어 설문조사에 맞게 수정하여 실시하였다. 조사는 2012년 3월 15일부터 3월 30일까지 2주간 진행하였다.

표본선정에 있어서 인터넷 쇼핑몰을 이용하여 상품을 구매하는 주요 이용자가 20대와 30대이며, 여성 사용자 수가 증가하고 있다는 선행연구 결과를 토대로 표본은 20대와 30대 사용자를 대상으로 하였다. 설문조사에 호의적인 반응을 보인 인터넷 쇼핑몰 업체를 대상으로 인터넷 쇼핑몰의 사용자 게시판에 글을 올린 사용자 800명을 무작위로 추출하여 이들에게 전자우편으로 설문조사의 내용을 알리고, 조사에 응하고자 하는 사용자에 한해서 필자의 웹사이트에 설치된 프로그램을 이용하여 설문을 받았다.

800명 중 214명만이 설문에 응답하여 응답률은 26.8%로 나타났다. 이 중 두 번 이상 전송 버튼을 클릭하여 한 사람이 여러 번 응답이 이루어진 경우, 몇 문항만 응답이 이루어진 불성실 응답자 14명을 제외한 200부를 실제 분석에 사용하였다.

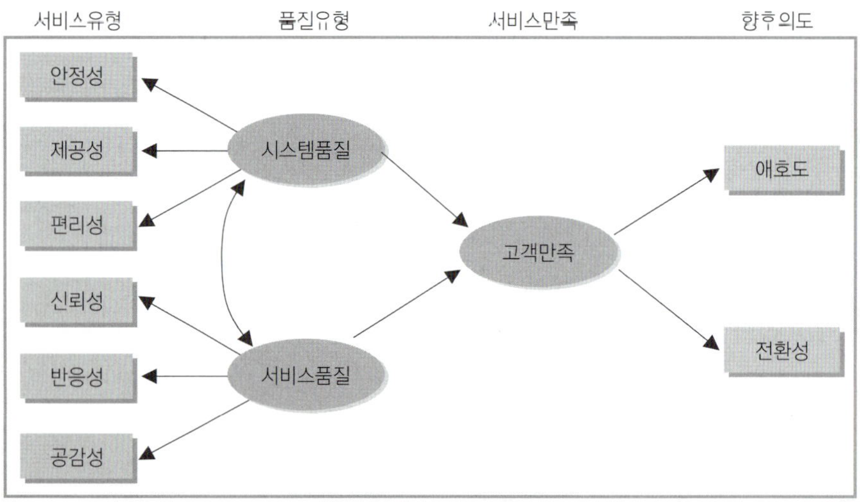

그림 13-1 연구모형

본 연구는 실증분석을 위해 선행연구를 토대로 인터넷 쇼핑몰의 품질유형을 시스템품질과 서비스품질로 구분하여 각 품질유형에 따른 서비스 유형 및 서비스 만족, 향후 의도로 구성

---

65 http://www.goodibiz.com

66 안주현, Morning form ver. 0.3.1, http://www.morningspecial.com/

하였다. 즉, 인터넷 쇼핑몰의 품질유형에 따른 서비스 유형이 고객만족에 어떠한 영향을 미치며, 고객만족은 향후 의도에 어떠한 영향을 미치는지를 구명할 수 있는 연구모형을 <그림 13－1>과 같이 설정하였다.

2. 변수의 정의와 가설의 설정

본 연구는 국내 인터넷 쇼핑몰의 품질요인을 상품구매에 간접적인 영향을 미치는 이용환경과 관련된 시스템품질 요인과 상품구매와 직접적인 관련이 있는 서비스 요인으로 구분하여 이러한 품질요인들이 고객만족에 미치는 영향을 살펴보는 것이 목적이다.

잠재적 설명변수로서는 시스템품질 요인과 서비스품질 요인, 잠재적 결과 변수로서는 고객만족 요인을 선정하였으며, 시스템품질 요인의 측정변수는 신뢰성·제공성·편리성, 서비스품질 요인의 측정변수는 신뢰성·반응성·공감성, 고객만족 요인의 측정변수는 애호도와 전환성을 선정하였다.

(1) 시스템품질과 고객만족

인터넷 쇼핑몰에서의 시스템품질과 관련된 영향요인들로는 하드웨어적인 영향요인과 소프트웨어적인 영향요인으로 구분해 볼 수 있다. 이중 사용자 입장에서 살펴본다면 하드웨어적인 영향요인은 시스템의 사양이나 성능에 따라 달리 나타날 수 있으며, 인터넷 회선의 안정성 여부도 중요하다. 또한 소프트웨어적인 영향요인은 소프트웨어의 성능, 그 소프트웨어를 다루는 사용자의 활용능력 등에 의해 좌우되는데 이러한 영향요인을 직접 측정하기는 매우 어렵다.

따라서 사용자 중심의 시스템품질 영향요인을 제외하고, 인터넷 쇼핑몰 입장에서 해당 쇼핑몰과 관련된 시스템의 안정성과 안정화 노력의 정도, 상품검색 및 쇼핑몰 사용과 관련한 편리성 여부, 고객이 필요로 하는 상품 부가정보를 충분히 검색할 수 있도록 속도에 최적화가 되어 있는지 여부를 선정기준으로 삼았다.

Lehtinen과 Lehtinen에 의한 시설, 장비, 사용 및 사용과 관련한 환경을 시스템품질로 규정하였으며[67], 물리적 서비스를 환경요인과 디자인 요인, 사회적 요인으로 구분하여 환경요인은 소비자가 즉각적으로 인식하지 못할 수준의 배경, 디자인 요인은 소비자가 즉각적으로 인식할 정도의 자극, 사회적 요인은 주위환경에 존재하는 사람으로 구분한 Baker의 환경요

67 U. Lehtinen and J. R. Lehtinen, "Two Approaches to Service Quality Dimensions," *The Service Industries Journal*, Vol. 11, No. 3 1991, pp. 287～303.

인과 디자인 요인[68], PZB의 물리적 시설, 장비 및 종업원의 외양과 관련된 유형성[69]을 토대로 인터넷 쇼핑몰의 시스템품질 측정변수로 시스템의 안정성, 시스템 제공성, 시스템 편리성을 선정하였다.

Evans & Wurster는 인터넷 기업들은 최소의 비용을 통해 더 고급화된 서비스를 제공하기 위해서 인터넷을 주요 정보채널 수단으로 이용하고 있다고 주장하였다[70]. 즉, 기업들이 고객서비스 차원에서 인터넷을 주요 정보채널 수단으로 이용하는 것은 결국 정보 제공성을 고객만족의 주요 요인으로 삼고 있다고 볼 수 있다.

Hoffman & Novak은 인터넷 쇼핑몰의 시스템 구축에 있어서 체계적이고 원칙이 있는 시스템 구축과 화면처리속도가 인터넷 쇼핑몰을 이용하는 고객의 중요한 만족요인으로 작용한다고 하였다[71]. 즉, 시스템이 체계적이고 원칙이 있는 시스템 구축이란 시스템의 안정성을 의미하며, 화면처리속도에 의해 고객만족에 영향을 준다는 것을 통해 시스템 안정성과 정보를 제공할 수 있는 제반 여건이 고객만족에 매우 중요하다는 것을 알 수 있다. 또한 고객의 불만 요인으로는 시스템 화면이 너무나 촌스럽거나 어색하게 디자인되어 있는 경우가 있다[72]고 하였다.

한편 정보요인의 증가는 오히려 방문빈도를 감소시킨다는 주장도 있다[73]. 이는 정보를 지속적으로 업데이트하고 유용한 콘텐츠를 제공하는 정보제공 사이트에 비해 인터넷 쇼핑몰이나 커뮤니티 사이트들은 정보의 양이나 질에 있어서 부족하다는 것을 의미한다.

따라서 이러한 선행연구들을 토대로 인터넷 쇼핑몰의 경우 상품판매가 주목적이기는 하나, 고객에게 차별화된 각종 부가정보를 제공할 수 있는 능력을 판단하는 시스템 제공성, 사용자가 편리한 쇼핑이 되도록 쇼핑몰의 구성이 편리한지 여부를 판단하는 시스템 편리성, 시스템 오류나 보안문제 등 고객이 안정된 쇼핑을 할 수 있게 해 주는지 여부를 판단하는

---

68 J. Baker, The Role of the Environment in Marketing Services: *The Customer Perspective,* Chicago, AMA, 1987, p. 80.

69 A. Parasuraman, V. A. Zeithaml, L. L. Berry, "A Conceptual Model of Service Quality and Its Implications for Future Research," *Journal of Marketing*, Vol. 49, (Fall, 1985), pp. 41~50.

70 P. Evans & T. S. Wurster, "Getting Real about Virtual Commerce," *Harvard Business Review*, Vol. 77, No. 6, (Nov, 1999), pp. 85~94.

71 D. L. Hoffman & T. P. Novak, "Measuring the Customer Experience in Online Environments : A Structural Modeling Approach", *Marketing Science*, Vol. 19, No. 1, 2000, pp. 22~42.

72 김계수, "인터넷 포털 사이트의 서비스 품질 전략에 관한 연구", 「한국경영학회」, 제31권, 제1호, (2002, 2), p. 198.

73 김소영·한상만·박세환, "웹사이트 평가 요인과 고객 방문행동의 관계에 관한 연구-STIVI 매트릭스를 이용한 고객세분화", 「경영학연구」, 제31권 제2호, (2002, 4), p. 499.

시스템의 안정성을 측정변수로 선정하였다.

이에 따라 본 연구에서의 측정변수는 인터넷 쇼핑몰을 사용함에 있어서 발생할 수 있는 각종 오류를 최소화할 수 있는 노력, 유지관리능력, 오류 발생시 대처능력, 보안 시스템에 대한 믿음 등을 안정성으로, 접속속도 및 정보출력속도를 시스템 제공성, 상품정보, 메뉴 구성, 상품진열을 시스템 편리성으로 보았다.

이상의 시스템품질과 관련된 상기 학자들의 연구결과에 근거하여 다음과 같은 가설 1을 설정하였다.

가설 1. 시스템품질은 고객만족에 정(+)의 영향을 미친다.
가설 1-1. 고객이 인식하는 시스템 안정성은 유의하다. 가설 1-2. 고객이 인식하는 시스템 제공성은 유의하다. 가설 1-3. 고객이 인식하는 시스템 편리성은 유의하다.

(2) 서비스품질과 고객만족

선행연구들을 검토한 결과 서비스품질과 고객만족은 상호 밀접한 관련성을 갖고 있는 독립적인 개념이라고 할 수 있다. 많은 연구자들이 이러한 관계를 규명하고자 실증적 연구를 시도하였으며, Bitner의 경우 만족이 서비스품질에 선행하며, 그에 따라 행동의도가 나타난다는 결과를 제시하였다[74]. 즉, 고객만족이 서비스품질에 영향을 미치고, 서비스품질은 고객의 행동의도에 영향을 미친다는 결과를 제시한 것이다.

한편 Cronin & Taylor는 성과변수만을 측정한 척도비교에서 우수성을 증명하여 서비스품질, 소비자 만족, 구매의도와의 관계를 규명하였다[75]. 즉, 서비스 성과가 서비스품질을 측정하는 데 있어 적당하다고 주장하고, 특정시점에서 고객이 서비스품질을 인식함에 있어서의 기대는 바로 전 시점의 성과에 대한 인식이 매우 큰 영향을 미치며, 일정시점의 기대와 성과의 차이에는 전 시점의 성과가 개입함으로써 장기적으로 고객의 태도가 형성되며, 서비스품질은 일정시점에 시작된 성과를 측정함으로써 가능하다고 주장하였다. 그러나 이들은 설정된 가설과 달리 결과에서 서비스품질이 고객만족에 영향을 미치고, 고객만족은 고객의 행동의도에 영향을 미친다는 결론을 제시하였다.

즉, 상이한 서비스산업을 대상으로 서비스품질, 고객만족, 구매 후 행동의 연속선상에서

74 Mary J. Bitner, "Evaluation Service Encounters: The Effects of Physical Surroundings and Employee Response", *Journal of Marketing*, Vol. 54, (April, 1990), pp. 69~82.

75 J. J. Cronin Jr. & S. A. Taylor, "Measuring Service Quality: A Reexamination and Extension," *Journal of Marketing*, Vol. 56, (July, 1992), pp. 55~68.

각 개념들 간의 전후 관계를 규명하고자 하였으나 그 전후 관계에 대한 실증적인 결론이 일치하지 않고 있는 것이다[76].

Gabarino & Johnson에 의하면 서비스 제공 기업의 고객에 대한 신뢰성 제공은 전반적 만족에 유의한 영향을 미치는 것으로 나타났으며[77], Zemke & Connellan은 인터넷 서비스 품질 차원에서 가장 중요한 속성은 신뢰성으로 의존성과 신뢰의 근간이라고 하였다. 또한 인터넷 기업에서 신뢰성 제공 정도가 고객만족에 유의한 영향을 미치는 것으로 나타났다는 연구결과가 있다[78].

따라서 신뢰성은 서비스 공급자가 그들의 고객과 무슨 약속을 하며, 언제 약속을 하며, 또한 그 약속을 제대로 이행하는가와 관련되어 있다. 이는 또한 고객들에게 서비스 공급자가 정확한 시간에 주문을 처리하고 제품을 인도한다는 확신을 갖게 하는지를 알아볼 필요가 있다. 반응성은 쇼핑절차를 통해 고객요구와 요구에 대응하여 응답하는 정도를 뜻하는 것으로 응답의 성실성, 응답과 관련한 관리자의 사전 지식 정도를 측정하며, 공감성은 고객의 개별적인 요구에 주의를 기울여 이를 잘 반영할 수 있는 정도를 뜻하는 것으로 인터넷 쇼핑몰 서비스를 운영하는 공급자가 고객에 대한 세심한 배려와 개인적인 관심도에 따라 고객의 반응이 어떠한지를 측정하고자 한다.

또한 서비스품질의 측정항목에 사용되는 문항은 해당 서비스의 상황에 맞게 조성되어야 한다는 주장이 있다[79]. 즉, 서비스품질은 특정 산업에 따라 달라질 수 있기 때문에 해당 산업에 맞게 조사될 필요가 있는 것이다. 따라서 본 연구에서는 Jarvenpaa & Todd의 고객 서비스 요인, PZB(1998)의 5가지 유형과 Cronin & Taylor의 서비스품질 → 고객만족 → 행동의도의 이론을 근거로 하여 서비스품질의 측정변수로 신뢰성·반응성·공감성을 선정하였다

이상의 서비스품질과 관련한 상기 학자들의 연구결과에 근거하여 다음과 같은 가설 2를 설정하였다.

76 윤태석·구자대, "서비스품질, 고객만족과 재구매 의도간의 관계", 「상품학연구」, 제21권, (1999, 12) pp. 231~253.

77 E. Gabarino & M. S. Johnson, "The Different Roles of Satisfaction, Trust, and Commitment in Customer Relationships," *Journal of Marketing*, Vol. 63, (April, 1999), pp. 70~87.

78 김계수, 전게서, pp. 197~198.

79 J. M. Carman, "Consumer Perceptions of Service Quality: An Assessment of The SERVQUAL Dimensions," *Journal of Retailing*, Vol. 66, (Spring, 1991), pp. 33~55.

가설 2. 서비스품질은 고객만족에 정(+)의 영향을 미친다.

가설 2-1. 고객이 인식하는 서비스 신뢰성은 유의하다.
가설 2-2. 고객이 인식하는 서비스 반응성은 유의하다.
가설 2-3. 고객이 인식하는 서비스 공감성은 유의하다.

(3) 고객만족과 애호도 및 전환성

고객만족은 이러한 고객행동에 따른 성취반응으로 정해진 수준 이상으로 기대가 충족되는 것을 의미한다. 품질은 인지되지만 만족은 보통 경험되는 것이므로 고객이 경험하는 과정에 의해 강하게 영향을 받는다. 만족은 정해진 주관적인 기대 수준에 의해 좌우되므로 객관적으로 낮거나 혹은 높은 품질로도 개인의 기대에 따라 만족을 얻거나 얻지 못하는 수가 있다. 즉, 고객만족은 상품과 서비스에 대한 구입과 사용경험에 근거한 전반적인 평가를 의미하며, 전사적인 품질관리 측면에서 고객만족은 품질의 수준에 의해서 결정된다고 볼 수 있다[80].

고객만속의 개념은 시간이 경과함에 따른 거래 및 소비경험이 누적되면서 형성 또는 유지되는 누적적인 경험으로 정의[81]하기도 하며, 기존 상거래의 물리적인 공간에서와 마찬가지로 온라인 상에서 만족한 고객은 재방문을 통해 초기 6개월 전보다 2배 이상 머무르는 것으로 나타났다[82]는 연구결과도 있다.

고객만족의 결정요인과 그 결과변수의 연구를 살펴보면 고객만족의 결정요인으로는 기대와 제품성과와의 불일치, 고객만족의 개념 및 측정에서는 고객만족, 고객만족의 결과변수는 태도, 불평행동, 구전, 상표전환, 애호도, 재구매 의도 등이 있는 것으로 나타났다[83]. 또한 기존 고객의 애호도 없이 아무리 잘 고안된 인터넷 비즈니스 모델이라도 성공할 수 없다는 주장이 있다[84].

한편 일정기간 동안 특정 웹사이트 방문빈도가 높고 체류시간이 긴 고객이 그 사이트에 대해 높은 애호도와 높은 가치를 제공한다는 주장도 있다[85].

80 김계수, 전게서, pp. 197.

81 조광행·박봉규, "점포충성도에 대한 전환 장벽과 고객만족의 영향력에 관한 실증적 연구", 「경영학연구」, 제28권, 제1호, 1999, pp. 121~149.

82 F. F. Reichheld, P. Schefter, "E-Loyalty", *Harvard Business Review*, Vol. 78, No. 4, (Jul, 2000), pp. 105~113.

83 이유재, "고객만족의 정의 및 측정에 관한 연구", 「서울대 경영논집」, 제29권 제1호, (1995, 6), pp. 201~231.

84 김계수, 전게서, p. 199.

85 김소영·한상만·박세환, 전게서, p. 486.

따라서 고객만족의 측정변수로는 타인에게 추천하는 정도를 파악하는 애호도와 다른 구매 경로보다 먼저 인터넷 쇼핑몰을 선택할 것인지를 알아보는 전환성을 선정하였으며, 이상의 고객만족과 관련한 상기 학자들의 연구결과에 근거하여 다음의 가설 3과 4를 설정하였다.

가설 3. 고객만족은 애호도에 정(+)의 영향을 미친다.
가설 4. 고객만족은 전환성에 정(+)의 영향을 미친다.

13.3 | 실증적 분석

1. 신뢰성분석과 타당성분석

신뢰성은 타당성을 보장하는 필요조건이지만 충분조건은 아니므로, 신뢰도가 높다고 해서 반드시 타당성이 높다는 것을 의미하지는 않는다. 또한 신뢰성은 타당성을 위한 기본적인 전제조건이다[86]. 따라서 본 연구에서는 신뢰성분석을 진행한 후 타당성분석을 진행하였다. 신뢰성분석에서는 동일한 개념을 측정하기 위하여 여러 개의 항목을 이용하는 경우 신뢰도를 저해하는 항목을 찾아내어 측정도구에서 제외시킴으로써 신뢰도를 높이기 위한 내적 일관성을 고려하기 위한 방법으로 Cronbach's α계수를 이용하였다. 시스템품질, 서비스품질, 고객만족의 신뢰도 측정결과는 <표 13－1>과 같이 Cronbach's α계수가 0.6 이상으로 나타나 측정도구의 신뢰성에는 별다른 문제가 없는 것으로 판단된다.

표 13-1 측정도구의 신뢰성분석 결과

차원	항목수	alpha	standard alpha
시스템품질	9	0.7915	0.7913
서비스품질	11	0.8241	0.8236
고객만족	2	0.7336	0.7396

한편 타당성은 측정하고자 하는 개념이나 속성을 정확히 측정하였는가를 말한다. 즉, 특정한 개념이나 속성을 측정하기 위하여 개발된 측정도구가 해당 속성을 정확히 반영하고 있는가와 관련된 문제이다. 본 연구에서는 측정도구가 개념적 타당성을 가지는가를 검정하기 위

86 채서일, 「사회과학조사방법론」, 서울, 학현사, 1992, p. 240.

해 요인분석을 사용하였다. 요인분석은 다수의 변수들 간의 상관관계를 기초로 많은 변수들 속에 내재하는 체계적인 구조를 찾아내 보려는 기법으로, 이를 통해 연구자에게 변수의 형태로 주어진 많은 정보를 쉽고 간단하게 더욱 적은 수의 요인으로 제시해 주는 분석방법이다[87].

본 연구에서의 요인추출은 일반적으로 측정된 요인의 선형결합인 주성분분석(PCA : principal components analysis)을 이용하였으며, 초기에 구한 요인들의 의미를 좀더 명확히 해석하기 위해서 요인회전은 직각 회전인 varimax 방식을 사용하였다. 요인추출은 고유값(eigenvalue)이 1.0 이상인 요인만을 선택하도록 하였으며, 각 변수와 요인 간의 상관관계 정도를 나타내는 요인 적재치의 경우 0.4 이상이면 유효한 변수로 간주하고, 0.5가 넘으면 아주 중요한 변수로 판단하므로[88], 본 연구에서는 0.4 이상인 경우를 유효한 변수로 판단하여 분석하였다. 요인회전 후의 각 요인행렬에 의미 있는 값을 가진 문항들의 구성내용을 고려하여 각 요인의 성격을 규명하였다.

시스템품질 요인의 측정변수인 총 9개 문항에 대하여 요인분석을 실시하였다. 그 결과는 <표 13－2>와 같다. <표 13－2>에서 보는 바와 같이 시스템품질의 요인분석 결과 설명력이 큰 요인 3개가 추출되었고, 이들 3개 요인이 총 분산의 63.819%를 나타내고 있다. 일반적으로 사회과학 분야에서는 총 분산의 60%를 기준으로 요인 수를 결정한다[89]. 따라서 v2, v3, v4는 편리성, v5, v6은 제공성, v7, v8, v9, v10은 안정성으로 각각 명명하였다. 따라서 9개의 변수는 안정성·제공성·편리성의 3개 요인으로 묶여졌음을 알 수 있다.

서비스품질의 측정변수인 총 11개 문항에 대하여 요인분석을 실시하였다. 그 결과는 <표 13－3>과 같다. <표 13－3>에서 보는 바와 같이 서비스품질의 요인분석 결과 설명력이 큰 요인 3개가 추출되었고, 이들 3개 요인이 총 분산의 61.236%를 나타내고 있다. v11, v12, v13, v14, v15, v16, v17은 신뢰성, v18, v19는 반응성, v20, v21은 공감성으로 각각 명명하였다. 따라서 11개의 변수는 신뢰성·반응성·공감성의 3개 요인으로 묶여졌음을 알 수 있다.

87 채서일, 전게서, p. 553.

88 채서일, 전게서, p. 562.

89 채서일, 전게서, p. 561.

표 13-2 시스템품질 요인분석 결과

시스템품질 문항	요인 1	요인 2	요인 3
	안정성	제공성	편리성
인터넷쇼핑몰은 시스템 오류 발생시 처리 신속(v9)	0.8635	0.1428	0.0841
인터넷쇼핑몰은 시스템 오류가 없도록 항상 유지 보수(v8)	0.8255	0.2274	0.1457
인터넷쇼핑몰은 시스템 오류가 거의 없다(v7)	0.5707	0.4179	0.0393
지불 보안 시스템은 잘 작동되고 있다(v10)	0.5456	0.0815	0.3092
인터넷 쇼핑몰 접속 속도에 만족한다(v5).	0.1372	0.8892	0.0843
인터넷 쇼핑몰 상품정보 출력속도에 만족한다(v6).	0.3470	0.7854	0.1513
상품정보의 편리함(v3)	0.1315	0.0418	0.8304
메뉴구성의 편리함(v2)	−0.0101	0.3194	0.7523
상품진열의 편리함(v4)	0.2427	−0.0308	0.5486
고유치	3.463	1.280	1.001
분산(%)	38.473	14.222	11.124
누적(%)	38.473	52.695	63.819

표 13-3 서비스품질 요인분석 결과

서비스품질 문항		요인 2	요인 3
	신뢰성	반응성	공감성
전체적으로 인터넷 쇼핑몰은 믿을 수 있다(v15)	0.7761	−0.0077	0.1091
화면상의 제품과 실제 구매제품과의 차이는 없을 것이다(v14)	0.7374	−0.1538	0.3262
쇼핑몰 업체가 쇼핑절차를 제대로 이행한다는 것을 믿음(v13)	0.7367	0.3029	−0.0551
거래과정의 안전을 믿음(v16)	0.7232	0.2226	−0.0755
제품을 확인할 수는 없으나 걱정되지 않는다(v11).	0.7097	−0.1172	0.2571
언제까지 배달한다는 주문 상의 약속은 믿을 수 있다(v12)	0.6043	0.3429	0.0358
제품 서비스의 신뢰성(v17)	0.5320	0.3307	0.1680
질문에 친절히 응대(v18)	0.1587	0.7808	0.0975
관리자의 사전지식(v19)	0.0085	0.7372	0.2417
고객에 대한 친밀성(v20)	0.0955	0.1270	0.8655
고객의 특별한 요구사항 이해도(v21)	0.1667	0.4368	0.7105
고유치	4.075	1.647	1.015
분산(%)	37.044	14.969	52.012
누적(%)	37.044	52.012	61.236

2. 검증적 요인분석

검증적 요인분석은 기존의 이론이나 경험적인 연구결과로부터 분석대상이 되는 변수에 관한 사전 지식이나 이론적 결과를 가지고 그 내용을 가설형식으로 모델화하기 위한 방법이다. 또한 특정 가설을 설정하고, 이것이 자료에서 관찰되는 관계를 어느 정도 잘 설명하고 있는가를 살펴본다. 연구자는 기존의 이론이나 경험적인 연구결과로부터 분석대상이 되는 변수에 관하여 사전 지식이나 이론적인 결과를 가지고 있어, 그 내용을 가설의 형식으로 모델화한다[90].

본 연구에서는 측정항목에 대하여 요인별 단일차원성 확인 및 통계적인 검정을 위해서 Amos 23 패키지를 이용하여 검증적 요인분석을 실시하였다.

카이제곱검정은 모델의 완전성, 즉 모델이 모집단 자료에 완전하게 적합하다는 귀무가설을 검정한다. 통계적으로 유의한 카이제곱은 귀무가설을 기각하여서 모델은 불완전하거나 또는 부적합하다는 가능성을 시사한다고 한다. 또한 모델의 적합도를 살펴보는 GFI(적합도지표), AGFI(수성된 적합도지표), NFI(비표준적합도지표)는 0.9 이상이고 1에 가까울수록 바람직하며, RMR(잔차제곱평균제곱근)은 0.05(또는 0.07) 이하이거나 0에 가까울수록 바람직하며, AIC는 낮을수록 좋다.

따라서 각 요인별 구성개념의 최적 상태를 도출하기 위해서 실시한 검증적 요인분석의 결과는 <표 13-4>와 같다.

표 13-4 검증적 요인분석 결과

요인	Chi-square	df	p	GFI	AGFI	RMR	NFI	비고
편리성	0	0	0.000	1	-	-	1	포화 모델
제공성	0	0	0.000	1	-	-	1	포화 모델
안정성	4.961	2	0.084	0.988	0.942	0.048	0.979	
신뢰성	12.943	12	0.373	0.982	0.958	0.059	0.971	
반응성	0	0	0.000	1	-	-	1	포화 모델
공감성	0	0	0.000	1	-	-	1	포화 모델

안정성과 신뢰성의 경우 기준치에 적합하게 나타났으나, 편리성·제공성·반응성·공감성은 변수의 수가 두 개로 포화 모델[91]으로 결과물이 생성되지 않았다. 따라서 요인별 측정모델을 도출할 수 있는 구성개념의 타당성은 확보되었다고 볼 수 있다.

---

90 강병서, 「인과분석을 위한 연구방법론」, 서울, 무역경영사, 1999, p. 318.

91 강병서, 전게서, 서울, 무역경영사, 1999, pp. 261~267.

3. 가설검정

가설검정에 앞서 앞에서 제시된 <그림 13-1>의 연구모델의 전반적인 모델 적합도 여부를 판단하기 위하여 다음과 같이 모델 적합도 가설을 설정하였다.

H_0 : 연구모델은 자료에 적합하다.

H_1 : 연구모델은 자료에 적합하지 않다.

잠재요인은 측정되지 않은 변수이므로 그 자체로는 의미가 없는 척도이다. 따라서 잠재요인의 측정단위와 그 원점은 임의적이므로 적당히 정할 필요가 있다. 따라서 측정단위를 간편하게 하기 위한 방법으로 측정변수와 외생변수 간의 경로계수, 측정변수와 내생변수 간의 경로계수의 각 행렬에 대한 각 열의 한 계수를 1로 설정할 수 있다. 본 연구에서는 시스템품질(pq)과 안정성(sh), 서비스품질(sq)과 신뢰성(sh1), 고객만족과 애호도(lo)의 경로계수를 1로 고정시켜서 검정하였다.

모델의 적합도를 살펴보는 적합도지표로는 절대적합지표, 증분적합지표, 간명적합지표를 이용하며, 모델 적합도의 개선 가능성을 나타내는 지표로는 수정지표 또는 추가지표를 사용한다. 즉, 모델의 적합도를 절대지수로 나타내는 것에는 카이제곱, GFI, RMR의 세 가지 방식이 있으며, 이중 카이제곱 검정은 모델의 완전성, 즉 모델이 모집단 자료에 완전하게 적합하다는 귀무가설을 검정한다. 통계적으로 유의한 카이제곱은 귀무가설을 기각하여서 모델은 불완전하거나 또는 부적합하다는 가능성을 시사한다고 한다. 또한 모델의 적합도를 살펴보는 GFI, AGFI, NFI는 0.9 이상이고 1에 가까울수록 바람직하며, RMR은 0.05(또는 0.07) 이하이거나 0에 가까울수록 바람직하며, AIC는 낮을수록 좋다[92].

연구모델 A의 모델 적합도 분석결과인 <그림 13-2>를 살펴보면, 카이제곱은 24.061, 자유도(df)는 17, 유의확률 p는 0.118로 나타났다. 즉, 유의확률 $p(0.118)$가 유의수준 $\alpha(0.05)$보다 크고, GFI는 0.972, AGFI는 0.941로 0.9보다 크게 나타났고 RMR은 0.059로 0.07보다 낮게 나타났다. 그러나 NFI의 경우 0.868로 0.9보다 낮게 나오기는 했으나 카이제곱, GFI, AGFI, RMR을 통해 연구모델이 적합하다는 귀무가설을 채택할 수 있으므로 연구모델이 적합하다는 결론을 내릴 수 있다.

92 강병서, 전게서, pp. 409~4446.

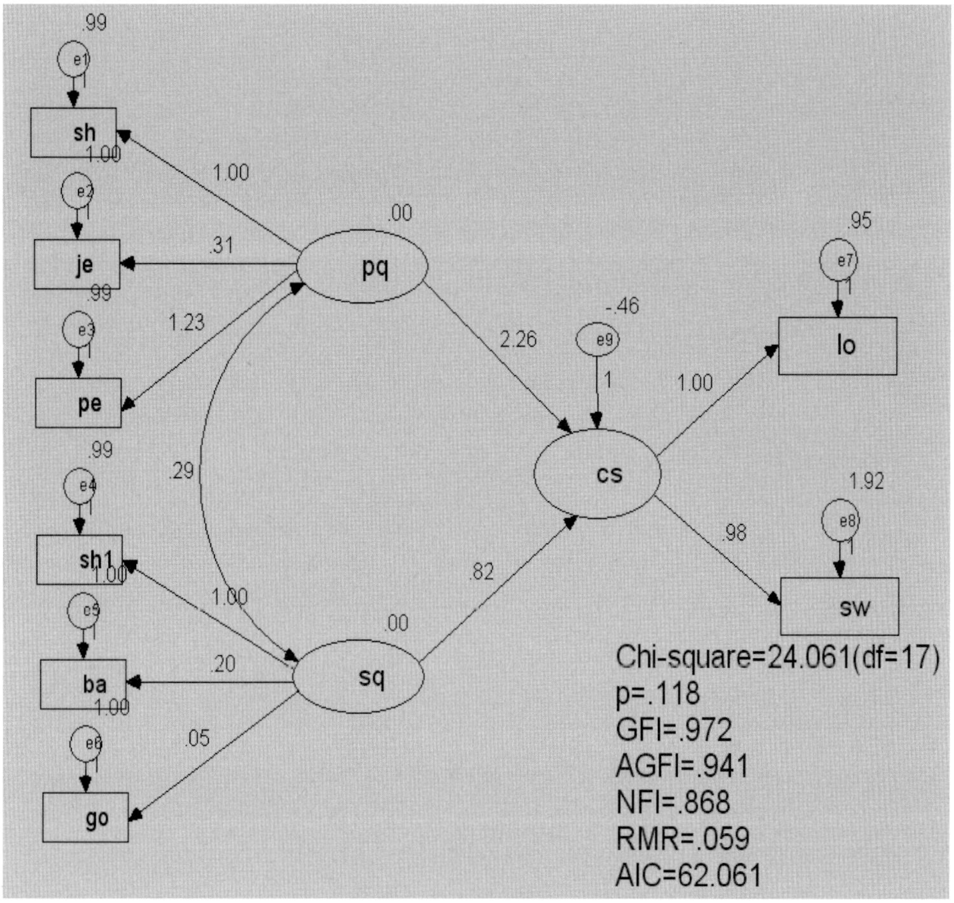

그림 13-2 연구모델 A의 분석결과

그러나 분석결과 중 위반 추정치 중에서 일반적으로 발생하는 추정 오차의 마이너스 오차 분산이 한계치 이상으로 큰 경우에 나타나는 헤이우드(Heywood) 케이스가 나타났다. 이러한 경우에는 문제가 되는 변수를 제거하거나 아주 작은 값으로 제한할 수 있다. 즉, 변수를 제거하지 않고 그대로 사용하기 위해서는 일반적으로 0.005와 같이 작은 값으로 고정시킬 수 있는데, 오차 분산을 아주 작은 값으로 고정시키는 이유는 적재치를 1보다 작은 값으로 하기 위함이다. 따라서 연구모델 A는 마이너스 오차 분산에 의해 부적합한 모델로 최종 판정을 하고, 연구모델 A의 분석결과 중 문제가 되는 오차항 e9에 작은 값을 고정시키기 위해서, 경로도형의 오차항 e9의 분산을 0.005로 제약시킨 수정된 연구모델 B를 제안하였다.

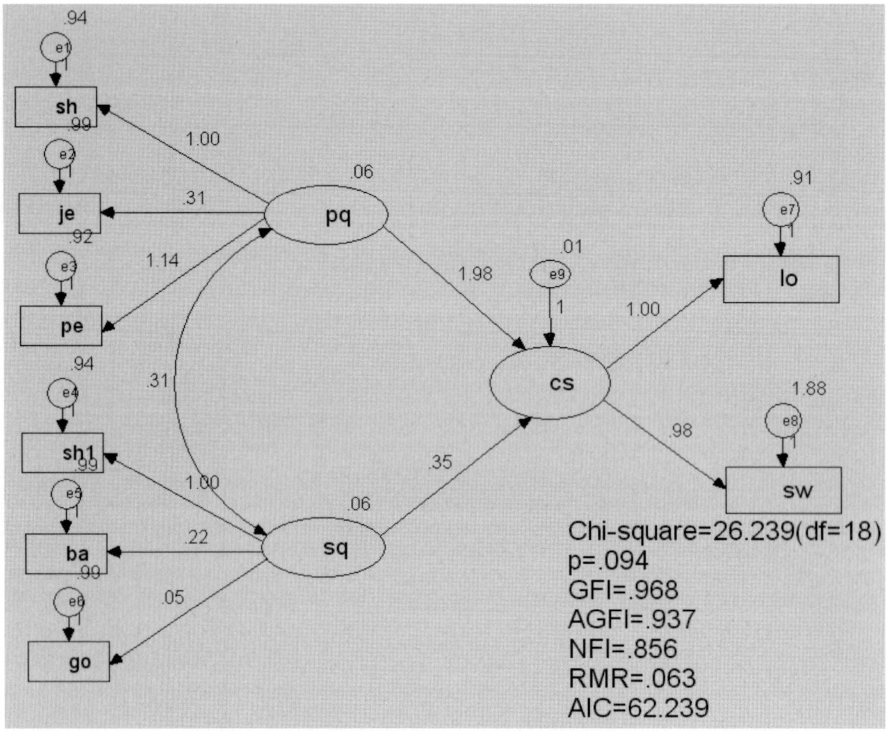

그림 13-3 **연구모델 B의 분석결과**

연구모델 B의 분석결과 카이제곱의 경우 유의확률 $p(0.094)$가 유의수준 $\alpha(0.05)$보다 크고, GFI는 0.968, AGFI는 0.937로 0.9보다 크게 나타났고, RMR은 0.063으로 0.07보다 작게 나타났기 때문에 연구모델 B가 적합하다는 귀무가설이 채택됐다.

일반적으로 수정지표는 연구모델의 적합도를 높일 수 있는 가능성을 나타내는 지표[93]라고 한다. 비록 연구모델이 적합하다는 결론은 나왔으나 분석결과에 수정지표(modification indices)가 제시되고 있기 때문에 연구의 적합도를 개선시키기 위하여 오차항 e7과 e3을 공분산의 관계로 연결한 새로운 연구모델 C를 제안하였다.

연구모델 C의 분석결과를 살펴보면 카이제곱의 유의확률 $p(0.248)$가 유의수준 $\alpha(0.05)$보다 크고, GFI는 0.976, AGFI는 0.948로 0.9보다 크게 나타났고, RMR은 0.057로 0.07보다 작게 나타났기 때문에 연구모델 C는 적합하다는 귀무가설이 채택되었다. 일반적으로 AIC(Akaike Information Criterion)는 상대적인 모델의 적합도를 나타내는 지표로서 모델간의 비교에 합당하며, 카이제곱 검정이나 GFI 등의 적합도지표에 의해서 채택되는 모델의 후보들을 선택한 후, 이들 모델 중 AIC가 최소인 모델을 최종 연구모델로 채택한다.

---

93 강병서, 전게서, pp. 427～428.

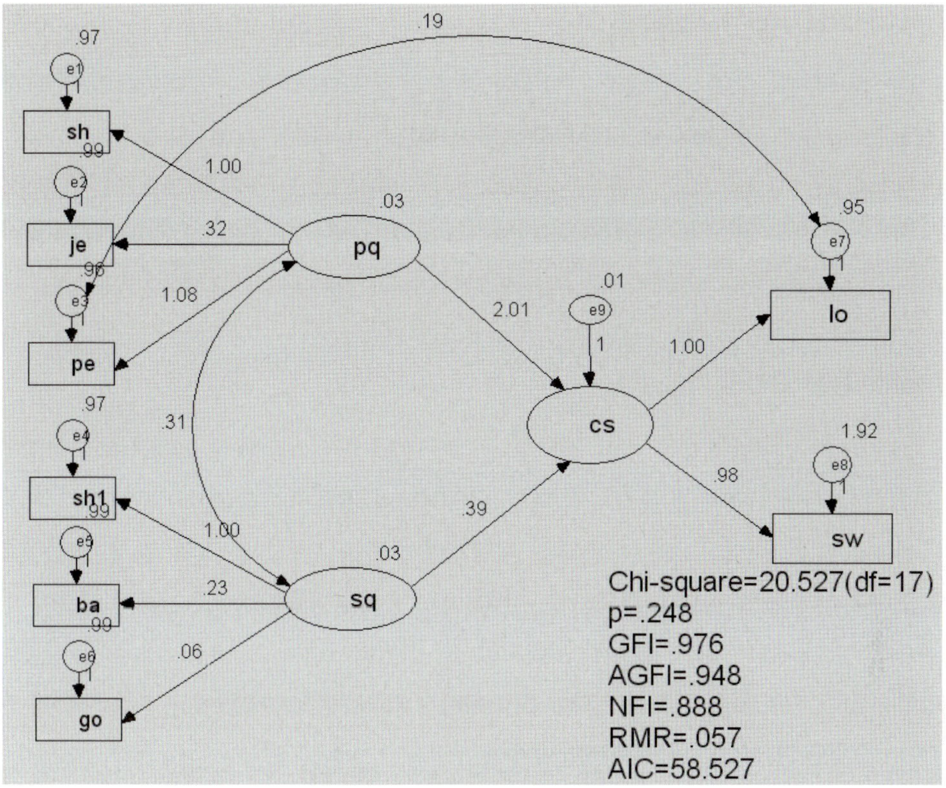

그림 13-4 연구모델 C의 분석결과

따라서 본 연구의 모델 적합도 평가결과인 <표 13－5>를 살펴보면 연구모델 A의 경우에는 카이제곱이나 유의확률, GFI 등의 적합도지표는 적합한 결과로 나타났으나 마이너스 오차 분산이 발생하여 적합한 모델로 채택하지 못했으며, 연구모델 B와 연구모델 C는 적합한 모델로 채택되었으나 이들 모델 중 카이제곱이 낮게 나오고, GFI는 높고, AIC값이 가장 낮은 모델을 최종 연구모델로 선택하기 위해 연구모델 B와 연구모델 C를 비교하였다. 연구모델 B에 비해 상대적으로 카이제곱이 낮게 나오고, GFI가 크며 AIC값이 작은 연구모델 C를 최종 모델로 채택하였다.

표 13-5 연구모델의 적합도 평가결과

모델	Chi-square	df	p	AIC	GFI	채택 여부
A	24.061	17	0.118	62.061	0.972	마이너스 오차 분산으로 기각
B	26.239	18	0.094	62.239	0.968	채택
C	20.527	17	0.248	58.527	0.976	최종 채택

(1) 시스템품질 요인의 가설검정

<표 13－6>의 연구모델 C에 대한 가설 1의 검정 결과 시스템품질 → 고객만족의 검정 통계량 C.R.(3.387)이 1.96보다 크고 유의확률 p(0.001)가 유의수준 α(0.05)보다 작기 때문에 인과계수가 의미가 있으므로 가설 1은 채택되었다. 한편 가설 1－1과 가설 1－3은 채택되었으나, 가설 1－2의 경우에는 검정통계량 CR(1.470)이 1.96보다 작고, 유의확률 p(0.142)가 유의수준 α(0.05)보다 크기 때문에 인과계수가 의미가 없으므로 가설이 기각되었다.

(2) 서비스품질 요인의 가설검정

<표 13－6>의 연구모델 C에 대한 가설 2의 검정 결과 서비스품질 → 고객만족의 검정통계량 C.R.(1.971)이 1.96보다 크고 유의확률 p(0.049)가 유의수준 α(0.05)보다 작기 때문에 인과계수가 의미가 있으므로 가설 2는 채택되었다. 한편 가설 2－2의 경우 검정통계량 C.R.(2.062)이 1.96보다 크고, 유의확률 p(0.039)가 유의수준 α(0.05)보다 작기 때문에 인과계수가 의미가 있으므로 가설이 채택되었다. 그러나 가설 2－3의 경우 검정통계량 C.R.(0.678)이 1.96보다 작고, 유의확률 p(0.498)가 유의수준 α(0.05)보다 크기 때문에 인과계수가 의미가 없으므로 가설이 기각되었다.

표 13-6 가설검정 결과 종합

경로	경로계수	C.R.	p	채택 여부
가설 1 검정 결과				
시스템품질 → 고객만족	2.007	3.387	0.001	부분 채택
시스템품질 → 안정성	1.000	－	－	채택
시스템품질 → 제공성	0.315	1.470	0.142	기각
시스템품질 → 편리성	1.082	3.340	0.001	채택
가설 2 검정 결과				
서비스품질 → 고객만족	0.392	1.971	0.049	부분 채택
서비스품질 → 신뢰성	1.000	－	－	채택
서비스품질 → 반응성	0.228	2.062	0.039	채택
서비스품질 → 공감성	0.058	0.678	0.498	기각
가설 3 검정 결과				
고객만족 → 애호도	1.000	－	－	채택
가설 4 검정 결과				
고객만족 → 전환성	0.982	5.445	0.000	채택

경로	경로계수	C.R.	p	채택 여부
품질 요인과 행동의도와의 간접 효과				
시스템품질 → 애호도	2.007	–	–	–
시스템품질 → 전환성	1.971	–	–	–
서비스품질 → 애호도	0.392	–	–	–
서비스품질 → 전환성	0.385	–	–	–

(3) 고객만족 요인의 가설검정

<표 13－6>의 연구모델 C에 대한 가설 3과 가설 4의 경우 검정통계량 C.R.이 1.96보다 크고 유의확률 p가 유의수준 $\alpha(0.05)$보다 작기 때문에 인과계수가 의미가 있으므로 가설이 채택되었다.

13.4 | 결론

본 연구에서는 서비스 평가 영향요인으로서 시스템품질의 중요성을 밝히고, 서비스품질의 한 유형으로 분류되어 상대적으로 연구의 진척이 이루어지지 않고 있는 시스템품질의 중요도를 통해 품질요인을 비교해 봄으로써 시스템 이용환경에 대한 관리적 시사점을 도출하고자 하는 목적으로 본 연구를 시작하였다.

전체적인 연구결과를 요약하면 다음과 같다.

첫째, 시스템품질 요인과 서비스품질 요인의 상호 비교에서는 시스템품질 요인이 서비스품질요인보다 고객만족에 더 많은 영향을 미치는 것으로 나타났다. 즉, 인터넷 쇼핑몰과의 상호작용에 의해 고객이 인식하는 서비스품질 요인보다는 그 이전 단계에 해당하는 시스템품질요인이 전체 인터넷 쇼핑몰의 품질요인 평가에 가장 중요한 영향력을 가지고 있는 것으로 나타났다.

둘째, 고객만족에 있어서는 애호도가 전환성보다 상대적으로 높은 영향력을 행사하는 것으로 나타났다. 즉, 고객만족은 시스템 이용환경의 편리성과 서비스의 신뢰성에 의해 결정되고 이에 만족한 고객은 타인 추천과 같은 애호도에 유의한 영향을 미치는 것으로 나타났다.

셋째, 시스템품질 요인에 있어서는 안정성과 편리성은 채택되었으나 시스템 제공성은 기각되었다. 편리성이 안정성보다 높은 영향력을 행사하는 것으로 나타났는데, 이는 고객들의 시스템 사양이 높고, 초고속 인터넷을 사용하고 있기 때문에 안정성보다는 상대적으로 편리함에 더 많은 관심을 가지고 있다고 볼 수 있다.

넷째, 서비스품질 요인에 있어서는 신뢰성과 반응성은 채택되었으나 고객에 대한 친밀성과 고객의 특별한 요구사항의 이해와 관련된 공감성이 기각되었으며, 신뢰성이 반응성보다 높은 영향력을 행사하는 것으로 나타났다.

다섯째, 품질요인과 행동의도와의 간접효과를 살펴보면 시스템품질과 서비스품질의 경우 애호도에 미치는 영향이 높은 것으로 나타났으며, 이 중 시스템품질이 애호도에 더 많은 영향을 미치는 것으로 나타났다.

이상의 연구를 통해 나타난 결과를 종합해 볼 때 인터넷 쇼핑몰 업체는 다음과 같은 품질전략을 수행하여야 할 것이다.

첫째, 가설검정 결과 시스템품질 요인이 서비스품질 요인보다 고객만족에 더 높은 영향을 미치는 것으로 나타났는데, 서비스품질의 경우 고객이 필요로 하는 각종 궁금증을 제때 해결해 주지 않거나 전화를 걸어 확인하는 과정에서도 기존 상거래 업체의 서비스 채널에 비해 상대적으로 불편하다는 점이 작용한 것으로 보이며, 시스템품질의 경우 기존 상거래를 이용할 때 겪는 주차의 어려움, 매장의 혼잡함 등에 비해 상대적으로 편리하다는 점이 작용한 것으로 보인다. 이런 경우, 업체로서도 고객 지원비용 절감의 효과를 노릴 수 없고, 고객들도 웹을 통한 서비스에 대해 신뢰할 수 없게 되어 기존에 익숙했던 기존 상거래의 서비스 채널을 선호하게 된다. 따라서 적극적으로 고객을 온라인으로 이동시키려는 노력과 함께 고객이 웹사이트에서 기존 상거래 업체에 필적할 만한 만족스러운 서비스 체험을 할 수 있도록 ① 상호작용에 의한 단계별 FAQ(Frequently Asked Question) 시스템 구축, ② FAQ에서 만족할 만한 답변을 얻지 못할 경우 활용할 수 있는 실시간 도우미 제도, ③ 이메일이나 게시판 문의에 대한 실시간 응답 강화, ④ 상품 배달시 통보, ⑤ 빠른 배송, ⑥ 상세한 상품정보 제공 등이 필요하다.

둘째, 시스템품질의 안정성과 편리성은 채택되었으나 제공성이 기각된 것은 단순 문자나 정지화상 등의 서비스를 제공하면서도 속도의 최적화를 하지 않았기 때문으로 보인다. 응답자 대다수가 초고속 인터넷망을 이용하면서도 출력속도에 대한 불만을 가지고 있다는 점을 인식해야 한다. 따라서 인터넷 쇼핑몰 업체들은 고객들이 쾌적하고 편리하게 상호작용이 가능한 쇼핑을 할 수 있도록 ① 최신 멀티미디어 기술을 도입하되 속도의 최적화를 이루어야 하며, ② 사이트 네비게이션의 체계적 설계와 표준화된 제작기술, ③ 상품정보 탐색의 용이성, ④ 상하 메뉴 간의 연결성 등을 고려하여야 한다. ⑤ 이러한 기술도입에 따른 시스템 안정성 관리에도 노력을 기울여야 하겠다.

셋째, 서비스품질의 경우 신뢰성과 반응성은 채택되었으나 공감성은 기각되었다. 오프라인에 비해 온라인의 가장 큰 장점 중 하나가 고객의 반응과 구매형태, 과거경험에 관한 정보 등을 실시간으로 활용하여 차별화된 전략을 사용할 수 있다는 점이다. 그럼에도 불구하고 고객에 대한 정보를 제대로 활용하고 있지 않다는 것이 작용한 것으로 보이며, 서비스품질에 있어서는 무엇보다도 고객에게 신뢰를 심어 주는 것이 중요하고, 신뢰를 바탕으로 하여 고객을 이해하고 고객에 다가갈 필요가 있는 것이다. 즉, 고객확보 경쟁에서 벗어나 자신의 고객을 정확히 분석하고, 그러한 분석을 통해 고객에 맞는 전략을 수립해 나가는 것이 중요하다.

넷째, 고객만족은 곧 타인의 추천이나 전환성, 재구매 의도와 같은 행동의도에 유의한 영향력을 행사하고 있는 것으로 나타났다. 일반적으로 재구매 고객의 전환율을 10% 높일 경우 기업의 가치는 약 10% 증가한다고 한다. 고객유지는 기업의 수익성에 있어서 가장 중요한 요인인 것이다. 즉, 고객의 구매 프로세스 편리함, 실시간 고객 응대 시스템 구비, 지불 시스템의 신뢰성 및 안정성 향상에 노력한다면 이에 만족한 고객은 신규고객의 창출을 끌어내며, 이러한 신규고객 창출은 기업의 잠재적인 수익원이 될 수 있다는 점에서 기존고객의 만족을 강화시키는 것이 곧 광고효과의 극대화로 이어질 수 있는 계기가 될 것이다.

본 연구는 인터넷 쇼핑몰의 시스템품질 요인에 대한 선행연구의 미비로 인하여, 기존 상거래의 물리적 품질요인과 정보시스템 분야의 시스템품질 요인을 중심으로 쇼핑몰 담당자의 조언을 받아 품질요인을 추출하였기 때문에 사전에 검정받지 못했다는 한계가 있으나 현재까지 미흡한 국내 인터넷 쇼핑몰 관련 시스템품질 요인을 추출하여 서비스품질 요인 및 고객만족 모델과 관련한 연구모델을 제시하고, 연구모델의 적합성 검정을 실시하였다는 점에서 관련 업계 및 학계에 참고가 될 수 있을 것이다.

본 연구의 기대효과를 살펴본다면 다음과 같다.

첫째, 본 연구는 서비스 환경의 중요성을 부각시키고, 서비스 환경 결정요인을 추출해 냄으로써 관리자에게 서비스품질 지각에 영향을 미치는 시스템품질 요인들에 어떤 것이 있는지를 시사해 주고 있다.

둘째, 시스템의 이용 환경의 편리함이 고객의 재구매나 구전 의도, 더 오랜 머무름과 같은 애호도에 중요한 영향을 미친다는 것을 밝혀냈다. 이점은 편리하고 안정된 환경을 잘 갖춤으로써 고객들이 더 오랫동안 서비스 환경 내에 머무르게 할 수 있고, 이를 통해 더 많은 경제적인 이득을 얻을 수 있음을 시사하고 있다.

셋째, 서비스 측면에서는 신뢰성이 중요하다는 결론을 얻었다. 그러나 신뢰감은 고객과 함께 하고, 고객의 요구에 관심을 가지고 있다는 반응성과 공감성을 통해 생성되는 것이므로 결국 고객에 대한 관심과 고객에 대한 노력이 곧 신뢰감으로 이어진다.

CHAPTER

14

분석사례(2) 컴퓨터 교육에 있어서 초심자를 위한 효과적인 학습과정에 관한 연구

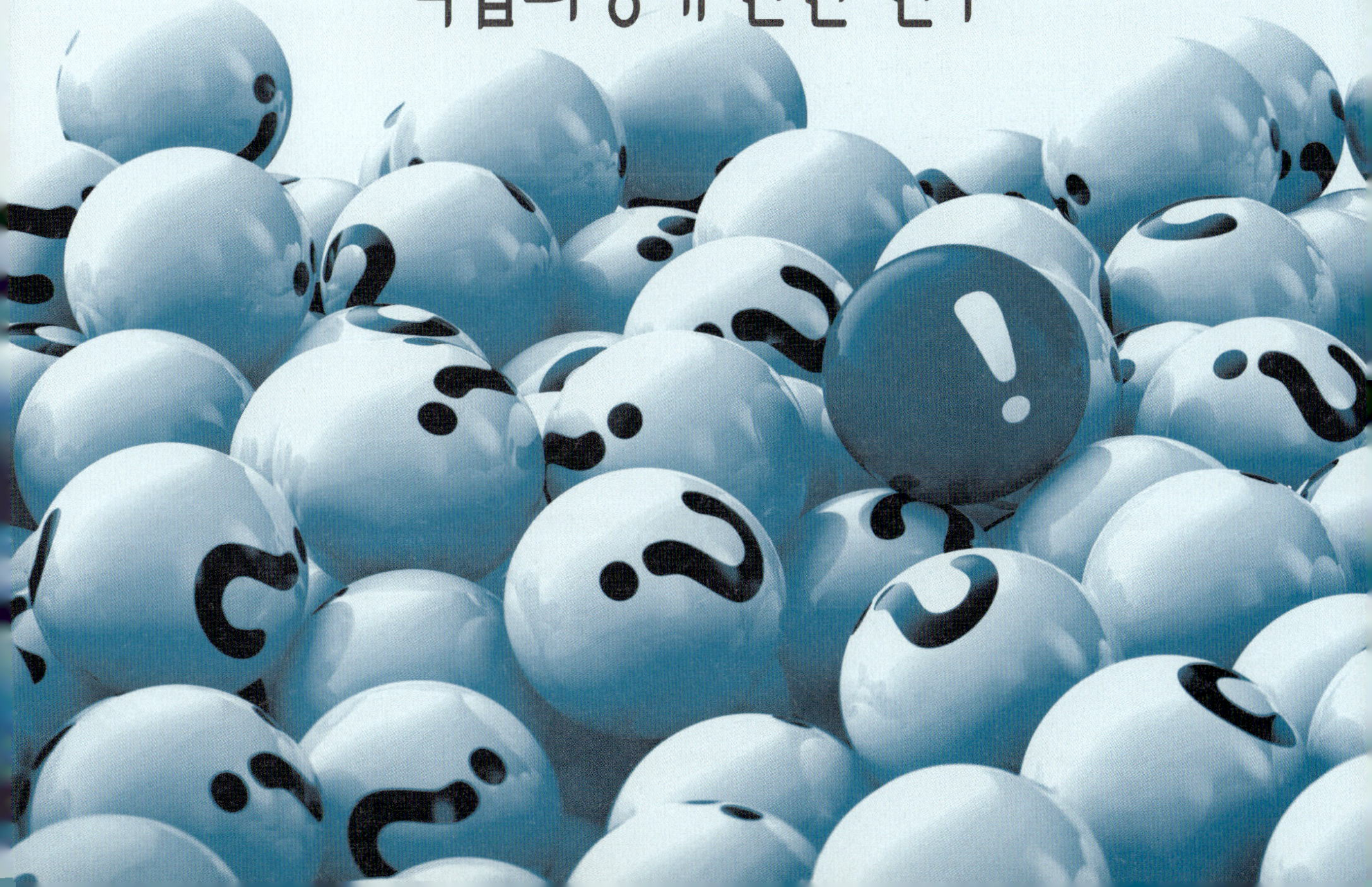

CHAPTER 14

분석사례(2) 컴퓨터 교육에 있어서 초심자를 위한 효과적인 학습과정에 관한 연구

14.1 | 서론

최근 수년 동안 컴퓨터는 하드웨어, 소프트웨어 모두 조작성이 점점 향상되고 있다. 그에 따라 컴퓨터의 보급도 비약적으로 진척되고 있어, 비즈니스의 경우는 물론 컴퓨터가 없는 가정이 거의 없을 정도로 일반화되었다. 현재와 같은 정보화사회에 있어서 컴퓨터는 필수불가결한 것으로 되어 있다.

그런데 컴퓨터가 불가결하다고 하는 현상이 있음에도 불구하고, 컴퓨터를 자유자재로 구사할 수 있는 사람은 의외로 적다고 하는 것이 현실이다. 대부분의 사람들은 컴퓨터의 필요성을 느끼고 있는 것으로 생각되지만 실제로는 사용해 본 적이 없다든가, 집에는 있지만 어떻게 사용하면 좋을지 모른다고 하는 이야기를 자주 들을 수 있다. 요컨대 컴퓨터의 필요성이 점점 높아지는 가운데, 초심자가 상당히 많다는 것이 현실이다. 또한 초심자는 컴퓨터에 대해서 '불안하다'거나 '어렵다'고 하는 등의 부정적인 이미지를 갖고 있는 경우가 대부분이다.

이와 같은 상황에서 컴퓨터 교육의 중요성은 점점 더 높아지고 있다고 할 수 있을 것이다. 이미 대학교나 전문대학 등에서는 비교적 일찍부터 컴퓨터 교육이 실시되고 있고, 최근에는 중·고등학교나 초등학교에서도 각 교과목에서 컴퓨터가 이용되고 있다. 그러나 부정적인 이

미지를 갖기 쉬운 초심자가 많다는 것을 고려한다면, 컴퓨터 교육에 있어서 입문과정의 중요성도 매우 높다고 말할 수 있다.

본 연구에서는 4년제 대학교 신입생들에게 실시되고 있는 컴퓨터 교육 입문과정의 실습을 문제 삼기로 한다. 그래서 입문과정에서는 무엇을 가르쳐야 할 것인지, 초심자의 컴퓨터에 대한 이해가 입문과정에 있어서 어떻게 진척되는지를 검토하고자 한다. 다시 말하면 대학교 신입생들에게 실시되고 있는 컴퓨터 교육에 있어서 초심자를 위한 더 효과적인 학습과정을 탐색해 보고자 하는 것이 본 연구의 목적이다.

14.2 | 연구방법 및 연구범위

본 연구에서는 먼저 여기에서 문제 삼고 있는 실습의 환경과 내용을 소개한 다음, 학습의 목표에 따라서 컴퓨터의 초심자가 입문과정에서 어떻게 이해해 가는지에 대한 모델을 구축한다. 몇 개의 모델을 상정하고, 수강생들에게 실시한 설문조사의 결과로부터 컴퓨터 초심자의 학습과정에 대해서 검토하기로 한다.

작성된 모델에 대해서는 구조방정식모형분석을 적용하여 그 해를 구하고자 한다. 그에 앞서 설문조사의 결과 각 관측변수가 어떤 잠재변수를 구성하는지 알아볼 필요가 있다. 이를 위해서 요인분석을 실시한다.

잠재변수란 측정되는 많은 현상(변수)의 배후에 숨어 그들 현상에 영향을 미치고 있는 요인으로 눈에 보이지 않는 가설적인 변수를 말한다. 이에 비해서 실제로 값이 측정되는 변수를 관측변수라고 부른다. 잠재변수를 도입하면 내용이 서로 비슷한 관측변수를 한데 모아 하나의 변수로서 취급할 수 있다. 그리고 관측변수를 통합하여 잠재변수 간의 인과관계를 생각한다고 하는 형태로 데이터를 다루면, 여러 변수 간의 인과관계도 검토하기 쉬워진다. 본 연구에서 적용하게 될 구조방정식모형분석은 위와 같은 발상을 기초로 해서 잠재변수 간의 인과관계를 검토하기 위한 통계적 기법이다.

본 연구에서 문제 삼고 있는 컴퓨터 실습내용은, 학습사항으로서 컴퓨터의 기본조작, 표의 작성, 계산 및 함수의 활용능력과 초보적인 통계처리, 그래프의 작성과 이용, 데이터베이스의 작성과 이용(정보의 정리와 활용) 등이다. 컴퓨터 활용능력의 더 넓은 범위에서 본다면 극히 제한된 내용이라고 할 수 있다. 그러나 입문과정의 실습내용으로서는 충분하다고 볼 수 있다. 본 연구는 이러한 실습을 통하여 컴퓨터를 구사할 수 있는 능력과 지식습득이라고 하는 학습

목표를 달성하기 위한 효과적인 학습과정을 탐색하는 데 초점을 맞추고 있다.

14.3 | 실습 교과과정과 학습의 목표

컴퓨터의 초심자가 입문과정에 있어서 어떻게 이해를 해 나가는가에 대해서 모델을 구축할 때, 무엇을 가르칠 것인가라고 하는 학습의 목표에 대한 고찰이 필요하다. 본 장에서는 먼저 실습의 환경과 내용을 소개한 후, 학습의 목표에 대해서 기술하고자 한다.

1. 실습환경 및 실습내용

본 연구의 대상인 컴퓨터 실습은 4년제 대학교 경영학부 1학년 과목으로 개설된 '컴퓨터 경영통계'에서 실시되고 있다. 실습은 주 1회 3시간 동안 이루어진다.

실습은 경영학부 1학년 A, B 두 클래스로 나누어서 실시되며 한 클래스의 수강생 수는 약 45명으로, 본 연구에서 문제 삼고 있는 것은 두 클래스 90명이다. 수강생의 상당수는 컴퓨터를 어느 정도 다룰 줄 알고 있지만 함수의 활용능력과 통계처리, 데이터베이스의 작성과 이용(정보의 정리와 활용) 등에 있어서는 대부분 초심자였다.

실습실에는 학생 1인 1대의 개인용 컴퓨터 45대와 교수용 컴퓨터 및 빔 프로젝터가 갖추어져 있다. 이용한 소프트웨어는 Excel 2013이다.

학습내용으로서는 컴퓨터의 기본조작, 표의 작성, 계산 및 함수의 활용능력과 초보적인 통계처리, 그래프의 작성과 이용, 데이터베이스의 작성과 이용(정보의 정리와 활용) 등이다. 그리고 표의 작성에 있어서는 단지 표를 만드는 것뿐만 아니라 알아보기 쉬운 표를 만들도록 인식시켰다. 또한 그래프의 작성에 있어서는 그 기초가 되는 수치의 성질에 맞는 형식의 그래프를 작성하는 데도 역점을 두었다.

실습에 있어서는 우선 각각의 사항마다 조작과 그 유효성에 대해서 설명하고 빔 프로젝터를 이용하여 시범을 보인다. 그런 다음에 수강생에게는 과제를 주어 해결하도록 한다. 과제는 주로 경영학 관련 데이터를 분석하는 것이다. 구체적으로 말하자면, 표의 작성과 그래프의 작성에 있어서는 상점의 매출집계와 제시, 데이터베이스의 작성과 이용에서는 물류정보(목적지와 요금 등에 의한 분류) 등이었다. 또한 각 과제는 그 다음 과제의 기초가 되도록 설정되어 있어서 수강생이 사전의 과제내용을 복습할 수 있도록 구성되어 있다.

각각의 학습내용에 대한 시간배분비율은 다음의 <표 14-1>과 같다.

표 14-1 학습내용에 대한 시간배분

학습내용	시간배분(%)
기본조작(전원의 on/off, 타이핑, 파일 조작 등)	10
표의 작성	10
계산 및 함수의 활용방법과 통계처리	20
그래프의 작성과 이용	20
데이터베이스의 작성과 이용(정보의 정리와 활용)	30
기타(복습 포함)	10

2. 학습의 목표

컴퓨터를 가르칠 경우에 무엇을 가르쳐야 할 것인지 생각했을 때, 두 가지 내용을 생각할 수 있다. 하나는 컴퓨터의 조작법을 가르친다고 하는 것이다. 다른 하나는 컴퓨터를 도구로 생각하고 그것이 어떻게 쓰이는지, 즉 그 활용법을 가르친다고 하는 것이다.

컴퓨터가 도구라고 하는 것은, 그것을 일상의 구체적인 사항에 도움이 되게 할 수 있다고 하는 것이다. 그러나 컴퓨터라고 하는 기계는 우리들이 사용하는 다른 많은 기계와는 크게 다른 특징을 가지고 있다. 우리들이 일상적으로 사용하는 대부분의 기계는, 예를 들면 텔레비전이든 전자렌지든, 그 기계의 조작법을 습득하는 것이 곧 "사용할 수 있다"는 것을 의미한다. 다시 말하면, 그들 기계의 경우 사용의 목적이 한정되어 있으며 목적과 조작법의 습득이 직접적으로 연결되어 있다고 할 수 있다. 그런데 컴퓨터의 경우에는 조작의 습득이 "사용할 수 있다"는 것을 직접적으로 의미하지 않는다. 조작법을 습득한 상태에서 무엇에 쓸 것인가라고 하는 목적을 가지고 있지 않으면, "사용할 수 있다"는 것으로 되지 않는다. 다시 말하면, 컴퓨터에서는 다른 기계와 달리 조작법과 목적이 간접적인 관계에 있다고 할 수 있다.

이와 같은 성질을 가진 컴퓨터라고 하는 기계를 가르칠 때, 당연히 조작법을 가르친다고 하는 것은 불가결하지만 일상적인 사항에 그것이 어떻게 활용될 수 있는지를 구체적으로 제시하는 것도 필요하다. 그렇게 함으로써 컴퓨터 조작법의 습득과 그것을 사용할 수 있도록 되는 것이 연결되는 것이다. 실제로 컴퓨터를 사용하는 경우, 그 목적에 따른 소프트웨어를 선택해서 이용하는 것이기 때문에 각각의 소프트웨어가 어떠한 것이며 어떻게 사용할 수 있는지에 대한 지식을 수강생에게 부여하는 것이 필요하다. 즉, 본 장의 모두(冒頭)에서 언급한 두 가지 내용을 합쳐서 가르치는 것이 필요하다고 할 수 있다.

도구로서의 컴퓨터에 대해서 가르친다고 하는 것에 관해서는 컴퓨터 활용능력(computer literacy) 교육이 있다. 컴퓨터 활용능력이란 컴퓨터를 조작·활용하는 기초적인 지식·기능을 말한다. 그리고 현재와 같은 대량의 정보를 다룰 필요가 있는 사회에서는 그 정보를 취급하는 도구로서의 컴퓨터는 매우 중요하기 때문에, 컴퓨터 활용능력 교육은 그 중요성이 더해지고 있다.

현재 컴퓨터를 사용할 때, 반드시 프로그래밍 지식이 필요한 것은 아니다. 특히 여기에서 문제 삼고 있는 실습의 수강생들처럼 초심자에게 필요한 것은 프로그래밍보다도 응용 소프트웨어를 마음대로 구사할 수 있는 능력일 것이다. 이런 의미에서 컴퓨터의 도구성을 더욱 강조한 것이 정보활용능력(information literacy)이다. 현재와 같은 사회상황에 있어서는 대량의 정보를 활용하는 기초적인 지식·기능이 필요하며, 그 지식·기능이 바로 정보활용능력인 것이다. 또한 현재의 인터넷 보급에 주목해서 정보활용능력을 정보의 수용·처리·가공과 더 나아가서는 스스로 창작하고 발신해 가는 능력이라고 정의할 수도 있다. 이와 같은 정보활용능력론에 있어서 컴퓨터는 정보를 활용할 때의 도구로서 자리매김할 수 있다.

지금까지 언급한 활용능력이라고 하는 개념은 그때그때의 사회상황에 따라서 시대적으로 변천해 왔다고 하는 경위가 있다. 컴퓨터 활용능력과 정보활용능력이라고 하는 용어의 공통점은 컴퓨터를 생활 속에서 생기는 사항을 처리하기 위한 도구로서 자리매김하고 있다는 것이다. 컴퓨터의 초심자로 특히 그 전문가를 목표로 하고 있지 않은 자를 대상으로 하는 교육의 경우, 그 목표는 도구로서의 컴퓨터를 이해시키는 데에 있다고 볼 수 있다. 그래서 조작법에 대해서는 필요최소한에 그치고, 결코 그것에 지나치게 중점을 두지 않는 것이 중요하다. 초심자는 컴퓨터에 대해서 불안감을 갖는 경향이 많다. 컴퓨터에 익숙한 사용자조차 일상적인 필요성과 연결되지 않는 조작에 대해서는 어려움을 느끼기 때문에, 컴퓨터에 익숙하지 못한 초심자는 더 말할 나위도 없다. 컴퓨터에 대한 불안이란 그와 같은 어려움으로부터 생기는 것이다. 이 불안을 막거나 제거하기 위해서는 컴퓨터가 일상적인 주변의 사항에 활용될 수 있다는 것을 보이고, 그 유효성을 인식시키는 것이 필요하다. 초심자가 필요성을 느끼지 않는, 즉 일상의 구체적인 사항에 활용하기 어려운 조작을 가르치는 것은 되도록 피해야 할 것이다.

14.4 | 학습과정에 관한 모델의 구축

전술한 바와 같이 정보교육 입문과정에 있어서의 목표는 도구로서의 컴퓨터에 대한 이해이며, 그를 위해서는 일상의 구체적인 사항에 대한 컴퓨터의 활용법에 중점을 두고, 조작법은 연구대상인 초심자가 필요성을 느끼는 정도의 것으로 충분하다. 즉, 컴퓨터 교육을 통해서 컴퓨터 활용능력 혹은 정보활용능력의 획득을 목표로 한다고 하는 것이다. 이제 컴퓨터의 초심자가 입문과정에서 어떻게 학습을 진척해 가는가에 대해서 가설적으로 고찰하고 그 학습구조의 모델을 구축한다.

컴퓨터 활용능력을 '기능', '지적 능력', '지적 능력이 작용하는 토대로서의 지식'이라고 하는 세 가지 관점으로 보는 견해가 있다(黑上晴夫, 1996). 이때 '기능'이란 키보드의 조작이나 프로그래밍 언어의 습득이며, '지적 능력'은 컴퓨터를 유효하게 이용하는 능력, '지식'은 컴퓨터를 이용하는 의의나 사회적 배경에 관한 지식을 가리킨다. 이 관점을 본 연구에 적용하면 '기능'은 기본적인 조작법의 학습에, '지적 능력'은 활용적인 조작법의 학습에 상당한다. 그리고 '지식'은 컴퓨터를 이용하는 의의라고 하는 점에 주목하면 컴퓨터에 대한 유효성의 이해에 상당한다고 할 수 있다. 즉, 기능, 지적 능력, 지식의 세 가지를 획득함으로써 컴퓨터 활용능력을 획득할 수 있다.

단, 컴퓨터 활용능력은 한 학기의 실습만으로 획득할 수 있는 것은 아닐 것이다. 이를 위해서는 일상적으로 컴퓨터를 사용하는 경험을 쌓아가는 것이 필요할 것이다. 이러한 사실로부터 여기에서는 컴퓨터 활용능력의 획득이라고 하는 말 대신에 실습 종료 후에 컴퓨터를 적극적으로 사용하고자 하는 태도의 형성을 상정한다. 여기에서 상정하고 있는 적극적인 태도란 컴퓨터가 도구라고 하는 인식에 기초한 것이며, 컴퓨터를 일상의 구체적인 사항에 어떻게 적용해 가면 좋을지에 관한 이해를 포함한 것이다. 즉, 무언가 처리하지 않으면 안 될 사항에 부딪쳤을 때 컴퓨터를 어떻게 사용할 것인지를 생각할 수 있게 되는 것을 말한다.

여기에서는 컴퓨터 초심자의 학습과정에 대해서, 컴퓨터의 '기본적 조작법의 습득', '활용적 조작법의 습득', '유효성의 이해', 컴퓨터 사용에 대한 '태도'라고 하는 네 가지 요소를 거론한다. 수강생이 실습에서 문제 삼은 사항의 학습을 통해서 이들 네 가지의 요소를 획득했다고 상정한다. 이들 요소 간의 관계에 대해서 기술하면, '기본적 조작법의 습득', '활용적 조작법의 습득', '유효성의 이해'의 세 가지가 '태도'에 영향을 미친다고 생각한다. 즉, 독립변수군으로서 '기본적 조작법의 습득', '활용적 조작법의 습득', '유효성의 이해'가 있고 종속변수로서 '태도'가 있다고 하는 생각이다.

독립변수군 세 변수 간의 관계에 대해서 현시점에서 말할 수 있는 것은 '기본적 조작법의 습득'이 학습과정의 상당한 초기과정에 있다고 하는 것이다. 실습에 있어서 기본적 조작법은 아주 초기 단계부터 문제 삼았다. 그러나 이것 이외에는 독립변수군 세 변수 간의 관계에 대해서 어느 것도 단정하기 어렵다. 그래서 이들 세 변수가 어떻게 관련되며 종속변수인 '태도'의 형성에 영향을 미치고 있는지를 검토하기 위해서 다음과 같은 두 개의 모델을 상정한다.

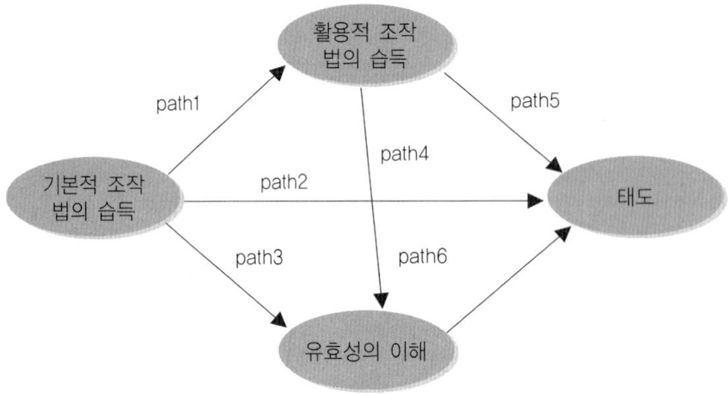

그림 13-1　모델 I

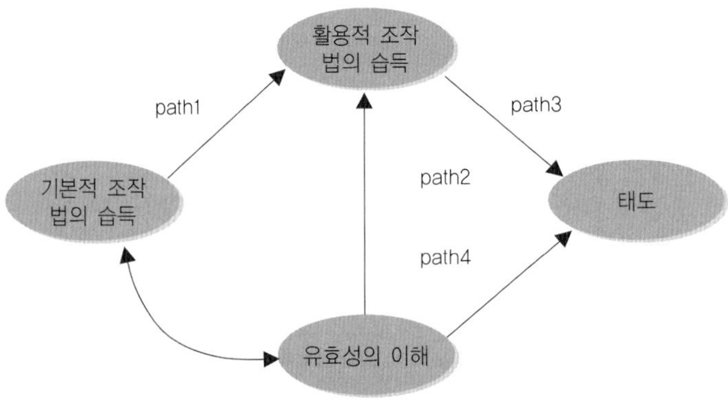

그림 13-2　모델 II

여기에서 다시 각 변수 간의 관계를 고려하여 의미 있는 경로(path)만을 채택해서 다음과 같은 전체 7개의 모델을 상정한다.

표 14-2 학습과정에 관한 모델

		의미 있는 경로	적요
모델 Ⅰ	모델 Ⅰ-1	path1, path2, path3, path5, path6	학습과정의 초기단계에 있다고 생각되는 '기본적 조작법의 습득'이 다른 세 변수의 기초가 되어 있는 모델
	모델 Ⅰ-2	path1, path3, path5, path6	모형 Ⅰ-1과 기본적으로 동일. '기본적 조작법의 습득'에서 '태도'로의 직접적인 영향을 없앤 모델
	모델 Ⅰ-3	path1, path3, path4, path5, path6	모형 Ⅰ-2와 기본적으로 동일. 컴퓨터의 유효성은 활용방법에 대해서 어느 정도의 지식을 얻어야 비로소 이해할 수 있다고 보는 견해의 모델
	모델 Ⅰ-4	path1, path3, path4, path6	모형 Ⅰ-3과 기본적으로 동일. 유효성의 이해가 컴퓨터에 대한 적극적인 태도의 형성에 미치는 영향이 상당히 크다고 보는 모델
	모델 Ⅰ-5	path1, path4, path6	모형 Ⅰ-4의 변형. 학습된 사항 중 더 기초적인 것이 더욱 상위의 것에 단계적으로 영향을 미치는 모델
모델 Ⅱ	모델 Ⅱ-1	path1, path2, path3	컴퓨터에 관한 유효성의 이해가 진척됨으로써 활용적 조작법의 습득이 촉진된다고 가정하며 '기본적 조작법의 습득'과 '유효성의 이해' 사이에 상관을 상정한 모델
	모델 Ⅱ-2	path1, path2, path3, path4	모형 Ⅱ-1과 기본적으로 동일. '유효성의 이해'는 앞으로 컴퓨터를 사용한다는 적극적 태도에 이어진다고 보는 모델

이상의 7개 모델을 상정하고 수강생을 상대로 실시한 설문조사의 결과로부터 컴퓨터 초심자의 학습과정에 대해서 검토해 가기로 한다.

14.5 | 실증적 분석

1. 설문조사 및 기초적인 자료분석

설문조사는 2014년 11월 실습의 마지막 날 실시했다. 조사대상자는 4년제 대학교 경영학부 1학년 학생 90명이다. 조사의 목적은 학습항목, 실습과제, 교재, 컴퓨터의 이용 등에 대해서 어떠한 인상을 가졌는지를 밝히는 것이었다. 질문항목은 크게 나누어서 4개 부분으로 되어 있다. 첫째 부분은 컴퓨터의 이용경험에 관한 질문항목이고, 둘째 부분은 학습항목과 실습과제에 대한 이해도와 관심도를 묻는 질문항목이었다. 셋째 부분에서는 실습에서 사용한 교재에 대해서 평가를 구했다. 둘째 부분과 셋째 부분의 회답은 4단계 평가로 실시했다. 넷째 부분에서는 컴퓨터에 대한 이미지나 실습 후에 어떻게 컴퓨터를 사용하려고 생각하는지를 자유기술로 회답하게 했다.

표 14-3 설문지 제2부분의 질문항목

항목	질문내용	약칭
q1	컴퓨터의 조작에 어느 정도 익숙해졌다고 생각하십니까	기본조작
q2	데이터를 표로 정리한다고 하는 조작을 학습했는데, 조작의 방법은 이해했습니까	표조작
q3	데이터를 표로 정리한다고 하는 조작을 학습했는데, 보는 사람이 알기 쉬운 표를 만들 수 있게 되었습니까	표작성
q4	데이터를 그래프로 정리한다고 하는 조작을 학습했는데, 조작의 방법은 이해했습니까	도표조작
q5	데이터를 그래프로 정리한다고 하는 조작을 학습했는데, 수치의 성질에 따라 그래프를 잘 분간해서 쓸 수 있습니까	도표사용
q6	계산이나 함수를 학습했는데, 조작의 방법은 이해했습니까	함수조작
q7	계산이나 함수를 학습했는데, 편리한 것이라고 생각했습니까	함수편리
q8	데이터베이스의 기능을 학습했는데, 조작의 방법은 이해했습니까	자료조작
q9	데이터베이스의 기능을 학습했는데, 편리한 것이라고 생각했습니까	자료편리
q10	컴퓨터를 편리한 것이라고 생각했습니까	컴편리
q11	자신의 생활 중에서 앞으로 컴퓨터를 사용하고 싶다고 생각합니까	컴사용
q12	컴퓨터를 좀더 잘 구사할 수 있게 되기를 바랍니까	구사능력
q13	컴퓨터에 대해서 좀더 지식을 얻고 싶다고 생각합니까	지식습득

여기에서는 둘째 부분의 회답을 분석대상으로 하고, '충분히'를 4, '어느 정도'를 3, '별로'를 2, '전혀'를 1로 하여 수량화했다.

각 질문항목 간 상관계수는 다음의 <표 14-4>와 같다. 각 질문항목의 기본통계량을 구한 결과 질문항목 중 q1, q8, q10, q11은 첨도가 각각 2.744, 2.695, −2.032, 2.174로 높고 분포가 극단적으로 치우쳐 있다. 구조방정식모형분석을 실시할 경우, 데이터는 정규분포를 따르는 것이 바람직하다(狩野 裕, 1997)는 사실로부터 이들 질문항목을 이하의 분석에서 제외했다.

표 14-4 질문항목 간 상관계수

항목	q1	q2	q3	q4	q5	q6	q7	q8	q9	q10	q11	q12	q13
q1	1.000	.	.	.	.	.	.	.	.	.	.	.	.
q2	.252	1.000	.	.	.	.	.	.	.	.	.	.	.
q3	.121	.385	1.000	.	.	.	.	.	.	.	.	.	.
q4	.305	.424	.322	1.000	.	.	.	.	.	.	.	.	.
q5	.233	.276	.249	.496	1.000	.	.	.	.	.	.	.	.
q6	.314	.458	.068	.528	.455	1.000	.	.	.	.	.	.	.
q7	.136	.032	.071	.116	-.094	.202	1.000	.	.	.	.	.	.
q8	.124	.530	.257	.285	.242	.273	.121	1.000	.	.	.	.	.
q9	.252	.117	.120	.199	.043	.198	.566	.110	1.000	.	.	.	.
q10	.115	.160	-.069	.137	-.052	.065	.406	.175	.425	1.000	.	.	.
q11	.146	.257	.163	.382	.103	.221	-.100	.217	.139	.278	1.000	.	.
q12	.022	.074	.075	.107	-.042	-.058	.142	.162	.262	.316	.386	1.000	.
q13	.112	.029	-.058	.183	-.055	.033	.101	.054	.294	.366	.495	.653	1.000

모델을 작성하여 구조방정식모형분석을 실시하기 전에, 각 관측변수가 어떤 잠재변수를 구성하는지 살펴볼 필요가 있다. 그래서 우선 요인분석을 실시했냐.

전술한 바와 같이 4개 항목을 제외한 나머지 9개 항목을 이용해서 요인분석을 실시했다. 이때 요인회전은 요인들 간에 독립성을 기대하기가 어려워서 오블리민(Oblimin)에 의한 사각회전을 실시했다. 사각회전방식은 요인을 회전시킬 때 요인들이 서로 직각을 유지하지 않으므로 직각회전방식에 비해서 높은 요인부하량은 더 높아지고, 낮은 요인부하량은 더 낮아지도록 요인을 회전시키는 방식이다.

분석결과는 <표 14−5>와 같다.

표 14-5 요인분석의 결과

변 수	요 인			
	Ⅰ	Ⅱ	Ⅲ	Ⅳ
q6	0.901	−0.028	−0.234	0.053
q4	0.865	0.197	−0.178	0.324
q5	0.786	0.047	0.211	0.301
q13	0.065	0.899	−0.201	−0.074
q12	−0.043	0.901	−0.198	0.233
q7	0.064	0.076	−0.923	0.023
q9	0.169	0.421	−0.876	0.187
q3	0.304	0.023	−0.121	0.964
q2	0.587	0.068	−0.075	0.743
고유치	2.78	0.981	0.341	1.02
기여율(%)	30.01	22.32	12.95	10.07
누적기여율(%)	30.01	52.33	65.28	75.35

제1요인은 q6(함수조작), q4(도표조작), q5(도표사용)의 부하량이 높다. 이들 항목은 통계처리와 관계가 있는 것이다. 통계처리는 실습 중에서 활용의 일례로서 문제 삼았던 것이다. 따라서 이것은 '활용적 조작법의 습득'의 요인이다.

제2요인은 q13(지식습득), q12(구사능력)의 부하량이 높다. 이들 항목은 컴퓨터에 대한 태도와 관련된 것이다. 이것은 '태도'의 요인이라고 할 수 있다.

제3요인은 q7(함수편리), q9(자료편리)의 부하량이 높다. 이들 항목의 공통적인 키워드는 '편리함의 이해'이다. 이것은 '유효성의 이해'의 요인이다.

제4요인은 q3(표작성), q2(표조작)의 부하량이 높다. 이들은 표의 조작에 관한 것이다. 따라서 이것은 '기본적 조작법의 습득'의 요인이라고 생각할 수 있다.

가설에서 설정했던 바와 같이 4개의 요인이 추출되었다. 이제 이 4개의 요인을 이용해서 구조방정식모형분석을 실시하고, 전술한 7개의 모델을 비교검토하기로 한다.

2. 구조방정식모형분석

본 연구를 위한 조사의 결과 얻어진 원시자료(raw data)는 SPSS 23에 입력하여 기초적인 통계분석을 실시하고, Amos 23에 의해 구조방정식모형분석을 실시했다.

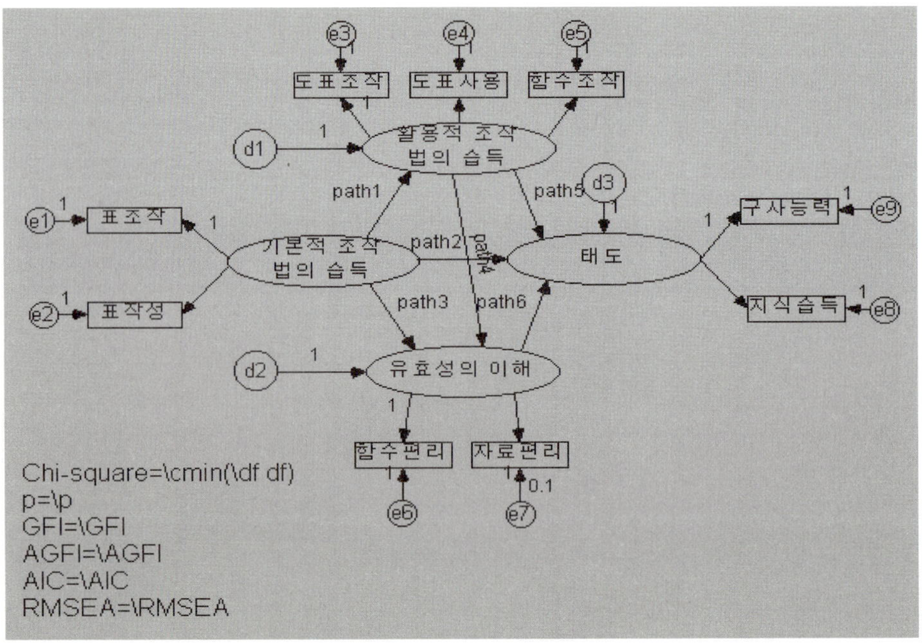

그림 14-3 모델 I의 경로도형

먼저 각각의 잠재변수에 대해서, 요인분석의 결과에 따라 관측변수를 할당한다(<그림 14−3>, <그림 14−4> 참조). 즉, '기본적 조작법의 습득'의 잠재변수에 '표조작'과 '표작성'을, '활용적 조작법의 습득'에 '도표조작', '도표사용', '함수조작'을, '유효성의 이해'에 '함수편리'와 '자료편리'를, 그리고 '태도'에 '구사능력'과 '지식습득'을 각각 대응시켰다. 다음에 각각의 잠재변수로부터 대응하는 관측변수로 경로(path)를 그었다. 또한 관측변수는 모두 종속변수가 되므로 관측변수에 대해서 오차(e_1~e_9)를 붙이고, 오차로부터 관측변수에 대한 경로계수는 모두 1로 고정했다. 그런데 분석해 보았더니 모든 모델에 있어서 관측변수 '자료편리'의 오차인 e_7의 분산 추정치가 마이너스 값이 되었다. 이것은 헤이우드 케이스(Heywood Case)라고 불리는 것으로 부적해이다. 이를 피하기 위해 모든 모델에 있어서 e_7의 분산을 0.1로 고정했다.

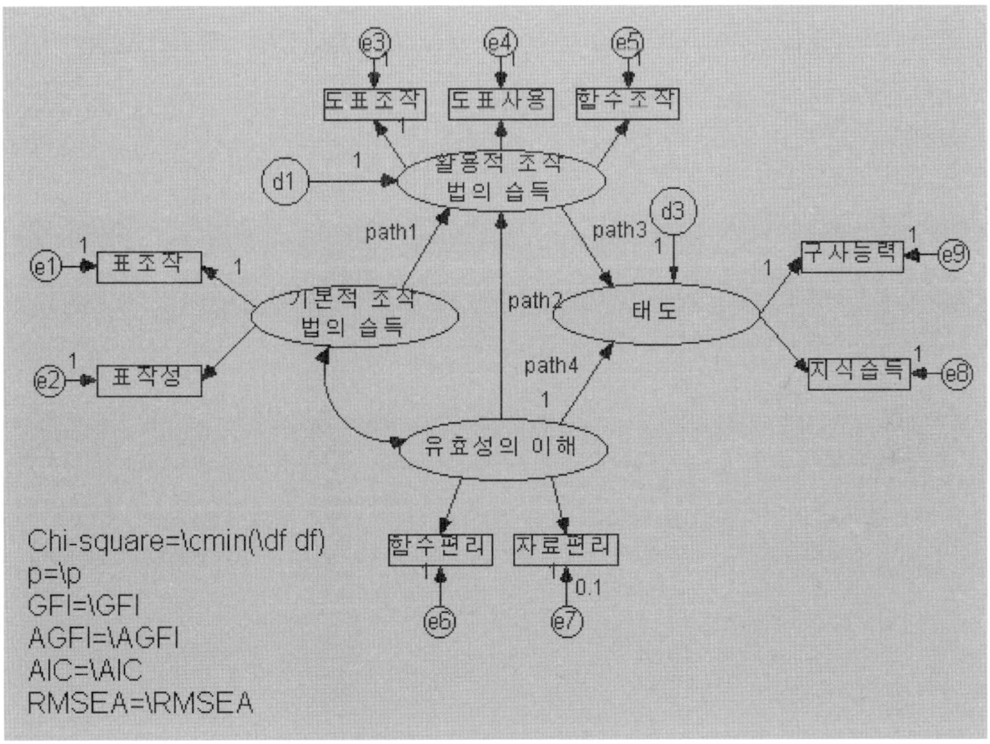

그림 14-4 모델 II의 경로도형

전술한 7개의 모델에 대해서 각각 구조방정식모형분석을 실시하고 먼저 모델 전체의 평가를 실시한다. 각 적합도지표는 <표 14−6>과 같다.

표 14-6 각 모델의 적합도지표

모델	카이제곱 검정			GFI	AGFI	AIC	RMSEA
	카이제곱 값	자유도	유의확률				
Ⅰ−1	37.642	23	0.028	0.924	0.850	81.642	0.085
Ⅰ−2	37.643	24	0.038	0.924	0.857	79.643	0.080
Ⅰ−3	36.364	23	0.038	0.925	0.852	80.364	0.081
Ⅰ−4	36.364	24	0.051	0.925	0.859	78.364	0.076
Ⅰ−5	33.811	25	0.112	0.931	0.876	73.811	0.063
Ⅱ−1	42.183	24	0.012	0.913	0.837	84.183	0.092
Ⅱ−2	36.364	23	0.038	0.925	0.852	80.364	0.081

모델 Ⅰ−4와 모델 Ⅰ−5의 유의확률만 0.05 이상으로 수용 가능하고 나머지는 불가능하다. 모델 전체의 적합도를 평가하는 간단하고 확실한 방법으로서 우선 GFI가 0.9 이상인 모델을 후보로 하고, 그 중에서 AIC의 값이 최소인 것을 최적 모델로서 채택하는 방법이 있다. 따라서 모델 Ⅰ−5가 가장 적합도가 좋은 모델로 평가되어 최적 모델로서 채택하는 것이 타당하다.

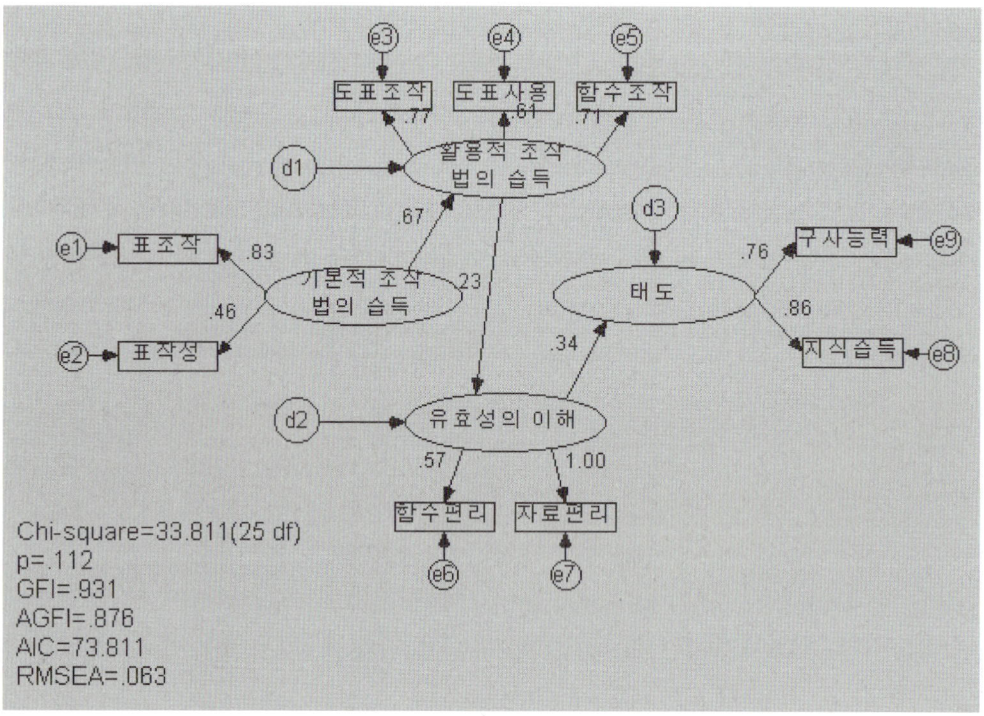

그림 14-5 모델 Ⅰ−5의 구조방정식모형분석 결과(표준화해)

모델 I−5의 구조방정식모형분석 결과(<그림 14−5> 참조)로부터 수정지표의 출력결과를 보면 오차 e_5와 e_2의 공분산을 인정하면 카이제곱 값이 줄잡은 어림(conservative estimate)으로 8.287 감소한다는 것이다. 실제로는 이보다 더 감소한다. 그래서 오차항 e_5와 e_2를 연결시키는 새로운 모델을 수정 모델 I−5라고 한다.

모델 I−5와 수정 모델 I−5에 대한 구조방정식모형분석 결과, 각 적합도지표는 <표 14−8>과 같다. 수정 모델 I−5가 모델 I−5에 비해서 모든 적합도지표가 나아졌음을 확인할 수 있다.

표 14-7 모델 I-5과 수정 모델 I-5의 적합도지표

모델	카이제곱 검정			GFI	AGFI	AIC	RMSEA
	카이제곱 값	자유도	유의확률				
I-5	33.811	25	0.112	0.931	0.876	73.811	0.063
수정 I-5	23.550	24	0.488	0.950	0.907	65.550	0.000

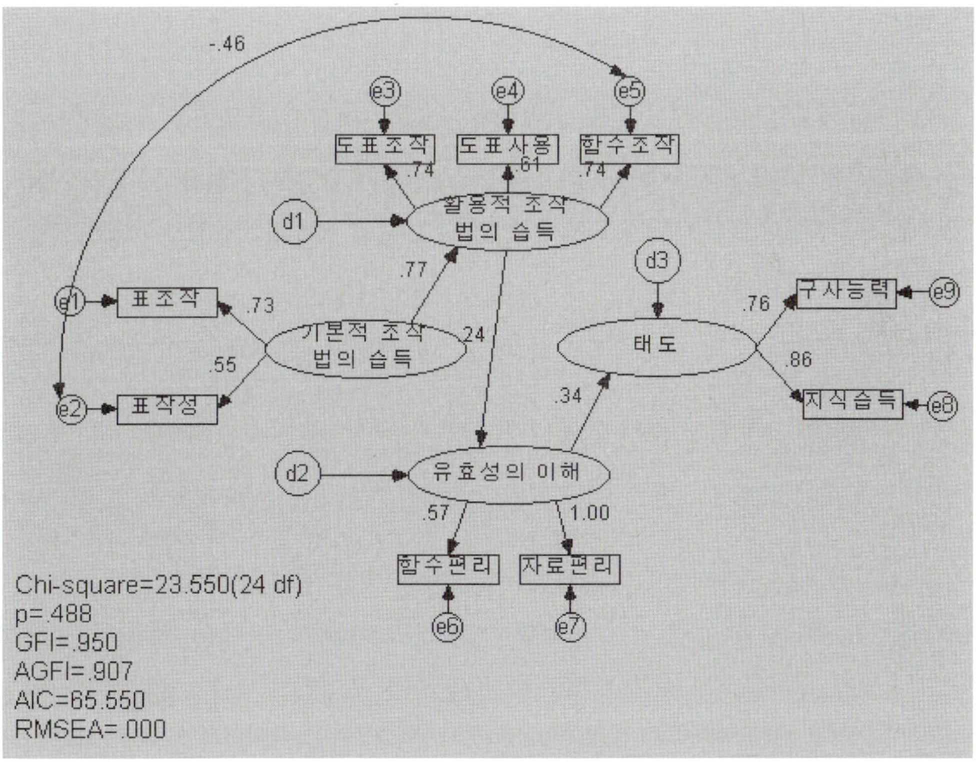

그림 14-6 수정 모델 I-5의 구조방정식모형분석 결과(표준화해)

수정 모델 I−5를 최종 모델로 하여 구조방정식모형분석을 실시한다. 이에 대한 분석결과는 <그림 14−6>과 같다. 오차항 e_5와 e_2 사이의 상관계수는 −0.46으로서 약한 음의 상관이 있음을 알 수 있다.

수정 모델 I−5의 구조방정식모형분석에 대한 출력결과 중 경로계수를 살펴보면 수정모델 I−5의 경로계수 중 '활용적 조작법의 습득'에서 '유효성의 이해'에 이르는 경로만 유의하지 않고(C.R.=1.925), 그 밖의 경로계수는 5% 수준에서 모두 유의함을 알 수 있다.

14.6 | 결론

지금까지 정보교육의 입문과정에 있어서 컴퓨터 초심자의 학습과정에 대하여, 모델을 작성하고 분석을 실시했다. 그 결과 '기본적 조작법의 습득' → '활용적 조작법의 습득' → '유효성의 이해' → '태도'라고 하는 학습과정을 나타내는 모델이 본 조사에서 이용한 데이터에 가장 적합하다는 것을 발견했다. 이 결과에 대해서 주로 잠재변수 간의 관련에 주목하여 고찰해 보기로 한다.

먼저 '기본적 조작법의 습득', '활용적 조작법의 습득', '유효성의 이해'의 3요소가 컴퓨터를 도구로서 적극적으로 사용하고자 하는 '태도'로 이어지고 있다고 말할 수 있다. 이러한 사실로부터 생각한다면, 컴퓨터의 입문과정에서는 단지 조작법을 가르치는 것뿐만 아니라 일상적인 구체적 활용도 포함시켜서, 조작법과 유효성에 대한 설명을 실시하여 이해시키는 것이 중요한 것이다. 가설에서 '기본적 조작법의 습득', '활용적 조작법의 습득', '유효성의 이해'의 3요소가 독립변수군이며 그것들이 종속변수인 '태도'를 결정하고 있다고 했는데, 이 생각은 지지되었다고 말할 수 있다. 그러나 본 연구에 이용한 표본 수는 90건에 지나지 않는다. 따라서 더 많은 표본을 이용해서 본 연구의 분석결과에 대한 추시(追試)를 할 필요가 있을 것이다.

그러나 수정 모델 I−5에서는 '활용적 조작법의 습득'에서 '유효성의 이해'로의 영향이 작다고 하는 문제가 발견되었다. 다시 말하면 '기본적 조작법의 습득'이나 '활용적 조작법의 습득'으로부터 '유효성의 이해'를 매개로 한 '태도'에의 영향이 아니라, '유효성의 이해'를 개재시키지 않고 '태도'에 대한 직접적인 영향을 상정한 쪽이 좋다고도 생각할 수 있다.

독립변수군의 요소 간 관계를 개별적으로 보면, '활용적 조작법의 습득'에는 '기본적 조작법의 습득'이 필요하다는 것을 시사하고 있다. 이것은 컴퓨터의 입문교육에 있어서 타이핑 등의 기본적인 사항이 고차적인 내용의 습득에 있어서 중요하다는 것을 새삼 보여 주고 있다. 그리고 '유효성의 이해'에 대한 '활용적 조작법의 습득'의 영향도 다소 인정된다. 이러한 사실은 컴퓨터의 유효성을 이해시키기 위해서는 지식을 부여할 뿐만 아니라 실제로 조작을 해본 경험도 그 이해의 요인이 될 수 있다는 것을 나타내고 있다고 할 수 있다.

그러나 본 연구에서 문제 삼은 실습은, 사용한 소프트웨어가 표계산 소프트웨어(Excel) 한 종류뿐이라고 하는 특수한 상황에서 실시되었다. 이 때문에 실습에서 문제 삼은 제재(題材)도 제한되어 있으며, 수강생의 컴퓨터에 대한 이해나 습숙(習熟)도 한쪽으로 치우쳐 있을 가능성은 부정할 수 없다. 복수의 소프트웨어를 이용한 교과과정에서의 초심자 교육의 경우에도, 본 연구에서 들었던 '기본적 조작법의 습득', '활용적 조작법의 습득', '유효성의 이해', '태도' 등 네 가지 요소의 분석이 적합한지 어떤지는 향후 검토를 요하는 과제이다. 또한 이번 분석에서는 각 잠재변수를 나타내는 관측변수가 적은 것으로 생각된다. 이런 의미에서도 복수의 소프트웨어에 의한 교과과정에서의 분석은 필요할 것이다. 혹은 더욱 상세히 질문항목을 설정해서 분석하는 것도 필요하다고 본다.

본래 구조방정식모형분석은 대표본을 분석하는 데 적합한 방법이다. 본 연구에서의 표본수는 90건으로 결코 대표본에는 이르지 못하고 있다. 따라서 현시점에서는, 여기에서 채택한 모델은 본 연구에서 이용한 데이터의 범위에서만 타당하다고 할 수 있다. 본 연구에서 채택하지 않았던 모델도 적합도는 결코 나쁘지 않고, 또 채택한 모델에는 인과(因果)의 영향이 낮은 부분이 인정된다. 본 연구에서 수용한 모델 이외의 것이 더 좋은 모델일 가능성도 충분하다. 따라서 본 연구에서 채택한 모델의 좋고 나쁨을 확인하려면 좀더 많은 데이터를 수집하여 추시(追試)해야 할 것이다.

CHAPTER

15

분석사례(3) 구조방정식모형분석에 의한 소집단활동 활성화 방안에 관한 연구

CHAPTER 15

분석사례(3) 구조방정식모형분석에 의한 소집단활동 활성화 방안에 관한 연구

15.1 | 서론

사기업뿐만 아니라 모든 조직의 중요한 사명 중 하나는 그 조직이 제공하는 제품 혹은 서비스를 통해서 사회에 공헌하는 것이다. 그것을 위한 모든 시책에는 최고경영자의 강력한 리더십이 필요하다는 것은 당연한데, 전계층의 참여 없이는 불가능하다는 것도 분명한 사실이다. 특히 직장 제일선에서 널리 실시되고 있는 소집단활동은 전원참가에 의한 조직활동으로서 매우 유효하다. 소집단활동, 특히 품질분임조활동의 활성화는 각박한 기업환경과 노동환경 속에서 기업의 존망과 관련된 중요한 사항이다. 그러한 의미에서 소집단활동을 어떻게 활성화시키느냐 하는 것은 조직의 사명을 달성하는 데 있어서 중요한 일이 아닐 수 없다.

본 연구에서는 각 기업의 소집단활동 부서장을 대상으로 실시한 설문조사를 통해서 소집단활동, 특히 품질분임조활동의 활성화를 위한 방안을 탐색하는 데 목적이 있다.

15.2 | 조사방법 및 기초적인 데이터 분석

품질분임조활동을 비롯한 소집단활동을 활성화하기 위한 방안을 강구하기 위해서는, 현재의 소집단활동이 어떠한 상태에 있는가를 명확히 파악할 필요가 있다. 그 방법으로서 분임조장이나 분임조원이 무엇을 고민하며 어떠한 지원을 기대하고 있는지를 알아보는 것도 하나의 유력한 방법일 것이다. 그러나 소집단활동이 적극적으로 실시되고 있느냐 어떠냐에 가장 큰 영향을 미치는 것은, 해당 부서의 장인 부장이나 과장 등의 직제가 소집단활동을 어떻게 평가하며 또한 어떻게 지원하고 있는가라고 하는 것이 중요한 요인이다. 이러한 관점에서 본 연구에서는 직제, 특히 부·과장 계층이 소집단활동을 어떻게 평가하며 어떻게 지원하고 있는가라고 하는 것을 밝히고, 소집단활동을 활성화시키기 위해서는 어떠한 점을 지원하면 좋을지를 탐색하고자 한다.

그래서 S사의 소집단활동 부서장을 대상으로 "부서장은 자사의 소집단활동에 무엇을 기대하며 어떠한 관점에서 소집단활동을 평가하고 지원하고 있는가?"라고 하는 조사내용에 대해서 신 QC 7가지 도구 중 하나인 친화도법을 이용하여 중요한 항목을 추출했다. 추출한 항목이 부서장의 관점과 일치하는지를 밝히기 위해서 소규모의 예비조사를 실시하고, 그 결과에 기초해서 최종 18개 항목으로 이루어진 설문조사 항목을 설정했다. 그 내용은 다음 <표 15－1>과 같다.

표 15-1 설문조사 항목

변수	조사항목	약칭
x_1	소집단활동 운영에 대한 고안	운영고안
x_2	소집단활동 발표회수	발표회수
x_3	이해력, 계통적인 사고방식	이해력
x_4	자주성·사기	자주성
x_5	회합참가율	회합참가
x_6	회합발언율	회합발언
x_7	교통사고의 감소	교통사고
x_8	직장의 5S 활동	오s활동
x_9	인간관계, 직장의 화합, 팀워크	인간관계
x_{10}	대화, 커뮤니케이션	대화
x_{11}	개선제안	개선제안
x_{12}	원가개선상황	원가개선
x_{13}	문제의식, 문제해결능력	문제의식
x_{14}	리더의 성장	리더성장
x_{15}	품질상황	품질상황
x_{16}	설비고장률	고장률
x_{17}	안전사고 발생	안전직장
x_{18}	테마의 해결	테마해결

위의 설문내용을 전국적으로 350개 기업의 소집단활동 부서장에게 배포하여, 각 항목에 대해서 5단계 평가를 하도록 했다. 유효한 설문지는 300매이며 이하 데이터 분석은 유효 설문지 300매를 대상으로 실시했다.

설문지 데이터를 분석할 때에는 설문조사 항목 그 자체보다도 그 배후에 있는 이론(가설) 구조의 해명에 관심이 있다. 이를 위해서 설문조사 항목과 잠재요인과의 관계를 정량적으로 평가하고, 모델을 구축하는 방법으로서 구조방정식모형분석이 매력적이다. 본 연구에서는 다음과 같은 절차에 따라서 데이터 분석을 실시했다.

1. 각 변수 간 상관분석(이변량 상관분석)
2. 잠재요인의 탐색(요인분석)
3. 잠재변수와 관측변수의 인과관계에 대한 모델화(구조방정식모형분석)
4. 최적 모델의 탐색

본 연구의 목적은 부서장이 소집단활동을 어떠한 관점에서 평가하고 있는가를 밝히고, 소집단활동을 활성화시키기 위해서는 어떠한 점을 지원하면 좋은지를 분명히 함과 동시에 양자(兩者)의 인과관계를 파악함으로써 소집단활동을 활성화하기 위한 방책을 탐색하는 데 있다. 그러기 위해서 양자의 군(群)에 속하는 항목 간의 인과관계를 조사하는 데 관심이 있다. 그러나 전술한 18개 항목에 대해서 직접적으로 구조방정식모형분석을 적용하는 것이 아니라, 각 설문조사 항목 군내에서의 잠재변수를 탐색적으로 추출하고 그 결과를 이용해서 구조방정식모형분석을 적용하기로 했다.

먼저 18개의 각 변수 간 상관분석을 실시하면 <표 15-2>와 같은 결과를 얻는다.

표 14-2 표본상관행렬($n=300$)

varname_	운영고안	발표회수	이해력	자주성	회합참가	회합발언	교통사고	오s활동	인간관계
운영고안	1.000	.	.	.	.	.	.	.	.
발표회수	.281	1.000	.	.	.	.	.	.	.
이해력	.240	.242	1.000	.	.	.	.	.	.
자주성	.242	.311	.801	1.000	.	.	.	.	.
회합참가	-.050	-.042	.351	.252	1.000	.	.	.	.
회합발언	.041	.130	.300	.253	.252	1.000	.	.	.
교통사고	-.231	.051	-.050	.012	.083	.122	1.000	.	.
오s활동	-.092	.011	.042	.152	-.022	.051	.282	1.000	.
인간관계	-.070	.142	.300	.321	.121	.272	.392	.322	1.000
대화	.022	.173	.273	.291	.142	.243	.292	.312	.723
개선제안	.130	.170	.542	.642	.092	.182	.123	.272	.312
원가개선	.121	.090	.290	.382	.070	.111	.080	.271	.333
문제의식	.210	.252	.772	.793	.241	.182	-.021	.122	.320
리더성장	.151	.200	.683	.732	.280	.292	.112	.202	.337
품질상황	-.032	-.033	.152	.200	.071	.210	.353	.421	.413
고장률	.043	.050	.220	.272	.141	.272	.221	.263	.122
안전직장	-.260	.130	-.033	.050	.072	.152	.581	.564	.373
테마해결	.092	.312	-.010	.142	.011	.183	.272	.183	.162

varname_	대화	개선제안	원가개선	문제의식	리더성장	품질상황	고장률	안전직장	테마해결
대화	1.000	.	.	.	.	.	.	.	.
개선제안	.262	1.000	.	.	.	.	.	.	.
원가개선	.313	.402	1.000	.	.	.	.	.	.
문제의식	.362	.573	.261	1.000	.	.	.	.	.
리더성장	.340	.662	.331	.711	1.000	.	.	.	.
품질상황	.374	.303	.362	.192	.262	1.000	.	.	.
고장률	.193	.301	.453	.232	.412	.472	1.000	.	.
안전직장	.383	.132	.172	.041	.183	.421	.291	1.000	.
테마해결	.312	.001	.221	.043	.091	.143	.234	.245	1.000

18개의 변수를 원인계의 변수와 결과계의 변수로 나눈 다음에, 각각 요인분석을 실시하면 <표 15−3>과 <표 15−4>와 같은 결과를 얻는다.

표 15-3 원인계의 요인분석 결과

항목	제1요인	제2요인	제3요인
운영고안(x_1)	0.343	−0.215	0.158
발표회수(x_2)	0.321	−0.532	0.057
이해력(x_3)	0.879	0.116	−0.064
자주성(x_4)	0.932	−0.075	0.056
회합참가(x_5)	0.332	0.312	−0.525
회합발언(x_6)	0.230	−0.119	−0.486
문제의식(x_{13})	0.897	0.045	0.213
리더성장(x_{14})	0.779	0.043	−0.075
테마해결(x_{18})	0.087	−0.674	−0.187

표 15−4 결과계의 요인분석 결과

항목	제1요인	제2요인	제3요인
교통사고(x_7)	0.545	0.215	0.057
오s활동(x_8)	0.378	0.542	−0.158
인간관계(x_9)	0.934	−0.216	0.074
대화(x_{10})	0.756	−0.175	−0.058
개선제안(x_{11})	0.343	−0.035	−0.426
원가개선(x_{12})	0.250	−0.019	−0.596
품질상황(x_{15})	0.628	0.146	−0.325
고장률(x_{16})	0.234	0.341	−0.675
안전직장(x_{17})	0.386	0.774	0.086

<표 15-3>으로부터 제1요인(능력향상), 제2요인(상사의 지원), 제3요인(전원참가)을 추출하고 <표 15-4>로부터 제1요인(밝은 직장), 제2요인(직장 사기), 제3요인(기업에의 공헌)을 추출할 수 있다. 이들 각각 3개 요인이 원인계와 결과계의 잠재변수가 된다.

15.3 구조방정식모형분석에 의한 해석

요인분석의 결과 원인계의 잠재변수로서 '능력향상', '상사의 지원', '전원참가'의 3요인이 추출되고, 결과계의 잠재변수로서 '밝은 직장', '직장사기', '기업에의 공헌'의 3요인이 추출되었다. 이들 6개의 요인 중에서 '상사의 지원'은 소집단활동을 활성화하는 데 있어서 필수요건이며, 나머지 5개 요인이 소집단활동의 활성화 정도에 대한 척도라고 하는 것은 주지의 사실이고 많은 기업에서도 이들 5개 척도를 이용한 레이더 차트 등에 의해서 소집단활동의 활성화 정도를 평가하고 있다. 그러나 이들 평가척도가 서로 어떠한 상관관계 혹은 인과관계를 갖고 있느냐 하는 것은 알 수 없기 때문에 소집단활동 활성화를 위한 유효한 지원방책 입안에 고심하고 있는 것이다.

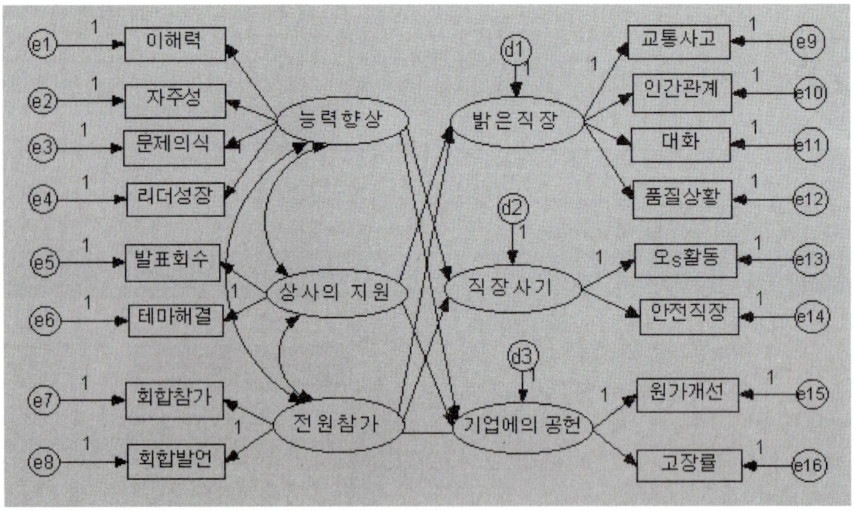

그림 15-1 모델 A

요인분석 결과 추출된 6개의 잠재변수와 관측변수 18개 중 요인으로 추출된 16개의 관측변수를 이용하여 경로도형을 그리면 <그림 15-1>과 같은 결과를 얻을 수 있다. 이것을 모델 A라고 부르기로 한다. 모델 A에 구조방정식모형분석을 적용하면 <그림 15-2>와 같은 결과를 얻는다.

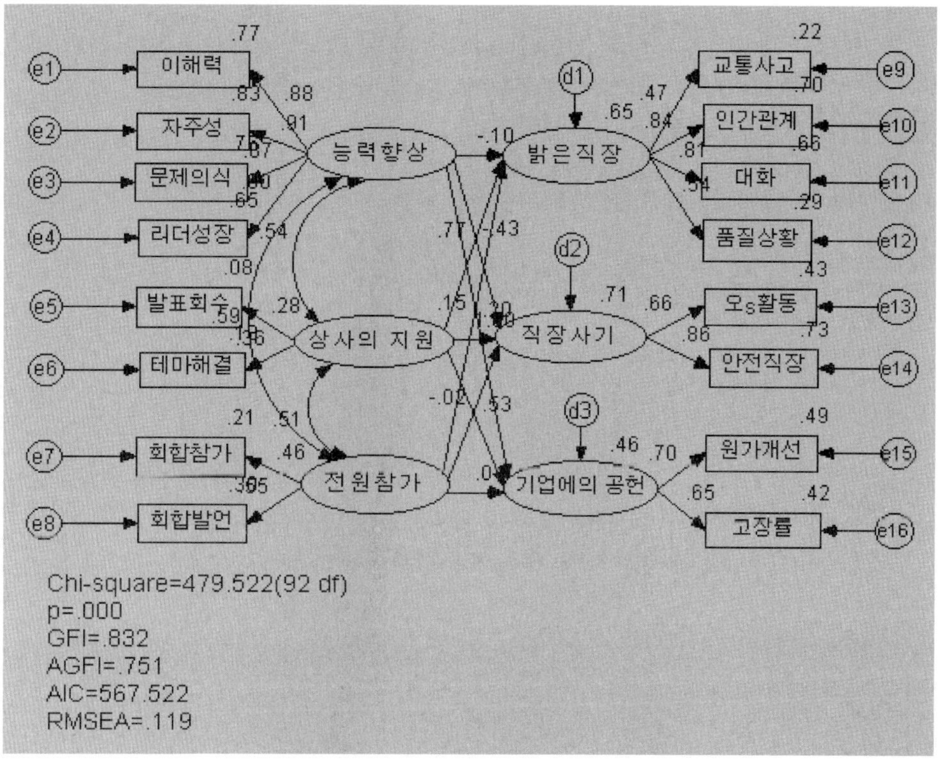

그림 15-2 모델 A의 분석결과(표준화해)

모델 A의 분석결과로부터 수정지표의 출력결과를 보면 e_9과 e_{14} 사이의 공분산을 인정하면 카이제곱 값이 55.060으로 가장 많이 감소하고 그 공분산 값은 0.081이 된다. 오차항 e_9과 e_{14}를 연결시킨 새로운 모델을 모델 B라고 부르기로 한다. 모델 B에 구조방정식모형분석을 적용하면 <그림 15-3>과 같은 결과를 얻는다.

모델 B의 분석결과로부터 수정지표의 출력결과를 보면 e_{12}와 e_{16} 사이의 공분산을 인정하면 카이제곱 값이 39.609로 가장 많이 감소하고 그 공분산 값은 0.103이 됨을 알 수 있다. 오차항 e_{12}와 e_{16}을 연결시킨 새로운 모델을 모델 C라고 부르기로 한다. 모델 C에 구조방정식모형분석을 적용하면 <그림 15-4>와 같은 결과를 얻는다.

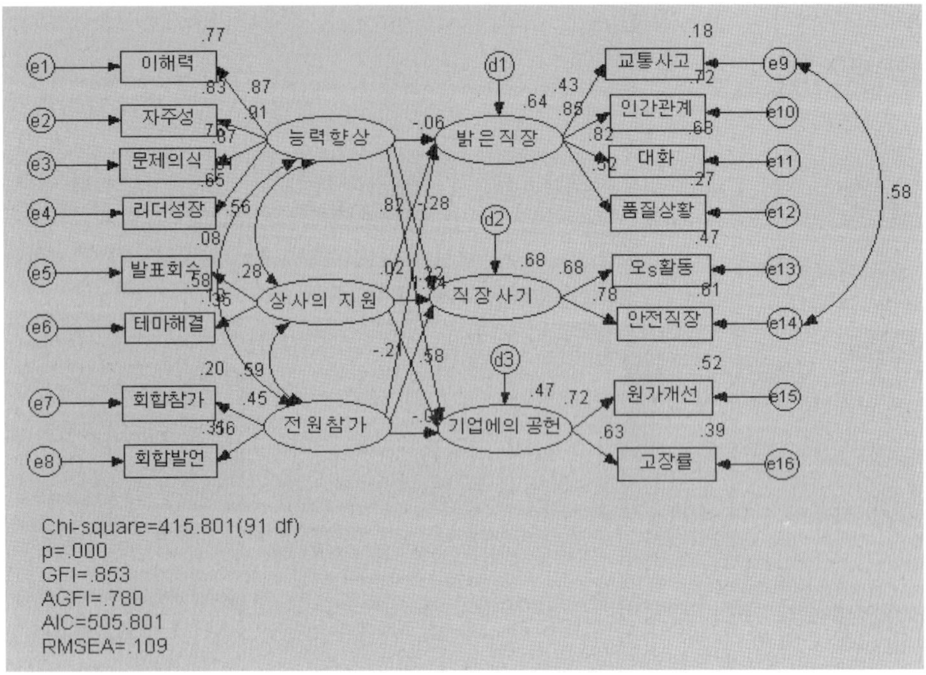

그림 15-3 모델 B의 분석결과(표준화해)

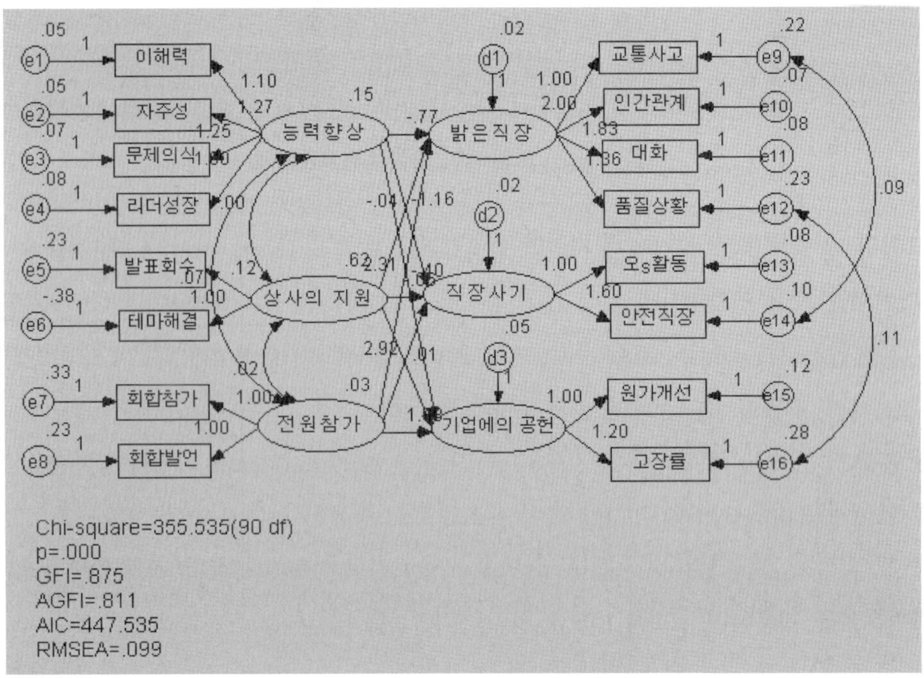

그림 15-4 모델 C의 분석결과(비표준화해)

모델 C의 분석결과 관측변수 '테마해결'의 오차인 e_6의 분산 추정치가 −0.384가 되었다. 이것은 헤이우드 케이스(Heywood Case)라고 불리는 것으로 부적해이다. 이것을 피하기 위해서 오차항 e_6의 분산을 0.1로 고정했다. 이렇게 수정한 모델을 모델 D라고 부르기로 한다. 모델 D에 구조방정식모형분석을 적용하면 <그림 15−5>와 같은 결과를 얻는다.

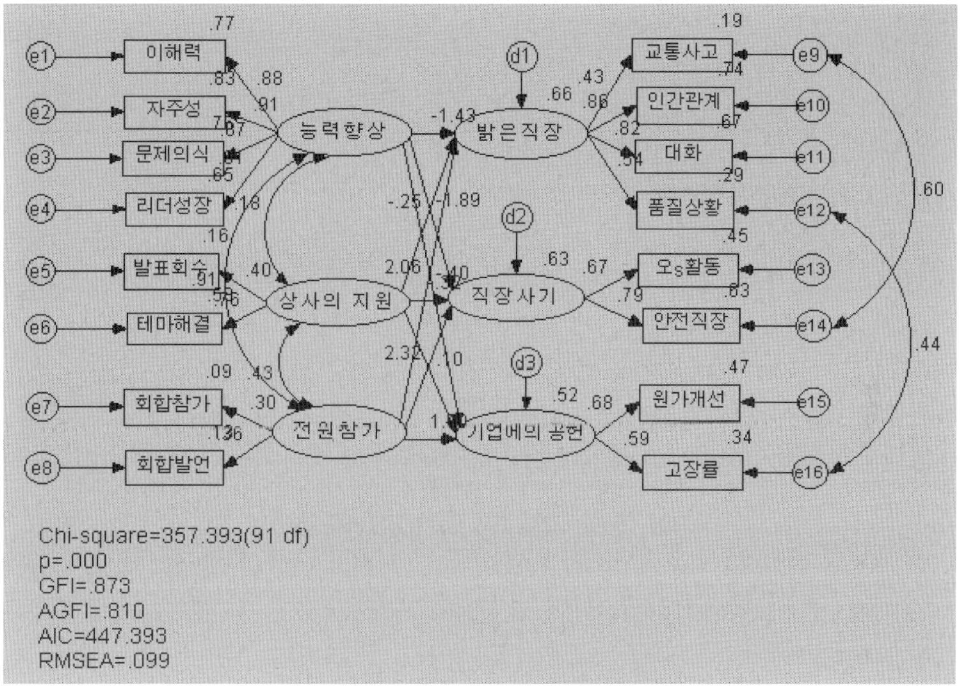

그림 15–5 모델 D의 분석결과(표준화해)

같은 가설이더라도 더 단순한 모델로 개념을 설명하고 싶은 경우에 Wald 검정을 이용한다. Amos(Analysis of Moment Structure)에서는 출력결과의 C.R. 난에 Wald 검정의 결과가 표시된다. 그 값이 표준정규분포의 양측 5% 이내, 즉 절대치가 1.96 이상이면 검정은 유의하게 된다. 모델 D의 분석결과 '상사의 지원'에서 '기업에의 공헌'으로 그은 경로의 C.R. 값이 0.420으로 그 절대치가 가장 작다. 그래서 이 경로를 삭제하고 분석을 실행한다. 그 결과 이번에는 '능력향상'에서 '기업에의 공헌'으로 그은 경로의 C.R. 값이 −1.254로 그 절대치가 가장 작다. 이 경로를 삭제하고 분석을 다시 실행한다. 유의하지 않은 경로가 없어질 때까지 이 작업을 계속해서 최종적으로 얻은 모형을 모델 E라 부르기로 한다. 모델 E에 구조방정식모형분석을 적용하면 <그림 15−6>과 같은 결과를 얻는다.

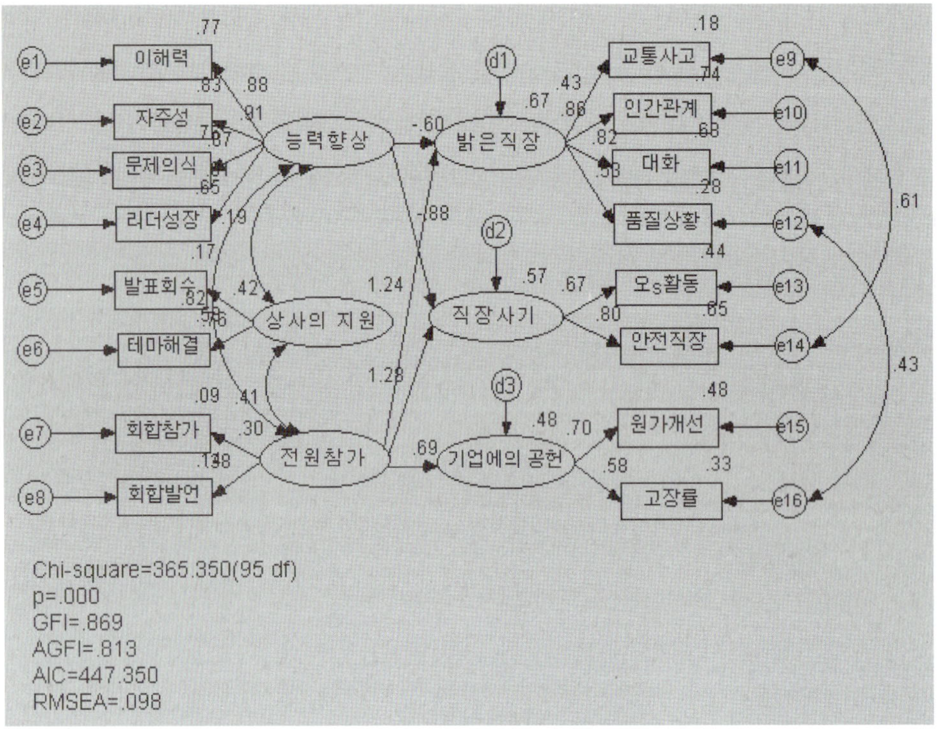

그림 15-6 모델 E의 분석결과(표준화해)

이상으로 5개의 모델에 대한 분석결과 각 모델의 적합도지표를 정리요약하면 다음의 <표 15-5>와 같다.

표 15-5 각 모델의 적합도지표

모델	카이제곱 검정			GFI	AGFI	AIC	RMSEA	비고
	카이제곱	자유도	유의확률					
A	479.522	92	0.000	0.832	0.751	567.522	0.119	
B	415.801	91	0.000	0.853	0.780	505.801	0.109	
C	355.535	90	0.000	0.875	0.811	447.535	0.099	부적합
D	357.393	91	0.000	0.873	0.810	447.393	0.099	
E	365.350	95	0.000	0.869	0.813	447.350	0.098	

카이제곱 검정에서 모든 모델의 유의확률이 0.000으로 0.05보다 작고 GFI, AGFI 값이 모두 0.9보다 작으므로 적합도는 그다지 좋다고는 볼 수 없다. 그러나 상대적으로 평가했을 때 모델 E가 가장 낫다는 것을 알 수 있다. 모델 E의 AGFI 값이 가장 크며 AIC 값은 가장

작다. 그리고 RMSEA 값도 가장 작으며 0.1보다는 작으므로 모델로서 채택이 가능한 것으로 판단된다.

15.4 | 결론

모델 E에 대한 구조방정식모형분석의 결과로부터 다음과 같은 사실을 알 수 있다.

첫째, '상사의 지원'이 '전원참가'의 기회를 부여하고, 각 개인의 '능력향상'을 위한 교육기회를 가져옴을 알 수 있다. '상사의 지원'이 직접적으로 '밝은 직장', '직장사기', '기업에의 공헌'을 초래하는 것이 아니고 '전원참가'와 '능력향상'을 통하여 이루어짐을 알 수 있다.

둘째, '전원참가'가 실현되면 각 개인의 '능력향상'을 위한 상호계발을 촉진하고 공통의 목표를 가짐으로써 '직장의 사기'를 향상시킨다. 그러면 자연히 커뮤니케이션이 활발해져서 인간관계가 좋아짐으로써 '밝은 직장'을 실현할 수 있다.

셋째, 특히 '전원참가'를 통하여 '기업에의 공헌'을 기대할 수 있게 된다.

본 연구의 결과를 활용함으로써 각 기업의 소집단활동 운영실태를 정량적으로 평가하는 지표로서도 이용할 수 있을 것이다.

CHAPTER

16

여러 가지 유형의 경로도형

CHAPTER 16 여러 가지 유형의 경로도형

16.1 | 상관

상관관계는 상호의 화살표(↔)로 표현한다. 경로도형에서 상관계수를 산출하면 다음과 같이 된다. 단, 이 그림에서는 유의하지 않은 상관도 경로로서 그려져 있다.

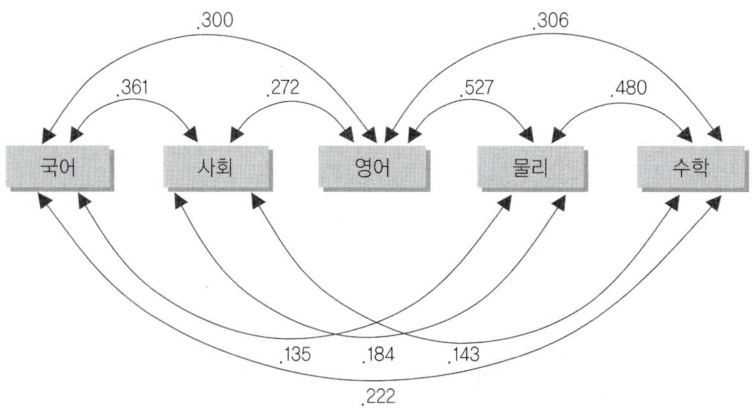

16.2 | 편상관

예를 들면, 신장과 체중을 10세에서 20세까지의 남녀를 조사하여 상관계수를 산출하면, 신장과 체중의 상관계수는 대단히 높게 된다. 그러나 그 상관관계에는 '연령'이 크게 영향을 미치고 있다.

이 예와 같이 제3의 변수를 제거한(통제했다고 한다) 상관계수를 편상관계수라고 한다. 경로도형에서 편상관계수를 표현하면, 다음의 그림과 같이 된다. 여기에서 편상관계수(ry1.2)는 신장(X1)과 체중(Y)에 영향을 미치는 연령(X2)으로는 설명할 수 없는, 오차(E1, E2) 간의 상관에 해당된다.

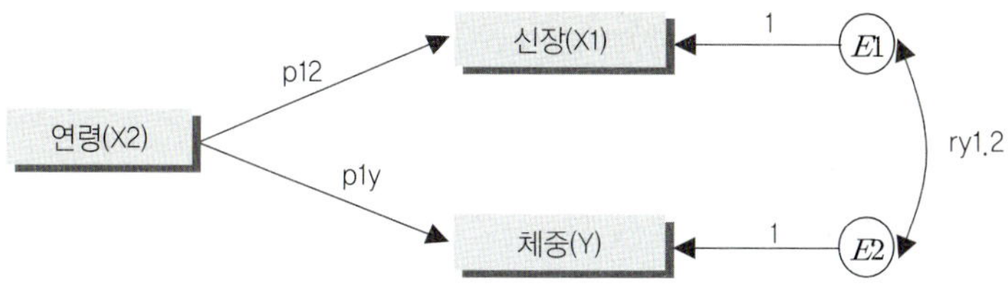

16.3 | 중회귀분석

중회귀분석은 복수의 독립변수(설명변수)가 하나의 종속변수(목적변수 또는 기준변수)에 영향을 미치는 모델(모두 양적 변수)이다. 중회귀분석을 경로도형으로 나타내면 다음과 같이 된다.

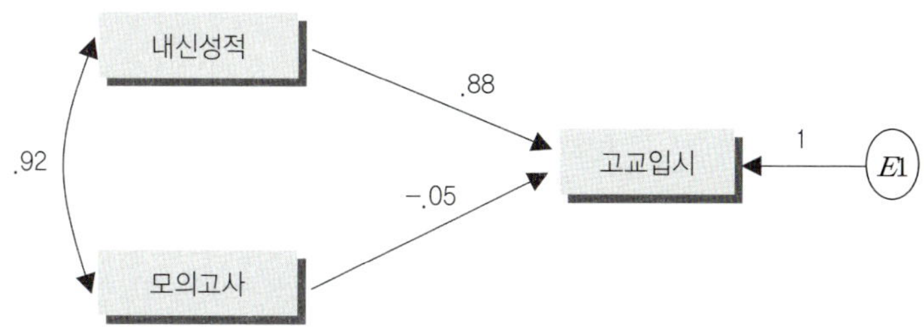

16.4 | 다변량회귀분석

다변량회귀분석은 복수의 독립변수(설명변수)로 복수의 종속변수(목적변수 또는 기준변수)를 예측하는 모델이다.

예를 들면, 중학생 시절의 내신성적·동기부여·교우관계 등이 고등학교 입학 후의 성적과

학교의 만족도에 영향을 미친다고 하는 가설을 세운 경우, 다음과 같은 경로도형을 그릴 수 있다.

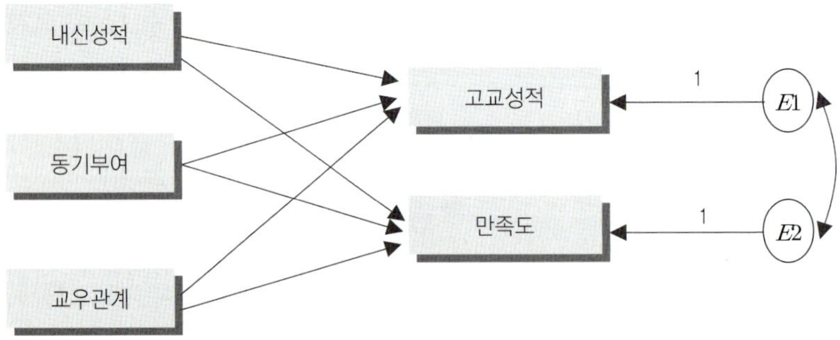

이와 같은 분석을 하고 싶은 경우에는 다음과 같은 방법이 있다.

① **중회귀분석을 반복한다**

- 종속변수마다 중회귀분석을 반복하여 얻어진 표준편회귀계수를 경로도형 안에 기입한다.
- 오차(E1, E2) 간의 상관은 독립변수(설명변수)를 통제한 편상관계수를 기입하면 된다.

② **구조방정식모형분석을 실시한다**

- Amos를 이용해서 모델을 구성하여 경로계수를 추정한다.
- 구조방정식모형분석을 쓸 수 있는 환경이면, 이쪽을 사용하는 편이 좋다.

16.5 | 계층적 회귀분석

[A]가 [B]에, [A] [B]가 [C]에 영향을 미친다고 하는 형태의 분석을 계층적 회귀분석이라고 한다.

예를 들면, 다음과 같은 경로도형이 이에 해당된다. 오차는 생략하고 있지만 결정계수 (R^2)가 기입되어 있으므로 계산은 가능하다.

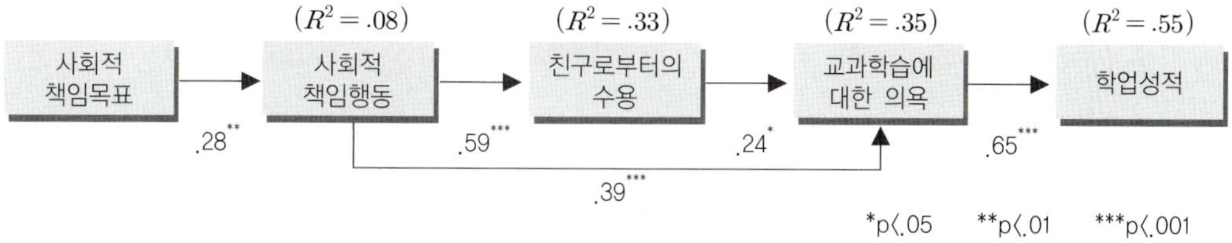

그림 16-1 사회적 책임목표가 학업달성에 미치는 영향 – 친구로부터의 수용을 매개로 한 동기부여 프로세스 – (결정계수(R^2)는 모두 $p < .001$; 유의하지 않은 경로는 생략)

이와 같은 분석을 하고 싶은 경우에는 다음과 같은 방법이 있다.

① **중회귀분석을 반복한다**

- 사회적 책임목표를 독립변수(설명변수), 사회적 책임행동을 종속변수(목적변수)로 한 회귀분석을 실시한다.
- 사회적 책임목표, 사회적 책임행동을 독립변수(설명변수), 친구로부터의 수용을 종속변수(목적변수)로 한 중회귀분석을 실시한다.
- 사회적 책임목표, 사회적 책임행동, 친구로부터의 수용을 독립변수(설명변수), 교과학습에 대한 의욕을 종속변수(목적변수)로 한 중회귀분석을 실시한다.
- 사회적 책임목표, 사회적 책임행동, 친구로부터의 수용, 교과학습에 대한 의욕을 독립변수(설명변수), 학업성적을 종속변수(목적변수)로 한 중회귀분석을 실시한다.
- 얻어진 표준편회귀계수(β)를 경로계수로 하여, 유의한 경로계수가 얻어진 부분을 화살표로 그린다.

② **구조방정식모형분석을 실시한다**

- Amos를 이용해서 모델을 구성하고 경로계수를 추정한다.
- 이 경우는 분석을 반복할 필요가 없다.

중회귀분석을 반복하는 기법은 탐색적인 기법이라고 할 수 있을 것이다.

16.6 | 주성분분석

주성분분석은 관측된 변수가 공유하는 정보를 합성변수로서 집약하는 기법이다. 주성분분석의 결과를 경로도형으로서 표현하면 다음과 같다.

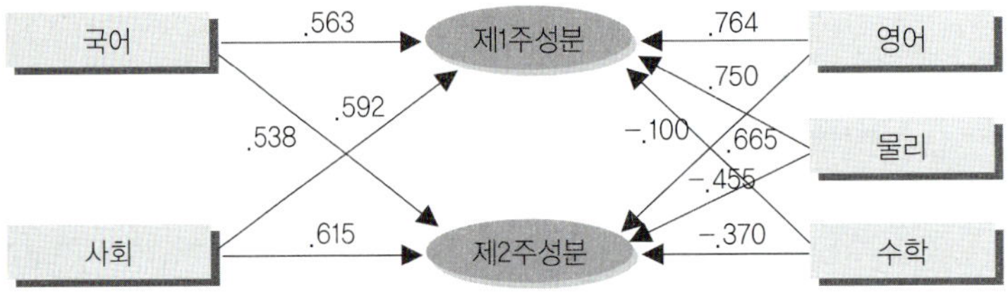

화살표의 방향은 측정된 변수로부터 주성분을 향한다. 주성분은 잠재적으로 가정되므로, 타원으로 그린다. 그림에서 알 수 있듯이 제1주성분은 5개 과목 전부로부터 큰 영향을 받고 있으므로 종합능력, 제2주성분은 국어와 사회가 플러스의, 물리와 수학이 마이너스의 영향을 미치고 있으므로 문과계와 이과계의 어느 쪽이 우위인가를 나타내고 있다고 생각된다.

16.7 | 탐색적 요인분석(직각회전)

요인분석(주축 요인추출법·베리멕스 회전)의 결과를 경로도형으로서 표현하면 다음과 같이 된다.

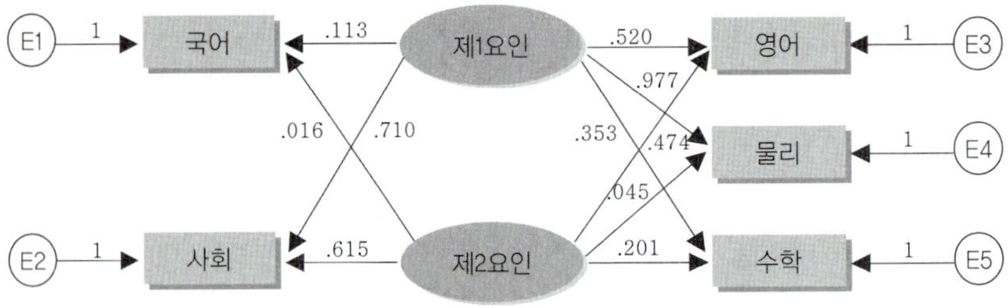

요인분석에서는 공통요인이 측정된 변수에 영향을 미치는 것을 가정하므로, 전술한 주성분분석의 경로도형과는 화살표의 방향이 거꾸로 된다. 제1요인은 물리나 수학, 영어에 플러스의 영향을 미치고, 제2요인은 국어나 사회, 영어에 플러스의 영향을 미치고 있다. 따라서 제1요인을 이과계 능력, 제2요인을 문과계 능력이라고 해석할 수 있다.

16.8 | 탐색적 요인분석(사각회전)

예를 들면, 자존심 척도의 요인분석(사각회전)을 경로도형으로서 표현하면 다음과 같이 된다

(계수는 생략했다).

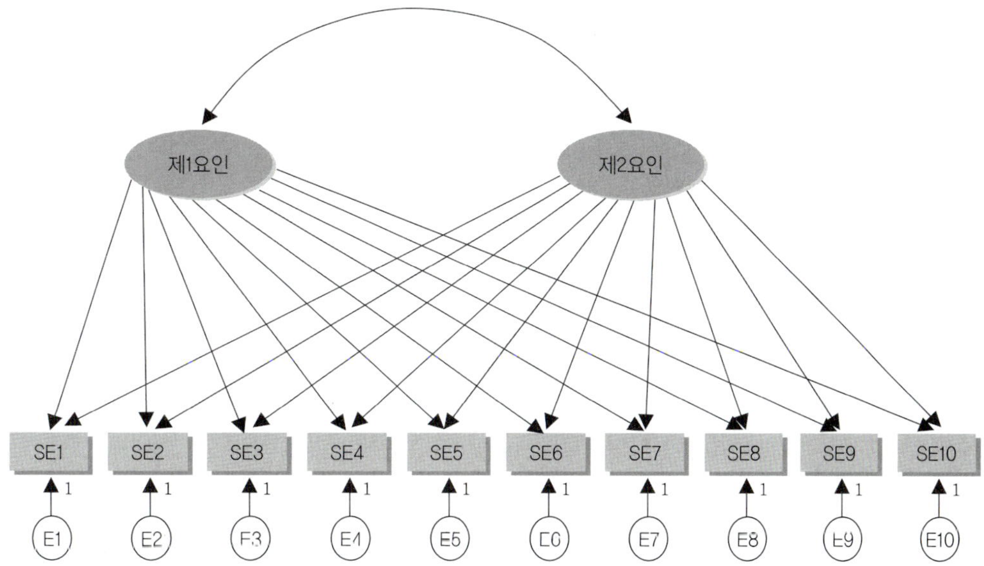

사각회전의 경우, 요인 간에 상관을 가정하므로 제1요인과 제2요인의 사이에 상호의 화살표를 넣는다. 직각회전의 경우는 요인 간에 상관을 가정하지 않으므로 상호의 화살표는 없다. 주성분분석의 경우에도 얻어진 주성분 간의 상관을 가정하지 않으므로 상호의 화살표는 없다.

16.9 | 검증적 요인분석(사각회전)

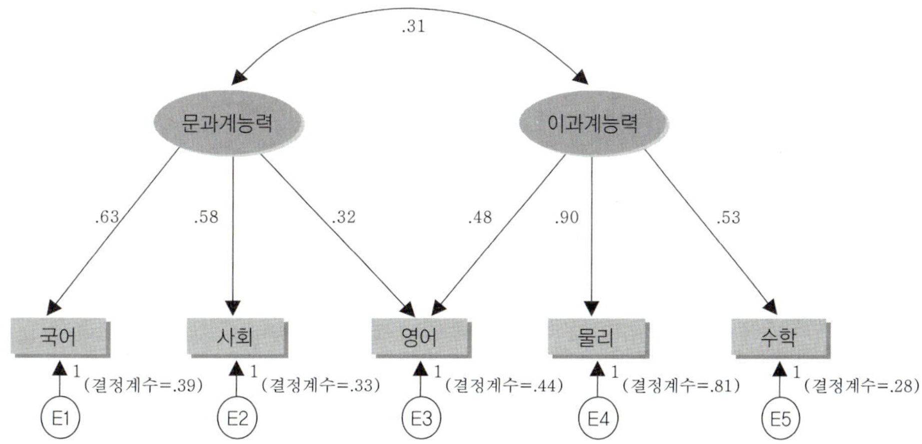

특별한 가설을 설정해서 분석을 실시하지 않는 경우는 탐색적 요인분석이라고 부른다. 한편, 연구자가 세운 요인의 가설을 설정하고, 그 가설에 의거한 모델에 데이터가 합치하는지 아닌지를 검토하는 기법을 검증적 요인분석(혹은 확인적 요인분석)이라고 부른다.

실제로 Amos를 이용해서 검증적 요인분석을 행한 결과를 경로도형으로 표시하면 위와 같이 된다.

탐색적 요인분석과는 달리 연구자가 설정한 가설의 부분에만 경로가 그어져 있는 점에 주목하기 바란다.

16.10 | 고차 요인분석

16.9절에서는 문과계능력과 이과계능력이라고 하는 두 개의 요인을 설정했는데, 이것들은 결국 학력의 종합능력이라고 하는 더 높은 고차의 요인으로부터 영향을 받는다고 가정하는 것도 가능하다. 이와 같이 복수의 요인을 정리하는 더 높은 고차의 요인을 설정한다고 하는 고차 요인분석을 실시하는 경우도 있다.

16.9절에서 이용했던 데이터를 다시 이용해서 고차 요인을 가정하고, 실제로 Amos에 의해서 분석한 결과를 경로도형으로 나타내면 다음과 같이 된다. 이 분석의 경우에 종합능력이라고 하는 2차 요인을 가정하고 있다.

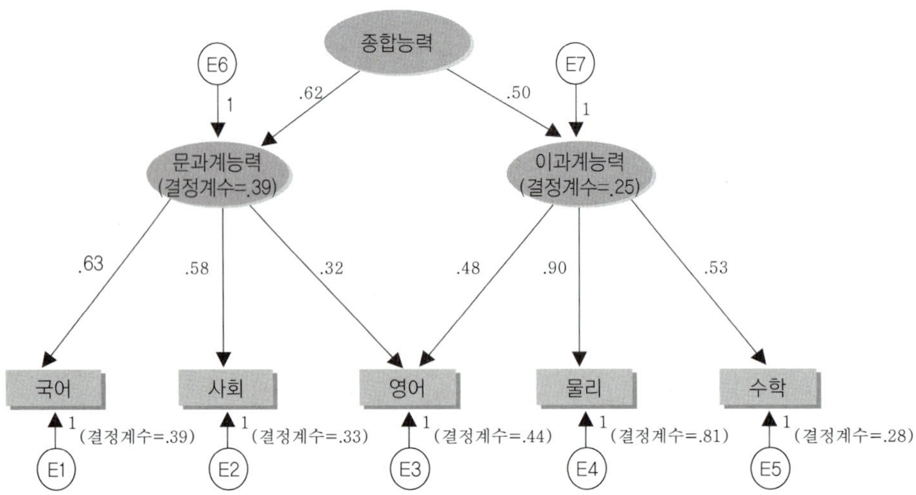

16.11 | 잠재변수 간의 인과관계

여기서 다시 한 번 잠재변수 간의 인과관계 분석 예를 경로도형으로 나타내 보자.

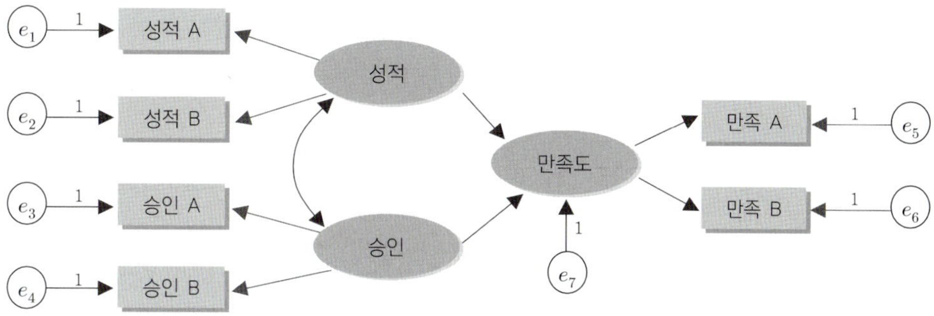

잠재변수 성적으로부터 관측변수 성적 A, 성적 B에 이르는 경로, 잠재변수 승인으로부터 관측변수 승인 A, 승인 B에 이르는 경로, 잠재변수 만족도로부터 관측변수 만족 A, 만족 B에 이르는 경로는 검증적 요인분석과 같다는 것을 알 수 있을 것이다.

잠재변수 성적과 승인 사이의 쌍방향 화살표는 상관관계와 같다는 것을 알 수 있다. 동시에 잠재변수 성적과 승인에만 주목하면, 이것은 사각회전에 의한 검증적 요인분석과 같다는 것을 알 수 있다.

잠재변수 성적, 승인으로부터 만족도에 이르는 경로는 중회귀분석과 같다는 것을 알 수 있을 것이다.

요컨대, 이 경로도형은 "관측변수와 잠재변수에서 검증적 요인분석을, 잠재변수 사이에서 중회귀분석을 표현하고 있다"라고 생각할 수 있다.

참고문헌

[국내문헌]

1. 강병서. 「인과분석을 위한 연구방법론」. 무역경영사, 1999.
2. 강병서·김계수. 「사회과학 통계분석」. 고려정보산업, 1998.
3. 김계수. "인터넷 포털 사이트의 서비스 품질 전략에 관한 연구". 한국경영학회, 제31권, 제1호, 2002. 2.
4. 김계수. 「AMOS 구조방정식 모형분석」. SPSS 아카데미, 2007.
5. 김소영·한상만·박세환. "웹사이트 평가 요인과 고객 방문행동의 관계에 관한 연구－STIVI 매트릭스를 이용한 고객세분화－", 경영학연구, 제31권 제2호, 2002. 4.
6. 노형진. 「Amos에 의한 공분산구조분석[원리편]」. 한올출판사, 2008.
7. 노형진. 「Amos에 의한 공분산구조분석[실천편]」. 한올출판사, 2008.
8. 노형진. 「SPSS를 활용한 조사방법 및 통계분석」. 학현사, 2010.
9. 노형진. 「EXCEL 및 SPSS를 활용한 다변량분석 원리와 실천」. 한올출판사, 2010.
10. 노형진. 「SPSS에 의한 다변량 데이터의 통계분석」. 도서출판 효산, 2007.
11. 노형진. 「SPSS에 의한 범주형 데이터 분석」. 도서출판 효산, 2007.
12. 이유재. "고객만족의 정의 및 측정에 관한 연구", 서울대 경영논집, 제29권 제1호, 1995. 6.
13. 정한열. "인터넷쇼핑몰의 품질요인 및 고객만족에 관한 연구", 경기대학교 대학원 박사학위논문, 2002.
14. 조광행·박봉규. "점포충성도에 대한 전환 장벽과 고객만족의 영향력에 관한 실증적 연구", 경영학연구, 제28권, 제1호, 1999.
15. 조현철. 「LISREL에 의한 구조방정식모델」. 도서출판 석정, 1999.
16. 최인규·허　준. 「구조방정식 모형과 경로분석」. SPSS 아카데미, 2000.
17. 허 준·최인규. 「AMOS를 이용한 구조방정식 모형과 경로분석」. 고려정보산업, 2000.

[일본문헌]

1. 奥野・芳賀・久米・吉澤.「多變量解析法」. 日科技連出版, 1971.
2. 小林龍一.「數量化入門」. 日科技連出版, 1981.
3. 林知己夫,「數量化の方法」. 東洋經濟新報社, 1974.
4. 林知己夫,「デ-タ解析の方法」. 東洋經濟新報社, 1974.
5. 柳井・高木 編者.「多變量解析ハンドブック」. 現代數學社, 1986.
6. 石村貞夫.「SPSSによる統計處理の手順」. 東京圖書, 1995.
7. 石村貞夫.「SPSSによる多變量データ解析の手順」. 東京圖書, 1998.
8. 石村貞夫.「SPSSによるカテゴリカルデータ分析の手順」. 東京圖書, 2001.
9. 山本嘉一郎・小野寺孝義.「Amosによる共分散構造分析と解析事例」. ナカニシヤ出版, 2000.
10. 山本嘉一朗・小野寺孝義 編著.「共分散構造分析と解析事例」. ナカニシヤ出版, 1999.
11. 豊田秀樹.「共分散構造分析(入門編)」. 朝倉書店, 1998.
12. 豊田秀樹.「共分散構造分析(事例編)」. 北大路書房, 1998.
13. 豊田秀樹.「共分散構造分析(技術編)」. 朝倉書店, 2003.
14. 豊田秀樹編著.「共分散構造分析(Amos編)」. 東京圖書, 2007.
15. 黑上晴夫.「情報基礎カリキュラムの開發研究, 水越敏行・佐伯 胖(編), 變わるメディアと 教育のありかた, ミネルヴァ書房, 1996.
16. 狩野 裕.「AMOS, EQS, LISRELによるグラフィカル多變量解析ー目で見る共分散構造分析ー」. 現代數學社, 1997.

[서양문헌]

1. Akaike, H. (1973). Information theory and an extension of the maximum likelihood principle. In Petrov, B. N. and Csaki, F.[Eds.], *Proceedings of the 2nd International Symposium Theory*. Budapest: Akademiai Kiado, 267~281.
2. Akaike, H. (1987). Factor analysis and AIC. *Psychometrika*, 52, 317~332.
3. Anderson, T. W. (1957). Maximun likelihood estimates for a multivariate normal distribution when some observations are missing. *Journal of the American Statistical Association*, 52. 200~203.
4. Anderson, T. W. (1984). *An introduction to multivariate statistical analysis*. New York: Wiley.

5. Arbuckle, J. L. (in preparation). Bootstrapping and model selection for analysis of moment structures.
6. Arbuckle, J. L. (1994a). Advantages of model-based analysis of missing data over pairwise deletion. Presented at the RMD Conference on Causal Modeling, West Lafayette, IN.
7. Arbuckle, J. L. (1994b). A permutation test for analysis of covariance structures. Presented at the annual meeting of the Psychometric Society, University of Illinois, Champaign, IL.
8. Arbuckle, J. L. (1996). Full information estimation in the presence of incomplete data. In G. A. Marcoulides and R.E. Schumacker [Eds.] *Advanced structural equation modeling*. Mahwah, New Jersey: Lawrence Erlbaum Associates.
9. Arbuckle J. L. and Wothke Werner. (1999). Amos 4.0 User's Guide. SmallWaters Corporation.
10. Attig, M. S. (1983). The processing of spatial information by adults. Presented at the annual meeting of The Gerontological Society. San Francisco.
11. Baker, J. The Role of the Environment in Marketing Services: *The Customer Perspective*. Chicago, AMA, 198.
12. Beale, E. M. L. and Little, R. J. A. (1975). Missing values in multivariate analysis. *Journal of the Royal Statistical Society Series B*, 37, 129~145.
13. Bentler, P. M. (1980). Multivariate analysis with latent variables: Causal modeling. *Annual Review of Psychology*, 31, 419~456.
14. Bentler, P. M. (1985). *Theory and Implementation of EQS: A Structural Equations Program*. Los Angeles: BMDP Statistical Software.
15. Bentler, P. M. (1990). Comparative fit indexes in structural models. *Psychological Bulletin*, 107, 238~246.
16. Bentler, P. M. and Bonett, D. G. (1980). Significance tests and goodness of fit in the analysis of covariance structures. *Psychological Bulletin*, 88, 588~606.
17. Bentler, P. M. and Chou, C. (1987). Practical issues in structural modeling. *Sociological Methods and Research*, 16, 78~117.
18. Bentler, P. M. and Freeman, E. H. (1983). Tests for stability in linear structural equation systems. *Psychometrika*, 48, 143~145.
19. Bentler, P. M. and Weeks, D. G. (1980). Linear structural equations with latent variables. *Psychometrika*, 45, 289~308.
20. Bentler, P. M. and Woodward, J. A. (1979). Nonexperimental evaluation research:

Contributions of causal modeling. In Datta, L. and Perloff, R. [Eds.], *Improving Evaluations*. Beverly Hills: Sage.

21. Bitner, Mary J. (1990). "Evaluation Service Encounters: The Effects of Physical Surroundings and Employee Response". *Journal of Marketing*. Vol. 54, April, 69~82.
22. Bollen, K. A. (1986). Sample size and Bentler and Bonett's nonnormed fit index. *Psychometrika*, 51, 375~377.
23. Bollen, K. A. (1987). Outliers and improper solutions: A confirmatory factor analysis example. *Sociological Methods and Research*, 15, 375~384.
24. Bollen, K. A. (1989a). *Structural equations with latent variables*. New York: Wiley.
25. Bollen, K. A. (1989b). A new incremental fit index for general structural equations models. *Sociological Methods and Research*, 17, 303~316.
26. Bollen, K. A. and Jörcskog, K. G. (1985). Uniqueness does not imply identification: A note on confirmatory factor analysis. *Sociological Methods and Research*, 14, 155~163.
27. Bollen, K. A. and Liang, J. (1988). Some properties of Hoelter's CN. *Sociological Methods and Research*, 16, 492~503.
28. Bollen, K. A. and Long, J.S. [Eds.] (1993). *Testing structural equation models*. Newbury Park, California: Sage.
29. Bollen, K. A. and Stine, R. A. (1992). Bootstrapping goodness-of-fit measures in structural equation models. *Sociological Methods and Research*, 21, 205~229.
30. Boomsma, A. (1987). The robustness of maximum likelihood estimation in structural equation models. In Cuttance, P. and Ecob, R. [Eds.] *Structural Modeling by Example: Applications in Educational, Sociological, and Behavioral Research*. Cambridge University Press, 160~188.
31. Botha, J. D., Shapiro, A. and Steiger, J. H. (1988). Uniform indices-of-fit for factor analysis models. *Multivariate Behavioral Research*, 23, 443~45.
32. Bozdogan, H. (1987). Model selection and Akaike's information criterion(AIC): The general theory and its analytical extensions. *Psychometrika*, 52, 345~370.
33. Brown, C. H. (1983). Asymptotic comparison of missing data procedures for estimating factor loadings. *Psychometrika*, 48(2), 269~291.
34. Brown, R. L. (1994). Efficacy of the indirect approach for estimating structural equation models with missing data: A comparison of five methods. *Structural*

Equation Modeling: A Multidisciplinary Journal, 1, 287~316.

35. Browne, M. W. (1982). Covariance structures. In Hawkins, D. M. [Ed.] *Topics in applied multivariate analysis*. Cambridge: Cambridge University Press, 72~141.
36. Browne, M. W. (1984). Asymptotically distribution-free methods for the analysis of covariance structures. *British Journal of Mathematical and Statistical Psychology*, 37, 62~83.
37. Browne, M. W. and Cudeck, R. (1989). Single sample cross-validation indices for covariance structures. *Multivariate Behavioral Research*, 24, 445~455.
38. Browne, M. W. and Cudeck, R. (1993). Alternative ways of assessing model fit. In Bollen, K.A. and Long, J.S. [Eds.] *Testing structural equation models*. Newbury Park, California: Sage, 136~162.
39. Borwne, M. W. and Mels, G. (1992). RAMONA User's Guide. The Ohio State University, Columbus, OH.
40. Byrne, B. M. (1989). *A primer of LISREL: Basic applications and programming for confirmatory factor analytic models*. New York: Springer-Verlag.
41. Carmines, E. G. and McIver, J. P. (1981). Analyzing models with unobserved variables. In Bohrnstedt, G. W. and Borgatta, E. F. [Eds.] *Social measurement: Current issues*. Beverly Hills: Sage.
42. Carman, J. M. (1991). "Consumer Perceptions of Service Quality: An Assessment of The SERVQUAL Dimensions," *Journal of Retailing*, Vol. 66, Spring, 33~55.
43. Cliff, N. (1973). Scaling. *Annual Review of Psychology*, 24, 473~506.
44. Cliff, N. (1983). Some cautions concerning the application of causal modeling methods. *Multivariate Behavioral Research*, 18, 115~126.
45. Cochran, W. G. (1952). The χ^2 test of goodness of fit. Annals of Mathematical Statistics, 23, 315~345.
46. Cook, T. D. and Campbell, D. T. (1979). *Quasi-experimentation: Design and analysis issues for field settings*. Chicago: Rand McNally.
47. Cronin Jr., J. J. & S. A. Taylor. (1992). "Measuring Service Quality: A Reexamination and Extension," *Journal of Marketing*, Vol. 56, July, 55~68.
48. Cudeck, R. and Browne. M. W. (1983). Cross-validation of covariance structures. *Multivariate Behavioral Research*, 18, 147~167.
49. Davis, W. R. (1993). The FC1 rule of identification for confirmatory factor analysis: A general sufficient condition. *Sociological Methods and Research*, 21, 403~437.

50. Diaconis, P. and Efron, B. (1993). Computer-intensive methods in statistics. *Scientific American*, 248(5), 116~130.

51. Dolker, M., Halperin, S. and Divgi, D. R. (1982). Problems with bootstrapping Pearson correlations in very small samples. *Psychometrika*, 47, 529~530.

52. Draper, N. R. and Smith, H. (1981). *Applied regression analysis*. (2nd Ed.) New York: Wiley.

53. Edington, E. S. (1987). *Randomization Tests* (Second edition). New York: Marcel Dekker.

54. Efron, B. (1979). Boostrap methods: Another look at the jackknife. *Annals of Statistics*, 7, 1~26.

55. Efron, B. (1982). *The jackknife, the bootstrap and other resampling plans*. (SIAM Monograph #38) Philadelphia: Society for Industrial and Applied Mathemathics.

56. Efron, B. (1987). Better bootstrap confidence intervals. *Journal of the American Statistical Association*, 82, 171~185.

57. Efron, B. and Gong, G. (1983). A leisurely look at the bootstrap, the jackknife, and cross-validation. *American Statistician*, 37, 36~48.

58. Efron, B. and Hinkley, D. F. (1978). Assessing the accuracy of the maximum likelihood estimator: Observed versus expected Fisher information. *Biometrika*, 65, 457~87.

59. Efron, B. and Tibshirani, R. J. (1993). *A introduction to the bootstrap*. New York: Chapman and Hall.

60. Evans, P. & T. S. Wurster. (1999). "Getting Real about Virtual Commerce," *Harvard Business Review*, Vol. 77, No. 6, Nov., 85~94.

61. Felson, R. B. and Bohrnstedt, G. W. (1979). "Are the good beautiful or the beautiful good?" The relationship between children's perceptions of ability and perceptions of physical attractiveness. *Social Psychology Quarterly*, 42, 386~392.

62. Fox, J. (1980). Effect analysis in structural equation models. *Sociological Methods and Research*, 9, 3~28.

63. Gabarino, E. & M. S. Johnson. (1999). "The Different Roles of Satisfaction, Trust, and Commitment in Customer Relationships," *Journal of Marketing*, Vol. 63, April, 70~87.

64. Graham, J. W., Hofer, S. M., Donaldson, S.I. Mackinnon, D.P. and Schafer, J.L. (1997). Analysis with missing data in prevention research. In K. Bryant, M. Windle and S. West[Eds.] *The science of prevention: Methodological advances from*

alcohol and substance abuse research. Washington, DC: American Psychological Association.

65. Graham, J. W., Hofer, S. M. and MacKinnon, D. P. (1996). Maximizing the usefulness of data obtained with planned missing value patterns: An application of maximum likelihood procedures. *Multivariate Behavioral Research*, 31, 197~218.
66. Gulliksen, H. and Tukey, J. W. (1958). Reliability for the law of comparative judgment. *Psychometrika*, 23, 95~110.
67. Hamilton, L. C. (1990). *Statistics with Stata*. Pacific Grove, California: Brooks/Cole.
68. Hayduk, L. A. *Structural equation modeling with LISRE*L. (1987). Baltimore: Johns Hopkins University Press.
69. Hoelter, J. W. (1983). The analysis of covariance structures : Goodness-of-fit indices. *Sociological Methods and Research*, 11, 325~344.
70. Hoffman, D. L. & T. P. Novak. (2000). "Measuring the Customer Experience in Online Environments : A Structural Modeling Approach", *Marketing Science*, Vol. 19, No. 1, 22~42.
71. Holzinger, K. J. and Swineford, F. A. (1939). A study in factor analysis: The stability of a bi- factor solution. *Supplementary Educational Monographs*, No. 48. Chicago: University of Chicago, Dept. of Education.
72. Hubert, L. J. and Golledge, R. G. (1981). A heuristic method for the comparison of related structures. *Journal of Mathematical Psychology*, 23, 214~226.
73. Huitema, B. E. (1980). *The analysis of covariance and alternatives*. New York: Wiley.
74. James, L. R., Mulaik, S. A. and Brett, J. M. (1982). *Causal analysis: Assumptions, models and data*. Beverly Hills: Sage.
75. Jöreskog, K. G. (1967). Some contributions to maximum likelihood factor analysis. *Psychometrika*, 32, 443~482.
76. Jöreskog, K. G. (1969). A general approach to confirmatory maximum likelihood factor analysis. *Psychometrika*, 34, 183~202.
77. Jöreskog, K. G. (1971). Simultaneous factor analysis in several populations. *Psychometrika*, 36, 409~426.
78. Jöreskog, K. G. (1979). A general approach to confirmatory maximum likelihood factor analysis with addendum. In Jöreskog, K.G. & Sörbom, D. [Eds.] *Advances in factor analysis and structural equation models*. Cambridge, MA: Abt Books,

21~43.
79. Jöreskog, K. G. & Sörbom, D. (1984). *LISREL-VI user's guide*(3rd ed.). Mooresville, IN: Scientific Software.
80. Jöreskog, K. G. & Sörbom, D. (1989). *LISREL-7 user's reference guide*. Mooresville, IN: Scientific Software.
81. Kaplan, D. (1989). Model modification in covariance structure analysis: Application of the expected parameter change statistic. *Multivariate Behavioral Research*, 24, 285~305.
82. Kendall, M. G. and Stuart, A. (1973). *The advanced theory of statistics*. (vol. 2nd, 3rd edition). New York: Hafner.
83. Kullback, S. and Leibler, R. A. (1951). On information and sufficiency. *Annals of Mathematical Statistics*, 22, 79~86.
84. Lee, S. and Hershberger, S. (1990). A simple rule for generating equivalent models in covariance structure modeling. *Multivariate Behavioral Research*, 25, 313~334.
85. Lehtinen, U. and J. R. Lehtinen. (1991). "Two Approaches to Service Quality Dimensions," *The Service Industries Journal*, Vol. 11, No. 3, 287~303.
86. Linhart, H. and Zucchini, W. (1986). *Model selection*. New York: Wiley.
87. Little, R. J. A. and Rubin, D. B. (1987). *Statistical analysis with missing data*. New York: Wiley.
88. Little, R. J. A. and Rubin, D. B. (1989). The analysis of social science data with missing values. *Sociological Methods and Research*, 18, 292~326.
89. Little, R. J. A. and Schenker, N. (1995). Missing data. In G. Arminger, C.C. Clogg and M.E. Sobel [Eds.] *Handbook of statistical modeling for the social and behavioral sciences*. New York: Plenum.
90. Loehlin, J. C. (1992). *Latent variable models: An introduction to factor, path, and structural analysis* (2nd edition). Mahwah, New Jersey: Lawrence Erlbaum Associates.
91. Lord, F. M. (1955). Estimation of parameters from incomplete data. *Journal of the American Statistical Association*, 50, 870~876.
92. MacCallum, R. C. (1986). Specification searches in covariance structure modeling. *Psychological Bulletin*, 100, 107~120.
93. MacCallum, R. C. (1990). The need for alternative measures of fit in covariance structure modeling. *Multivariate Behavioral Research*, 25, 157~162.
94. MacCallum, R. C., Roznowski, M. and Necowitz, L. B. (1992). Model

modifications in covariance structure analysis: The problem of capitalization on chance. *Psychological Bulletin*, 111, 490~504.

95. MacCallum, R. C., Wegener, D. T., Uchino, B. N. and Fabrigar, L. R. (1993). The problem of equivalent models in applications of covariance structure analysis. *Psychological Bulletin*, 114, 185~199.
96. Manly, B. F. J. (1991). *Randomization and Monte Carlo Methods in Biology*. London: Chapman and Hall.
97. Mantel, N. (1967). The detection of disease clustering and a generalized regression approach. *Cancer Research*, 27, 209~220.
98. Mantel, N. and Valand, R. S. (1970). A technique of nonparametric multivariate analysis. *Biometrics*, 26, 47~558.
99. Mardia, K. V. (1970). Measures of multivariate skewness and kurtosis with applications. *Biometrika*, 57, 519~530.
100. Mardia, K. V. (1974). Applications of some measures of multivariate skewness and kurtosis in testing normality and robustness studies. *Sankhya*, Series B, 36, 115~128.
101. Marsh, H. W. and Hocevar, D. (1985). Application of confirmatory factor analysis to the study of self-concept: First-and higher-order factor models and their invariance across groups. *Psychological Bulletin*, 97, 562~582.
102. Matthai, A. (1951). Estimation of parameters from incomplete data with application to design of sample surveys. *Sankhya*, 11, 145~152.
103. McArdle, J. J. and Aber, M. S. (1990). Patterns of change within latent variable structural equation models. In A. von Eye [Ed.] *Statistical methods in longitudinal research, Volume I : Principles and structuring change*. New York: Academic Press, 151~224.
104. McDonald, R. P. (1978). A simple comprehensive model for the analysis of covariance structures. *British Journal of Mathematical and Statistical Psychology*, 31, 59~72.
105. McDonald, R. P. (1982). A note on the investigation of local and global identifiability. *Psychometrika*, 47, 101~103.
106. McDonald, R. P. (1989). An index of goodness-of-fit based on noncentrality. *Journal of Classification*, 6, 97~103.
107. McDonald, R. P. and Krane, W. R. (1977). A note on local identifiability and degree of freedom in the asymptotic likelihood ratio test. *British Journal of*

Mathematical and Statistical Psychology, 30, 198~203.

108. McDonald, R. P. and Marsh, H. W. (1990). Choosing a multivariate model: Noncentrality and goodness of fit. *Psychological Bulletin*, 107, 247~255.
109. McDonald, R. P. and Krane, W. R. (1979). A Monte-Carlo study of local identifiability and degrees of freedom in the asymptotic likelihood ratio test. *British Journal of Mathematical and Statistical Psychology*, 32, 121~132.
110. Mulaik, S. A. (1990). An analysis of the conditions under which the estimation of parameters inflates goodness of fit indices as measures of model validity. Paper presented at the Annual Meeting, Psychometric Society, *Princeton, New Jersey*, June 28~30, 1990.
111. Mulaik, S. A., James, L. R., Van Alstine, J., Bennett, N., Lind, S. and Stilwell, C.D. (1989). Evaluation of goodness-of-fit indices for structural equation models. *Psychological Bulletin*, 105, 430~445.
112. Muthen, B., Kaplan, D., and Hollis, M. (1987) On structural equation modeling with data that are not missing completely at random. *Psychometrika*, 52, 431~462.
113. Olsson, S. (1973). *An experimental study of the effects of training on test scores and factor structure*. Uppsala, Sweden: University of Uppsala, Department of Education.
114. Parasuraman, A., V. A. Zeithaml, L. L. Berry. (1985). "A Conceptual Model of Service Quality and Its Implications for Future Research," *Journal of Marketing*, Vol. 49, Fall, 41~50.
115. Raftery, A. E. (1993). Bayesian model selection in structural equation models. In Bollen, K.A. and Long, J. S. [Eds.] *Testing structural equation models*. Newbury Park. California: Sage, 163~180.
116. Reichheld, F. F., P. Schefter. (2000). "E-Loyalty", *Harvard Business Review*, Vol. 78, No. 4, Jul, 105~113.
117. Rigdon, E. E. (1994a). Calculating degrees of freedom for a structural equation model *Structural Equation Modeling*, 1, 274~278.
118. Rigdon, E. E. (1994b). Demonstrating the effects of unmodeled random measurement error. *Structural Equation Modeling*, 1, 375~380.
119. Rock, D. A., Werts, C. E., Linn, R. L. and Jöreskog, K. G. (1977). A maximum likelihood solution to the errors in variables and errors in equations model. *Journal of Multivariate Behavioral Research*, 12, 187~197.
120. Rubin, D. E. (1976). Inference and missing data. *Biometrika*, 63, 581~592.

121. Rubin, D. E. (1987). *Multiple imputation for nonresponse in surveys*. New York: Wiley

122. Runyon, R. P. and Haber, A. (1980). *Fundamentals of behavioral statistics*, 4th ed. Reading, Mass.: Addison-Wesley.

123. Saris, W. E., Satorra, A. and Sörbom, D. (1987). The detection and correction of specification errors in structural equation models. In Clogg, C.C. [Ed.]. *Sociological methodology* 1987. San Francisco: Jossey-Bass.

124. Schafer, J. L. (1997). *Analysis of incomplete multivariate data*. London, UK: Chapman and Hall.

125. Schwarz, G. (1978). Estimating the dimension of a model. *The Annals of Statistics*, 6, 461~464.

126. Sobel, M. E. and Bohrnstedt, G.W. (1985). Use of null models in evaluating the fit of covariance structure models. In Tuma, N.B. [Ed.] *Sociological methodology* 1985. San Francisco: Jossey-Bass, 152~178.

127. Sörbom, D. (1974). A general method for studying differences in factor means and factor structure between groups. *British Journal of Mathematical and Statistical Psychology*, 27, 229~239.

128. Sörbom, D. (1978). An alternative to the methodology for analysis of covariance. *Psychometrika*, 43, 381~396.

129. Steiger, J. H. (1989). *EzPATH: Causal modeling*. Evanston, IL: Systat.

130. Steiger, J. H. (1990). Structural model evaluation and modification: An interval estimation approach. *Multivariate Behavioral Research*, 25, 173~180.

131. Steiger, J. H., Shapiro, A. and Browne, M. W. (1985). On the multivariate asymptotic distribution of sequential chi-square statistics. *Psychometrika*, 50, 253~263.

132. Stelzl, I. (1986). Changing a causal hypothesis without changing the fit: Some rules for generating equivalent path models. *Multivariate Behavioral Research*, 21, 309~331.

133. Stine, R. A. (1989). An introduction to bootstrap methods: Examples and ideas. *Sociological Methods and Research*, 18, 243~291.

134. Swain, A. J. (1975). *Analysis of parametric structures for variance matrices*. Unpublished Ph.D. thesis, University of Adelaide.

135. Tanaka, J. S. and Huba, G. J. (1985). A fit index for covariance structure models under arbitrary GLS estimation. *British Journal of Mathematical and Statistical*

Psychology, 38, 197~201.

136. Tanaka, J. S. and Huba, G. J. (1989). A general coefficient of determination for covariance structure models under arbitrary GLS estimation. *British Journal of Mathematical and Statistical Psychology*, 42, 233~239.

137. Tucker, L. R. and Lewis, C. (1973). A reliability coefficient for maximum likelihood factor analysis. *Psychometrika*, 38, 1~10.

138. Verleye, G. (1996). *Missing at random data problems in attitude measurements using maximum likelihood structural equation modeling*. Unpublished dissertation. Frije Universiteit Brussels, Department of Psychology.

139. Warren. R. D., White, J. K. and Fuller, W. A. (1974). An errors-in-variables analysis of managerial role performance. *Journal of the American Statistical Association*, 69, 886~893.

140. Wheaton, B. (1987). Assessment of fit in overidentified models with latent variables. *Sociological Methods and Research*, 16, 118~154.

141. Wheaton, B., Muthen, B., Alwin, D. F. and Summers, G.F. (1977). Assessing reliability and stability in panel models. In Heise, D. R. [Ed.] *Sociological methodology* 1977. San Francisco: Jossey-Bass, 84~136.

142. Wichman, B. A. and Hill, I. D. (1982). An efficient and portable pseudo-random number generator. Algorithm AS 183. Applied Statistics, 31, 188~190.

143. Winer, B. J. (1971). *Statistical principles in experimental design.* New York: McGraw-Hill.

144. Wothke, W. (1993). Nonpositive definite matrices in structural modeling. In Bollen, K.A. and Long, J.S. [Eds.], *Testing structural equation models* (pp. 256~293). Newbury Park, California: Sage.

145. Wothke, W. (1999). Longitudinal and multi-group modeling with missing data. In T.D. Little, K.U. Schnabel and J. Baumert [Eds.] *Modeling longitudinal and multiple group data: Practical issues, applied approaches and specific examples.* Mahwah, New Jersey: Lawrence Erlbaum Associates.

찾아보기

저/자/소/개

노형진

- 서울대학교 공과대학 졸업(공학사)
- 고려대학교 대학원 수료(경영학박사)
- 일본 쓰쿠바대학 대학원 수료(경영공학 박사과정)
- 일본 문부성 통계수리연구소 객원연구원
- 일본 동경대학 사회과학연구소 객원교수
- 러시아 극동대학교 한국학대학 교환교수
- 중국 중국해양대학 관리학원 객좌교수
- 국방과학연구소 연구원 역임
- 현재, 경기대학교 경상대학 경영학과 교수
  전공, 품질경영·기술경영·다변량분석(조사방법 및 통계분석)
- 중소기업청 Single-PPM 심의위원
- 대한상공회의소 심사위원·지도위원
- Single-PPM 품질경영연구회 회장
- 한국제안활동협회 회장
- 한중전략경영연구소 이사장

▸ 주요저서

- EXCEL을 활용한 앙케트 조사 및 분석(학현사)
- SPSS를 활용한 조사방법 및 통계분석(학현사)
- SPSS/Excel을 활용한 알기쉬운 시계열분석(학현사)
- SPSS를 활용한 일반선형모형 및 일반화선형혼합모형(학현사)
- SPSS 및 Amos를 활용한 구조방정식모형분석-원리편-(지필미디어)
- SPSS를 활용한 비모수통계분석 및 대응분석(지필미디어)
- SPSS를 활용한 분할표의 분석 및 분산분석(지필미디어)
- SPSS를 활용한 앙케트의 통계분석(지필미디어)
- EXCEL에 의한 경영과학(한올출판사)
- SPSS에 의한 다변량분석 기초에서 응용까지(한올출판사)
- Excel 및 SPSS를 활용한 다변량분석 원리와 실천(한올출판사)

e-mail: hjno@kyonggi.ac.kr

저/자/소/개

노형진

- 서울대학교 공과대학 졸업(공학사)
- 고려대학교 대학원 수료(경영학박사)
- 일본 쓰쿠바대학 대학원 수료(경영공학 박사과정)
- 일본 문부성 통계수리연구소 객원연구원
- 일본 동경대학 사회과학연구소 객원교수
- 러시아 극동대학교 한국학대학 교환교수
- 중국 중국해양대학 관리학원 객좌교수
- 국방과학연구소 연구원 역임
- 현재, 경기대학교 경상대학 경영학과 교수
  전공, 품질경영·기술경영·다변량분석(조사방법 및 통계분석)
- 중소기업청 Single-PPM 심의위원
- 대한상공회의소 심사위원·지도위원
- Single-PPM 품질경영연구회 회장
- 한국제안활동협회 회장
- 한중전략경영연구소 이사장

▸ 주요저서

- EXCEL을 활용한 앙케트 조사 및 분석(학현사)
- SPSS를 활용한 조사방법 및 통계분석(학현사)
- SPSS/Excel을 활용한 알기쉬운 시계열분석(학현사)
- SPSS를 활용한 일반선형모형 및 일반화선형혼합모형(학현사)
- SPSS 및 Amos를 활용한 구조방정식모형분석-원리편-(지필미디어)
- SPSS를 활용한 비모수통계분석 및 대응분석(지필미디어)
- SPSS를 활용한 분할표의 분석 및 분산분석(지필미디어)
- SPSS를 활용한 앙케트의 통계분석(지필미디어)
- EXCEL에 의한 경영과학(한올출판사)
- SPSS에 의한 다변량분석 기초에서 응용까지(한올출판사)
- Excel 및 SPSS를 활용한 다변량분석 원리와 실천(한올출판사)

e-mail: hjno@kyonggi.ac.kr

SPSS 및 AMOS를 활용한

구조방정식모형분석 - 실천편 -

Structural Equation Modeling-Practice Part
using SPSS & AMOS

발 행 일	2016년 1월 20일 초판 인쇄
저 자	노형진
발 행 인	김성남
발 행 처	(주)지필미디어
주 소	서울 서대문구 충정로6안길 29, 101호
전 화	(02) 362-4504
팩 스	(02) 393-4509
이 메 일	book@jiphil.co.kr
홈페이지	www.jiphil.co.kr
등록번호	제 312-1997-000043호 (1997년 07월 16일)
I S B N	979-11-86674-29-1 93310
편 집	디자인 콤마
가 격	28,000원